高效随身查——PPT高效办公应用技巧

（2016版）

赛贝尔资讯 编著

清华大学出版社
北京

内 容 简 介

这不仅是用户学习和掌握PPT的一本高效用书，而且也是一本PPT疑难问题解答汇总。通过本书的学习，无论您是初学者，还是经常使用PPT的行家，都会有一个质的飞跃。无论何时、无论何地，当需要查阅时翻开本书就会找到您需要的内容。

本书共11章，分别讲解用正确的理念指引你的设计、演示文稿创建及基本编辑、定义演示文稿的整体风格和布局、幻灯片中文本的处理及美化、图片对象的编辑和处理、图形对象的编辑和处理、工作型PPT中SmartArt图形的妙用、工作型PPT中表格的使用技巧、幻灯片中音频和视频的使用技巧、幻灯片中对象的动画效果、演示文稿的放映及输出等内容。

本书所讲操作技巧，皆从实际出发，贴近读者实际办公需求，全程配以截图来辅助用户学习和掌握。海量内容、涉及全面、语言精练、开本合适，易于翻阅和随身携带，帮您在有限的时间内，保持愉悦的身心快速地学习知识点和技巧。在您职场的晋升中，本书将会助您一臂之力。不管是您是初入职场，还是工作多年，都能够通过本书的学习，获得质的飞跃，从而更受企业的青睐！

图书在版编目（CIP）数据

PPT高效办公应用技巧：2016版/赛贝尔资讯编著. —北京：清华大学出版社，2018
（高效随身查）
ISBN 978-7-302-46771-7

Ⅰ. ①P… Ⅱ. ①赛… Ⅲ. ①图形软件 Ⅳ. ①TP391.41

中国版本图书馆CIP数据核字（2017）第052808号

责任编辑： 杨静华
封面设计： 刘洪利
版式设计： 魏　远
责任校对： 王　云
责任印制： 李红英

出版发行： 清华大学出版社
网　　址： http://www.tup.com.cn，http://www.wqbook.com
地　　址： 北京清华大学学研大厦A座　　**邮　　编：** 100084
社 总 机： 010-62770175　　**邮　　购：** 010-62786544
投稿与读者服务： 010-62776969，c-service@tup.tsinghua.edu.cn
质 量 反 馈： 010-62772015，zhiliang@tup.tsinghua.edu.cn
印 装 者： 清华大学印刷厂
经　　销： 全国新华书店
开　　本： 145mm×210mm　**印　　张：** 11.75　**字　　数：** 444千字
版　　次： 2018年1月第1版　**印　　次：** 2018年1月第1次印刷
印　　数： 1～3500
定　　价： 49.80元

产品编号：071803-01

前　言

Preface

工作堆积如山，加班加点总也忙不完？

百度搜索 N 多遍，依然找不到确切答案？

大好时光，怎能全耗在日常文档、表格与 PPT 操作上？

别人工作很高效、很利索、很专业，我怎么不行？

嗨！

您是否羡慕他人早早做完工作，下班享受生活？

您是否注意到职场达人，大多都是高效能人士？

没错！

工作方法有讲究，提高效率有捷径：

一两个技巧，可节约半天时间；

一两个技巧，可解除一天烦恼；

一两个技巧，少走许多弯路；

一本易学书，菜鸟也能变高手；

一本实战书，让您职场中脱颖而出；

一本高效书，不必再加班加点，匀出时间分给其他爱好。

一、这是一本什么样的书

1．着重于解决日常疑难问题和提高工作效率：与市场上很多同类图书不同，本书并非单纯讲解工具使用，而是点对点地快速解决日常办公、电脑使用中的疑难和技巧，着重帮助提高工作效率的。

2．注意解决一类问题，让读者触类旁通：日常工作问题可能很多，各有不同，事事列举既繁杂也无必要，本书在选择问题时注意选择一类问题，给出思路、方法和应用扩展，方便读者触类旁通。

3．应用技巧详尽、丰富：本书选择了几百个应用技巧，足够满足日常办公、电脑维护方面的工作应用。

4．图解方式，一目了然：读图时代，大家都需要缓解压力，本书图解的方式可以让读者轻松学习，毫不费力。

二、这本书是写给谁看

1．想成为职场“白骨精”的小 A：高效、干练，企事业单位的主力骨干，白领中的精英，高效办公是必需的！

2．想干点“更重要”的事的小 B：日常办公耗费了不少时间，掌握点技巧，可节省 2/3 的时间，去干点个人发展的事更重要啊！

3．想获得领导认可的文秘小 C：要想把工作及时、高效、保质保量做好，让领导满意，怎能没点办公绝活？

4．想早早下班逗儿子的小 D：人生苦短，莫使金樽空对月，享受生活是小 D 的人生追求，一天的事情半天搞定，满足小 D 早早回家陪儿子的愿望。

5．不善于求人的小 E：事事求人，给人的感觉好像很谦虚，但有时候也可能显得自己很笨，所以小 E 这类人，还是自己多学两招。

三、此书的创作团队是什么人

本系列图书的创作团队都是长期从事行政管理、HR 管理、营销管理、市场分析、财务管理和教育/培训的工作者，以及微软办公软件专家。他们在电脑知识普及、行业办公中具有十多年的实践经验，出版的书籍广泛受到读者好评。而且本系列图书所有写作素材都是采用企业工作中使用的真实数据报表，这样编写的内容更能贴近读者使用及操作规范。

本书由赛贝尔资讯组织策划与编写，参与编写的人员有张发凌、吴祖珍、姜楠、陈媛、韦余靖、张万红、王莹莹、汪洋慧、彭志霞、黄乐乐、石汪洋、沈燕、章红、项春燕、韦聪等，在此对他们表示感谢！

尽管作者对书中的列举文件精益求精，但疏漏之处仍然在所难免。如果读者朋友在学习的过程中，遇到一些难题或是有一些好的建议，欢迎和我们直接通过 QQ 交流群和新浪微博在线交流。

QQ 交流群

新浪微博

编　者

目 录

contents

第 10 章 幻灯片中对象的动画效果 288

第 11 章 演示文稿的放映及输出 314

第1章 用正确的理念指引你的设计

1.1 怎样才能做出优秀的幻灯片

技巧1 文字过多的幻灯片怎么处理

在设计商务演示文稿的过程中，一张幻灯片中的文字内容如果比较多，整个版面会显得拥挤，如图 1-1 所示。这种幻灯片不但视觉效果差，而且在放映时也不便于观众对重点内容的吸收。

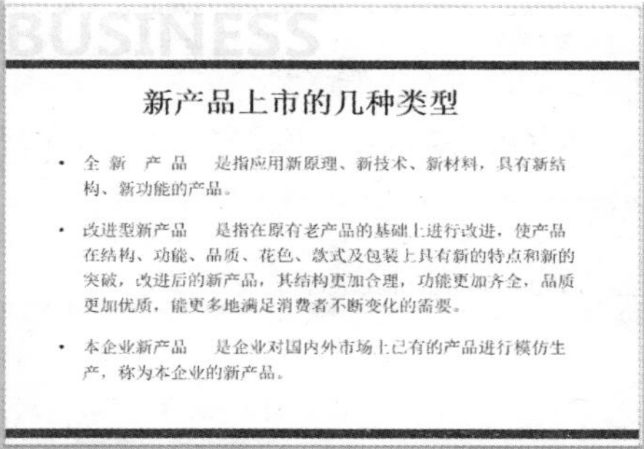

BUSINESS
新产品上市的几种类型
全 新 产 品 是指应用新原理、新技术、新材料，具有新结构、新功能的产品。
改进型新产品 是指在原有老产品的基础上进行改进，使产品在结构、功能、品质、花色、款式及包装上具有新的特点和新的突破，改进后的新产品，其结构更加合理，功能更加齐全，品质更加优质，能更多地满足消费者不断变化的需要。
本企业新产品 是企业对国内外市场上已有的产品进行模仿生产，称为本企业的新产品。

图 1-1

通过以下几种方式可以有效改善这种情况。

❶ 压缩文本，转换文本表达方式，如让文本图示化，效果如图 1-2 所示。

BUSINESS
新产品营销计划
全新产品
是指应用新原理、新技术、新材料，具有新结构、新功能的产品。
改进新产品
是指在原有老产品的基础上进行改进，使产品在结构、功能、品质、花色、款式及包装上具有新的特点和新的突破。
本企业新产品
是企业对国内外市场上已有的产品进行模仿生产，称为本企业的新产品。

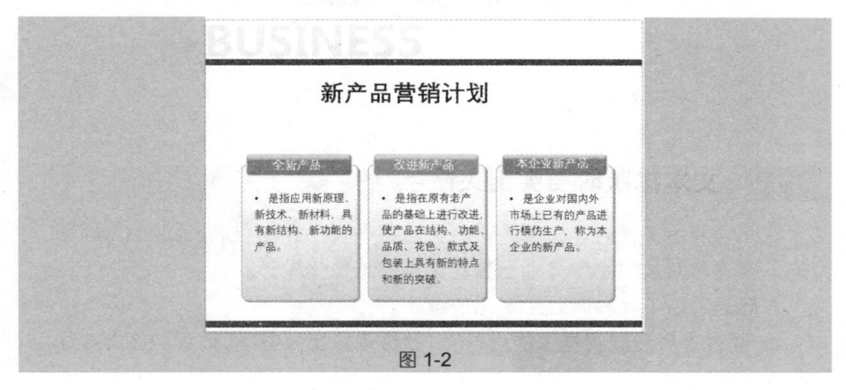

图 1-2

❷ 对于无法精简的文本可以设置文本条目化，如改变文本级别、添加项目符号等，效果如图 1-3 所示。

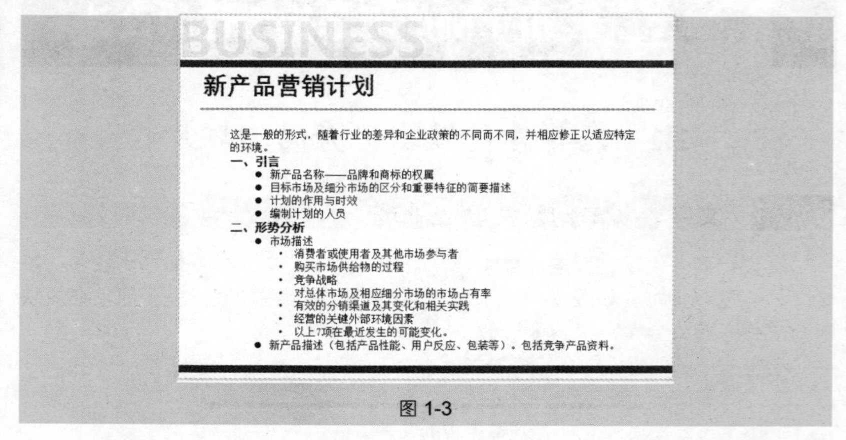

图 1-3

❸ 提炼关键词或者保留关键段落，其余的内容可以采用建立批注的方式，效果如图 1-4 所示。

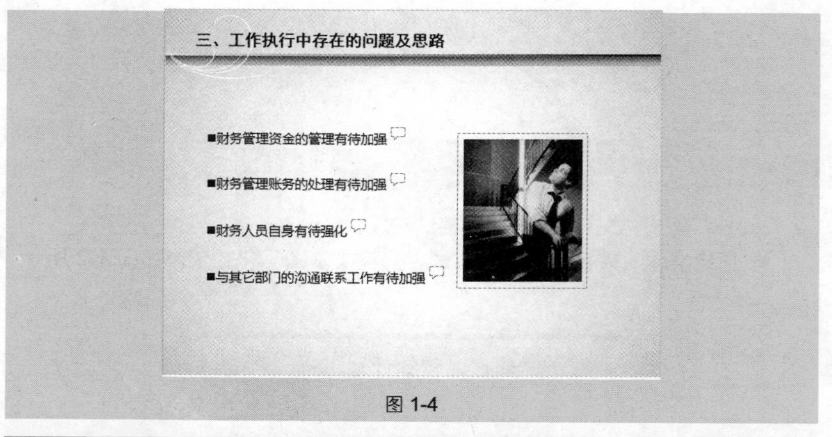

图 1-4

技巧 2 文本排版时要突出关键字

在阅读演示文稿时，文本关键字突出容易让人抓住重点。因此在设计幻灯片时，要注意对关键字做有别于其他文本的特殊化设计。

一般通过以下几种方式来突出关键字。

❶ 通过变色造成视觉上的色彩差，就极易突出关键字，效果如图 1-5 所示。

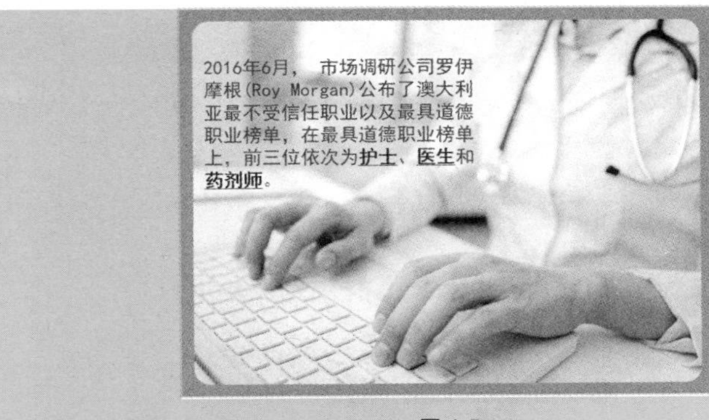

图 1-5

❷ 通过加大字号，使关键字在空间上被突出，效果如图 1-6 所示。

图 1-6

❸ 通过图形反衬指向关键字，加深阅读者印象，如图 1-7 所示。

图 1-7

技巧 3　文字排版忌结构零乱

有些幻灯片本身包含的元素没有任何问题，但文字的排版不合理，导致结构显得比较零乱，如图 1-8 所示。

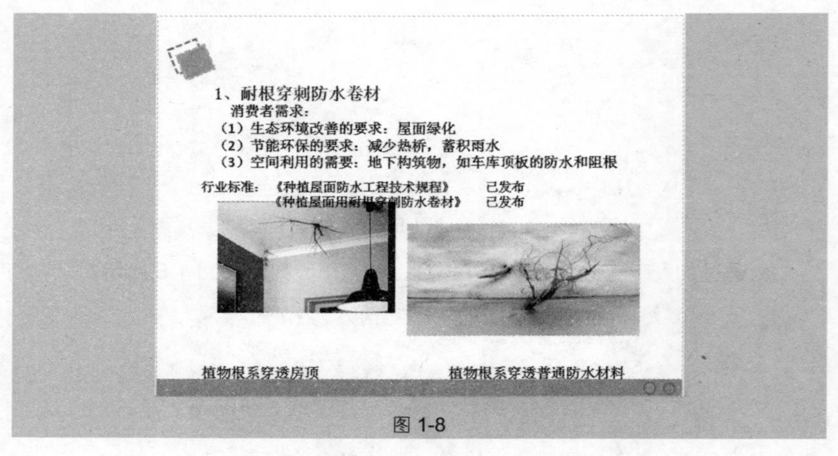

图 1-8

解决问题的方法是对文本重新排版并添加项目符号，级别分明，让文本按条目来显示，设置后效果如图 1-9 所示。

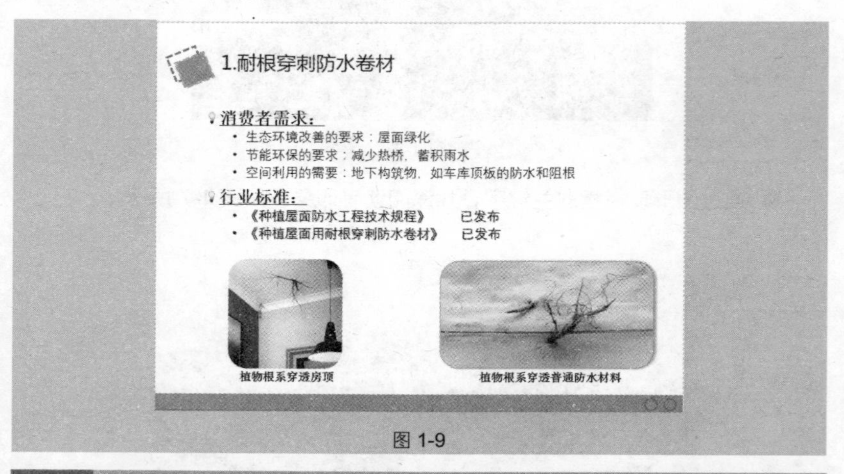

图 1-9

技巧 4　文本忌用过多效果

在设计文本型幻灯片时，有的设计者为了区分各项不同内容，会为不同的文本设置不同的格式。如图 1-10 所示，幻灯片既使用不同的填充色调，又使用各种不同的字体，表现形式比较混乱，导致整体效果较差。

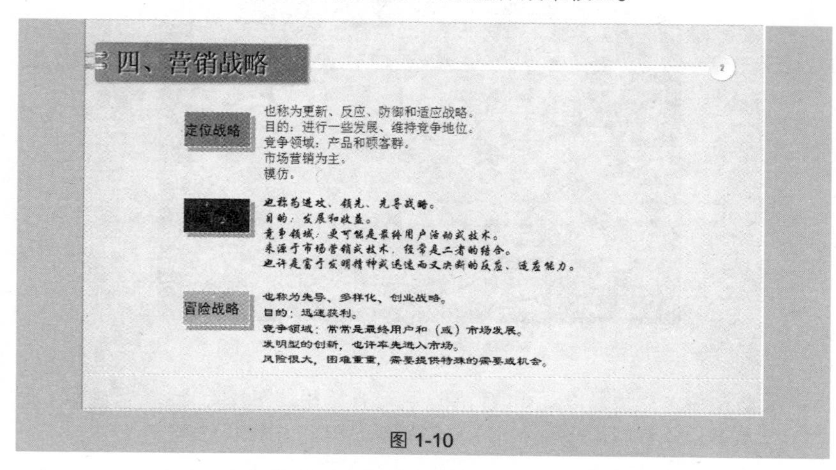

图 1-10

文本设置时要注意避免使用过多的颜色，同一级别的文本使用同一种效果。另外也可以增加多种表现形式，例如添加线条间隔文本（如图 1-11 所示），或者将文本图示化。

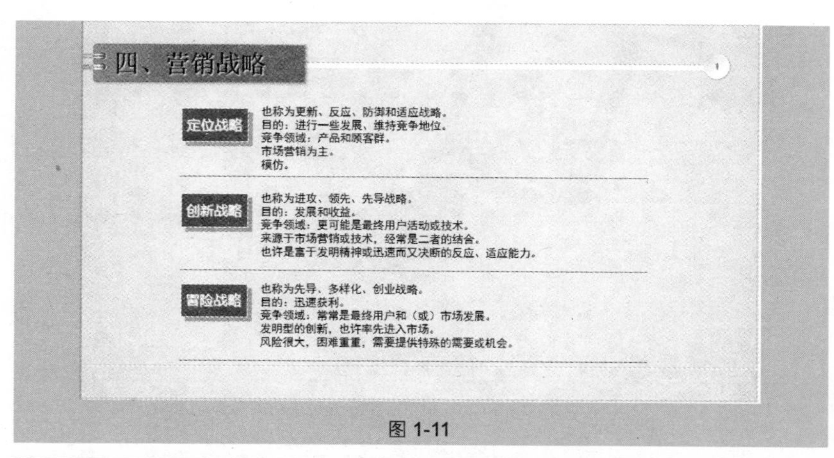

图 1-11

技巧 5 文字与背景分离要鲜明

背景颜色与字体颜色不协调、字体的颜色不突出、文字颜色过暗、字体过小，都会使幻灯片的表现效果差强人意，如图 1-12 所示。

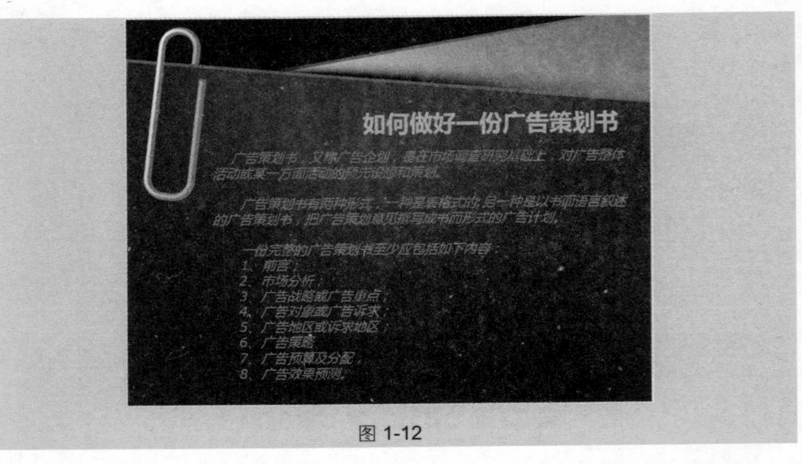

图 1-12

合理的做法是尽量设置背景为单一色彩，选用的图片要契合文字主题，且与文字颜色对比鲜明，达到令人一目了然的效果，如图 **1-13** 所示。

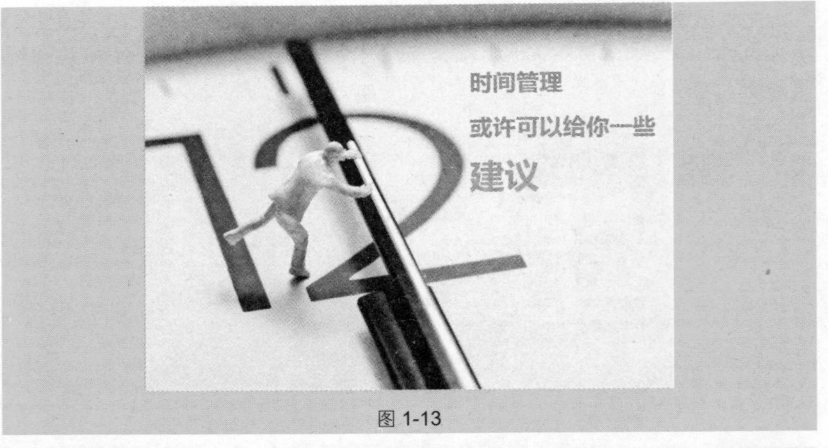

图 1-13

技巧 6　背景忌过于花哨，掩盖了主题

背景设计不能过于花哨，可以选取一些高质量且符合主题需要的图片作为背景，或者将背景图片虚化，以突出主题。

如图 **1-14** 所示的背景虽然与主题比较吻合，但是由于图片过于鲜亮，会使得幻灯片主题不突出，有些喧宾夺主。

这种情况下可以对图片的背景设置虚化效果，如图 **1-15** 所示是对背景图片的透明度进行了调整，这样整体效果就会比较协调。

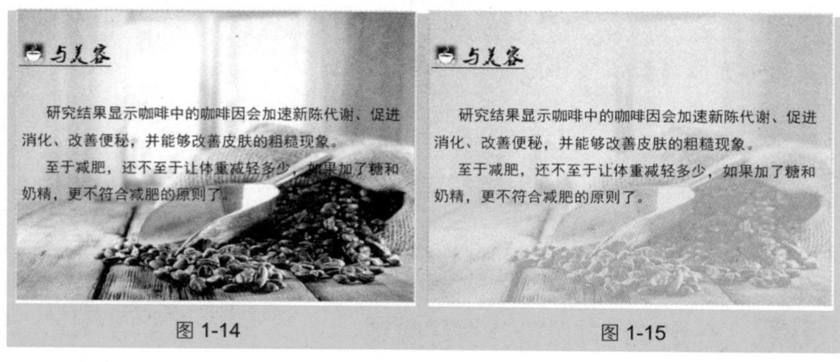

图 1-14　　　　图 1-15

专家点拨

如果选用的图片有一定的留白区域，并且其整体页面设置也按留白空间来设计，图片保持原样也是可以的。

技巧 7　图示图形忌滥用渐变

如图 1-16 所示，幻灯片中各图形都应用了不同的渐变效果，使得幻灯片颜色过多，整个图解不美观，配色效果老气。

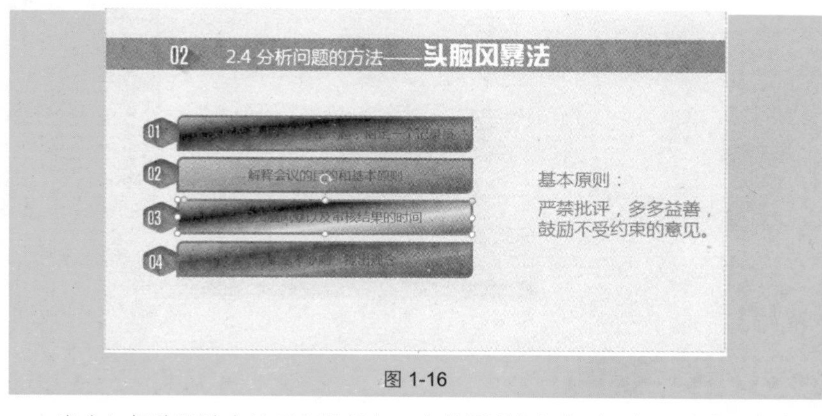

图 1-16

当在幻灯片设计中使用多种颜色，尤其是渐变颜色时，如果随意用色容易给人造成繁杂、土气的感觉，因此最好在选定主题色后，再选择同色系的颜色或是差异不大的色调来设置渐变。

如图 1-17 所示是针对同一张幻灯片重新设置后的效果，有效解决了滥用渐变造成的视觉问题。

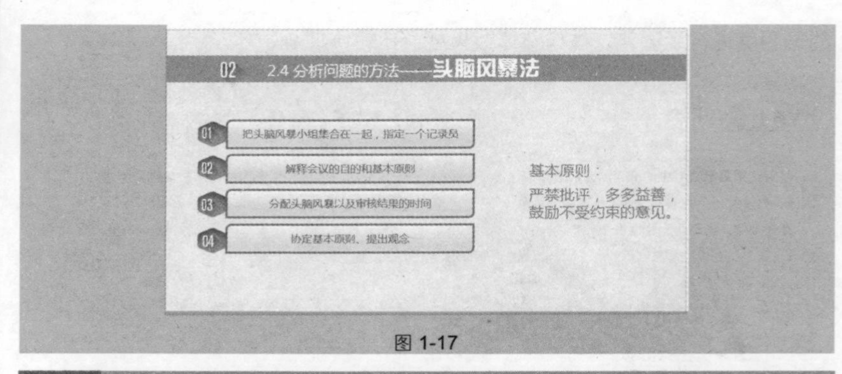

图 1-17

技巧 8 全文字也可以设计出好版式

“全文字”版面的设计最需要注意的就是文字段落格式的设置，可以配合使用文本框、线条、字体等来辅助设计，效果如图 1-18 和图 1-19 所示。

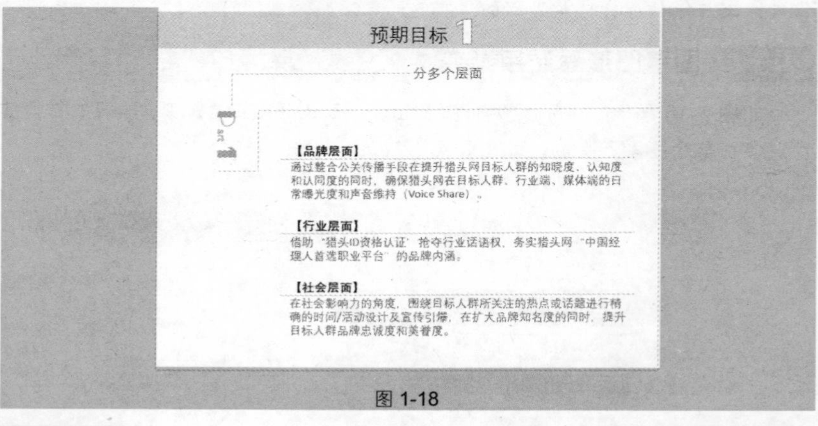

图 1-18

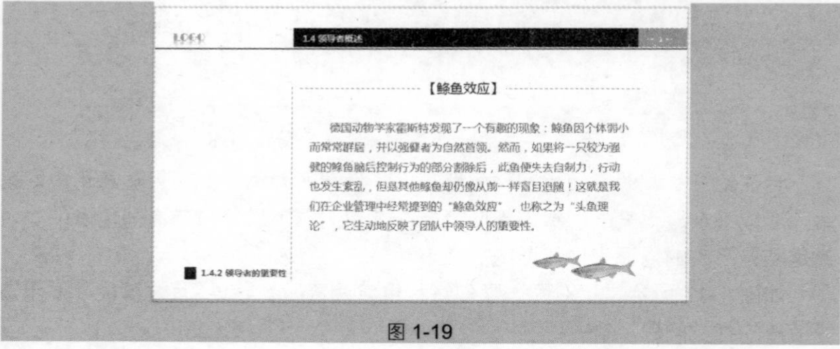

图 1-19

技巧 9　图示是幻灯片必不可少的武器

人们对大篇幅的文本往往没有过多的阅读兴趣，而一个简洁明了的图示胜似千言万语。因此在工作型幻灯片中，图示扮演着非常重要的角色，它可以直接表达出列举、流程、循环、层次等多种关系。

图示可以使用程序自带的 SmartArt 图形，如图 1-20 所示。

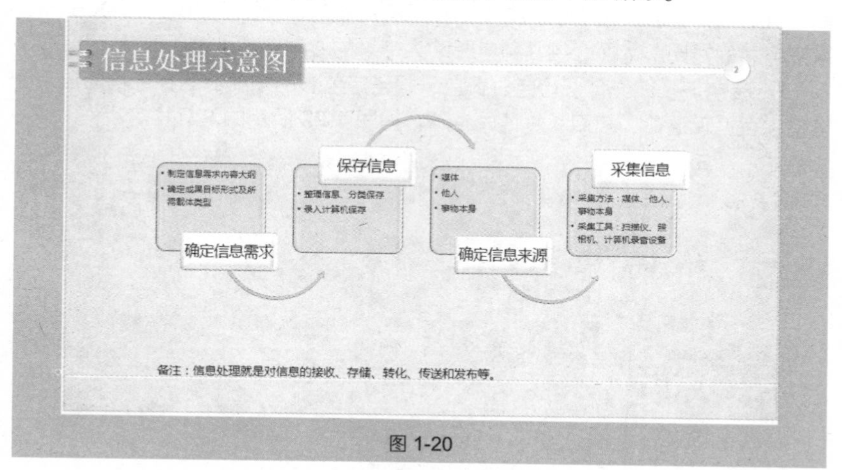

图 1-20

图示也可以使用图形编辑功能来进行自定义设置，巧妙的编辑设置可以表达出任意关系，如图 1-21 所示。

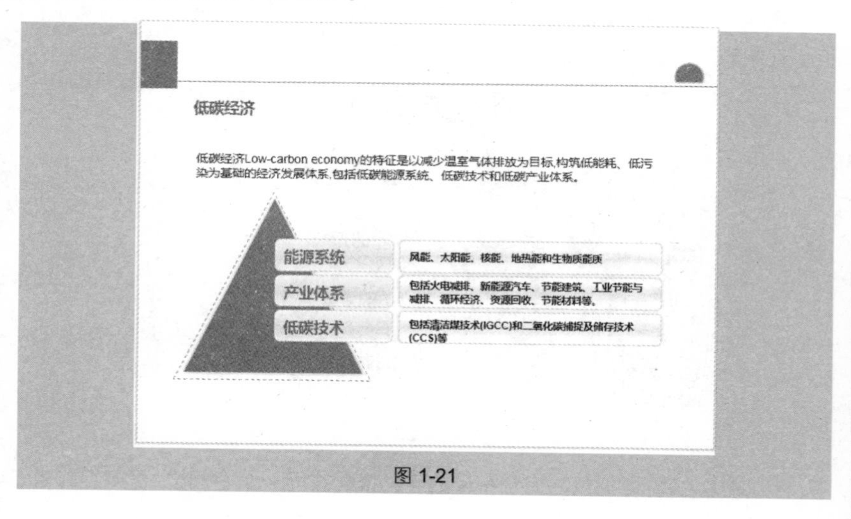

图 1-21

1.2　幻灯片色彩搭配

技巧 10　颜色的组合原则

人的视觉对色彩最敏感，色彩总的应用原则应该是“总体协调，局部对比”，即主页的整体色彩效果应该是协调的，只有局部的、小范围的地方可以有一些强烈色彩的对比。下面介绍几种色彩给人带来的心理感受。

❶ 暖色调。即红色、橙色、黄色、褐色等色彩的搭配。这种色调的运用，可使主页呈现温馨、和煦、热情的氛围，如图 1-22 所示的幻灯片。

图 1-22

❷ 冷色调。即青色、绿色、紫色等色彩的搭配。这种色调的运用，可使主页呈现宁静、清凉、高雅的氛围，如图 1-23 所示的幻灯片。

图 1-23

❸ 对比色调。即把色性完全相反的色彩搭配在同一个空间里，例如红与绿、

黄与紫、橙与蓝等。这种色彩的搭配，可以产生强烈的视觉效果，给人亮丽、鲜艳、喜庆的感觉。

当然，对比色调如果用得不好，会适得其反，产生俗气、刺眼的不良效果。这就要把握“总体协调，局部对比”这一重要原则，让幻灯片整体具备统一的色感。如图 1-24 与图 1-25 所示为配色合理的幻灯片。

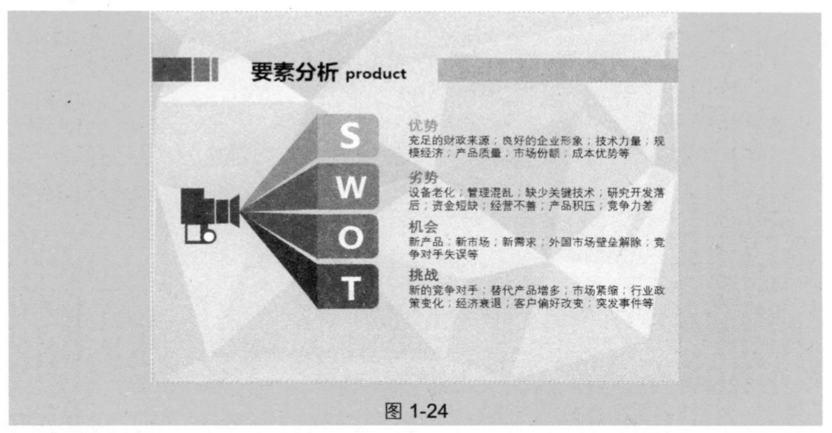

图 1-24

图 1-25

技巧 11　根据演示文稿的类型确定主体色调

根据演示文稿内容的需要，可以分别采用不同的主色调。因为色彩具有职业的标志色，例如军警的橄榄绿、医疗卫生的白色等。色彩还会带来明显的心理感觉，例如冷、暖的感觉，进、退的感觉等。充分运用色彩的这些特性，可以使我们的主页具有深刻的艺术内涵，从而提升主页的文化品位。因此在确定主体色调时要考虑到这些方面的因素，如果没有特殊的要求，可以依据视觉的舒适度合理搭配并组合使用颜色。

如图 1-26、图 1-27 所示即为依据幻灯片内容合理选用配色的效果。

图 1-26

图 1-27

技巧 12　背景色彩与内容色彩要合理搭配

在配色时要考虑主页底色（背景色）的深、浅，即摄影中经常说到的“高调”和“低调”这两个术语。底色浅的称为高调，底色深的称为低调。底色深，文字的颜色就要浅，以深色的背景衬托浅色的内容（文字或图片），如图 1-28 所示；反之，底色淡的，文字的颜色就要深些，以浅色的背景衬托深色的内容

（文字或图片），如图 1-29 所示。这种深浅的变化在色彩学中称为“**明度变化**”。

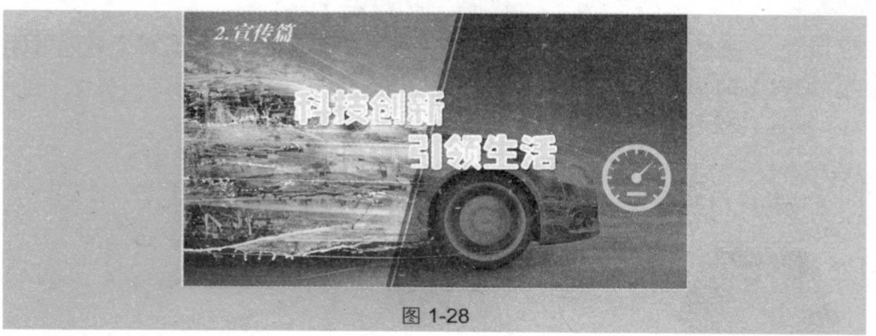

图 1-28

图 1-29

如果主页底色是黑的，文字也选用了较深的色彩，由于色彩的明度比较接近，读者在阅览时，眼睛就会感觉很吃力，影响阅读效果。

在实际设计过程中，应用浅色背景会使设计与配色更加方便，因此使用较多。如图 1-30 所示，背景就比较简约温和。

图 1-30

技巧 13　配色小技巧——邻近色搭配

邻近色就是在色带上相邻近的颜色，如绿色和蓝色、红色与橘色就是邻近色。如图 1-31 所示的调色板中可以看到相邻的颜色为邻近色。

如图 1-32 和图 1-33 所示为邻近色搭配的效果。

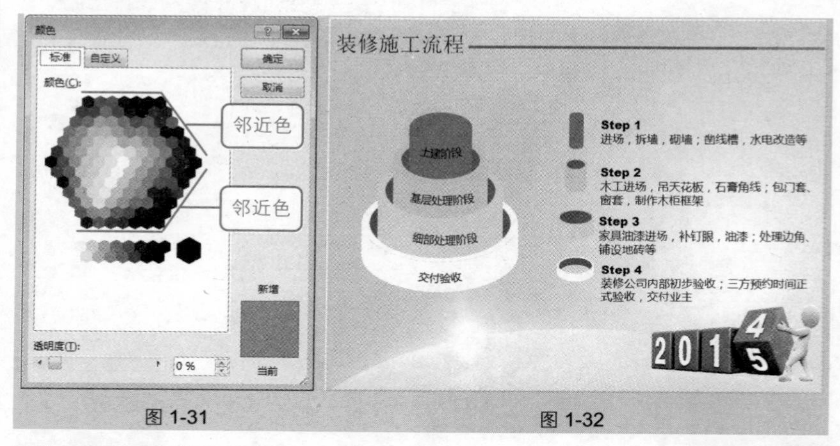

图 1-31　　　　图 1-32

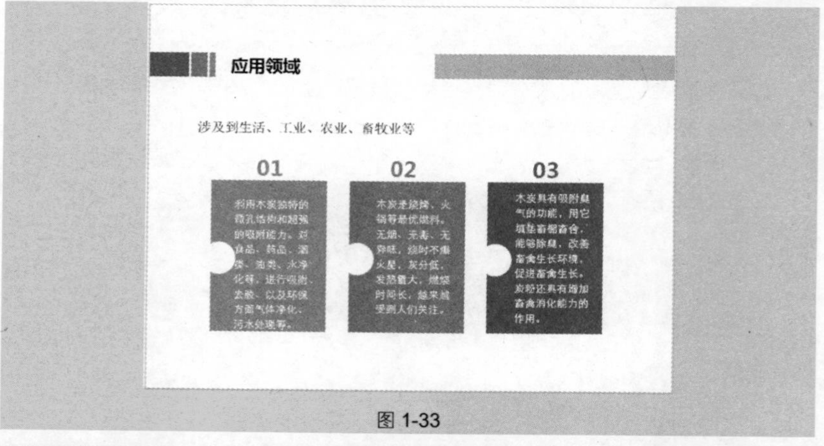

图 1-33

技巧 14　配色小技巧——同色系搭配

同色系是指在某种颜色中，改变明暗度所得到的不一样的色调。如图 1-34 所示的调色板中可以看到同一颜色的明暗变化。

同色系搭配是保证配色不会出错的基本技巧，如图 1-35 和图 1-36 所示为同色系搭配的幻灯片效果。

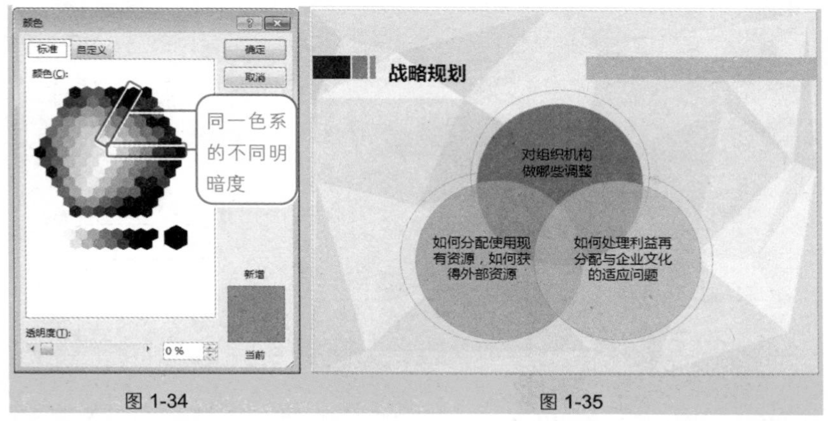

图 1-34　　图 1-35

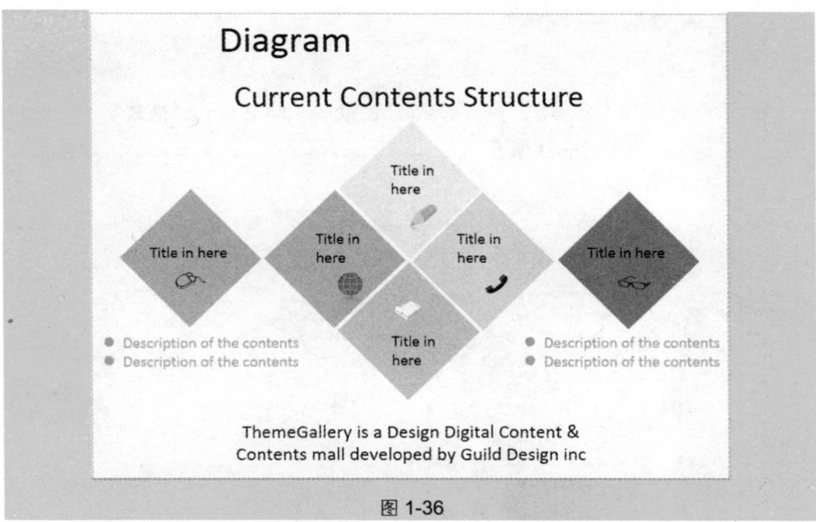

图 1-36

技巧 15　配色小技巧——用好取色器

合理的配色是提升幻灯片质量的关键，但若非专业的设计人员，往往在配色方面总是达不到满意的效果，而 PowerPoint 2016 为用户提供了“取色器”功能，即当用户看到某个较好的配色时，可以使用“取色器”快速拾取它的颜色，而不必知道它的 RGB 值。这为初学者配色提供了很大的便利。

在“形状填充”“形状轮廓”“文本填充”“背景颜色”等涉及颜色设置的

功能按钮下都可以看到一个“**取色器**”命令，因此当涉及引用网络完善的配色方案时，可以借助此功能进行色彩提取。具体方法如下。

❶ 将需要引用其色彩的图片复制到当前幻灯片中（先暂时放置，用完之后再删除），如图 1-37 所示。

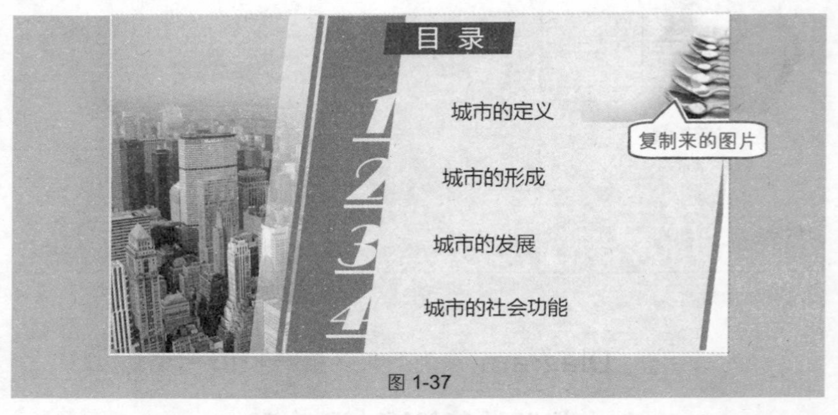

图 1-37

❷ 选中需要更改色彩的图形，例如“**目录**”文本框，在“**格式**”→“**形状样式**”选项组中单击“**形状填充**”按钮，在打开的下拉菜单中选择“**取色器**”命令，如图 1-38 所示。

❸ 此时鼠标指针变为类似于笔的形状，将其移到想选取颜色的位置，就会拾取该位置下的色彩，如图 1-39 所示。

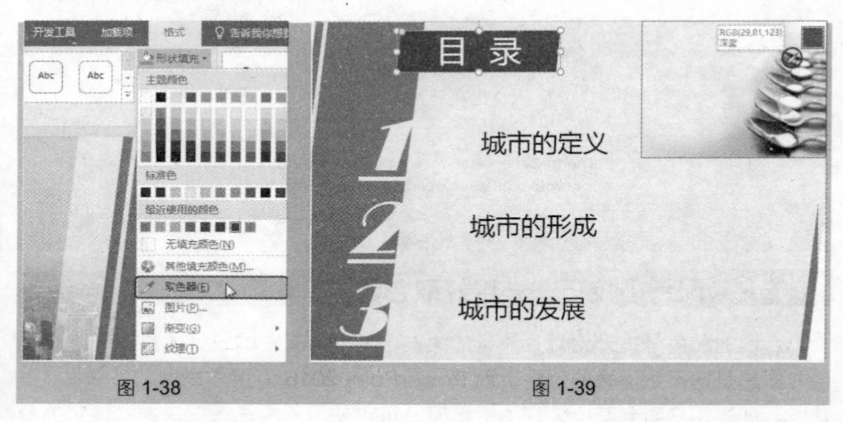

图 1-38　　图 1-39

❹ 确定填充色彩后，单击鼠标左键，即可完成对色彩的拾取，如图 1-40 所示。然后删除为引用颜色而插入的图片即可。

图 1-40

1.3 幻灯片布局原则

技巧 16 保持画面统一

构成演示文稿的每一张幻灯片都应该具有统一的页边距、色彩等版式，也就是说即使页面布局效果在改变，但总有一些元素是保持统一的。试想一套幻灯片每一张页面风格都在变、颜色都在变，这种混乱的感觉肯定没有人愿意接受。如图 1-41 和图 1-42 所示为画面风格统一的幻灯片。

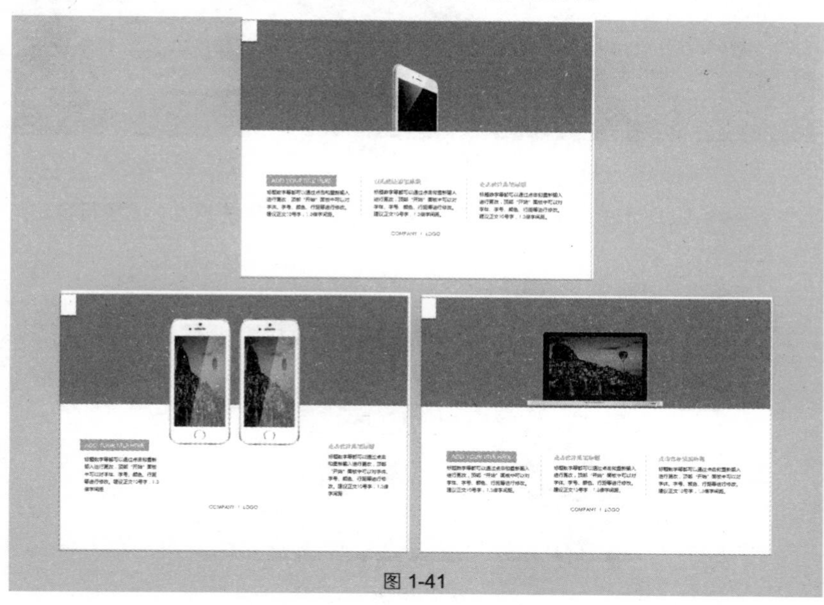
图 1-41

图 1-42

技巧 17　保持框架均衡

当幻灯片过于突出标题或图像时，会破坏整体设计的均衡感。保持框架的均衡也是幻灯片布局中的一个原则。

如图 **1-43** 所示的幻灯片过于突出图像，调整后的效果如图 **1-44** 所示，达到了左右均衡。

图 1-43　　图 1-44

如图 **1-45** 所示的幻灯片，整体给人方方正正、稳重的感觉，比较符合幻灯片主题。

图 1-45

技巧 18　画面有强调有对比

准确强调幻灯片的核心内容或最终结论，可以让观众一目了然，印象深刻。如图 1-46 所示，幻灯片配图贴切且重点文字用特殊颜色加以强调。

图 1-46

如图 1-47 所示，幻灯片画面简单，但信息传达效果可以让观众瞬间抓住核心信息。

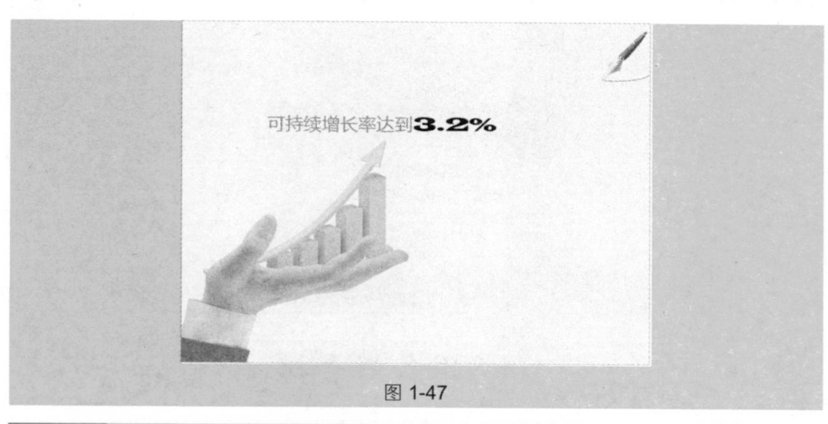

图 1-47

技巧 19　元素对齐是页面布局的制胜法宝

一篇演示文稿如果元素布局杂乱，很容易给人造成无法把握重点的感觉，所以此时一定要把握好页面元素的对齐设置。对齐是一种强调，能让元素间、页面间增强结构性；对齐还能调整整个画面的秩序和方向。

如图 1-48 与图 1-49 所示的幻灯片，二者在元素上没有任何差别，只是图 1-48

排列零乱，而图 1-49 排列整齐，效果优劣显而易见。

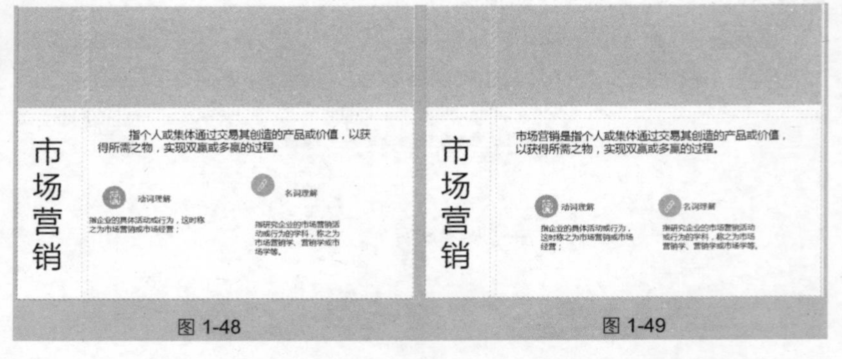

图 1-48　　图 1-49

对齐有左对齐、右对齐、居中对齐等方式，无论哪种对齐方式，我们至少要让多元素间有“据”可循。如图 1-50 所示的幻灯片，有图片有文字，还有不同级别的标题，元素是比较多的，但它在布局上就比较规整。

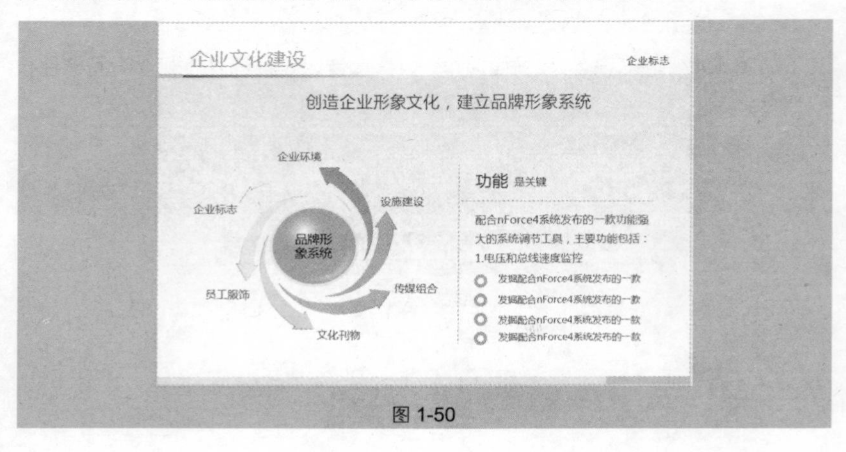

图 1-50

1.4　准备好素材

技巧 20　推荐几个好的模板下载基地

模板或主题在幻灯片设计中扮演了很重要的角色，因为模板或主题约定了幻灯片的整体风格。当个人设计不够专业时，我们通常都是采用网络下载的方式获取模板，然后再根据自己的需要进行局部修改，这样幻灯片的制作就简单多了。下面推荐几个比较好的模板下载基地。

（1）站长 PPT（http://sc.chinaz.com/ppt/）

打开浏览器，输入网址“**http://sc.chinaz.com/ppt/**”，进入站长 PPT 官网主页面，可通过在搜索框中输入关键词进行针对性查找，如“商务 **PPT**”，如图 **1-51** 所示。

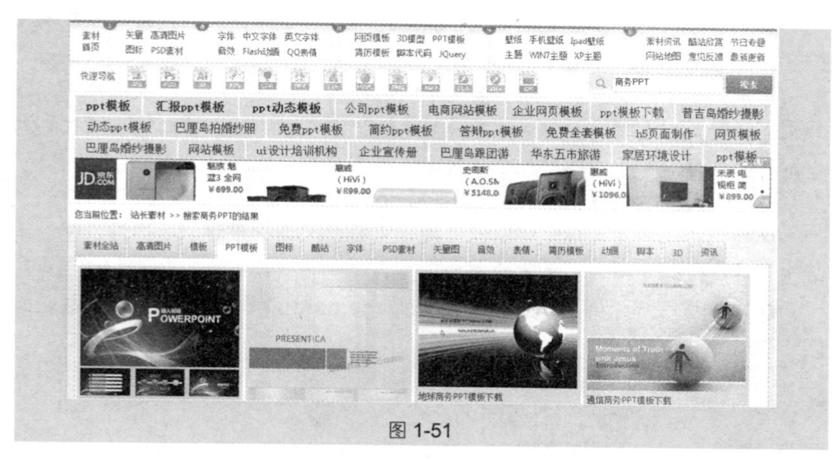

图 1-51

（2）扑奔 PPT（http://www.pooban.com/）

打开浏览器，输入网址“**http://www.pooban.com/**”，进入主页面，在搜索导向框中输入要使用的 PPT 模板类型，如“汇报 **PPT**”，主页面 PPT 排放区显示 PPT 模板，如图 **1-52** 所示。

图 1-52

专家点拨

下载模板的操作步骤在第 2 章中会详细介绍。

技巧 21 寻找高质量图片有捷径

图片是增强幻灯片可视化效果的核心元素。PPT 中的背景和素材图片一般都是 JPG 格式的。JPG 图像是我们最常用的一种图片，网络图片基本都属于这种类型。其特点是图片资源丰富、压缩率高、节省储存空间，但是图片精度固定，在放大时图片的清晰度会下降。

在选用此类图片时要注意：要有足够的精度，杜绝马赛克、模糊不清、低分辨率的图片；要与页面主题匹配；要有适当的创意。那么该如何才能找到满足条件的图片呢？下面推荐几个寻找高质量图片的去处。

（1）百度图片（http://image.baidu.com/）

多数用户寻找图片都会使用百度图片工具，因为它是我们手边最方便使用的工具，可以利用搜索的方式快速找到图片。

❶ 打开浏览器，输入网址“**http://image.baidu.com/**”，进入主页面，如图 **1-53** 所示。

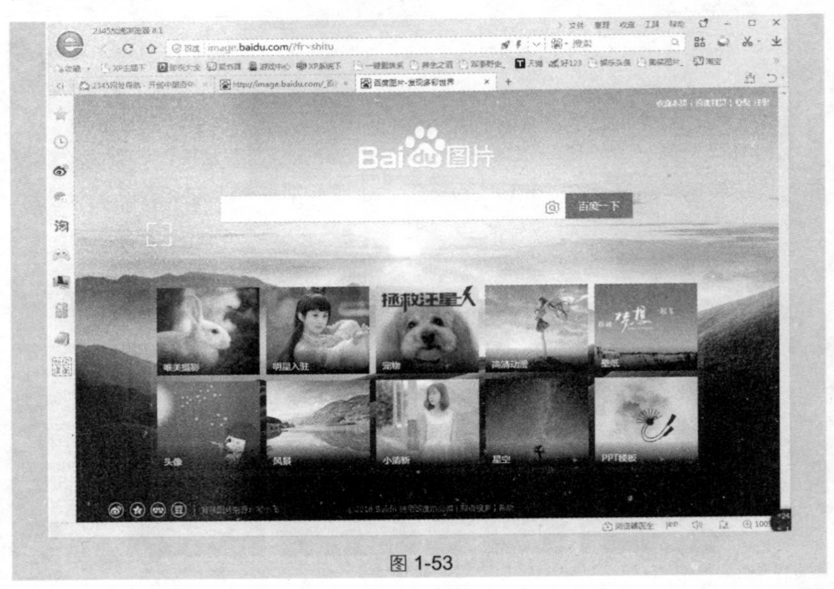

图 1-53

❷ 在搜索导向框中输入要寻找的图片关键词，如“商务”，单击“搜索”按钮，即可显示出大量与商务相关的图片，如图 **1-54** 所示。

❸ 单击目标图片打开，在图片上单击鼠标右键，在弹出的快捷菜单中选择“图片另存为”命令，自定义选择保存路径，保存完成后即可使用，如图 **1-55**

所示。

图 1-54

图 1-55

（2）素材中国（http://www.sccnn.com/）

❶ 打开浏览器，输入网址“**http://www.sccnn.com/**”，进入主页面，如图 1-56 所示。

❷ 在搜索导向框中输入要寻找的图片关键词，如“弧线”（如图 1-57 所示），单击“搜索”按钮，即可显示出大量与弧线相关的图片，如图 1-58 所示。

图 1-56

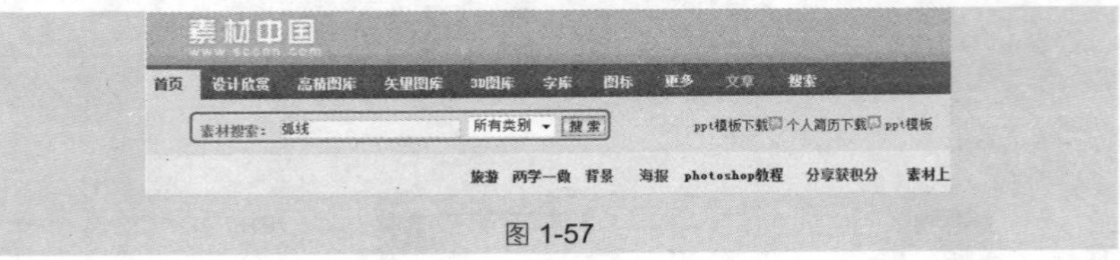

图 1-57

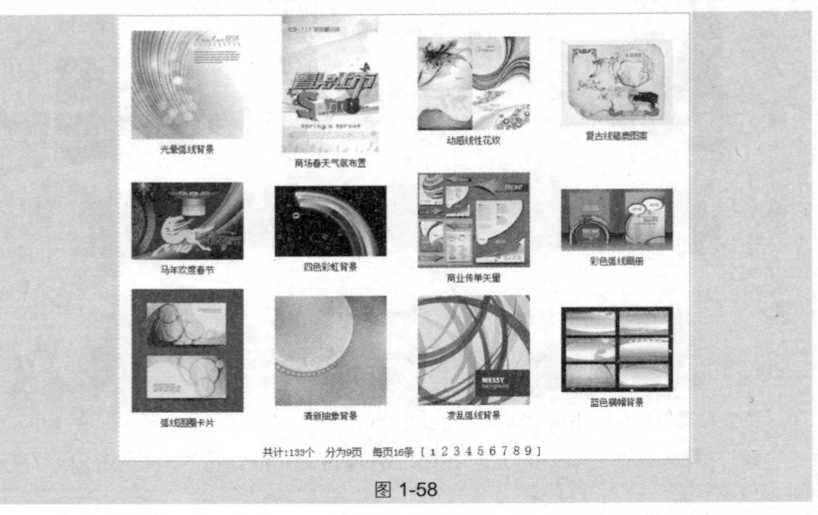

图 1-58

❸ 单击目标图片打开，在图片上单击鼠标右键，在弹出的快捷菜单中选择“图片另存为”命令，自定义选择保存路径，保存完成后即可使用。

（3）昵图网（http://www.nipic.com/index.html）

❶ 打开浏览器，输入网址“**http://www.nipic.com/index.html**”，进入主页面，如图 **1-59** 所示。

图 1-59

❷ 可以在搜索导向框中输入要寻找的图片关键词，也可以在素材主体部分按照相关热搜话题导向查找所需素材，如图 **1-60** 和图 **1-61** 所示。

图 1-60　　图 1-61

❸ 选中想要的图片，单击鼠标右键，在弹出的快捷菜单中选择“图片另存为”或“复制”命令自定义选择保存路径，保存完成或“复制”后即可使用。

技巧 22　哪里能下载好字体

文字是幻灯片表达核心内容的重要载体，不同的字体带有不同的感情色彩，所以在幻灯片中使用好字体一方面可以更贴切地表达内容，同时也能美化幻灯片的整体页面效果。程序自带字体数量有限，可以利用网络下载更多字体。下面推荐几个下载字体的网站。

（1）模板王（http://fonts.mobanwang.com/200908/4977.html）

❶ 打开浏览器，输入网址“**http://fonts.mobanwang.com/200908/4977.html**”，进入主页面，可以在页面主体部分选择所需字体，也可以在搜索导向框中输入目标字体名称，如图 1-62 所示。

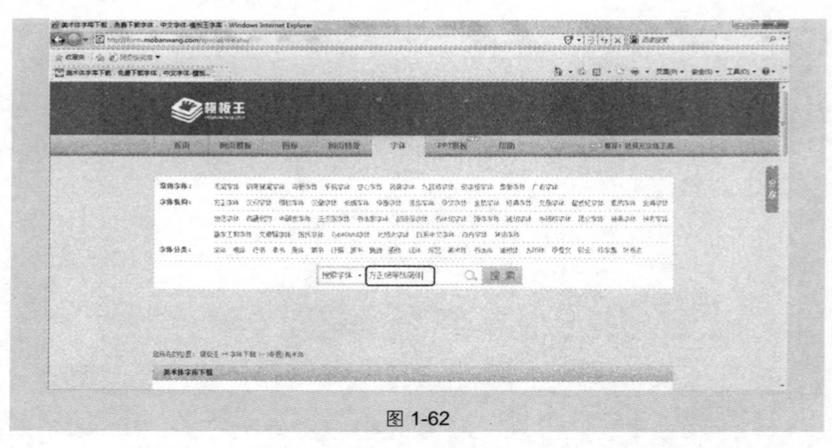

图 1-62

❷ 单击“搜索”按钮后，页面下方显示该字体的下载地址，单击“点击进入下载”超链接，如图 1-63 所示。

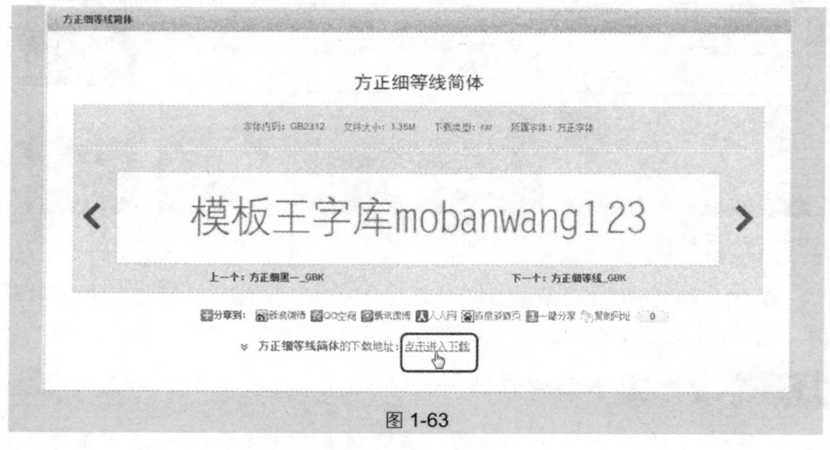

图 1-63

❸ 下载完成后按照提示安装即可使用。

（2）找字网（http://www.zhaozi.cn/）

❶ 打开浏览器，输入网址“**http://www.zhaozi.cn/**”，进入找字网主页面，

将鼠标指针指向“PC 字体”选项，弹出字体列表框，单击需要下载的字体，如图 1-64 所示。

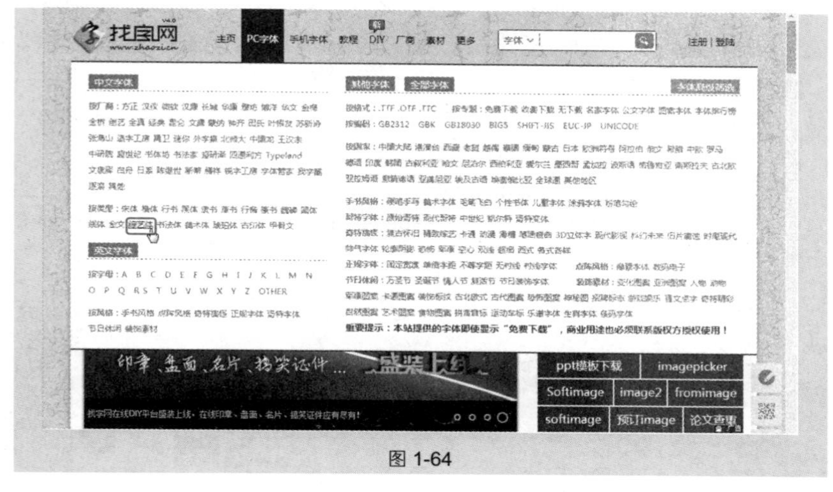

图 1-64

❷ 进入下载页面，如图 1-65 所示，下载完成后即可使用。

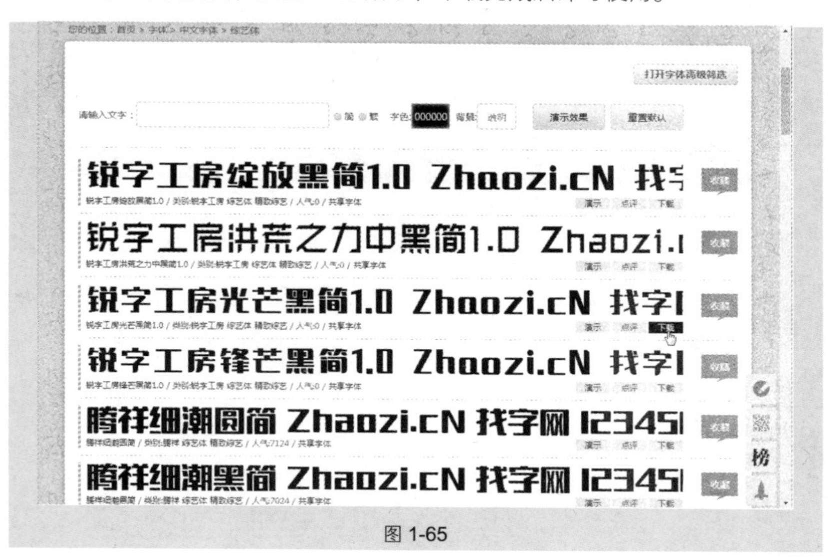

图 1-65

专家点拨

下载字体的操作步骤在第 4 章中会详细介绍。

技巧 23　如何找到无背景的 PNG 格式图片

在 PPT 中除了使用 JPG 格式的图片作为背景图外，还有一种格式的图片也是十分常用的，即 PNG 格式的图片。PNG 格式的图片我们一般称为 PNG 图标。PNG 图标作为 PPT 里的点缀素材，很形象，很好用。

PNG 图片的特点是清晰度高、背景一般透明、与背景很好融合、文件较小。下面推荐几个无背景的 PNG 图片下载基地。

（1）千库网（http://588ku.com/）

❶ 打开浏览器，输入网址“**http://588ku.com/**”，进入主页面，如图 1-66 所示。

图 1-66

❷ 可以通过搜索推荐标签寻找需要的图片，如图 1-67 所示；也可以直接在搜索框中输入关键字，然后单击“搜元素”按钮进行搜索，如图 1-68 所示。

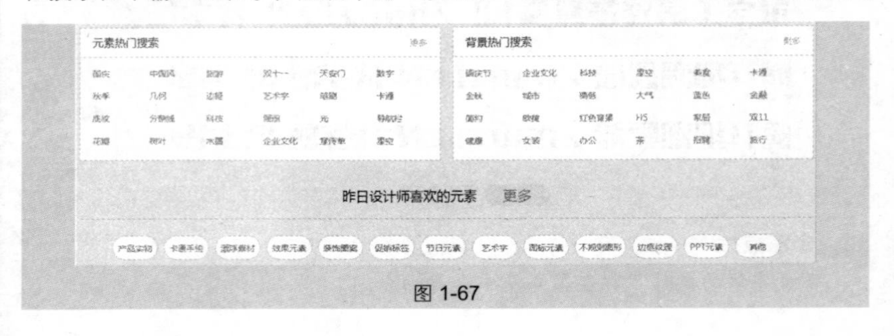

图 1-67

图 1-68

❸ 单击目标图片打开下载界面，单击“下载 **PNG**”按钮，如图 **1-69** 所示。然后提示使用社交账号（如 QQ 或微信账号）登录即可免费下载，如图 **1-70** 所示。下载完成后即可使用。

图 1-69

❹ 在幻灯片中使用下载好的图片，可以看到图片是无背景的 PNG 图片格式，如图 **1-71** 所示。

（2）千图网（http://www.58pic.com/）

❶ 打开浏览器，输入网址“**http://www.58pic.com/**”，进入主页面，如图 1-72

所示。

图 1-70

图 1-71

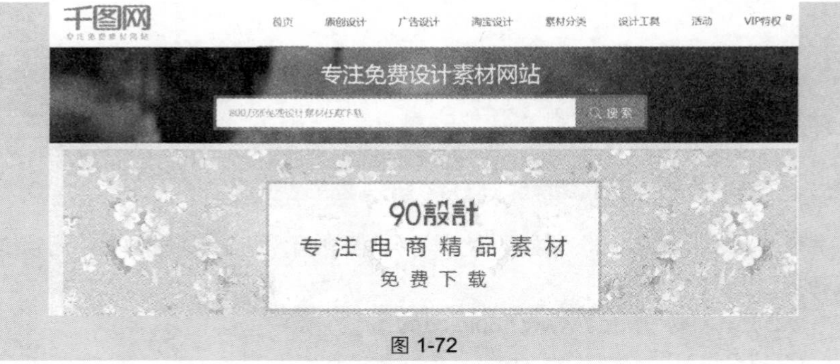

图 1-72

❷ 在搜索框中输入“高清 PNG”，单击“搜索”按钮即可搜索出 PNG 图片结果列表，如图 1-73 所示。

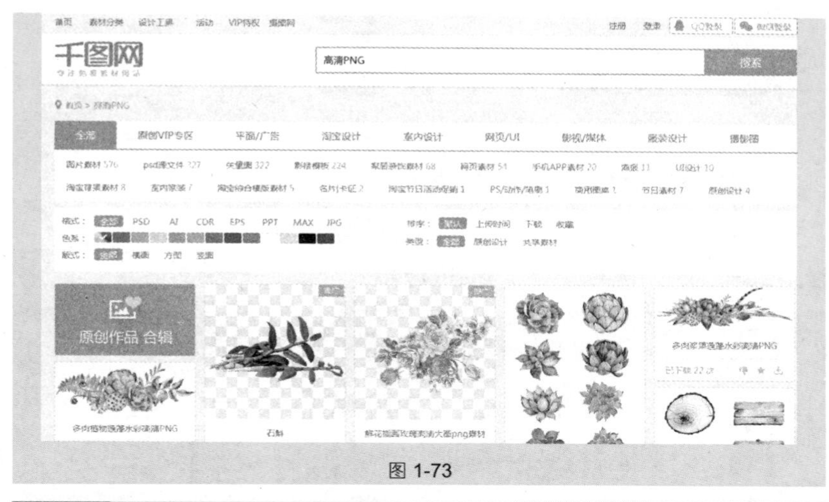

图 1-73

技巧 24　推荐配色网站去学习

所谓配色，简单来说就是将颜色摆在一起，做一个最好的安排。色彩是通过人的印象或者联想来产生心理上的影响，而配色的作用就是通过合理的搭配来改变气氛以获取舒适的心理感受。

幻灯片制作的过程中，在文字颜色、形状填充、背景色等颜色搭配时，都要用到配色，所以配色在一定程度上决定了一篇演示文稿的制作是否成功。但对于多数人而言，常遇到不知如何搭配、配色土气问题等，因此建议多去一些配色网站学习，先借鉴然后再逐步提升自己的设计素养。下面推荐几个利于学习的配色网站。

（1）配色网（http://www.peise.net/）

❶ 打开浏览器，输入网址“**http://www.peise.net/**”，进入主页面，如图 1-74 所示。

❷ 单击“搭配”标签，进入有众多的搭配色彩可供学习和借鉴的页面，如图 1-75 所示。翻到页面底部可以看到有一百多页共两千多种配色方案，如图 1-76 所示。

专家点拨

PowerPoint 2016 提供了取色器的功能，因此如果看中哪种配色，可以从网站中截取为图片，然后插入到幻灯片中，使用取色器来进行取色。

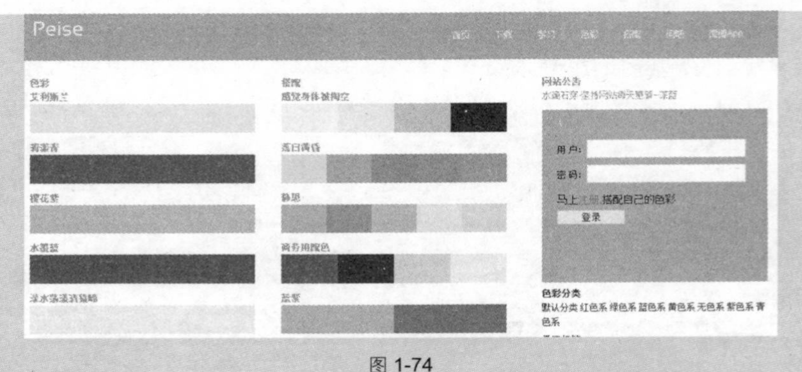

图 1-74

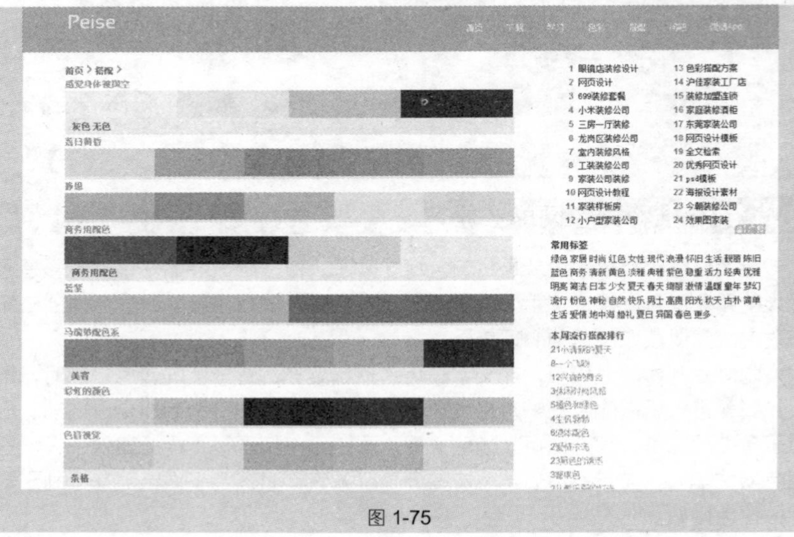

图 1-75

下午茶时间

休闲 轻松

总数：2826 首页 上一页 下一页 尾页 页次：1/142 GO

图 1-76

（2）花瓣网（http://huaban.com/）

花瓣网实际是一个帮你收集、发现网络上你喜欢的事物的网站。它包含了众多可以为我们提供帮助的配色方案，便于我们对配色方式的引用。

❶ 打开浏览器，输入网址“**http://huaban.com/**”，进入主页面，如图 1-77 所示。

图 1-77

❷ 在搜索框中输入“配色方案”，即可得到众多有关配色的结果，如图 1-78 所示。

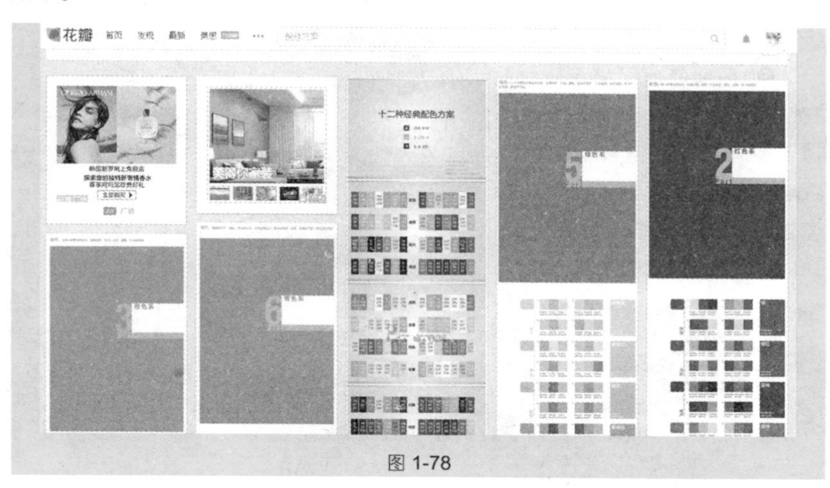

图 1-78

第2章 演示文稿创建及基本编辑

2.1 初识幻灯片

技巧25 创建新演示文稿

当需要进行工作汇报、企业宣传、技术培训、应聘演讲以及项目方案解说时，通过个人口述事实是不具有吸引力和说服力的，当具备 PPT 放映条件时，一般都会选择通过演示文稿的播放来让观众加深印象，提高信息传达的力度与效率。那么在完成演示文稿的设计过程中，创建一篇新演示文稿是首要工作。具体操作方法如下。

❶ 在桌面窗口单击鼠标右键，在弹出的快捷菜单中选择“新建”→“**Microsoft PowerPoint** 演示文稿”命令（如图 **2-1** 所示），打开 **PowerPoint** 启动界面，如图 **2-2** 所示。

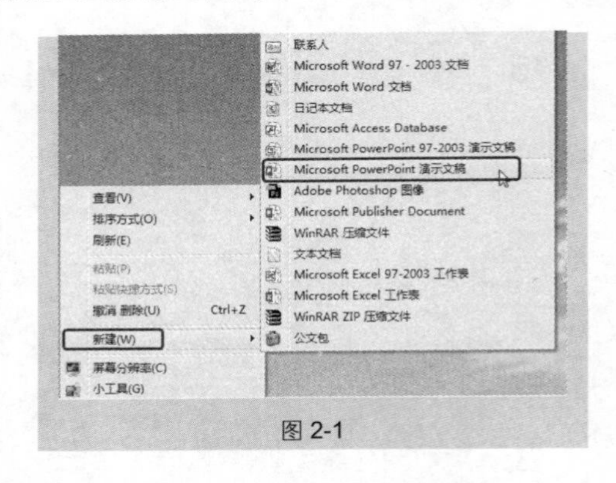

图 2-1

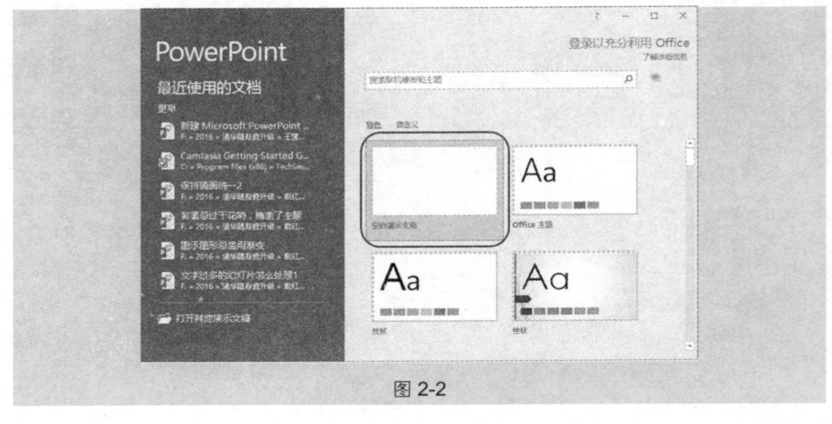

图 2-2

❷ 单击“空白演示文稿”即可创建空白的新演示文稿，如图 2-3 所示。

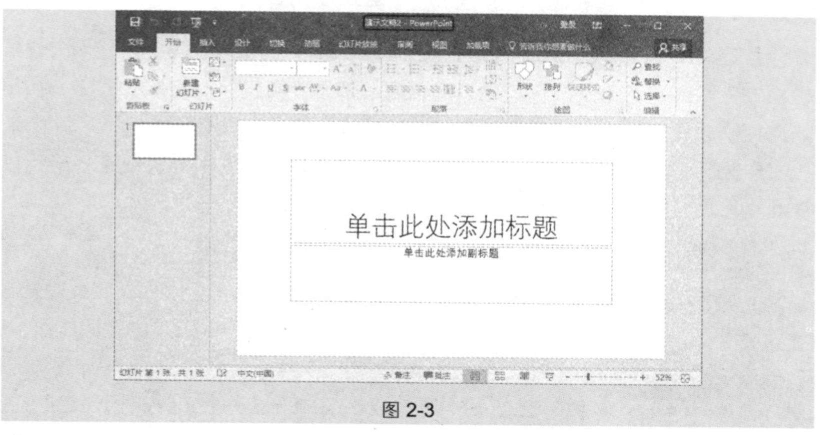

图 2-3

应用扩展

也可以将“Microsoft PowerPoint 演示文稿”的图标发送到桌面上，这样以后只要想创建演示文稿，在桌面上双击图标即可。发送的操作方法如下。

在桌面任务栏左下角单击“开始”按钮，在弹出的菜单中，将鼠标指针指向“PowerPoint 2016”命令，在子菜单中指向“发送到”命令，再在下一级菜单中选择“桌面快捷方式”命令（如图 2-4 所示），即可完成对演示文稿图标的创建。

图 2-4

技巧 26 应用模板或主题创建新演示文稿

技巧 25 中创建的演示文稿为空白演示文稿，此外还可以应用程序内置的模板或主题创建新演示文稿。此方法创建的演示文稿已经有主题效果了，如果是应用模板创建的，则可能还具有相关的版式。操作方法如下。

❶ 按技巧 25 的方法启动 PowerPoint，在创建演示文稿时可以选择应用模板而不使用“空白演示文稿”，如图 2-5 所示为模板列表。

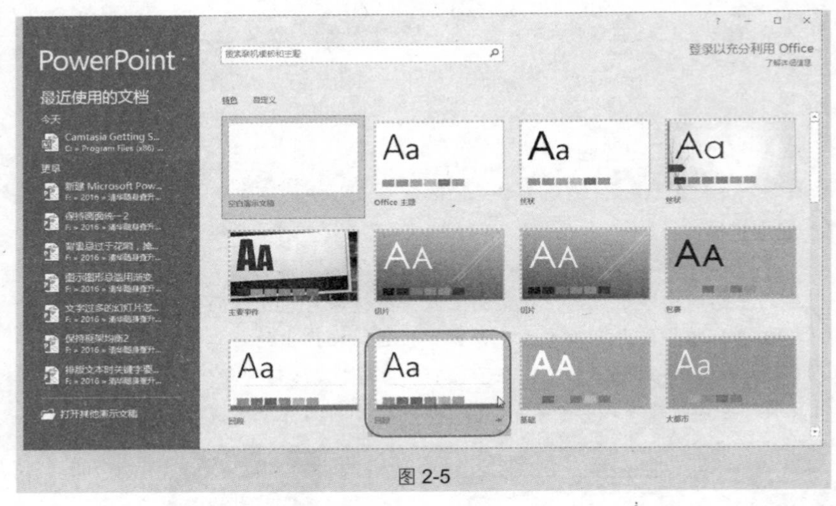

图 2-5

❷ 选中所需要的模板，弹出提示框以选择不同的配色方案，选中相应的颜色，单击“创建”按钮（如图 2-6 所示）即可，效果如图 2-7 所示。

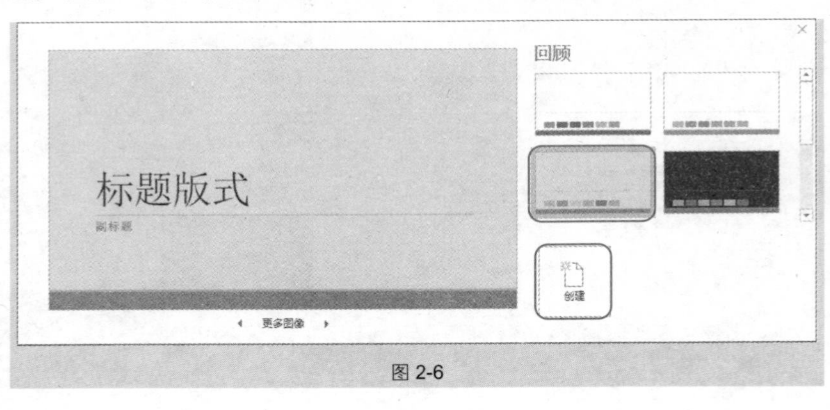

图 2-6

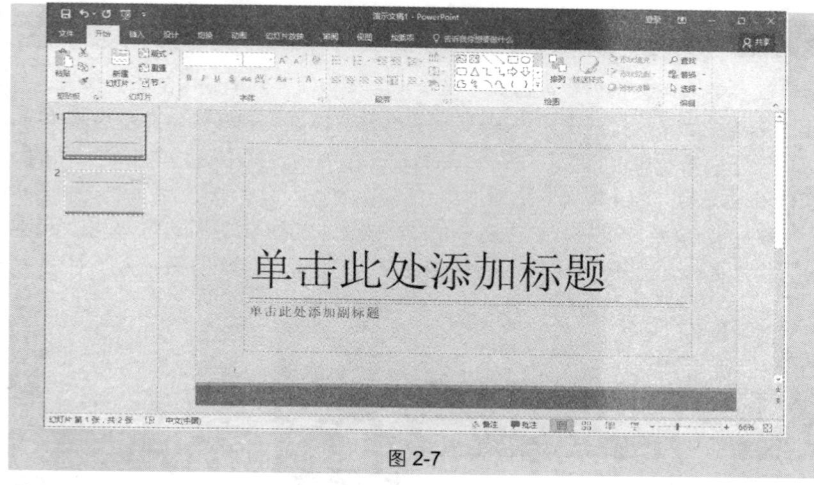

图 2-7

应用扩展

除了程序内置的模板之外还可以通过搜索的方式获取 office online 上的模板。如图 2-8 所示，只要在搜索框中输入关键字，然后单击🔍按钮即可。搜索到之后，下载即可使用。

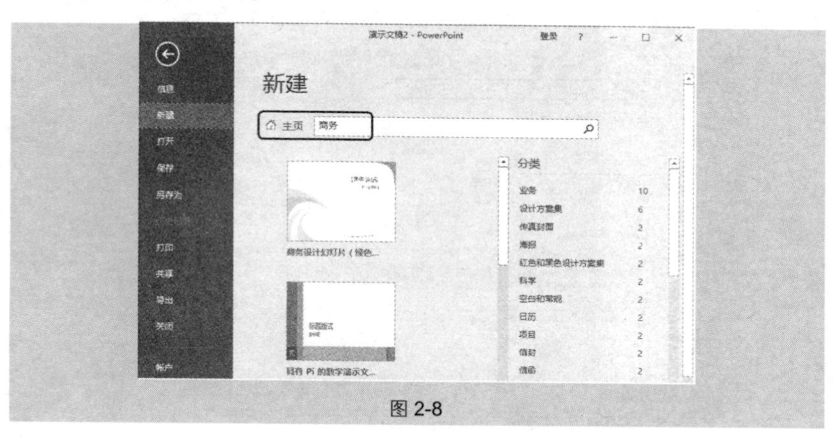

图 2-8

专家点拨

未打开 PPT 程序时，只要打开即创建了一个新演示文稿。如果已经打开了 PPT 程序，而又要再创建另一个新演示文稿，则在程序中单击左上角位置的“文件”选项卡，在弹出的下拉菜单中选择“新建”命令，然后在右侧选择创建新演示文稿或依据模板创建演示文稿命令。

技巧 27　快速保存演示文稿

在创建演示文稿后要进行保存操作，即将它保存到电脑中的指定位置，这样下次才可以再次打开使用或编辑。保存操作可以在创建了演示文稿后就执行，也可以在编辑后执行，建议先保存，然后在整个编辑过程中随时单击左上角的按钮及时更新保存。操作方法如下。

❶ 创建演示文稿后，单击左上角的按钮（如图 2-9 所示），弹出“另存为”提示面板，选择“浏览”命令（如图 2-10 所示），弹出“另存为”对话框。

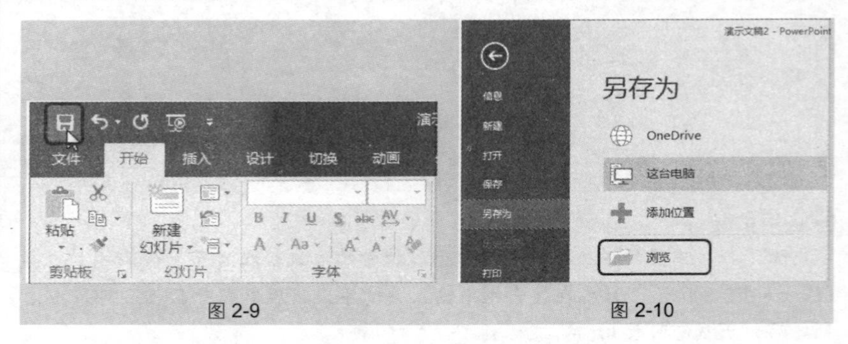

图 2-9　　图 2-10

❷ 设置好保存位置，并输入保存文件名，如图 2-11 所示。

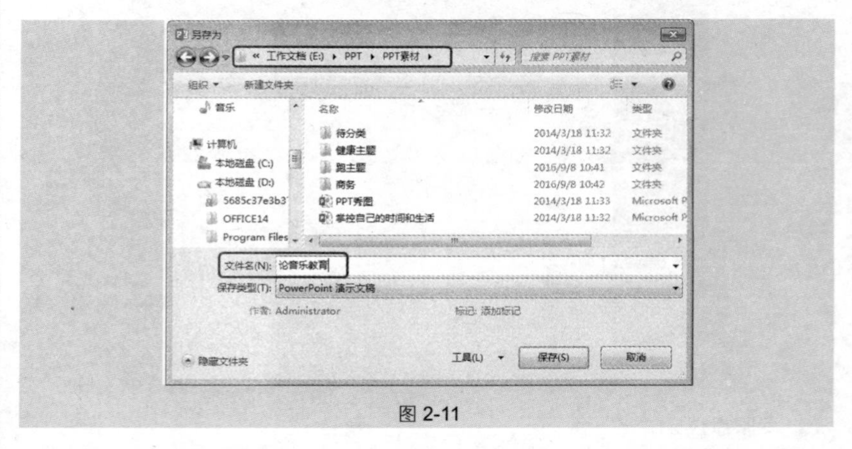

图 2-11

❸ 单击“保存”按钮即可看到当前演示文稿已被保存，如图 2-12 所示。

专家点拨

首次创建新演示文稿后单击按钮会提示设置保存位置，对于已保存的演示文稿，编辑过程中随时单击按钮不再提示设置保存位置，而是对已保存的文件进行更新保存。

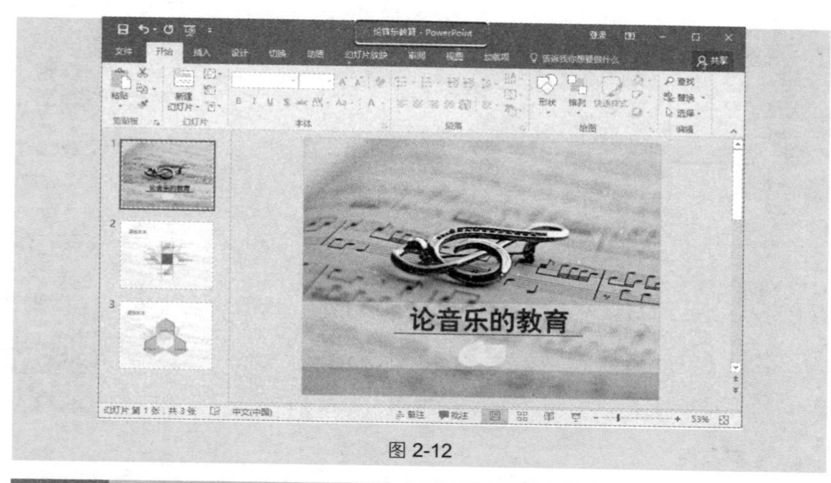

图 2-12

技巧 28　创建新幻灯片

创建新演示文稿后，需要进入演示文稿创建新幻灯片进行内容的编辑。

打开演示文稿，在“开始”→“幻灯片”选项组中单击“新建幻灯片”按钮，在其下拉列表中选择想使用的版式，如“内容与标题”版式（如图 2-13 所示），单击即可以此版式创建一张新的幻灯片，如图 2-14 所示。

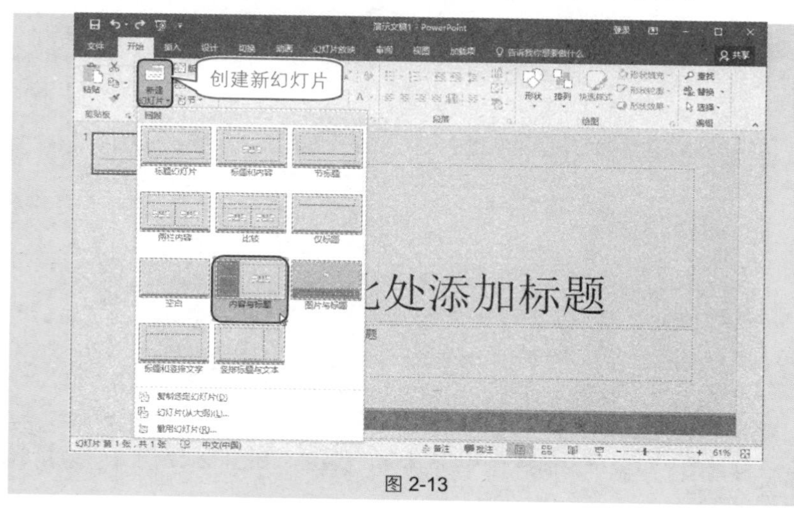

图 2-13

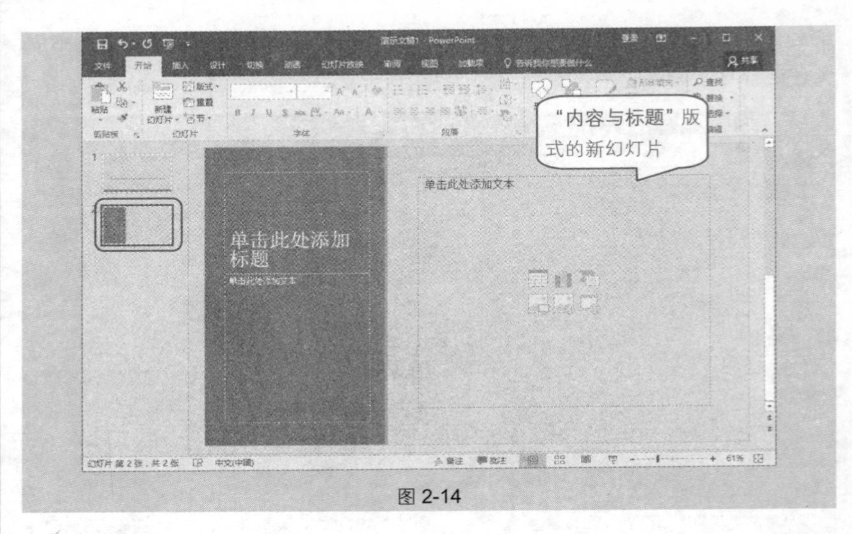

图 2-14

专家点拨

除了上述介绍的方法以外，还可以使用"Enter"键快速创建。选中目标幻灯片后，只要按下"Enter"键就可以依据上一张幻灯片的版式创建新幻灯片。

技巧 29 快速变换幻灯片版式

在创建新幻灯片后，如果新幻灯片的版式不符合当前要求，可以重新更改其版式。如图 2-15 所示，幻灯片版式为"标题与文本"，然后更改为"内容与标题"版式，并添加了图片，如图 2-16 所示。操作方法如下。

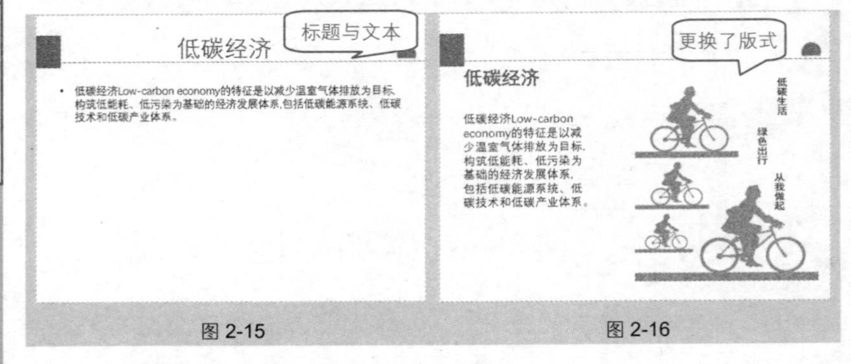

图 2-15　　图 2-16

❶ 选中该幻灯片，在"开始"→"幻灯片"选项组中单击"版式"下拉按钮，在弹出的下拉菜单中选择"内容与标题"版式，如图 2-17 所示。应用后

幻灯片效果如图 2-18 所示。

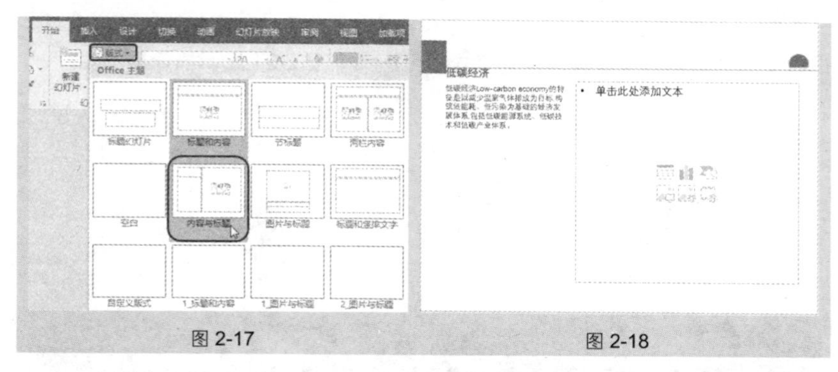

图 2-17　　　　图 2-18

❷ 调整标题与正文的位置，并在右侧的占位符中单击按钮插入图片即可。

应用扩展

也可以选中该幻灯片，单击鼠标右键，在弹出的快捷菜单中将鼠标指针指向“版式”命令，在子菜单中选择需要更换的版式，如图 2-19 所示。

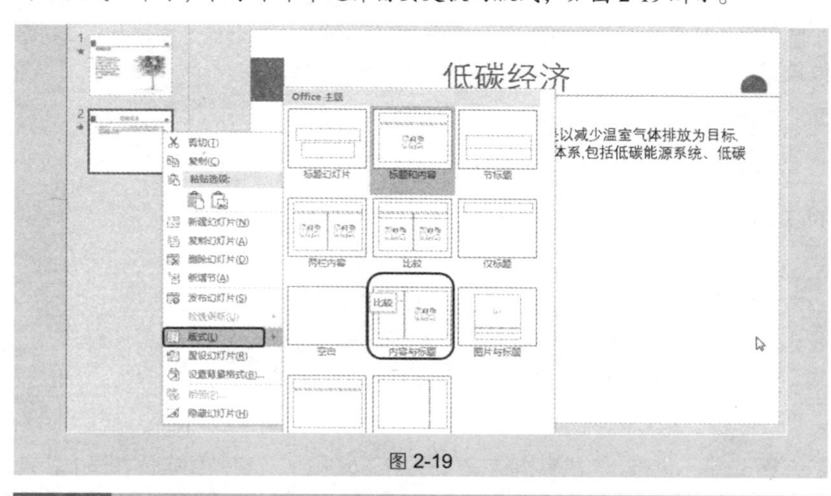

图 2-19

技巧 30　在占位符中输入文本

占位符应用于幻灯片中表现为一个虚框，虚框内部往往有“单击此处添加标题”之类的提示文字，一旦鼠标单击之后，提示文字会自动消失。它的作用是先占住一个固定的位置。在演示文稿排版时，为了很好地规划版面，有时会包含多个占位符，如图 2-20 所示。

❶ 鼠标定位于占位符内，提示文字消失，然后输入需要的文字。

❷ 如果需要设置文字的格式，则切换至“开始”→“字体”选项组中重新设置文字的字体、字号和颜色等格式，可达到如图 2-21 所示的效果。

图 2-20　　图 2-21

技巧 31　调整占位符的位置与大小

占位符能起到布局幻灯片版面结构的作用。根据排版的需要，占位符的大小和位置可以在幻灯片编辑区进行调整，如图 2-22 所示的模板幻灯片，可以通过调整占位符的大小和位置，使整体布局更清晰美观。

图 2-22

❶ 选中占位符，将鼠标指针指向占位符边线上（注意不要定位在调节控点上），按住鼠标左键拖动到合适位置（如图 2-23 所示），释放鼠标后即可完成占位符位置的调整。

❷ 选中占位符，将鼠标指针指向占位符边框的尺寸控点上，按住鼠标左键拖动到需要的大小（如图 2-24 所示），释放鼠标后即完成占位符大小的调整。

❸ 根据版面设置文字格式，按照此操作方式可得到调节后的效果如图 2-25 所示。

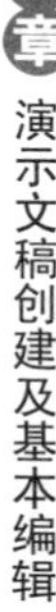

图 2-23　　　　图 2-24

图 2-25

技巧 32　在任意位置添加文本框输入文本

如果幻灯片使用的是默认的版式，其中包含的文本占位符是有限的。因此为了使版面更活跃，可以在任意需要的位置上绘制文本框来添加文字信息。而有的设计者更喜欢使用自由的文本框，因此可以为幻灯片应用空白的版式，然后在任意需要的位置上添加文本框来输入文字，如图 **2-26** 所示。操作方法如下。

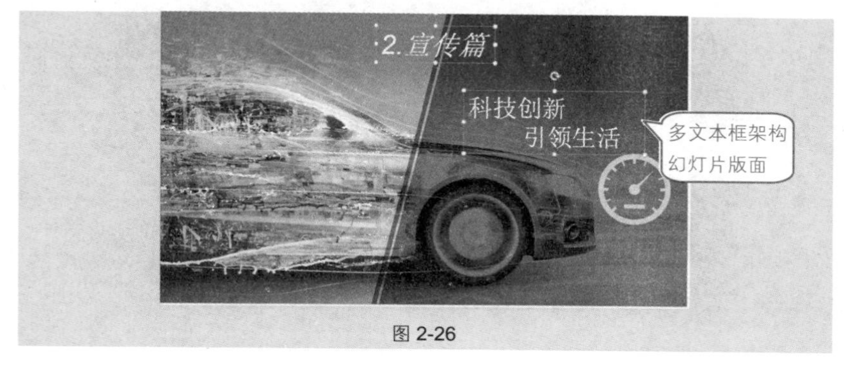

图 2-26

❶ 在“插入”→“文本”选项组中单击“文本框”下拉按钮，在其下拉菜单中选择“横排文本框”选项，如图 **2-27** 所示。

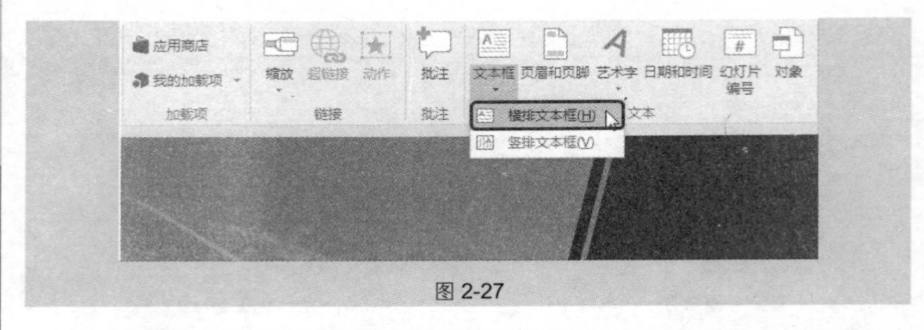

图 2-27

❷ 在需要的位置上按住鼠标左键拖动即可绘制文本框，选中文本框并单击鼠标右键，在弹出的快捷菜单中选择“编辑文字”命令，如图 2-28 所示。

图 2-28

❸ 此时可在文本框内编辑文字，如图 2-29 所示。

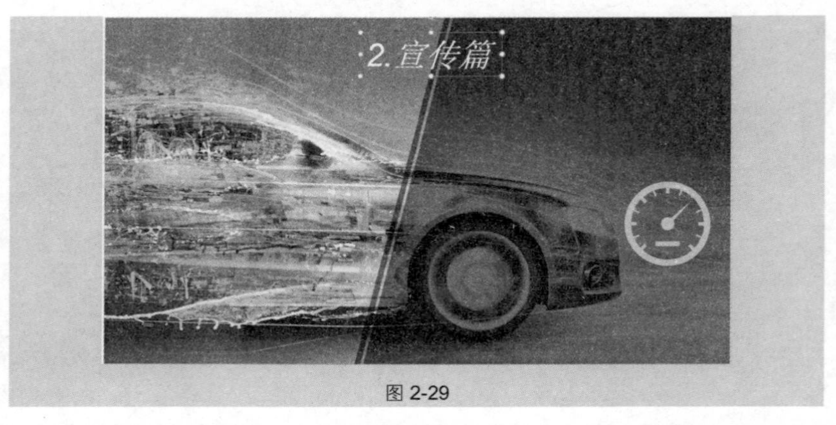

图 2-29

❹ 按照此方法操作可添加其他文本框并输入文字，达到如图 2-26 所示的效果。

专家点拨

如果某处的文本框与前面的文本框格式基本相同，可以选中文本框，执行复制命令，然后粘贴下来，再重新编辑文字，移至需要的位置上即可。

技巧 33　在幻灯片中添加图片

为了丰富幻灯片的表达效果，图片是必不可少的一个要素，图文结合可以让幻灯片的表达效果更直观，并且更具观赏性。那么如何向幻灯片中添加图片呢？操作步骤如下。

❶ 选中目标幻灯片，在“插入”→“图像”选项组中单击“图片”按钮（如图 2-30 所示），打开“插入图片”对话框，找到图片存放位置，选中图片，如图 2-31 所示。

图 2-30　　　　图 2-31

❷ 单击“插入”按钮，插入图片，可根据版面调整图片的大小和位置，如图 2-32 所示。

图 2-32

技巧 34 一次性添加多张图片

如果幻灯片中要使用多张图片（例如有时会使用多张小图以达到某种表达效果），此时可以一次性将多张图片同时添加进来。操作方法如下。

❶ 选中目标幻灯片，在“插入”→“图像”选项组中单击“图片”按钮，打开“插入图片”对话框，找到图片存放位置。

❷ 打开该文件夹，用鼠标一次性拖曳选取文件夹中所需要的图片文件，如图 2-33 所示。

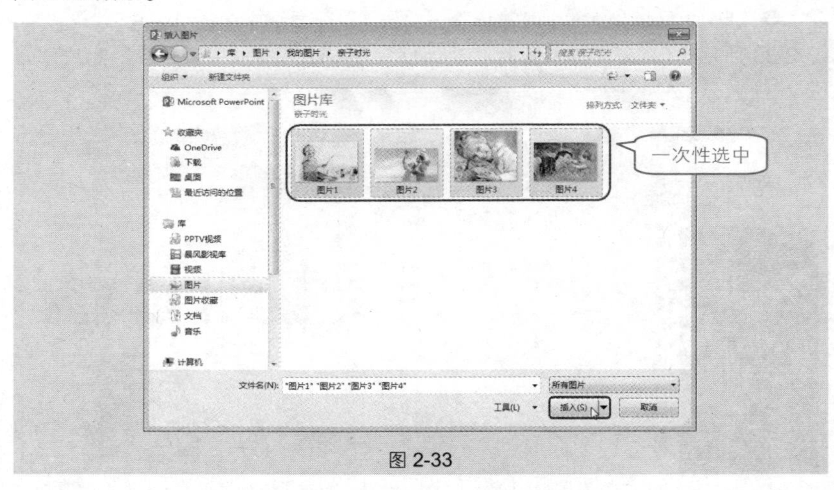

图 2-33

❸ 单击“插入”按钮即可一次性插入选中的图片。

❹ 插入图片后，可调整图片大小和位置并添加相关元素，即可达到如图 **2-34** 所示的效果。

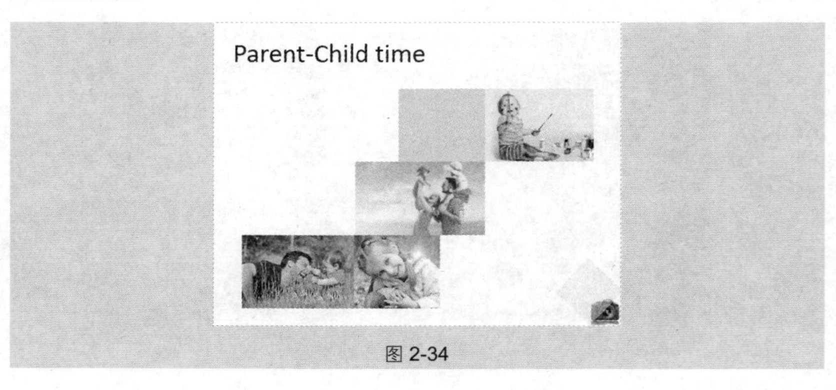

图 2-34

技巧 35　在幻灯片中插入图形

图形在幻灯片的设计中具有非常重要的作用。图形可以实现突出文字、规划版面、表达数据关系、点缀修饰等效果。如图 2-35 所示的幻灯片，其中使用了三角形图形，下面以此为例介绍在幻灯片中插入图形的方法。

图 2-35

❶ 选中目标幻灯片，在“插入”→“插图”选项组中单击“形状”下拉按钮，在其下拉列表中选择要绘制的形状，如“等腰三角形”，如图 2-36 所示。

❷ 此时鼠标箭头变为十字形状，按住鼠标左键进行绘制，释放鼠标后即可得到图形，如图 2-37 所示。

图 2-36　　　　图 2-37

❸ 对图形进行大小和位置的调整（方法同占位符大小和位置调整）。

❹ 再按此方法绘制得到下方图形，单击鼠标右键，在弹出的快捷菜单中选择“设置形状格式”命令，打开“设置形状格式”窗格，单击“填充与线条”标签按钮，选中“纯色填充”单选按钮，设置“颜色”为“青绿”，“透明度”为“**40%**”，如图 2-38 所示。

图 2-38

专家点拨

在幻灯片中添加图形，可以在图形中插入文字，只要在图形上单击鼠标右键，在弹出的快捷菜单中选择“编辑文字”命令即可。

2.2 幻灯片的操作技巧

技巧 36 移动、复制、删除幻灯片

一篇演示文稿通常都会包含多张幻灯片，因为内容前后逻辑关系，很多时候需要对幻灯片进行移动、复制、删除等操作。

（1）移动幻灯片

在“视图”→“演示文稿视图”选项组中单击“幻灯片浏览”按钮进入幻灯片浏览视图中，选中需要被移动的图片（如图 2-39 所示），按住鼠标左键到合适的位置后释放鼠标，即可完成移动，如图 2-40 所示。

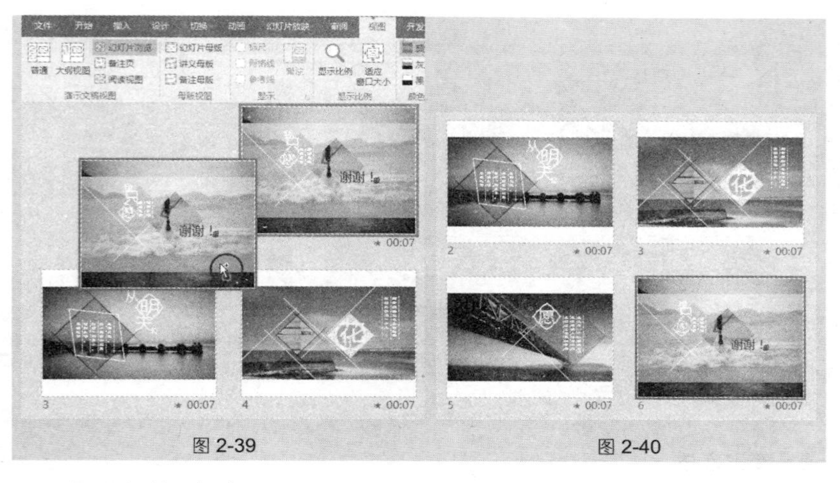

图 2-39　　　　图 2-40

（2）复制幻灯片

在幻灯片浏览视图中选中需要被复制的幻灯片，单击鼠标右键，在弹出的快捷菜单中选择“复制幻灯片”命令（如图 2-41 所示）即可完成复制，如图 2-42 所示。

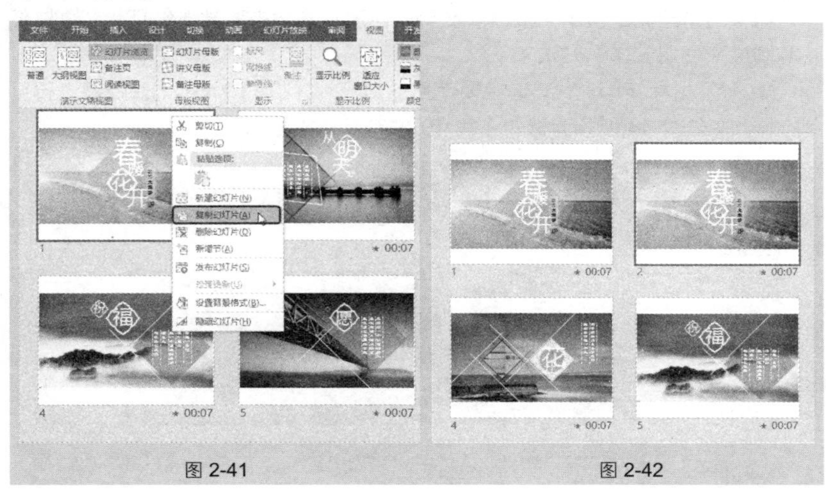

图 2-41　　　　图 2-42

（3）删除幻灯片

在幻灯片浏览视图中选中需要被删除的幻灯片，单击鼠标右键，在弹出的快捷菜单中选择“删除幻灯片”命令即可删除目标幻灯片，如图 2-43 所示。

图 2-43

专家点拨

如果不进入幻灯片浏览视图中操作，也可以直接在窗口左侧的缩略图窗格中进行选中、复制、删除等操作。

技巧 37 复制其他演示文稿中的幻灯片

如果当前建立的演示文稿需要使用其他演示文稿中的某张幻灯片，可以将其复制过来使用。操作方法如下。

❶ 打开目标演示文稿，选中要使用的幻灯片并按“**Ctrl+C**”快捷键进行复制操作，如图 **2-44** 所示为选中了第 **10** 张幻灯片并复制。

图 2-44

❷ 切换到当前幻灯片中，在窗口左侧的缩略图窗格中定位光标的位置，按“**Ctrl+V**”快捷键进行粘贴，如图 **2-45** 所示。

图 2-45

应用扩展

复制得到的幻灯片默认自动应用当前演示文稿的主题（即它的配色方案、主题字体会自动与当前演示文稿保持一致），如果想让复制得到的幻灯片保持原有主题，操作如下：

复制幻灯片后，不要直接粘贴，而是在“开始”→“剪贴板”选项组中单击“粘贴”下拉按钮，在打开的下拉菜单中单击“保留源格式”按钮（如图 2-46 所示），粘贴后即可让粘贴来的幻灯片保持原样。

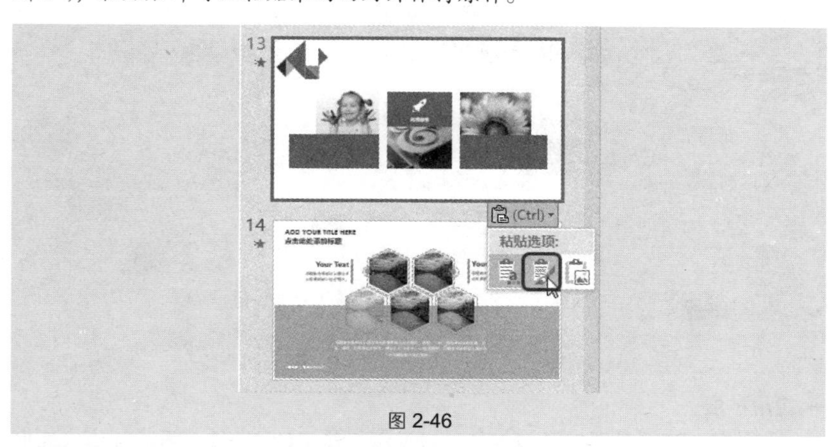

图 2-46

技巧 38　隐藏不需要放映的幻灯片

在窗口左侧的幻灯片窗格中显示了所有幻灯片的缩略图，而在实际工作中可能不是每张幻灯片都需要播放的，那么如何实现在不删除幻灯片的情况下又可以跳过播放该幻灯片呢？这时需要隐藏幻灯片，操作方法如下。

❶ 在幻灯片窗格中选中需要隐藏的幻灯片并单击鼠标右键，在弹出的快捷

菜单中选择“隐藏幻灯片”命令，如图 2-47 所示。

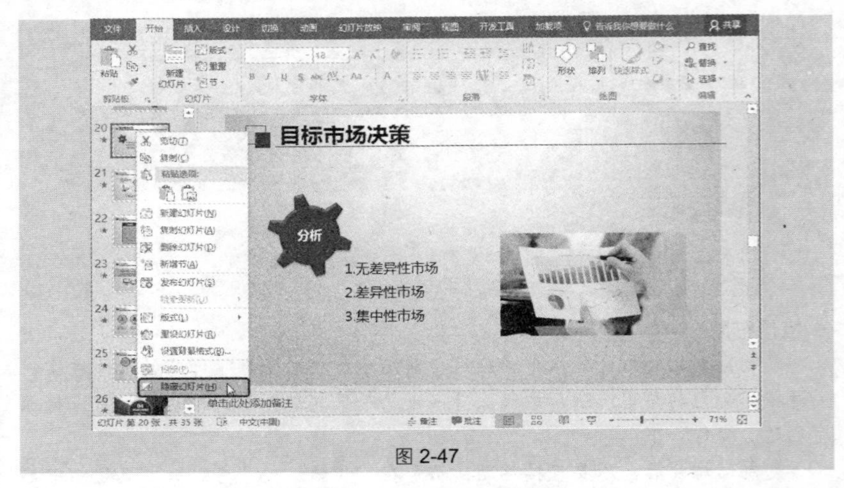

图 2-47

❷ 执行该命令后，被隐藏的幻灯片编号前会添加一个“\”标记（▣），如图 2-48 所示。

图 2-48

应用扩展

如果想一次性隐藏多张幻灯片，则可以按住“Ctrl”键，用鼠标依次选中多张需要隐藏的幻灯片，然后在“幻灯片放映”→“隐藏”选项组中单击“隐藏幻灯片”按钮即可实现一次性隐藏。

技巧 39　一次性插入本机其他演示文稿的所有幻灯片

如果当前编辑的演示文稿需要使用其他演示文稿的幻灯片，通过下面的方法可以一次性将某篇演示文稿中的所有幻灯片全部复制到当前演示文稿中。

❶ 选中目标幻灯片，在“开始”→“幻灯片”选项组中单击“新建幻灯片”按钮，在其下拉列表中选择“幻灯片（从大纲）”命令，如图 2-49 所示。

图 2-49

❷ 打开“插入大纲”对话框，在“文件类型”下拉列表框中选择“所有文件”选项，接着找到需要使用的演示文稿的保存路径并选中，如图 2-50 所示。

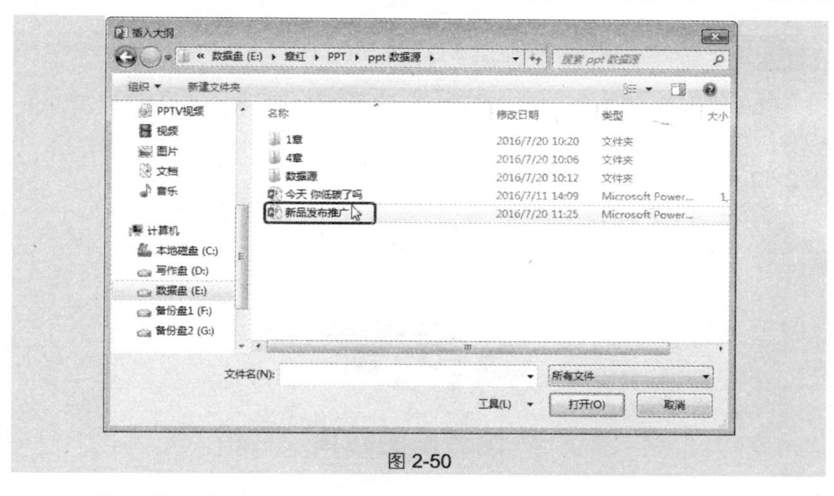

图 2-50

❸ 单击“打开”按钮，即可将选中演示文稿中的所有幻灯片插入当前演示文稿，如图 2-51 所示。

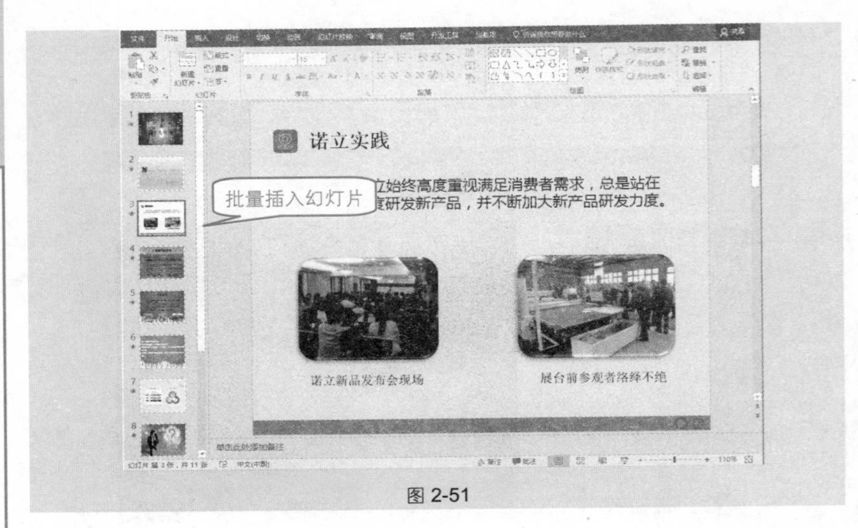

图 2-51

专家点拨

在进行批量插入幻灯片时，也可以使用快捷键的操作方式。选定多张幻灯片，按“Ctrl+C”快捷键进行复制，然后按“Ctrl+V”快捷键进行粘贴即可。若在同一演示文稿内进行复制操作，可以选中多张幻灯片后按“Ctrl+D”快捷键快速复制幻灯片。

技巧 40　标准幻灯片与宽屏幻灯片

PowerPoint 2016 版演示文稿的幻灯片有标准幻灯片和宽屏幻灯片之分，标准幻灯片即尺寸为 **4:3**，宽屏为 **16:9**，不同情况下可以选用不同的尺寸。如图 **2-52** 和图 **2-53** 所示分别为标准幻灯片和宽屏幻灯片。

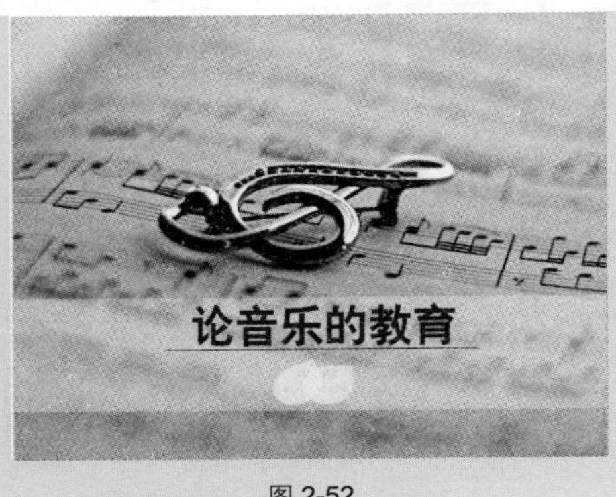

图 2-52

图 2-53

某些情况下，标准幻灯片和宽屏幻灯片可以互相调换，操作步骤如下。

❶ 在“设计”→“自定义”选项组下，根据当前幻灯片的尺寸大小，自行对相对的尺寸进行调换，此例为标准幻灯片，选择“宽屏（16:9）”命令，如图 2-54 所示。

图 2-54

❷ 弹出“Microsoft PowerPoint”对话框，选择“确保合适”选项（如图 2-55 所示）即可转换为宽屏幻灯片，如图 2-56 所示。

图 2-55　　图 2-56

专家点拨

在建立幻灯片时建议开始设计前就将大小确定好，然后根据幻灯片的页面大小去编排设计其他元素，因为如果设计好后再更改幻灯片大小，有时会打乱原来的元素布局，或需要再次调整。

技巧 41 创建竖排幻灯片

建立幻灯片时，默认的方向是横向的，如图 2-57 所示。根据实际需要还可以将幻灯片方向更改为纵向显示，如图 2-58 所示。具体操作方法如下。

图 2-57

图 2-58

❶ 在“设计”→“自定义”选项组中单击“幻灯片大小”按钮，在弹出的下拉列表中选择“自定义幻灯片大小”命令，如图 2-59 所示。打开“幻灯片大小”对话框，在“幻灯片”栏中选中“纵向”单选按钮，接着在“备注、讲义和大纲”栏中选中“纵向”单选按钮，如图 2-60 所示。

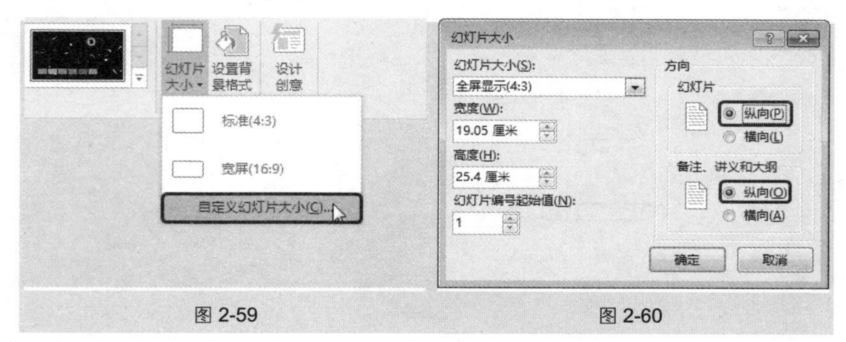

图 2-59　　图 2-60

❷ 单击“确定”按钮，即可将幻灯片更改为纵向，根据实际需要添加其他元素即可达到如图 2-58 所示的效果。

技巧 42　给幻灯片添加时间印迹

系统默认创建的演示文稿是没有日期标识的，为了标识出制作日期，可以在幻灯片中统一添加时间信息，如图 2-61 和图 2-62 所示。具体操作方法如下。

图 2-61　　图 2-62

❶ 在“插入”→“文本”选项组中单击“日期和时间”按钮（如图 2-63 所示），打开“页眉和页脚”对话框。

图 2-63

❷ 选中“日期和时间”复选框，选中“固定”单选按钮，在下方文本框中输入“**2016/12/7**”，如图 2-64 所示。

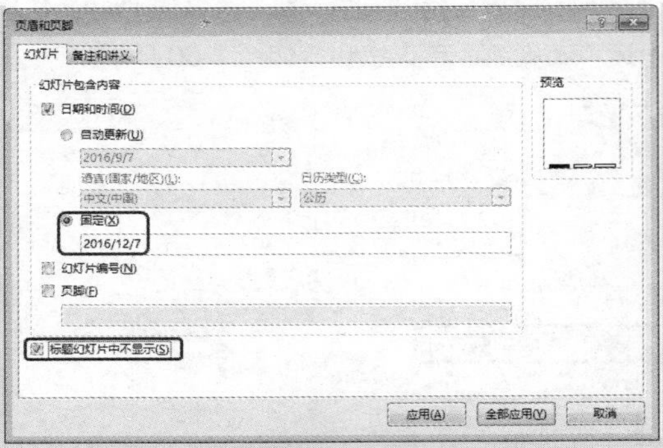

图 2-64

❸ 单击“应用”按钮即可为当前选中的幻灯片添加日期，单击“全部应用”按钮将为所有幻灯片添加日期。

应用扩展

如果要插入随系统时间自动更新的日期和时间，操作方法如下：

在“页眉和页脚”对话框中选中“日期和时间”复选框，接着选中“自动更新”单选按钮，在“日期”下拉列表框中选择一种日期样式，单击“全部应用”按钮即可，如图 2-65 所示。

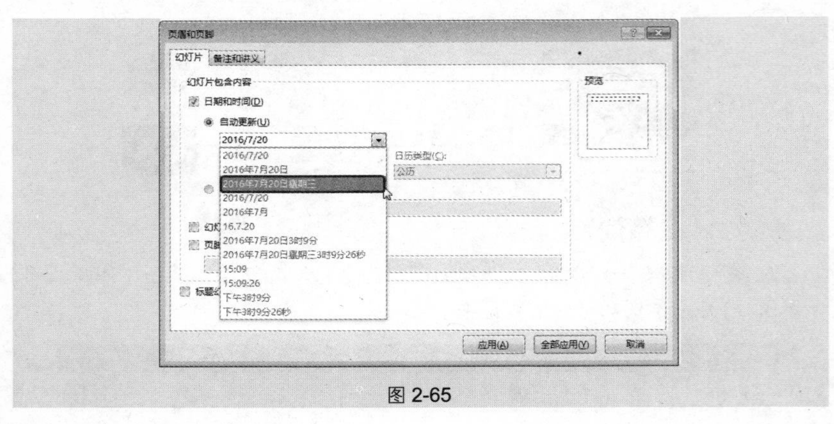

图 2-65

专家点拨

插入日期后，可以选中并进行文字格式设置或调整位置，但是如果想一次性设置日期的文字格式，需要进入母版视图中进行操作。进入母版视图后，选中“时间”页脚框，在“开始”→“字体”选项组中进行设置即可。

技巧 43 为幻灯片文字添加网址超链接

超链接实际上是一个跳转的快捷方式，单击含有超链接的对象，将会自动跳转到指定的幻灯片、文件夹或者网址等位置。如图 2-66 所示即为“旅途户外用品公司”文字添加了超链接。操作方法如下。

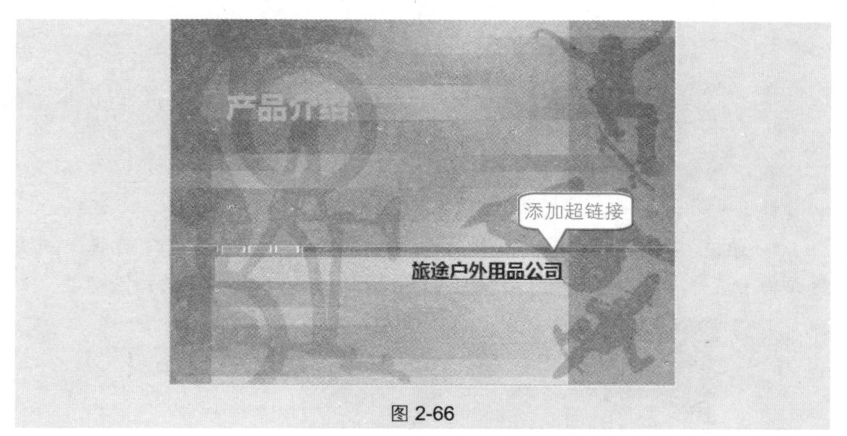

图 2-66

❶ 选中文字所在文本框，在“插入”→“链接”选项组中单击“超链接”按钮，如图 2-67 所示。

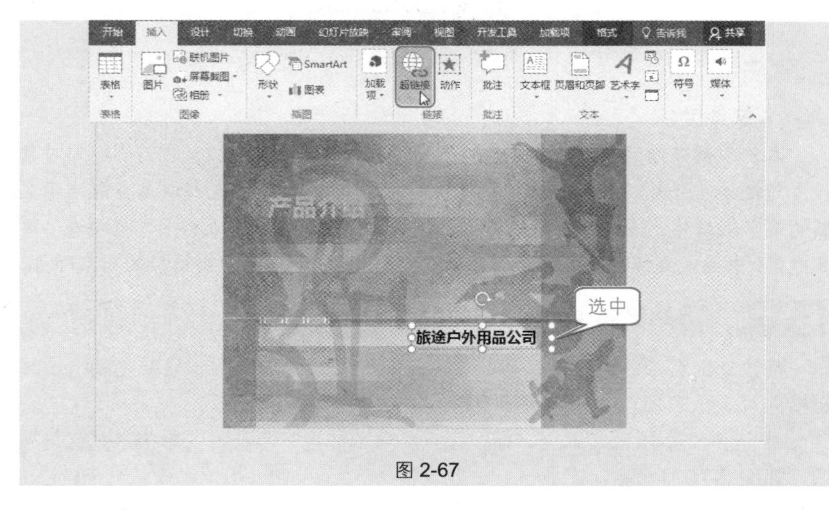

图 2-67

❷ 打开“插入超链接”对话框，在“地址”文本框中输入网址，如图 2-68 所示。

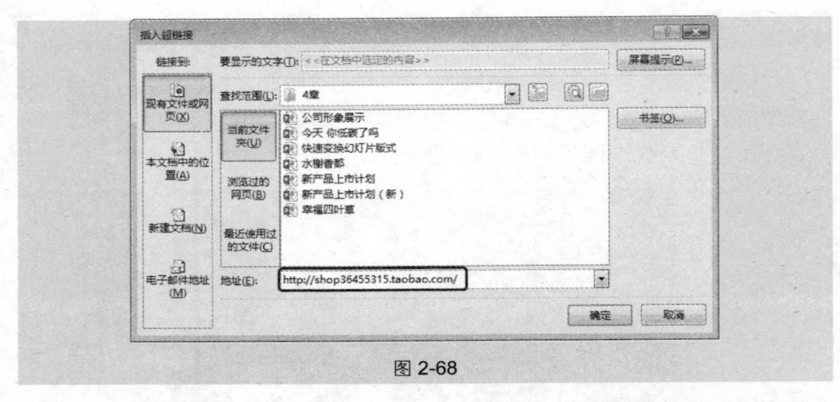

图 2-68

❸ 单击“确定”按钮完成设置。选中该文本，单击鼠标右键，在弹出的快捷菜单中选择“打开超链接”命令（如图 2-69 所示），即可跳转到该网址。

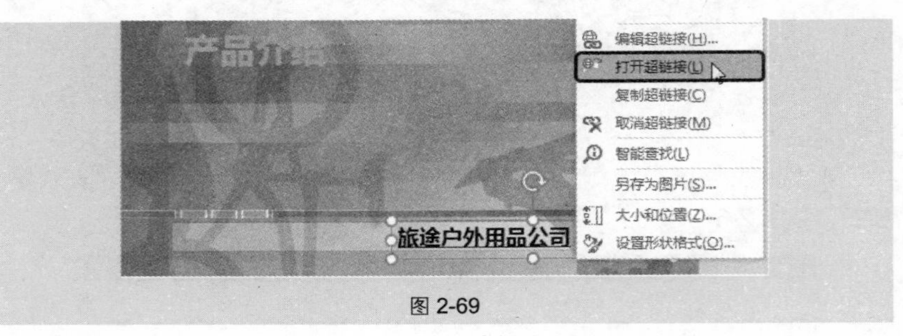

图 2-69

专家点拨

本例举例介绍的是将文字超链接到网址，除此之外还可以为图片、图形对象设置超链接，并且设置的链接对象可以是网址（如本例），也可以是当前演示文稿的某张幻灯片，还可以是其他文档，如 Word 文档、Excel 表格等。只要在“查找范围”中确定要链接的文档的保存位置，然后在列表中选中要链接的对象即可。

技巧 44　巧妙链接到其他幻灯片

在设计幻灯片的过程中，若需要引用其他幻灯片的内容，只要创建一个超链接即可轻松实现。操作方法如下。

❶ 选中文字所在文本框，在“插入”→“链接”选项组中单击“动作”按钮，如图 2-70 所示。

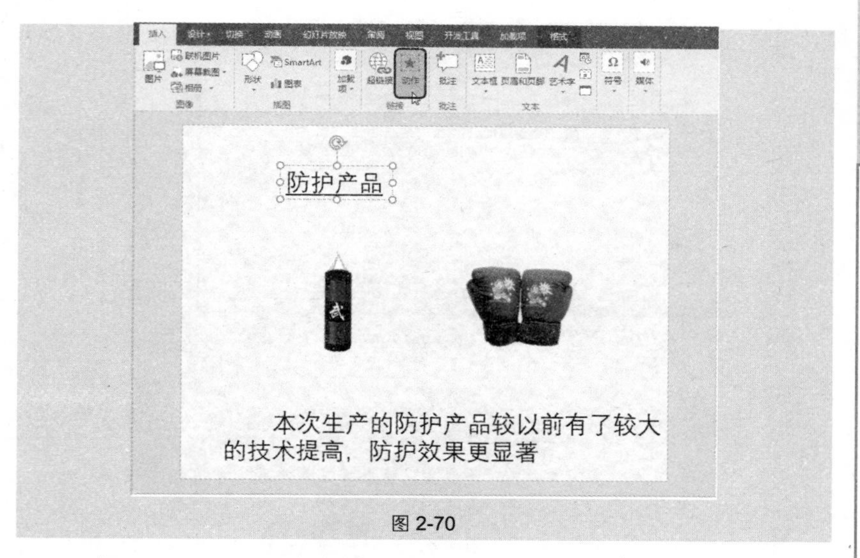

图 2-70

❷ 打开“操作设置”对话框，在“超链接到”下拉列表框中选择“幻灯片”选项，如图 2-71 所示。

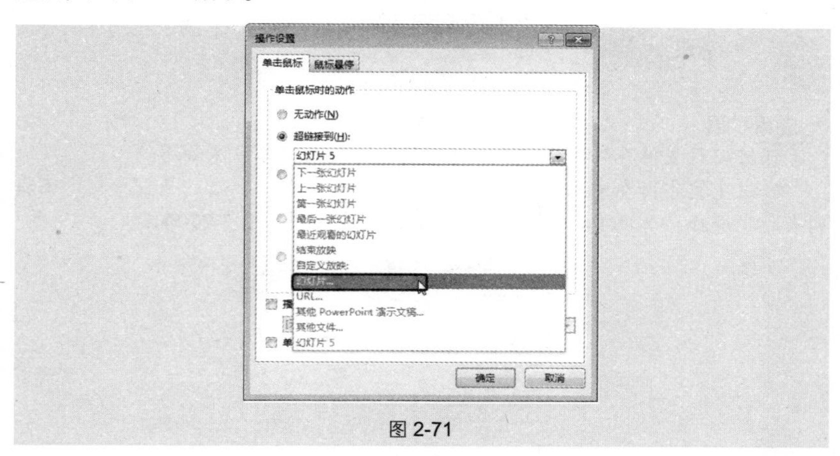

图 2-71

❸ 打开“超链接到幻灯片”对话框，在“幻灯片标题”列表框中选中要链接到的目标幻灯片，如图 2-72 所示。

❹ 单击“确定”按钮即可为幻灯片添加超链接。选中该文本，单击鼠标右键，在弹出的快捷菜单中选择“打开超链接”命令（如图 2-73 所示），即可跳转到指定的幻灯片。

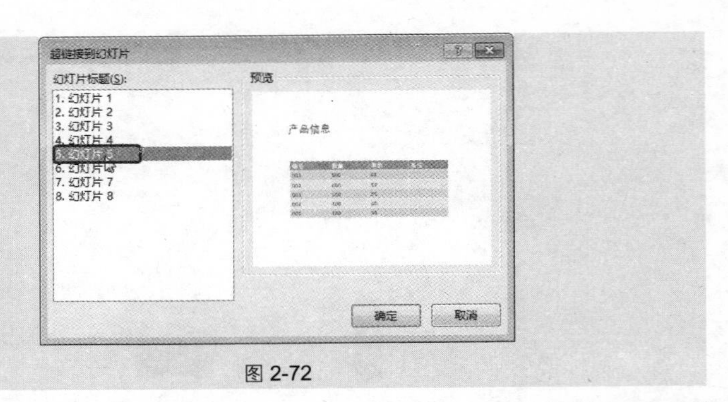

图 2-72

图 2-73

应用扩展

还可以设置链接到其他演示文稿中的幻灯片，操作方法如下。

❶ 选中文字所在文本框，打开“操作设置”对话框，在“超链接到”下拉列表框中选择“其他 PowerPoint 演示文稿”选项，如图 2-74 所示。

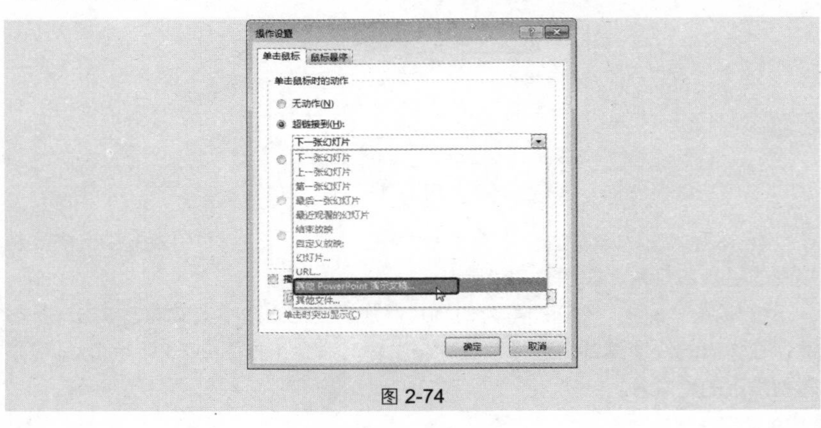

图 2-74

❷ 打开“超链接到其他 PowerPoint 演示文稿”对话框，选择需要作为超链接的演示文稿，如图 2-75 所示。

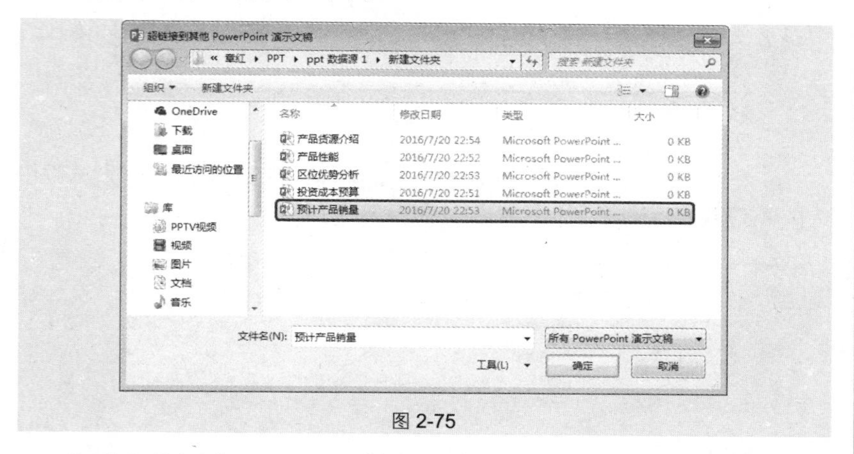

图 2-75

❸ 单击“确定”按钮，打开“超链接到幻灯片”对话框，在“幻灯片标题”列表框中选择想链接到的幻灯片，如图 2-76 所示。

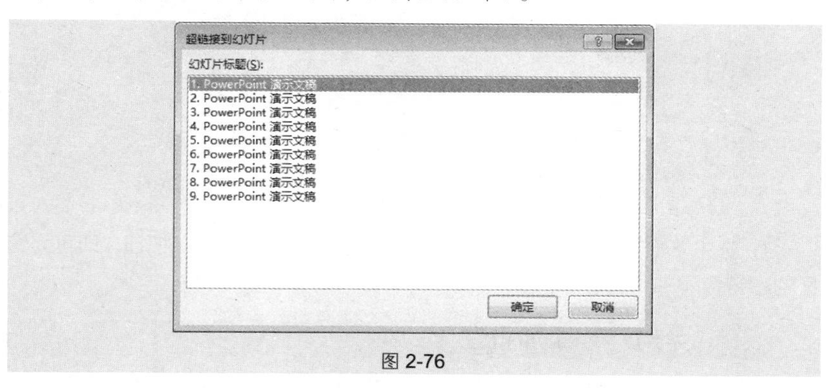

图 2-76

❹ 单击“确定”按钮，即可为幻灯片添加超链接。

技巧 45 为超链接添加声音

添加超链接后，为了让文稿中的超链接突出显示，还可以为其添加声音提示，当光标移至超链接处时可以发出声音，提示用户此处设置了超链接。操作方法如下。

❶ 在“插入”→“链接”选项组中单击“动作”按钮，如图 2-77 所示。

图 2-77

❷ 打开“操作设置”对话框，选中“播放声音”复选框，在下拉列表框中选择想使用的声音选项，如“爆炸”，如图 2-78 所示。

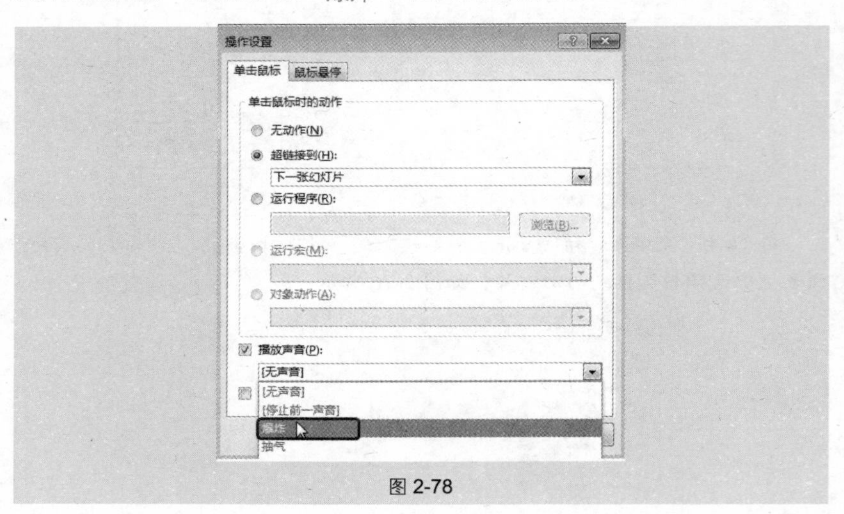

图 2-78

❸ 选中下面的“单击时突出显示”复选框，单击“确定”按钮，即可为选择的超链接添加声音。

技巧 46 为幻灯片添加批注

幻灯片在设计时既要考虑实用性也要考虑其观赏性，因此在设置版面时宜简不宜繁，忌大篇幅文字，对于一些需要特殊说明的概念，可以为其添加批注。批注是一种备注，它可以使注释对象的内容或者含义更易于理解，如图 2-79 所示即为标题文字添加了批注。具体操作方法如下。

❶ 选中要添加批注的对象，在“插入”→“批注”选项组中单击“批注”按钮，如图 2-80 所示。

❷ 打开“批注”右侧窗格，光标会出现在批注编辑框中，输入批注内容即可，如图 2-81 所示。

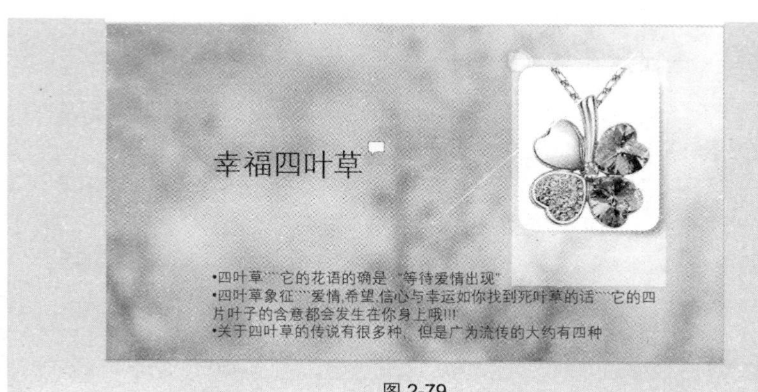

图 2-79

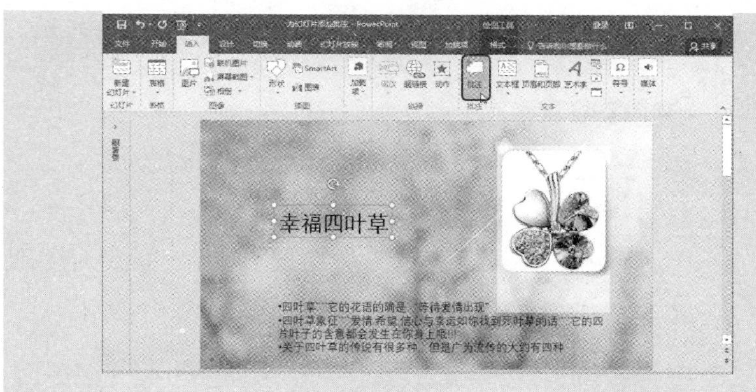

图 2-80

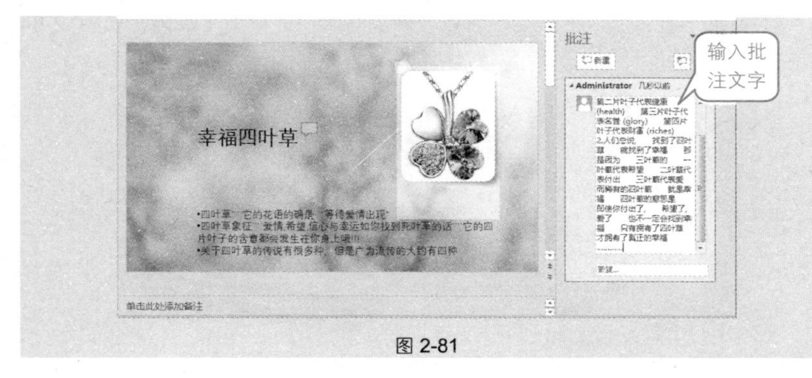

图 2-81

❸ 添加批注后，对象的边角会出现一个标记，在标记上单击即可打开“批注”窗格查看批注内容。

技巧 47 查找指定文本并替换

在 PPT 制作过程中，如果输入了错误的文本，可以利用查找和替换功能快速修改文本。操作方法如下。

❶ 在“开始”→“编辑”选项组中单击“替换”按钮，在其下拉菜单中选择“替换”命令，如图 2-82 所示。

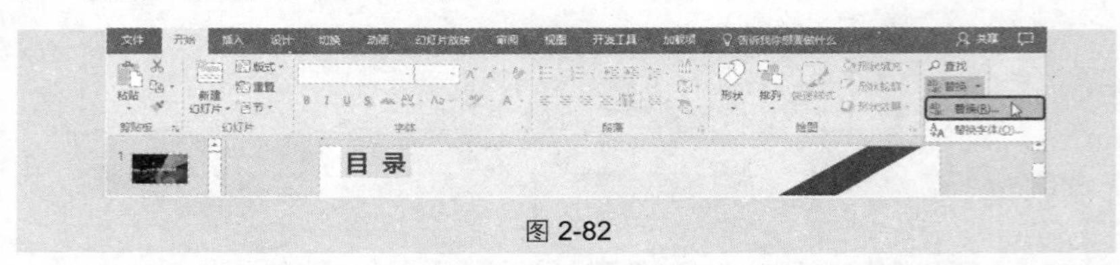

图 2-82

❷ 弹出“替换”对话框，在“查找内容”文本框中输入想要查找的内容，此例为“重要性意义”，在“替换为”文本框中输入想要替换的内容，此例为“作用价值”，如图 2-83 所示。

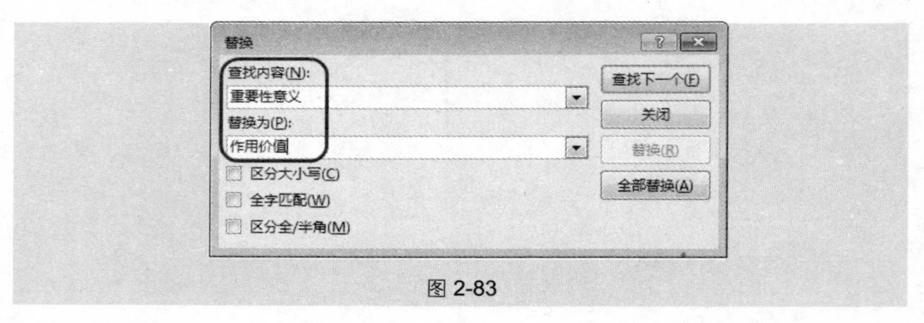

图 2-83

❸ 单击“查找下一个”按钮，查找到的文本自动变成了深色，如图 2-84 所示。

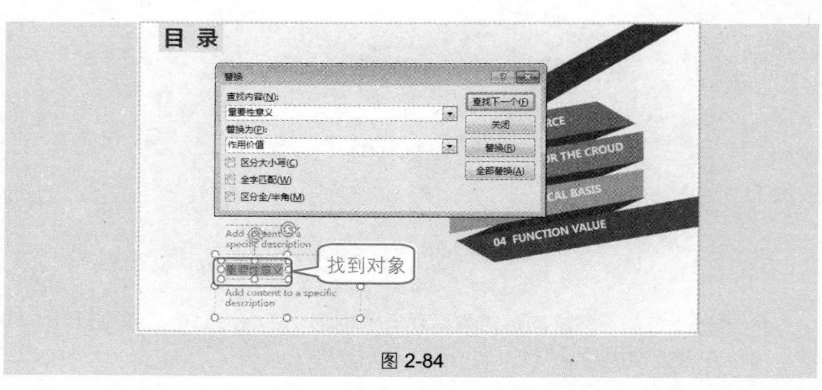

图 2-84

❹ 单击“替换”按钮，即可完成替换，如图 2-85 所示。

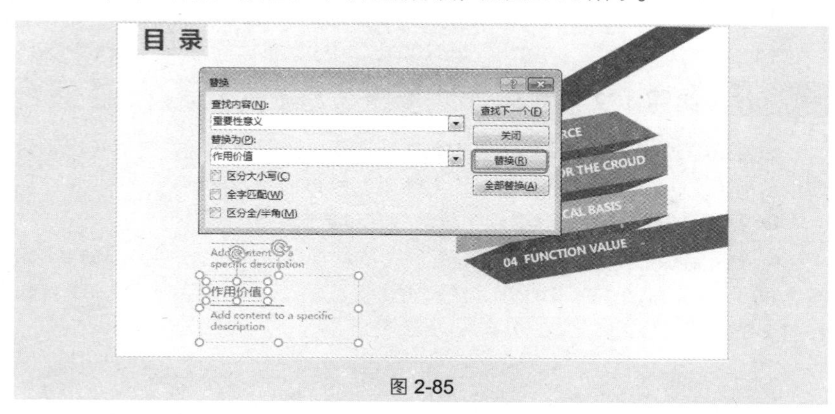

图 2-85

❺ 替换完成后，可单击“查找下一个”按钮继续查找（如图 2-86 所示），然后再进行替换，操作同上所述。全部完成后单击“关闭”按钮即可。

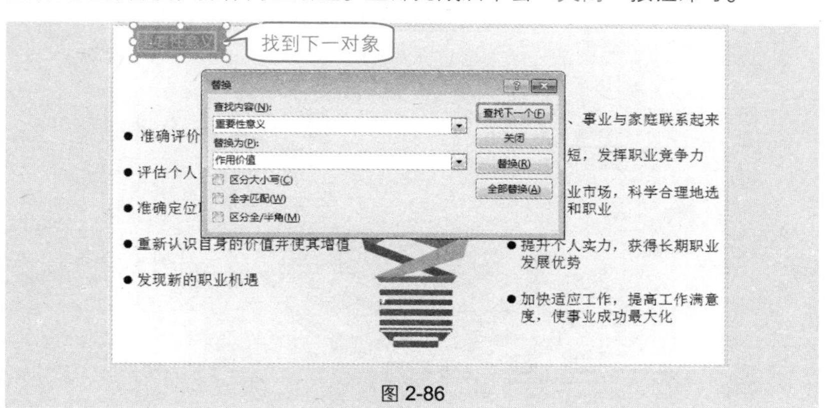

图 2-86

应用扩展

如果想要一次性全部替换为相同文本，即可单击“全部替换”按钮，操作完成后，会弹出如图 2-87 所示的对话框，单击“确定”即可。

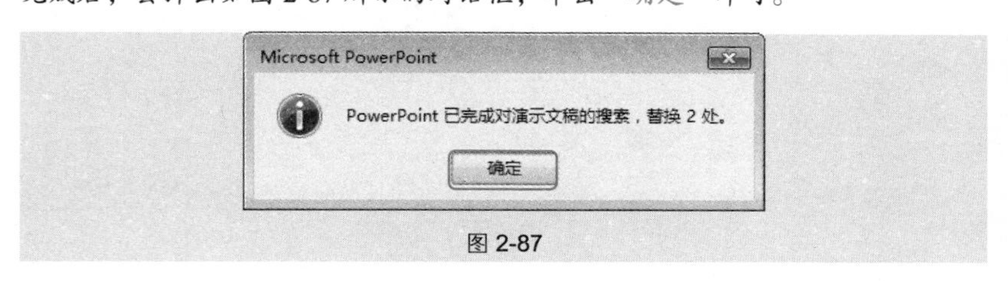

图 2-87

2.3 演示文稿文件管理

技巧 48 给演示文稿创建副本

如果想要对一份演示文稿进行编辑操作，而又想保存原稿，这时可以创建演示文稿副本，在副本上进行新的内容编辑。具体操作如下。

❶ 打开计算机，进入到演示文稿的保存位置。

❷ 选中该文稿，单击鼠标右键，在弹出的快捷菜单中选择“复制”命令（如图 2-88 所示），然后按“Ctrl+V”快捷键进行粘贴，即可得到一个副本文件，如图 2-89 所示。

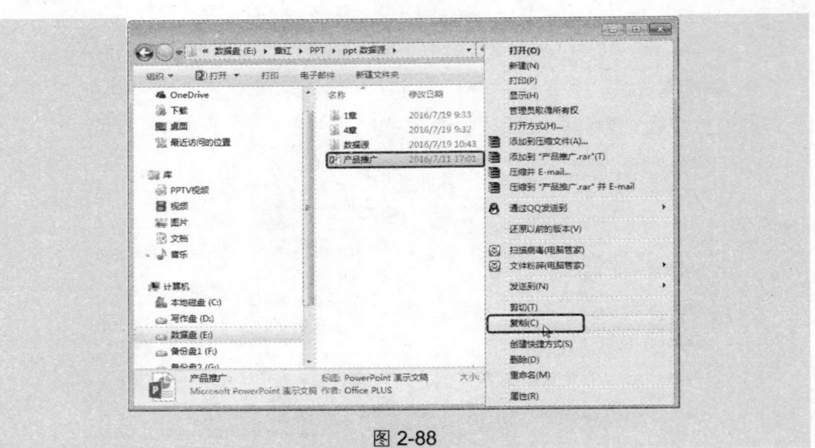

图 2-88

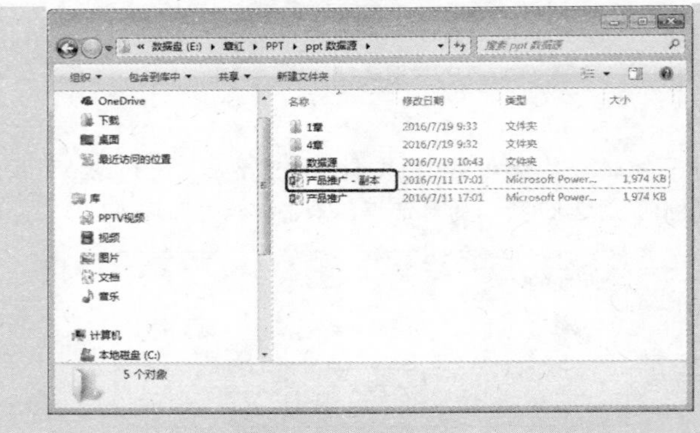

图 2-89

技巧 49　快速打开最近编辑的演示文稿

在编辑演示文稿过程中，最近打开的几个演示文稿会被程序记录下来，如果编辑演示文稿时想使用其他几个最近打开过的演示文稿，则可以快速打开而不必进入保存目录。具体操作方法如下。

❶ 在当前演示文稿中，选择"文件"→"打开"命令，在右侧选择"最近"选项，则会显示出最近打开的演示文稿列表，如图 2-90 所示。

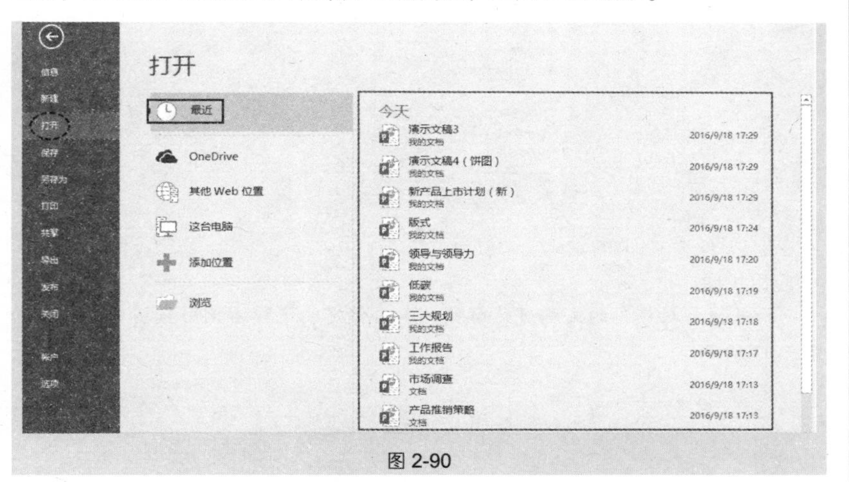

图 2-90

❷ 找到目标演示文稿，单击即可快速打开。

技巧 50　将常使用的演示文稿固定到最近使用列表中

最近使用的文稿会随着新文档的打开，依次替换老文档，如果某个文档最近每天都需要打开，则可以将其锁定在最近使用列表中。锁定后此文档始终显示在这个位置，不会被其他文档替换。具体操作如下。

打开演示文稿，在任务栏中右击已打开的文稿，弹出的列表就是最近编辑的文稿记录表。找到目标文档后，鼠标定位到该条文档标题的右侧，显示锁定图标及提示语"锁定到此列表"（如图 2-91 所示），

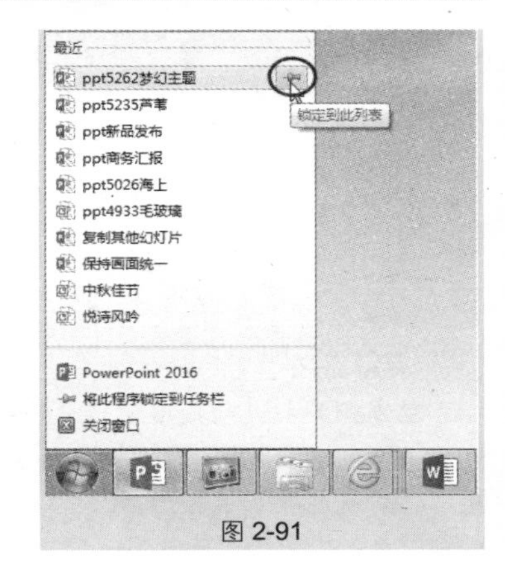

图 2-91

单击该图标，即可完成锁定，如图 2-92 所示。

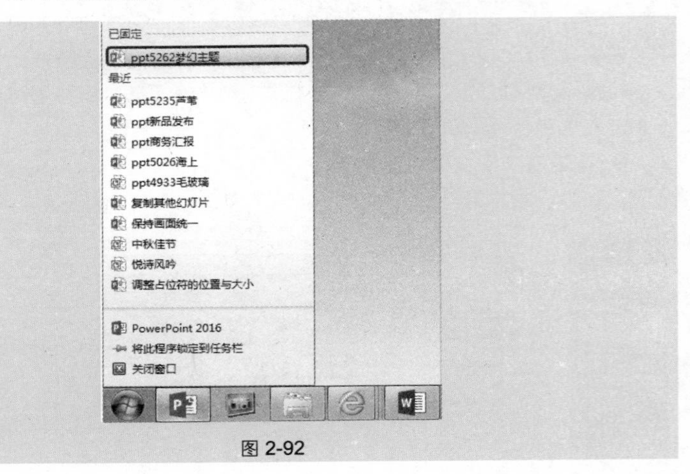

图 2-92

应用扩展

如果想要对锁定的文稿进行解锁，单击锁定的文稿右侧解锁图标即可，如图 2-93 所示。

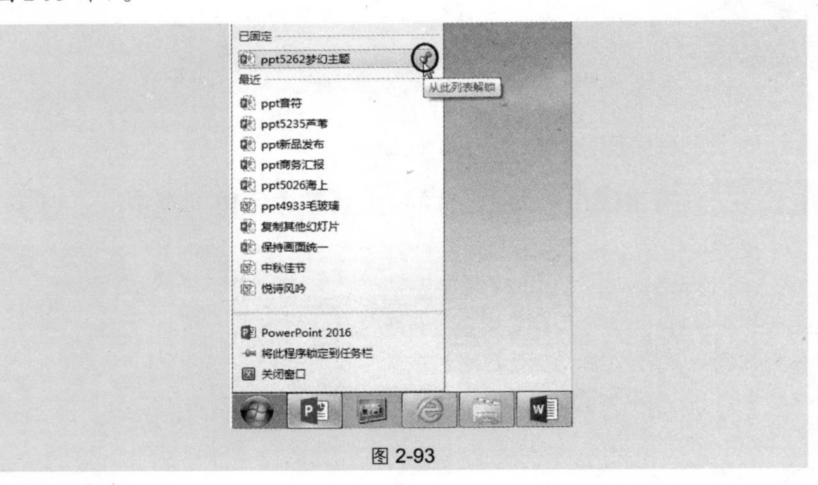

图 2-93

专家点拨

从本例处打开的最近使用文档列表与技巧 49 中打开的列表是同步的，只是此列表显示的文档数量少一些，如果要查看更多最近打开的文档记录，则在“开始”→“打开”列表中查看。

技巧 51　加密保护演示文稿

如果想要保护编辑完成的演示文稿不被修改，用户可以为演示文稿添加密码。当设置密码后，再次打开演示文稿时，就会弹出如图 2-94 所示的“密码”对话框，提示用户只有输入正确的密码才能打开。操作方法如下。

❶ 选择“文件”→“另存为”命令，在右侧选择“浏览”选项（如图 2-95 所示），打开“另存为”对话框。单击右下角的“工具”按钮，在其下拉列表中选择“常规选项”命令，如图 2-96 所示。

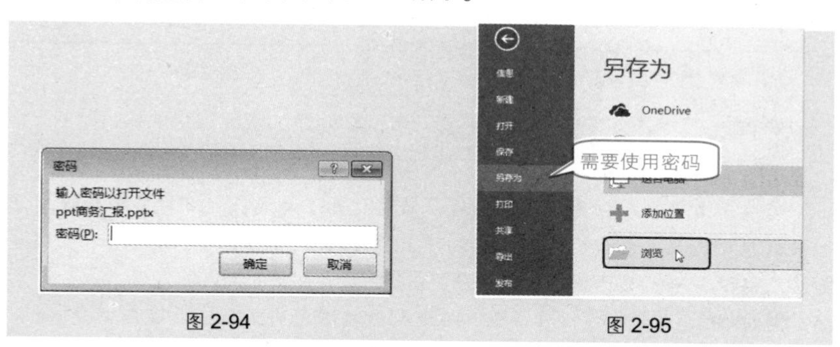

图 2-94　　　　图 2-95

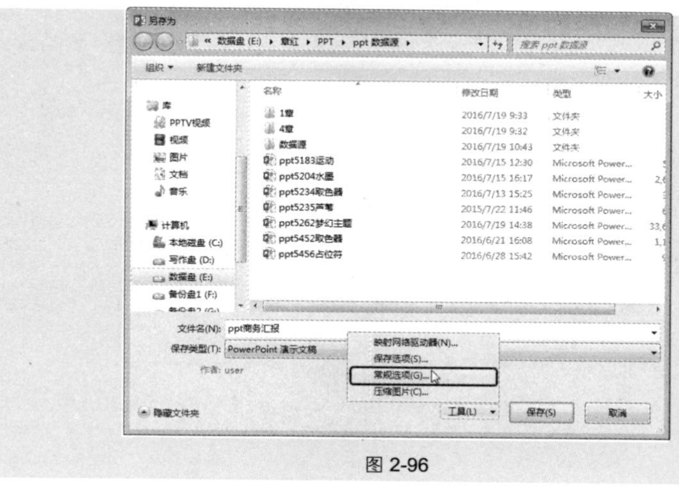

图 2-96

❷ 打开“常规选项”对话框，在“打开权限密码”文本框中输入密码，如图 2-97 所示。

❸ 单击“确定”按钮，打开“确认密码”对话框，在“重新输入打开权限

密码”文本框中再次输入密码，如图 2-98 所示。

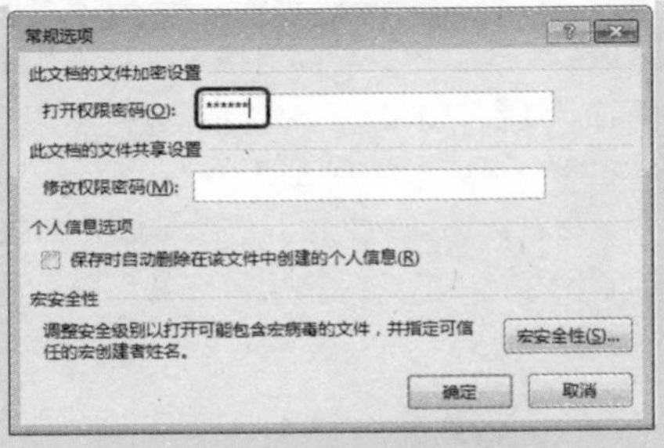

图 2-97 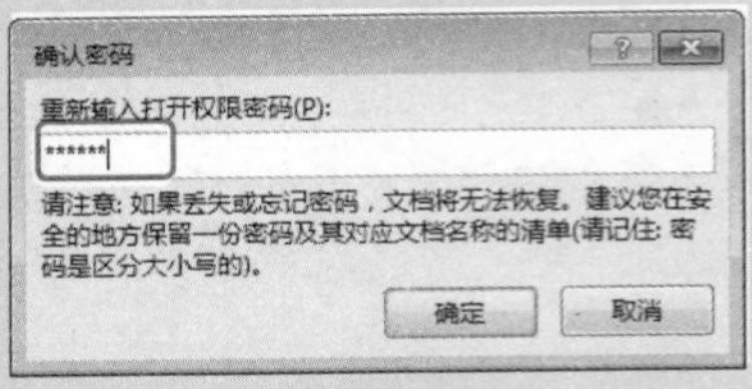　　　　图 2-98

❹ 单击“确定”按钮，即可完成为演示文稿添加密码保护的操作。

应用扩展

为演示文稿添加打开权限密码后，只要打开了文稿，即可对其进行修改，如果只想让别人查看演示文稿内容，禁止对其做任何修改，可以为演示文稿添加修改权限密码。具体操作方法如下。

❶ 打开“常规选项”对话框，跳过打开权限密码，只在“修改权限密码”文本框中输入密码，如图 2-99 所示。

❷ 单击“确定”按钮，打开“确认密码”对话框，再次输入确认密码后单击“确定”按钮即可完成设置。

❸ 再次打开演示文稿时，系统弹出“密码”对话框，如图 2-100 所示。

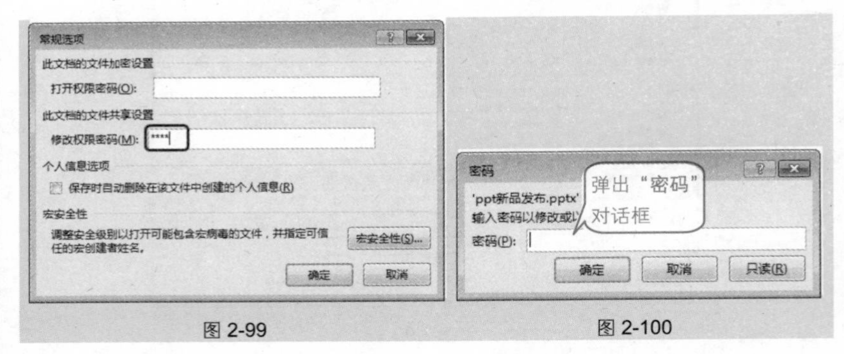

图 2-99　　　　图 2-100

❹ 输入密码打开演示文稿并编辑，不知道密码的用户可以单击“只读”按钮打开演示文稿。如图 2-101 所示，打开的演示文稿显示“只读”标记，并且功能区的操作按钮都呈灰色不可用状态。

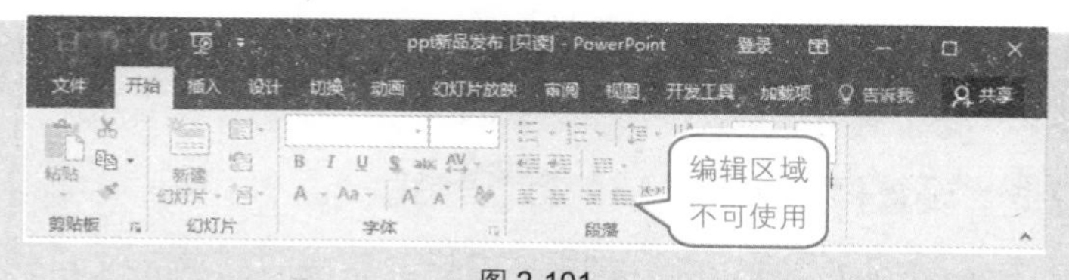

图 2-101

技巧 52　快速修改或删除密码

在为演示文稿设置密码后，若用户觉得当前密码太过简单想要修改，或是想取消某文档的密码保护，都可以按如下操作实现。

❶ 在主选项卡中选择“文件”→“信息”命令，在右侧单击“保护演示文稿”按钮，在其下拉列表中选择“用密码进行加密”选项，如图 2-102 所示。

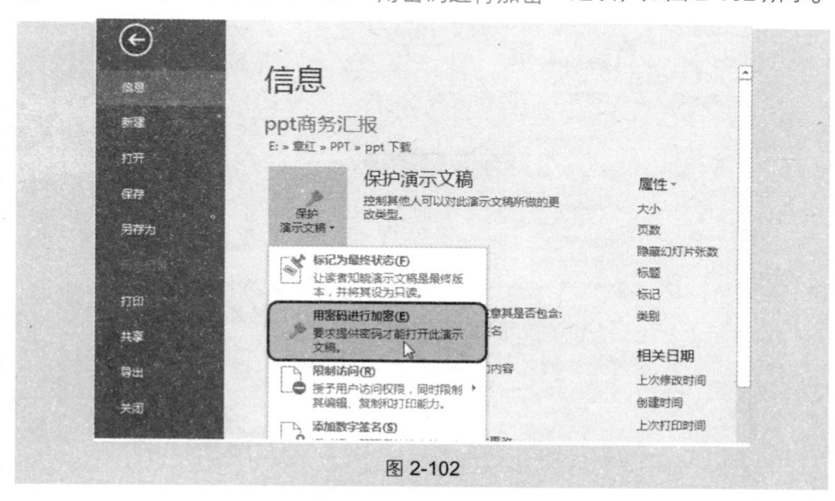

图 2-102

❷ 打开“加密文档”对话框，在“密码”文本框中重新输入密码（如果想删除密码就将原密码清空），如图 2-103 所示。

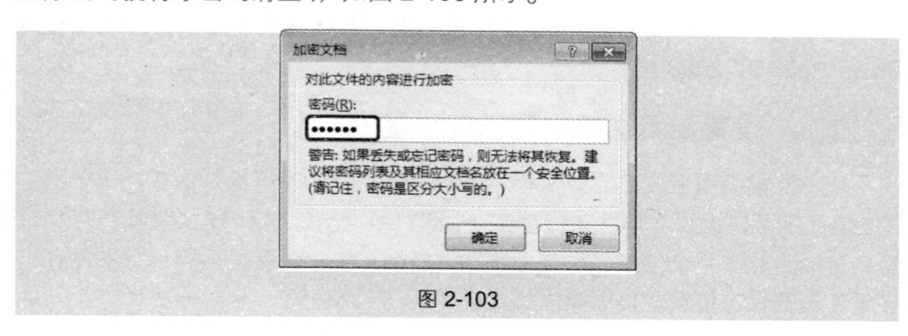

图 2-103

❸ 单击“确定”按钮，打开“确认密码”对话框，再次输入密码。单击“确定”按钮，即可修改密码。

技巧 53　设置保存演示文稿的默认格式

在 PowerPoint 2016 中编辑完成演示文稿后，将演示文稿保存为 PowerPoint 97-2003 格式，可以解决兼容性问题。如果希望每次建立的演示文稿都保存为此格式，则可以通过如下方法进行设置。依此类推，如果想设置默认保存为其他格式，操作方法相同。

❶ 在主选项卡中选择“文件”→“选项”命令，打开“**PowerPoint** 选项”对话框。在左侧选择“保存”选项卡，在“将文件保存为此格式”下拉列表框中选择“**PowerPoint 97-2003** 演示文稿”，如图 **2-104** 所示。

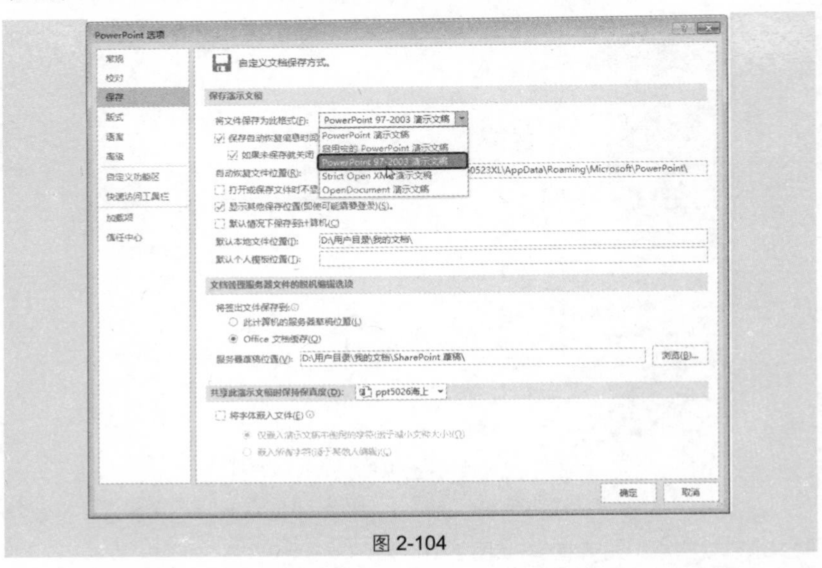

图 2-104

❷ 单击“确定”按钮完成设置。当下次保存演示文稿时，将自动保存为 PowerPoint 97-2003 格式。

技巧 54　设置演示文稿默认保存位置

演示文稿编辑完成后需要保存，如果自己的工作 PPT 都是保存在一个指定的位置，则可以设置文稿默认保存位置，即对所有新建的 PPT 文件执行保存时都会自动定位到那个位置，只要输入文件名即可快速保存，而不用每次保存时都重新设置保存位置。具体操作如下。

❶ 打开需要设置的演示文稿，在主选项卡中选择“开始”→“选项”命令，打开“**PowerPoint** 选项”对话框。在左侧选择“保存”选项卡，在“默认本地文件位置”文本框内输入“**D:\PPT** 演示文稿”，如图 **2-105** 所示。

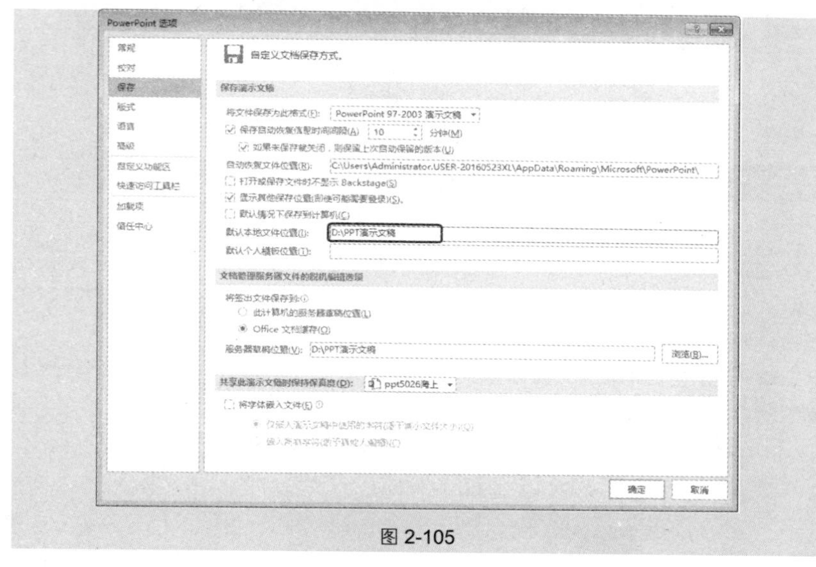

图 2-105

❷ 单击“确定”按钮完成设置。

第3章 定义演示文稿的整体风格和布局

3.1 主题、模板的应用技巧

技巧55 什么是主题？什么是模板？

（1）主题

主题是用来对演示文稿中所有幻灯片的外观进行匹配的一个样式，例如让幻灯片具有统一背景效果、统一的修饰元素、统一的文字格式等。当应用了主题后，无论使用什么版式都会保持这些统一的风格。具体操作方法如下。

❶ 在主程序界面的“设计”→“主题”选项组中单击按钮，显示程序内置的所有主题，如图3-1所示。

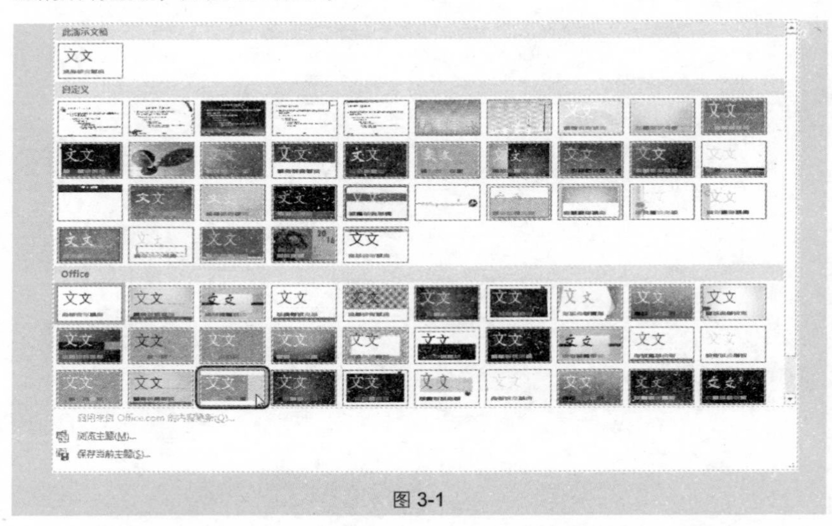

图3-1

❷ 在列表中单击想使用的主题，即可依据此主题创建新演示文稿，如图3-2所示。从创建的演示文稿中可以看到整体的配色与修饰元素，以及文字的字体格式等。

（2）模板

模板是PPT骨架，包括了幻灯片整体设计风格（使用哪些版式、使用什么色调，使用什么图形图片作为设计元素等）、封面页、目录页、过渡页、内页、封底，有了这样的模板，在实际创建 PPT 时填入相应内容补充设计即可。

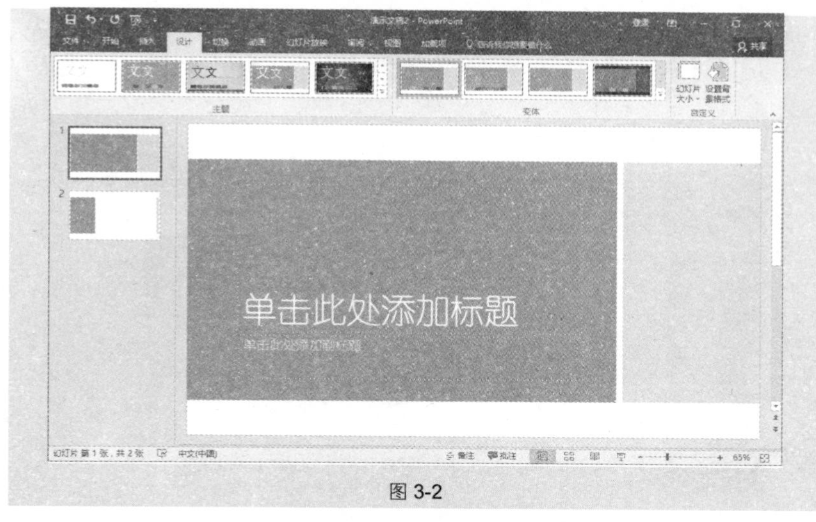

图 3-2

模板包含主题，主题是组成模板的一个元素。

如图 3-3 所示的一套模板，其中不但包括主题元素，同时还设计好了一些版式，用户在进行设计时，如果这些版式正好符合要求，就可以直接填入内容，或者做局部更改后投入使用。

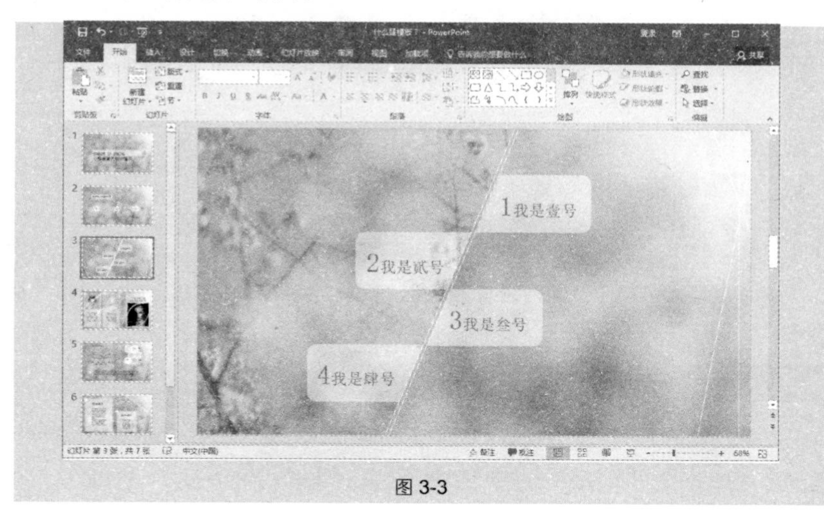

图 3-3

应用扩展

在主选项卡中选择“文件”→“新建”命令，显示在右侧列表中的有模板也有主题，如图 3-4 所示。

图 3-4

单击选中的模板后（如图 3-5 所示），单击“创建”按钮即可进行创建。

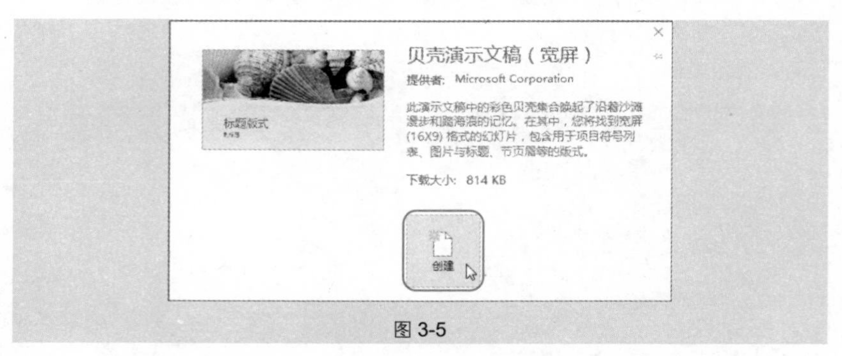

图 3-5

也可以输入关键字，在线搜索 office online 上的联机模板与主题，如图 3-6 所示。

技巧 56 为什么要应用主题和模板

默认创建的演示文稿是空白状态，对页面效果、整体布局及内容编辑都没有提供任何思路，而通过应用主题和模板可以达到如下效果。

图 3-6

（1）美化文稿

应用主题和模板的幻灯片对背景样式、字体格式、版面装饰等效果都有定义，可以立即获取半成品的幻灯片，如图 3-7 所示。

图 3-7

（2）规划版面

应用模板的幻灯片有些版式还是很实用的，它预定义了一些占位符的位置，同时也有不少已经设计好的图示效果，如图 3-8 所示。这样可以让不太懂设计的人不至于把版面布局得很糟糕。

（3）节省时间

模板已经确定了幻灯片的整体风格，并且配备了一些实用版式，因此在编辑内容时就比较方便快捷了，提高了工作效率。

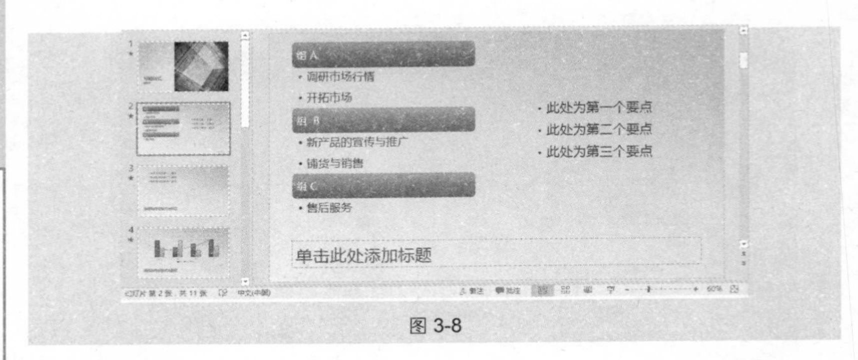

图 3-8

专家点拨

在新建演示文稿时，可以套用模板来建立，有的模板主要用于提供主题，有的模板则是提供了一些专用幻灯片的建立模式。

技巧 57 下载使用网站上的模板

演示文稿想要设计得精彩，离不开好的内容和模板，仅有好的内容，模板选择的不合适，最终效果也是大打折扣的，所以，选择合适的模板也是至关重要的。在互联网上有很多精美的模板，通过下载便可直接应用。如果下载的模板不满意，还可以根据自己的设计思路去补充、修改模板。对于普通用户来说，要想完全设计一套真正好的模板还是欠些火候，而有了主体思路后再去修改就要容易多了。

如图 3-9 所示为在扑奔网站上下载的"奔跑吧 2016"模板。具体操作如下。

图 3-9

❶ 打开"扑奔网"网页，在主页右上方搜索导航框内输入"商务 PPT"，单击🔍按钮，如图 3-10 所示。

图 3-10

❷ 打开“商务 PPT”搜索列表（如图 3-11 所示），单击“奔跑吧 2016”模板，打开“奔跑吧 2016”界面，如图 3-12 所示。

图 3-11

图 3-12

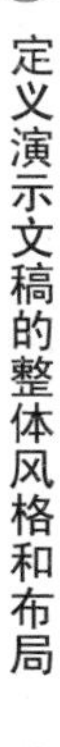

❸ 单击“立即下载”按钮，设置好下载模板存放的路径，如图 3-13 所示。

图 3-13

❹ 单击“下载”按钮，下载完成后，即可打开下载的模板并使用。

专家点拨

“扑奔 PPT”“无忧 PPT”“泡泡糖模板”“3Lian 素材”是目前几家不错的 PPT 网站。用户可以根据这些网站上提供的站内搜索入口来搜索需要的模板。

技巧 58 设置背景的渐变填充效果

背景颜色就是幻灯片背景处的颜色，它可以是纯色，也可以是渐变色，还可以设置为图片。本例要设置背景的渐变填充效果。

如图 3-14 所示的幻灯片使用了默认背景色，如图 3-15 所示为设置背景渐变填充后的效果。

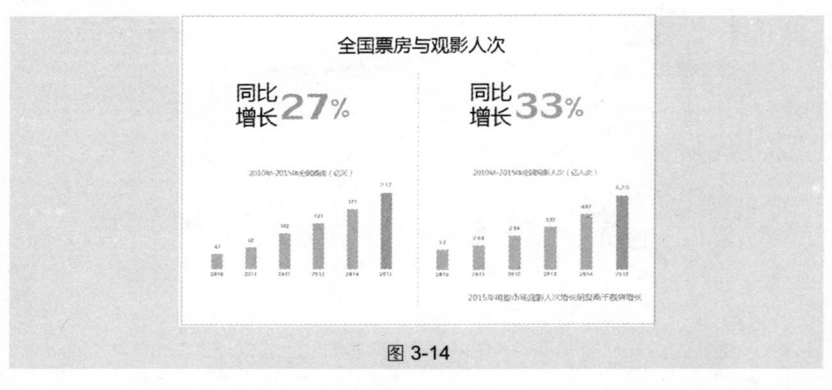

图 3-14

❶ 在“设计”→“自定义”选项组中单击“设置背景格式”按钮（如图 3-16 所示），打开“设置背景格式”窗格。

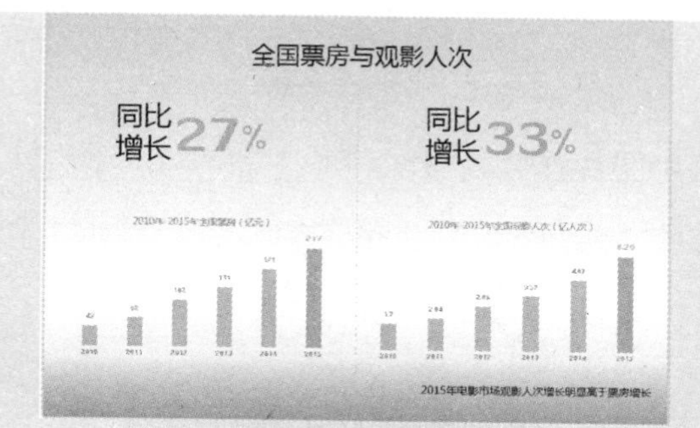

图 3-15

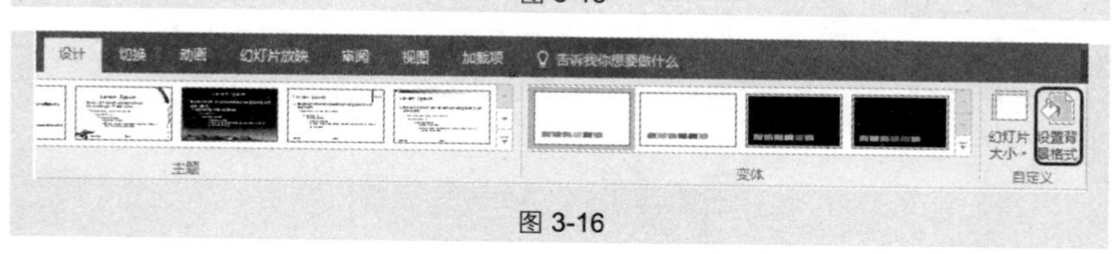

图 3-16

❷ 在“填充”栏中选中“渐变填充”单选按钮。设置“类型”为“线性”，通过按钮在“渐变光圈”上设置 4 个点，选中目标光圈，然后单击下拉按钮设置光圈的颜色，这里分别设置为“紫色”“白色”“浅灰色”“浅紫色”，拖动光圈在横条的位置控制渐变区域，如图 3-17 所示。

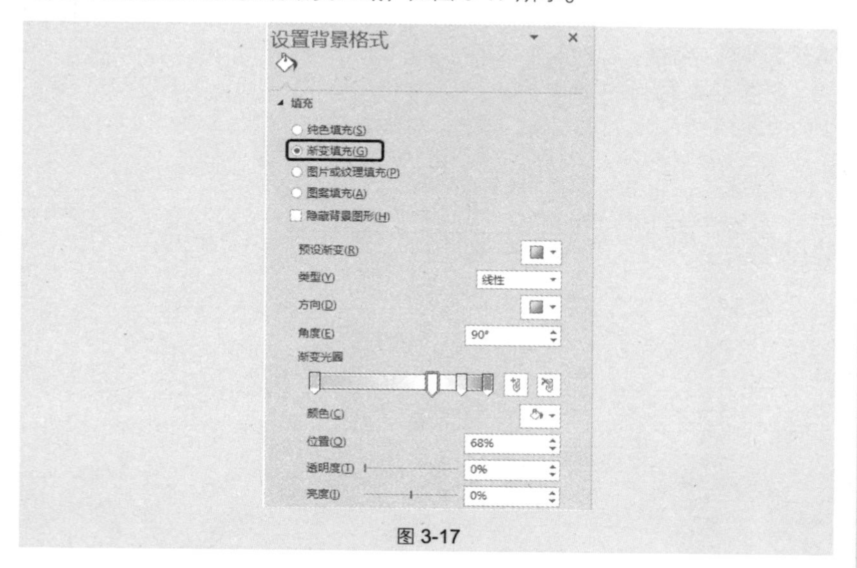

图 3-17

❸ 单击“关闭”按钮，即可为当前的幻灯片背景设置渐变填充效果，如图 3-15 所示。

技巧 59 使用图片作为背景

图片在幻灯片编辑中的应用是非常广泛的，通常会根据当前演示文稿的表达内容、主题等来选用合适的图片作为背景。如图 3-18 所示的幻灯片使用电脑中保存的图片作为背景。具体操作如下。

图 3-18

❶ 在“设计”→“自定义”选项组中单击“设置背景样式”按钮，打开“设置背景格式”窗格。

❷ 在“填充”栏中选中“图片或纹理填充”单选按钮，单击“文件”按钮（如图 3-19 所示），打开“插入图片”对话框。

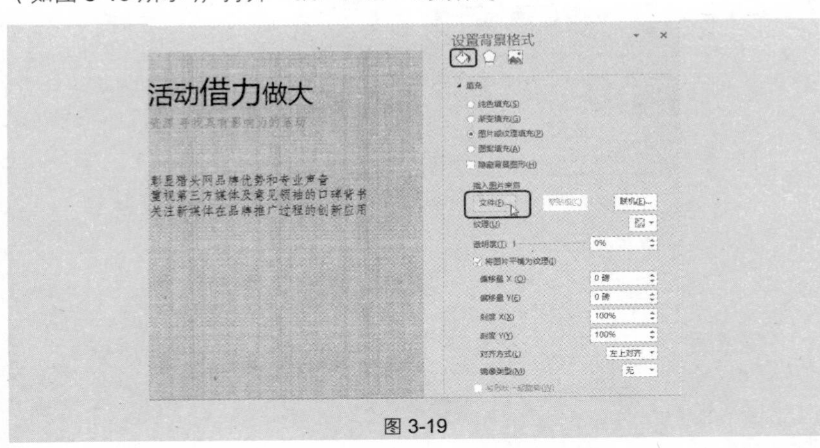

图 3-19

❸ 找到图片所在路径并选中，单击"插入"按钮（如图 3-20 所示），即可将选中的图片应用为演示文稿的背景。

图 3-20

应用扩展

在欣赏别人的演示文稿时，如果非常喜欢其中的一张背景，也可以将背景保存为图片，作为以后备用的素材。具体操作如下。

❶ 右击幻灯片背景（如果幻灯片中包含了占位符、文本框、图形等对象时，注意要在这些对象以外的空白处单击鼠标右键），在弹出的快捷菜单中选择"保存背景"命令，如图 3-21 所示。

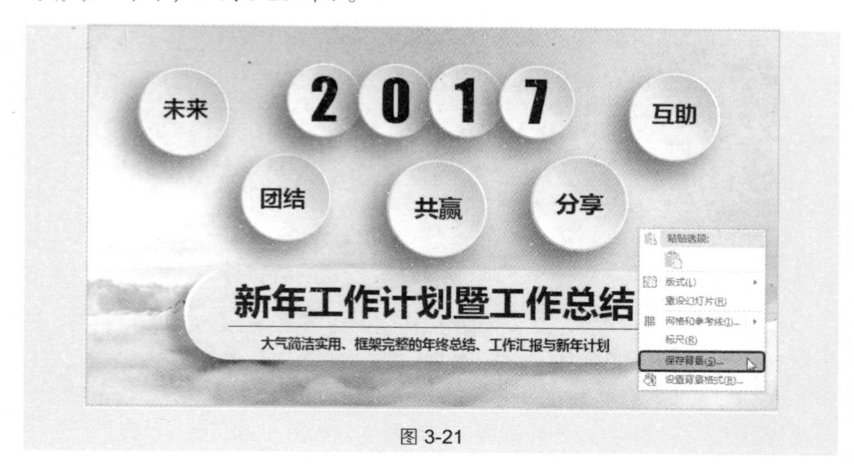

图 3-21

❷ 打开"保存背景"对话框，设置好保存位置与文件名，单击"保存"按钮即可。

技巧 60 设置图案填充背景效果

除了为幻灯片设置渐变背景、图片背景外，还可以实现图案填充效果。如图 3-22 所示的幻灯片使用了默认背景色，图 3-23 所示为设置图案背景后的效果。具体操作如下。

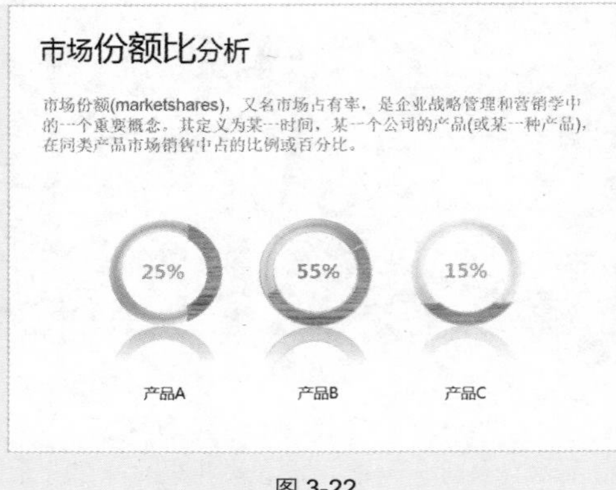

图 3-22

图 3-23

❶ 在"设计"→"自定义"选项组中单击"设置背景样式"按钮，打开"设置背景格式"窗格。

❷ 在"填充"栏中选中"图案填充"单选按钮，在"图案"列表中选择"实心菱形网络"样式，并设置好前景色与背景色，如图 3-24 所示。

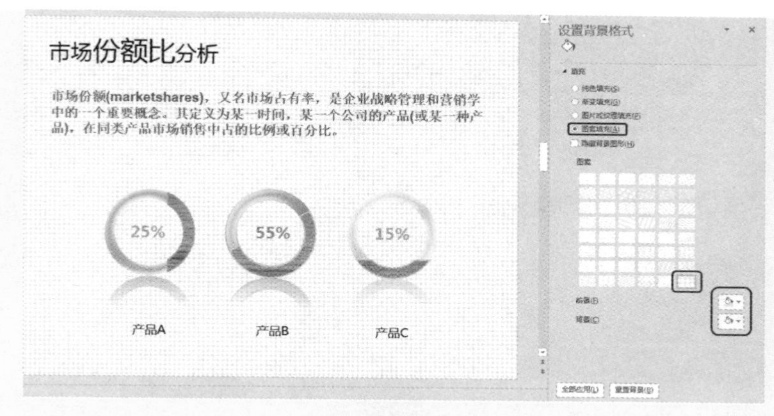

图 3-24

❸ 单击“关闭”按钮，即可完成图案背景的设置。

技巧 61 以图片作为幻灯片背景时设置半透明柔化显示

当设置图片作为幻灯片的背景时，如果图片本身色彩艳丽，有时会干扰主体内容的显示，如图 3-25 所示。这时可以通过设置让背景图片以半透明柔化的效果显示，如图 3-26 所示。具体操作如下。

图 3-25

图 3-26

❶ 在幻灯片的空白位置单击鼠标右键，在弹出的快捷菜单中选择“设置背景格式”命令，打开“设置背景格式”窗格。按照技巧 59 的方法选择图片后回到“设置背景格式”窗格，拖动“透明度”滑块设置透明度，如图 3-27 所示。

❷ 调整后关闭“设置背景格式”窗格即可。

图 3-27

技巧 62　设置了幻灯片的背景后快速应用于所有幻灯片

当选中某张幻灯片并为其设置背景效果时，默认将效果应用于当前幻灯片，如果想让所设置的效果应用于当前演示文稿中所有的幻灯片，则可以按如下方法操作。

❶ 在“设计”→“自定义”选项组中单击“设置背景格式”按钮，打开“设置背景格式”窗格。

❷ 按照技巧 59 的方法选择图片后回到“设置背景格式”窗格，单击“全部应用”按钮，如图 3-28 所示。

图 3-28

❸ 在“视图”→“演示文稿视图”选项组中单击“幻灯片浏览”按钮进入幻灯片浏览视图，即可看到演示文稿中的所有幻灯片使用相同的背景样式，如图 3-29 所示。

图 3-29

技巧 63 设置了主题的背景样式后如何快速还原

设置了主题的背景样式后如果不想再使用，可以快速将其还原到初始状态。

在“设计”→“变体”选项组中单击“其他”（ ）按钮，在展开的下拉列表中将鼠标指向“背景样式”选项，在下拉菜单中选择“重置幻灯片背景”命令（如图 3-30 所示）即可。

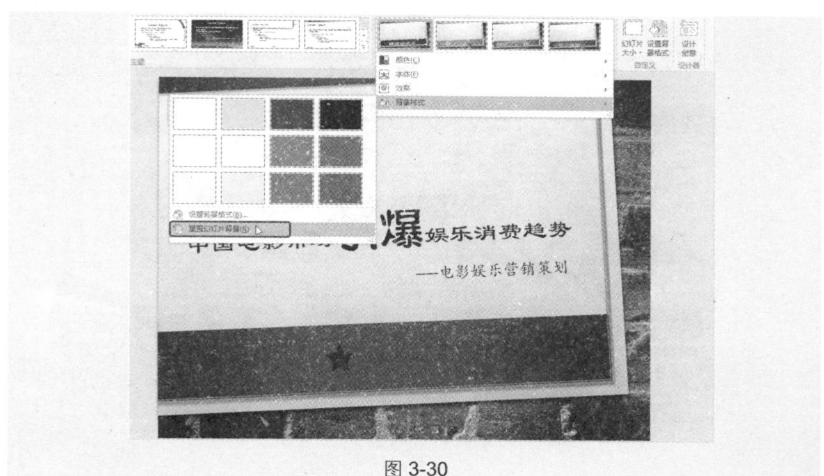

图 3-30

技巧 64　应用本机中保存的演示文稿的主题

除了程序内置的主题，用户还可以将保存在本机中的演示文稿的主题应用于当前幻灯片中。操作方法如下。

❶ 如图 3-31 所示为一个空白的演示文稿，在“设计”→“主题”选项组中单击按钮，在展开的下拉列表中选择“浏览主题”命令，如图 3-32 所示。

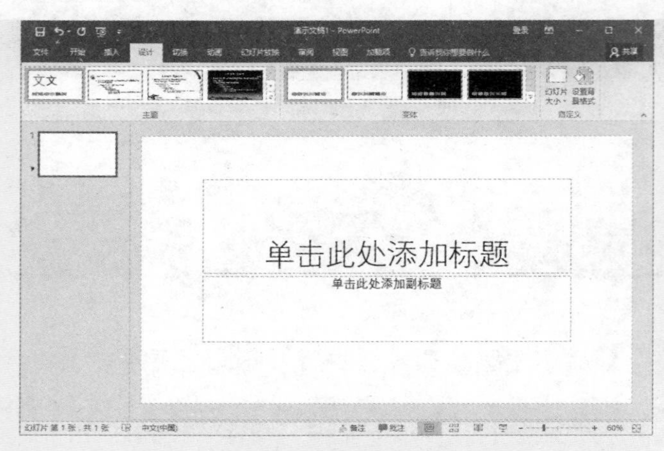

图 3-31

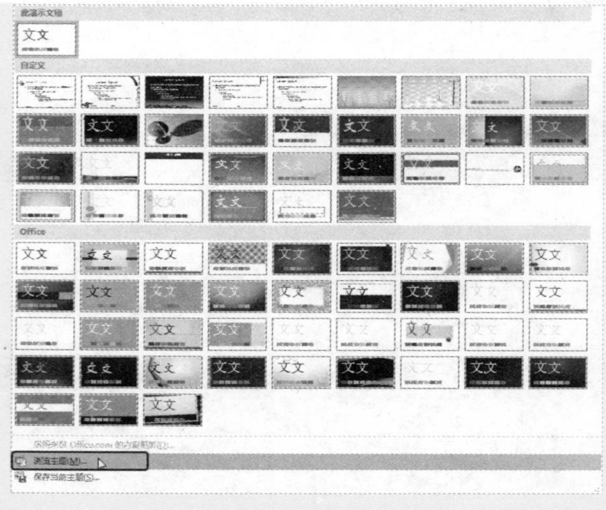

图 3-32

❷ 打开“选择主题或主题文档”对话框，选择要使用其主题的演示文稿，如图 3-33 所示。

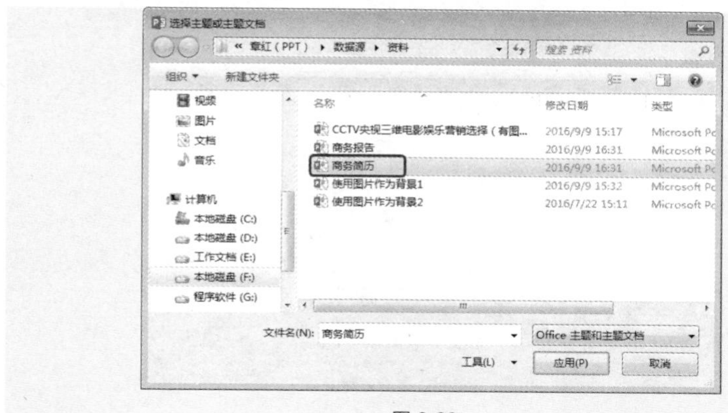

图 3-33

❸ 单击“应用”按钮，即可将该演示文稿的主题应用于当前幻灯片中，此时之前的空白演示文稿便应用了主题效果，如图 3-34 所示。

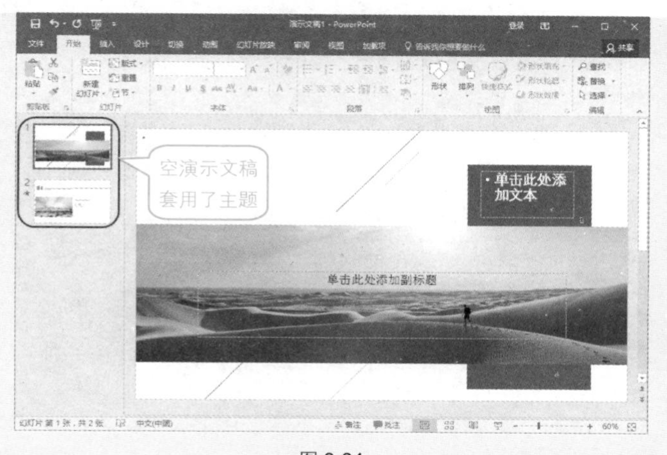

图 3-34

技巧 65 保存下载的主题为本机内置主题

自定义了幻灯片的背景效果后，可以将其保存为程序内置的主题，从而使这一效果不仅能应用于当前的幻灯片，还可以在新建幻灯片时直接套用。具体操作如下。

❶ 如图 3-35 所示为当前幻灯片的主题效果。

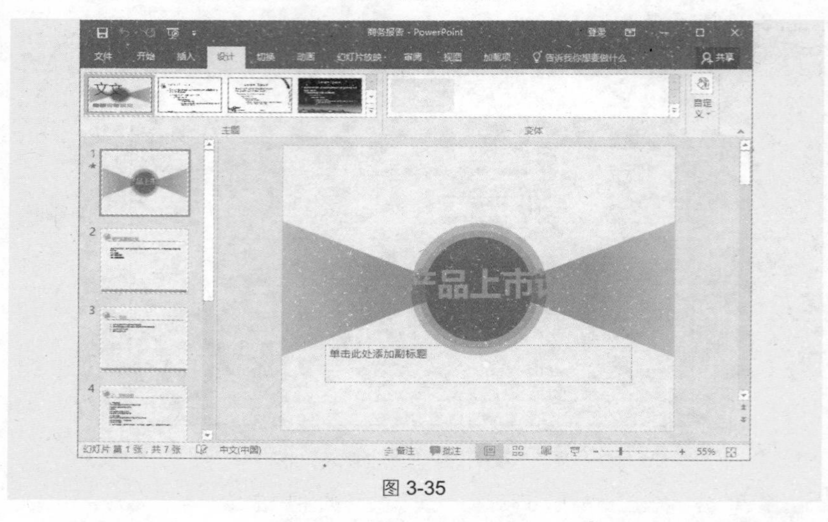

图 3-35

❷ 在“设计”→“主题”选项组中单击按钮，在展开的下拉列表中选择“保存当前主题”命令（如图 3-36 所示），打开“保存当前主题”对话框。

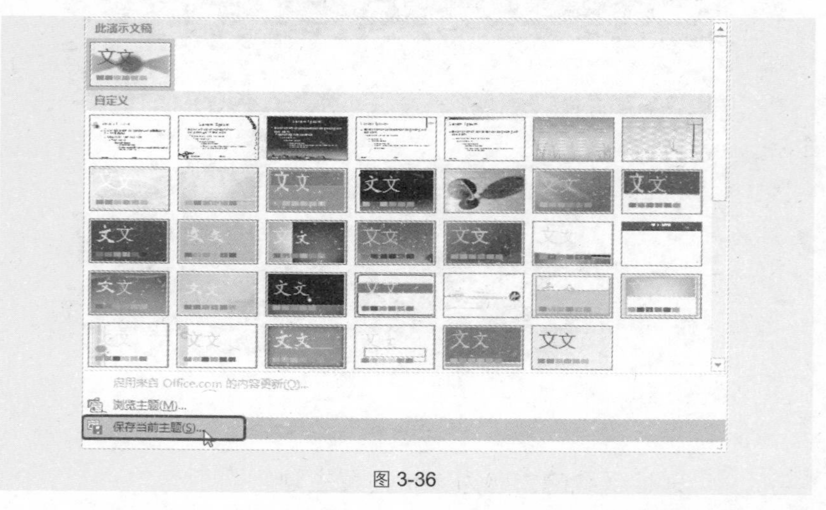

图 3-36

❸ 保持默认的保存位置，文件名也可以保持默认，如图 3-37 所示。

❹ 单击“保存”按钮即可保存成功。

❺ 完成上面的操作后，当前演示文稿的主题就可以显示在“主题”列表中

了，如图 3-38 所示。如果有空白的演示文稿想套用这个主题，单击即可套用。

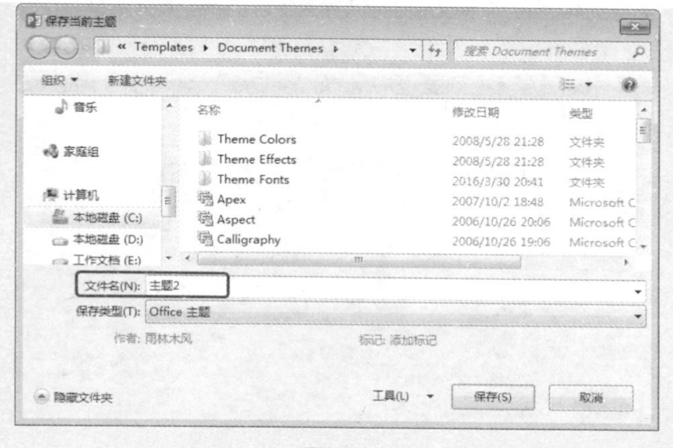

图 3-37

图 3-38

专家点拨

程序内置的主题列表效果都不是太好，但却可以将自己下载或设计的主题保存到主题库中以供日后套用。

技巧 66　将下载的演示文稿保存为我的模板

如果对下载的演示文稿或模板效果满意，可以将其保存到“我的模板”中，保存后，后期在创建文档时，就可以快速地套用这个模板了。具体操作如下。

❶ 待保存为模板的演示文稿准备好后，在主选项卡中选择“文件”→“另存为”命令，单击右侧的“浏览”按钮，打开“另存为”对话框。

❷ 在“保存类型”下拉列表框中选择“PowerPoint 模板”选项，如图 3-39 所示。

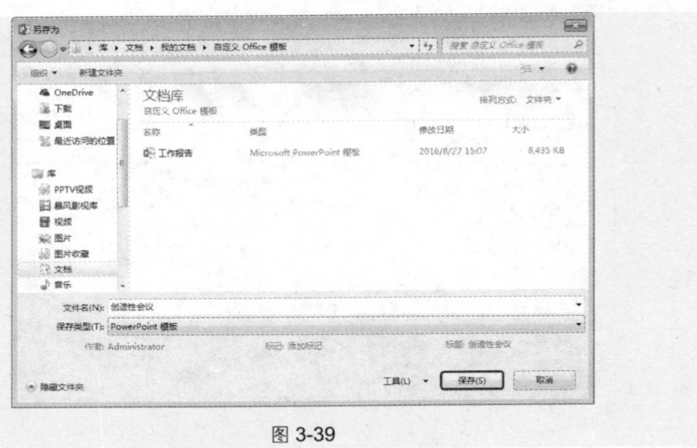

图 3-39

❸ 单击“保存”按钮，即可将演示文稿模板保存到“我的模板”中。

❹ 在任意演示文稿中，选择“文件”→“新建”命令，在右侧单击“自定义”标签，再单击“自定义 Office 模板”（如图 3-40 所示），即可看到保存的模板，如图 3-41 所示。

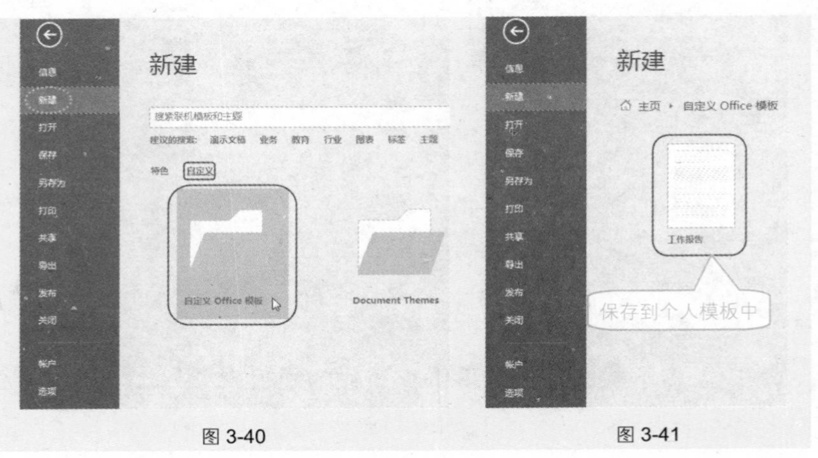

图 3-40　　图 3-41

❺ 单击即可依据此模板创建演示文稿。

专家点拨

在“保存类型”下拉列表框中选择“PowerPoint 模板”选项后，保存位置就会自动定位到 PPT 模板的默认保存位置，注意不要修改这个位置，否则将无法看到所保存的模板。

应用扩展

当演示文稿编辑完成后，如果后期也需要使用类似的演示文稿，则也可以将其保存为模板。

演示文稿编辑完成后，选择“文件”→“另存为”命令，打开“另存为”对话框，按上述相同的步骤操作即可。

3.2 母版的应用技巧

技巧 67 在母版中设置标题文字与正文文字的格式

在套用模板或主题时，不仅应用了其背景效果，同时标题文字与正文文字的格式也是设定好的。如果想更改整篇演示文稿中的文字格式，可以进入幻灯片母版中进行操作。在幻灯片母版中的所有操作将会自动应用于演示文稿的每张幻灯片，而且新建的幻灯片也会采用相同的格式。

如图 3-42 和图 3-43 所示为当前演示文稿的文字格式。

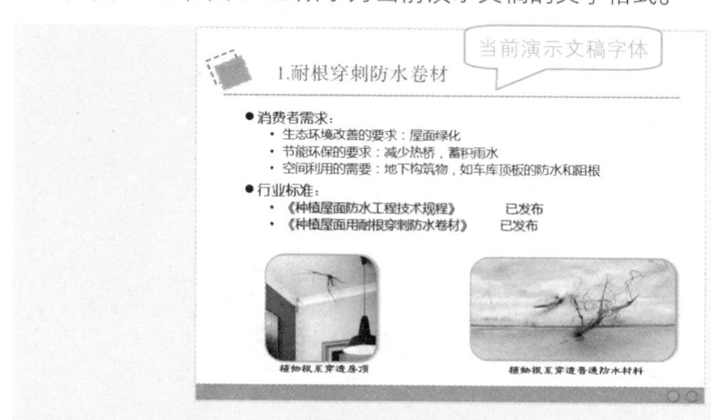

图 3-42

要求通过设置实现一次性使演示文稿中每张幻灯片文字都显示为图 3-44 和图 3-45 所示的格式。具体操作如下。

2.聚脲弹性材料

● 喷涂聚脲弹性体涂料通常具有以下特点：

- 快速固化，可在任意曲面、斜面及垂直面上喷涂成型，不产生流挂现象
- 对湿气、温度不敏感，施工时不受环境温度、湿度的影响
- 100%固化量，不含任何挥发性有机物（VOC），无污染，对环境友好
- 优异的理化性能，如抗张强度、伸长率、柔韧性、防湿滑、耐老化等
- 具有良好的热稳定性，涂层连续、软密，克服了以往多层施工的弊病

图 3-43

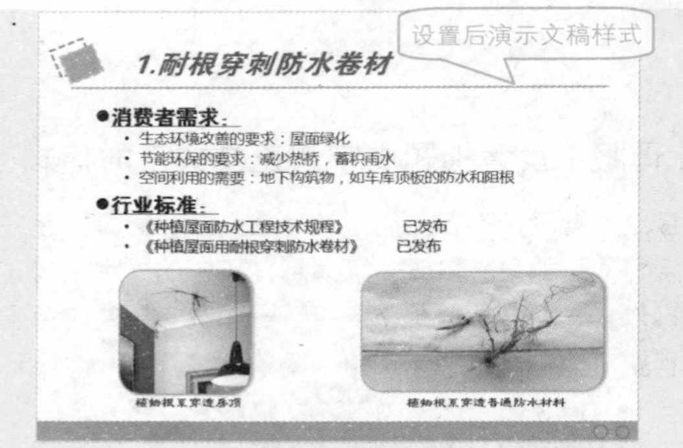

图 3-44

2.聚脲弹性材料

●喷涂聚脲弹性体涂料通常具有以下特点：

- 快速固化，可在任意曲面、斜面及垂直面上喷涂成型，不产生流挂现象
- 对湿气、温度不敏感，施工时不受环境温度、湿度的影响
- 100%固化量，不含任何挥发性有机物（VOC），无污染，对环境友好
- 优异的理化性能，如抗张强度、伸长率、柔韧性、防湿滑、耐老化等
- 具有良好的热稳定性，涂层连续、软密，克服了以往多层施工的弊病

图 3-45

❶ 在“视图”→“母版视图”选项组中单击“幻灯片母版”按钮，进入母

版视图中，在左侧选中“标题和内容”版式，如图 3-46 所示。

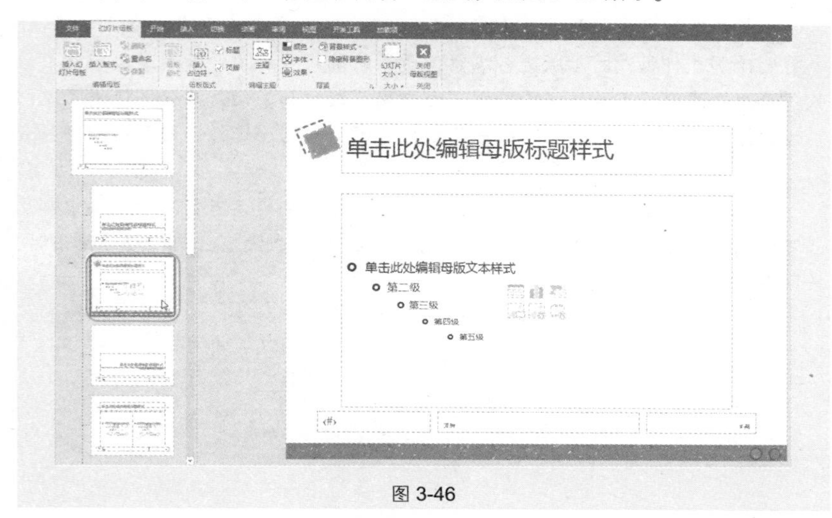

图 3-46

❷ 选中文字“单击此处编辑母版标题样式”，在“开始”→“字体”选项组中设置文字格式（字体、字形、颜色等），如图 3-47 所示。

❸ 选中文字“单击此处编辑母版文本样式”，在“开始”→“字体”选项组中设置文字格式（字体、字形、颜色等），如图 3-48 所示。

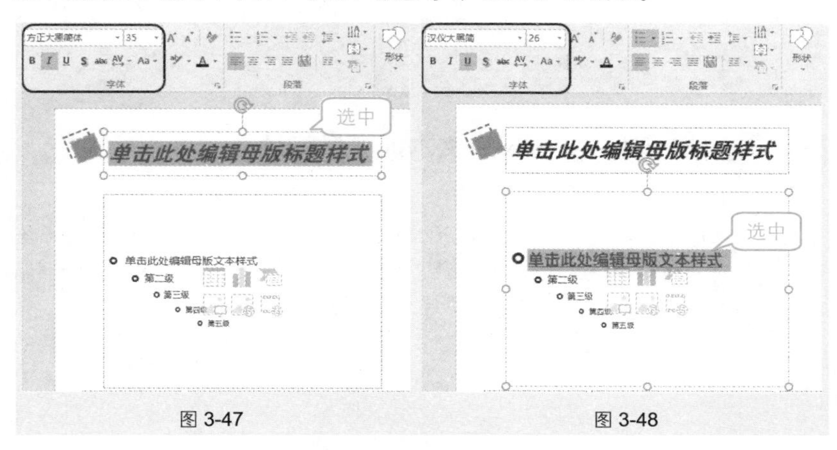

图 3-47　　图 3-48

❹ 在“关闭”选项组中单击“关闭母版视图”按钮回到幻灯片中，可以看到所有幻灯片标题文本与一级文本都已按照在母版中设置的格式显示。

专家点拨

由于幻灯片有多种版式，因此在母版视图中，左侧显示了各个版式的母版。当前选择哪一种版式的母版进行编辑，所做的编辑将应用于演示文稿中使用该版式的幻灯片中，不是该版式的则不会应用。因此如果幻灯片分别使用了不同的版式，在母版中进行一系列统一规划操作时，就需要选择不同版式的母版分别进行编辑。

将光标定位于左侧的版式上时，停顿片刻，就会提示当前演示文稿中哪几张幻灯片使用了该版式（如图 3-49 所示），当某个版式没有任何幻灯片使用时，则会显示提示文字“任何幻灯片都不使用”。

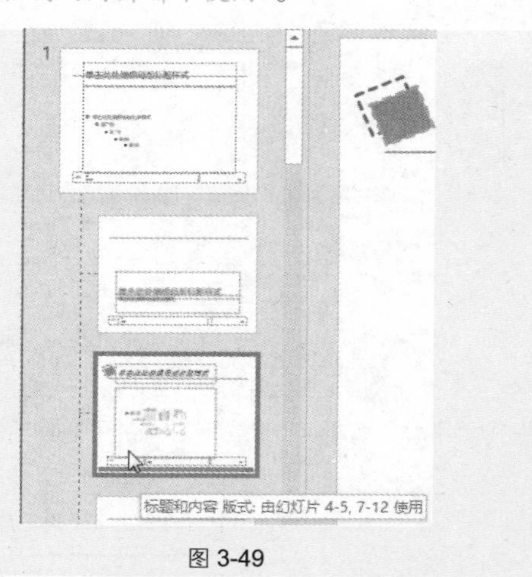

图 3-49

技巧 68 在母版中统一设置文本的项目符号

幻灯片中的文本要求具有清晰的条目性，所以编辑文本时尽量整理出简洁条目。多数版式都具有不同级别的默认的项目符号，如果默认的项目符号不美观，可以进入母版中统一定义。在母版中定义的好处是，设置后可以让所有新建的幻灯片也应用这种格式的项目符号，大大减小工作量。

如图 3-50 所示的幻灯片使用了默认的项目符号，图 3-51 所示为设置后的项目符号。具体操作如下。

❶ 在“视图”→“母版视图”选项组中单击“幻灯片母版”按钮，进入母版视图中，在左侧选中主母版。

❷ 选中文字“编辑母版文本样式”，在“开始”→“段落”选项组中单击“项目符号”下拉按钮，在打开的下拉列表中选择“项目符号和编号”命令，

如图 3-52 所示。

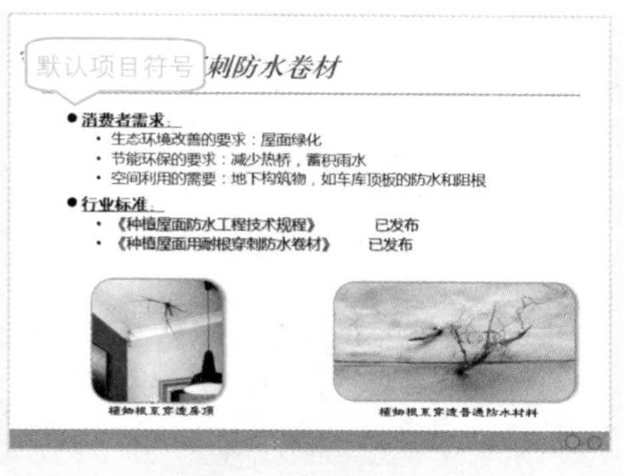

图 3-50

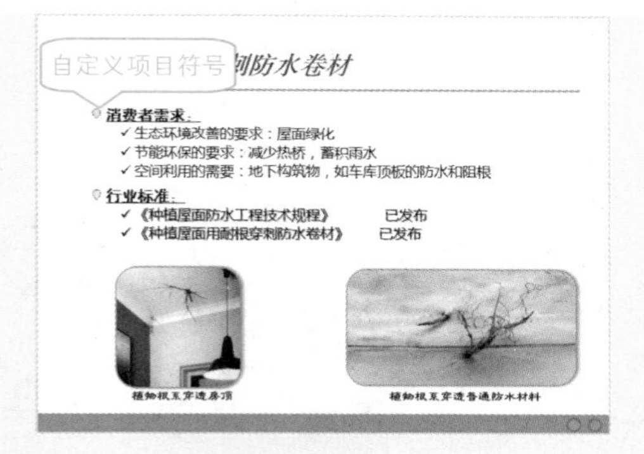

图 3-51

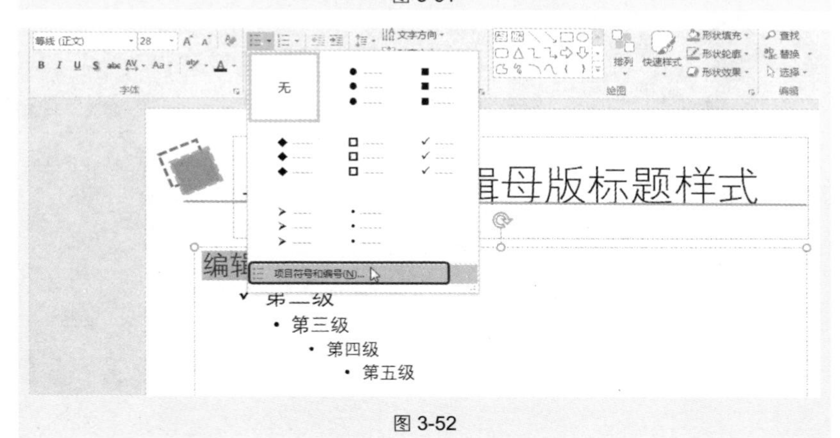

图 3-52

❸ 打开“项目符号和编号”对话框，如图3-53所示。单击“图片”按钮，打开“插入图片”对话框，选择本机中保存的一幅图片作为项目符号显示，如图3-54所示。

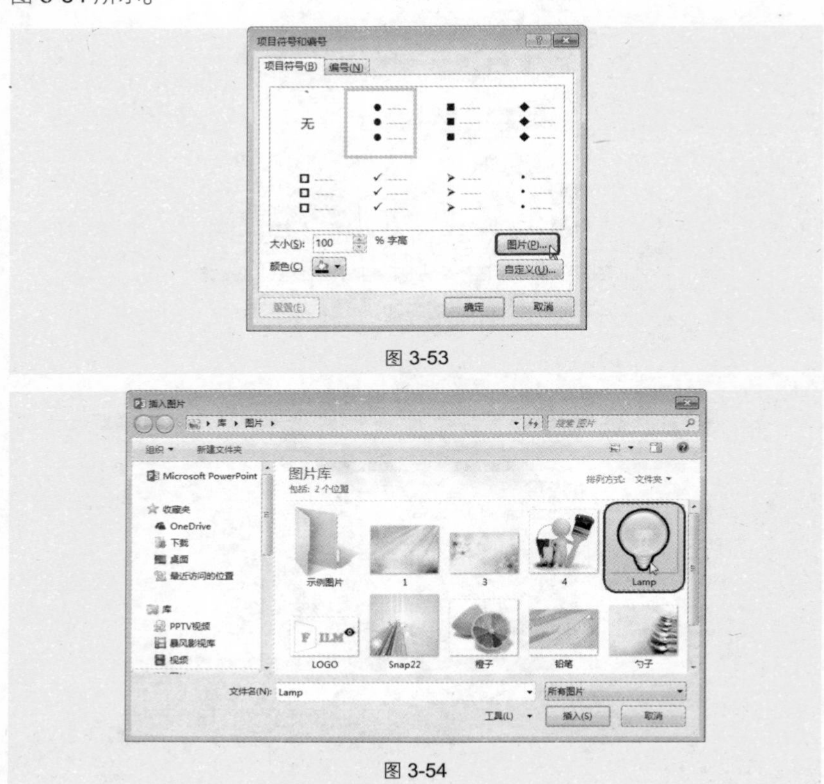

图3-53

图3-54

❹ 依次单击“确定”按钮完成设置。在母版中选中文字“第二级”，按相同的步骤重新设置项目符号即可，效果如图3-55所示。

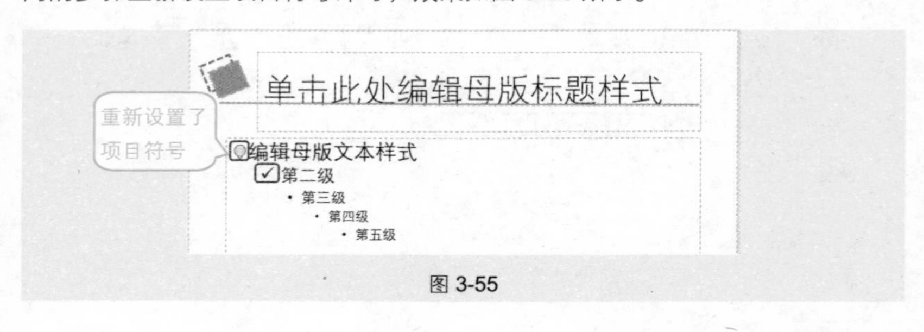

图3-55

技巧 69　利用母版设置统一的背景效果

前面介绍了将图片设置为幻灯片背景的技巧，而进入母版视图中进行背景的设置，其背景效果将应用于所有幻灯片中，如图 3-56 所示。操作方法如下。

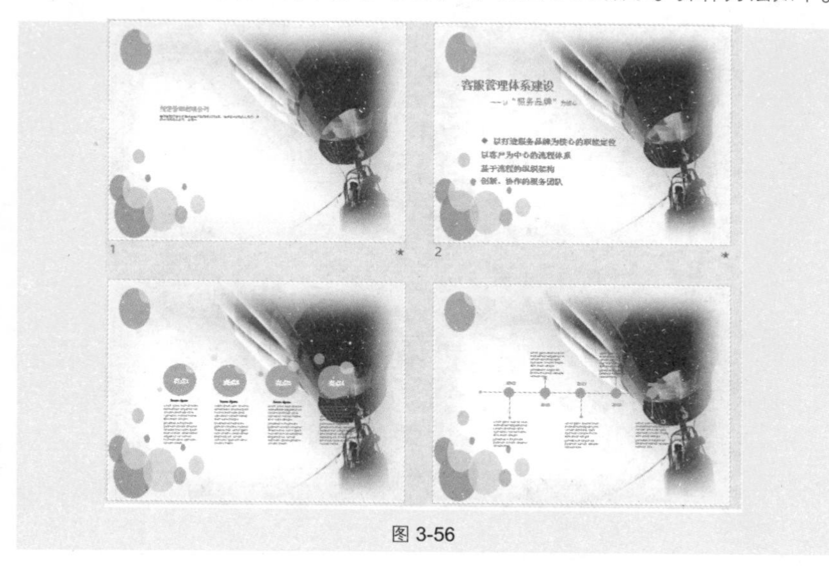

图 3-56

❶ 在“视图”→“母版视图”选项组中单击“幻灯片母版”按钮，进入母版视图中。在占位符以外的空白位置单击鼠标右键，在弹出的快捷菜单中选择“设置背景格式”命令（如图 3-57 所示），打开“设置背景格式”窗格。

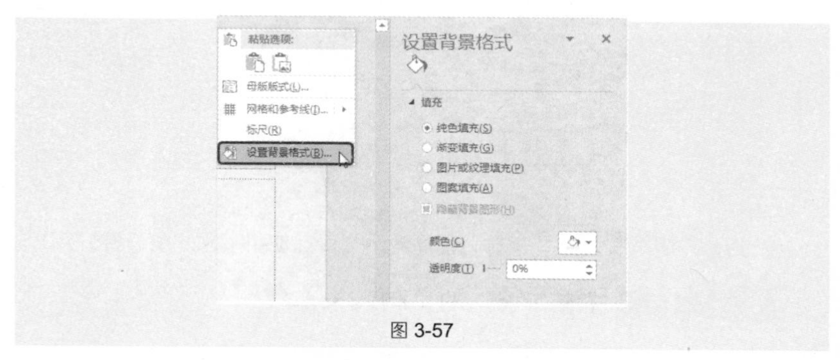

图 3-57

❷ 选中“图片或纹理填充”单选按钮，单击“文件”按钮，打开“插入图片”对话框，找到图片所在路径并选中，单击“插入”按钮（如图 3-58 所示），

回到“设置背景格式”窗格。

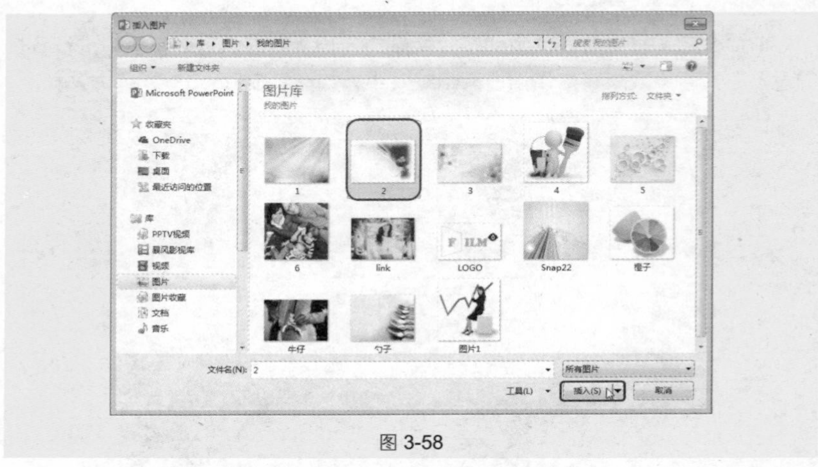

图 3-58

❸ 单击底部的“全部应用”按钮（如图 3-59 所示），母版中无论哪一种版式都应用了所设置的背景，达到如图 3-56 所示的效果。

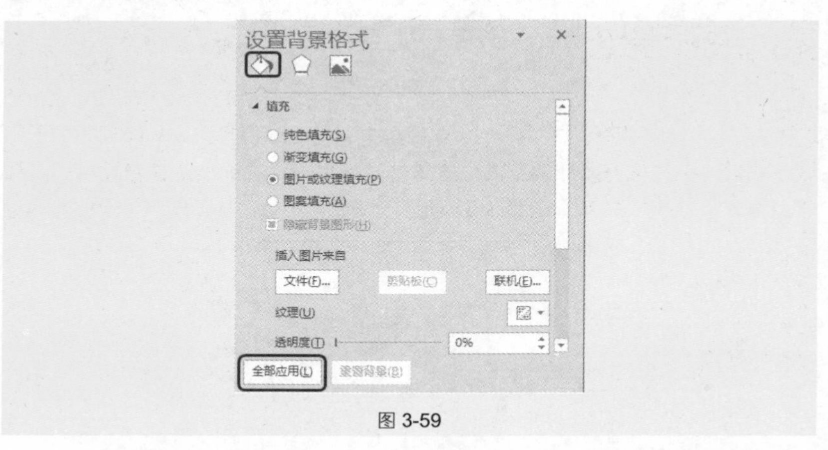

图 3-59

❹ 退出母版视图，也可以看到整篇演示文稿都使用了刚才所设置的背景。

技巧 70　为幻灯片添加统一的页脚效果

如果希望所有幻灯片都使用相同的页脚效果，也可以进入母版视图中进行编辑。

如图 3-60 所示为所有幻灯片都使用“发现需求，创造需求，满足需求”

页脚的效果。具体操作如下。

图 3-60

❶ 在“视图”→“母版视图”选项组中单击“幻灯片母版”按钮，进入母版视图中。在左侧选中主母版，在“插入”→“文本”选项组中单击“页眉和页脚”按钮（如图 3-61 所示），打开“页眉和页脚”对话框。

❷ 选中“页脚”复选框，在下面的文本框中输入页脚文字，如图 3-62 所示。

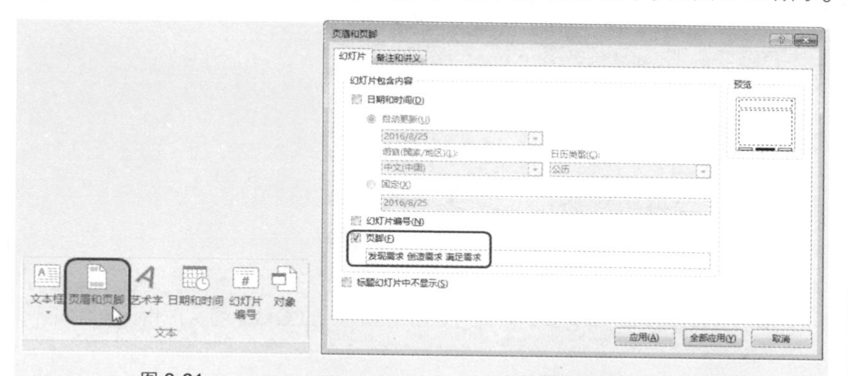

图 3-61　　　　图 3-62

❸ 单击“全部应用”按钮，即可在母版中看到页脚文字，如图 3-63 所示。

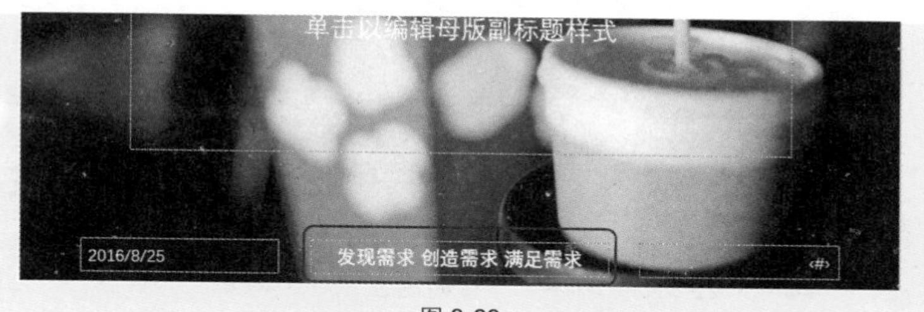

图 3-63

❹ 对文字进行格式设置，可以设置字体、字号、字形或艺术字等，如图 3-64 所示。

图 3-64

❺ 设置完成后，关闭母版视图即可看到每张幻灯片都显示了相同的页脚。

应用扩展

除了插入页脚外，还可以插入日期和时间以及幻灯片编号，如图 3-65 所示。

图 3-65

技巧 71　在母版中添加全篇统一的 LOGO 图片

在一些商务性的幻灯片中经常会将 LOGO 图片显示于每张幻灯片，一方面体现专业性，同时也起到修饰布局版面的作用。

如图 3-66 所示，所有幻灯片都使用了该公司的 LOGO 图片。具体操作如下。

图 3-66

❶ 在“视图”→“母版视图”选项组中单击“幻灯片母版”按钮，进入母版视图中。在左侧选中主母版（如图 3-67 所示），单击“插入”→“图像”选

项组中的“图片”按钮，如图 3-68 所示。

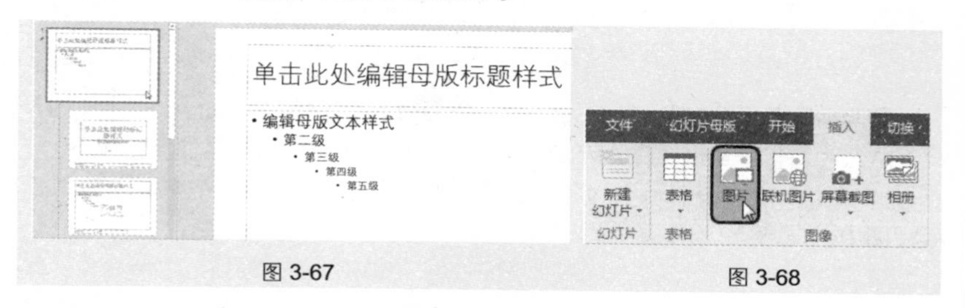

图 3-67　　图 3-68

❷ 在打开的“插入图片”对话框中找到 LOGO 图片所在路径并选中（如图 3-69 所示），单击“插入”按钮，移动图片到需要的位置，如图 3-70 所示。

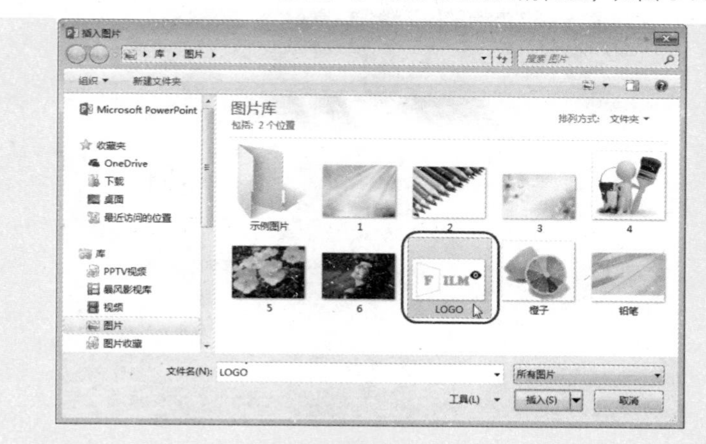

图 3-69

图 3-70

应用扩展

LOGO 图片下面的文字可以使用添加文本框的方式来添加。

技巧 72 在母版中统一布局幻灯片的页面元素

空白的演示文稿一般都需要使用统一的页面元素进行布局，例如在顶部或底部添加图形图片进行装饰，即使是下载的主题有时也需要我们进行一些类似的补充设计。当然只要掌握了操作方法，设计思路可谓创意无限。具体操作如下。

❶ 在“视图”→“母版视图”选项组中单击“幻灯片母版”按钮，进入母版视图中。

❷ 选中母版，在“插入”→“插图”选项组中单击“形状”下拉按钮，在其下拉菜单中选择“矩形”图形样式（如图 3-71 所示），此时光标变成十字形状，按住鼠标左键拖动绘制图形，如图 3-72 所示。

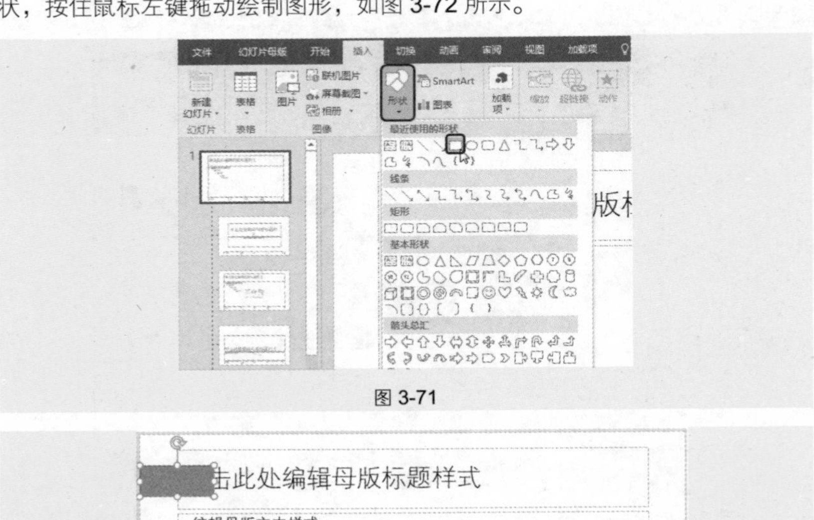

图 3-71

图 3-72

❸ 按相同的方法添加图形并设置图形格式（图形格式设置在后面的章节中会详细介绍），如图 3-73 所示，所有选中的图形都是绘制添加的。

❹ 根据图形的位置重新对占位符的位置进行调整，如图 3-74 所示。

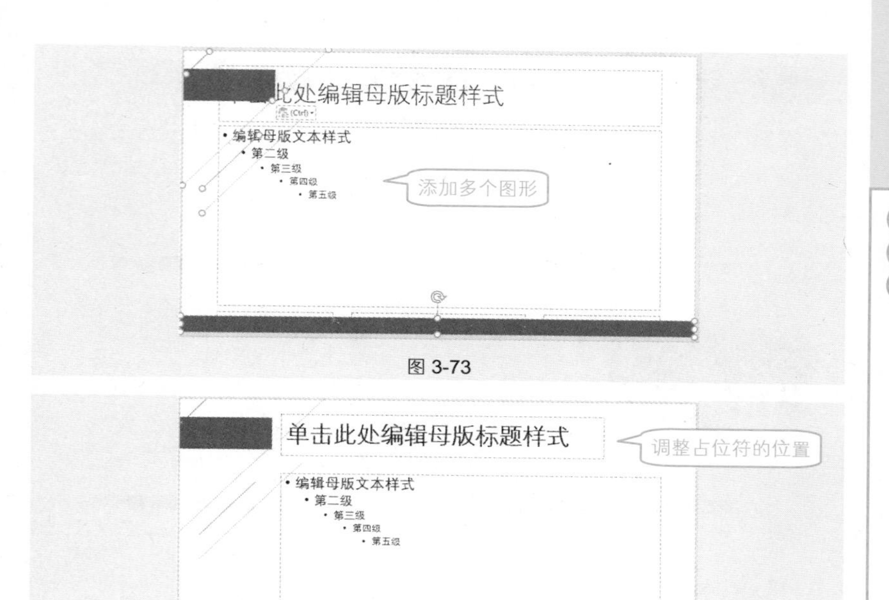

图 3-73

图 3-74

❺ 退出母版，可以看到各幻灯片中都使用了上面添加的图形来布局页面，如图 3-75 所示。

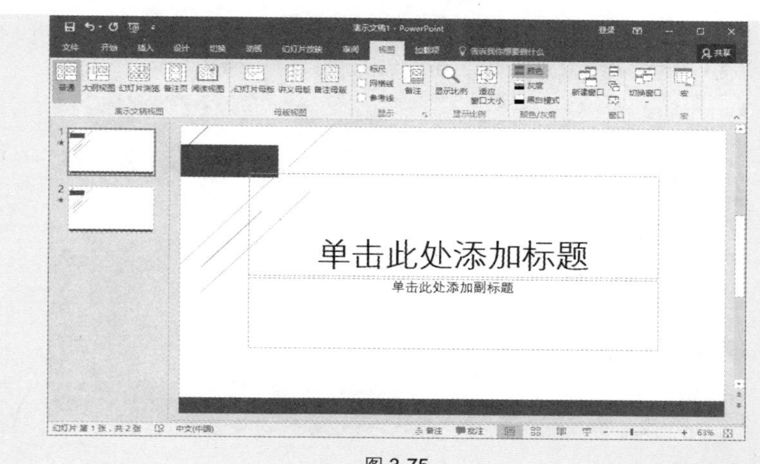

图 3-75

技巧73 在母版中统一设计标题框的装饰效果

在幻灯片的标题处通常会设计图形进行统一修饰，为达到此设置效果可进入母版中进行操作。如图3-76所示，所有幻灯片标题框中都有统一的修饰效果。具体操作如下。

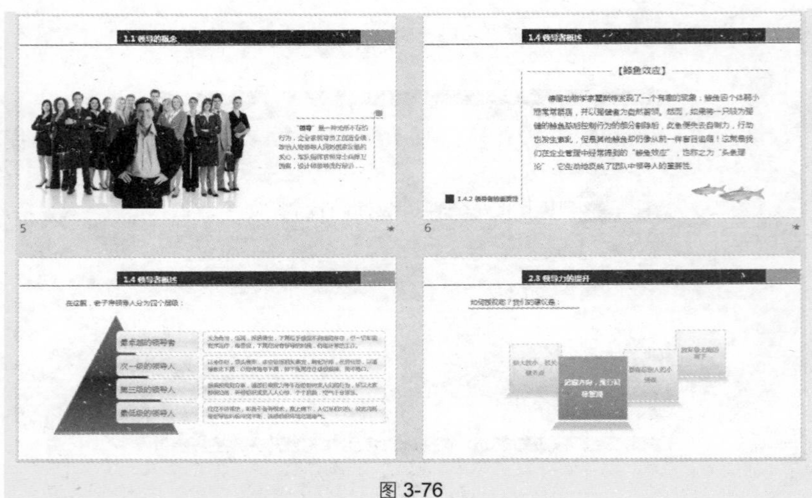

图 3-76

❶ 在“视图”→“母版视图”选项组中单击“幻灯片母版”按钮，进入母版视图中。选中“标题和内容”版式，在“插入”→“插图”选项组中单击“形状”下拉按钮，在其下拉菜单中拖动“矩形”图形样式（如图3-77所示），此时光标变成十字形状，按住鼠标左键绘制图形，如图3-78所示。

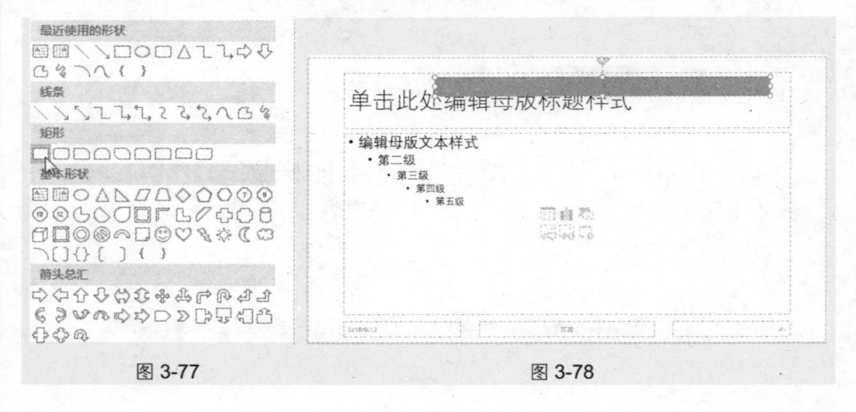

图 3-77 图 3-78

❷ 按相同的方法添加图形并设置图形格式，如图 3-79 所示，所有选中的图形都是绘制添加的。

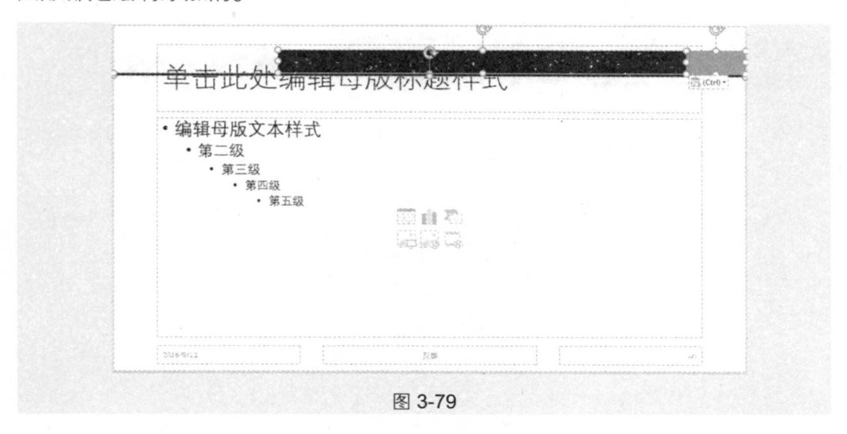

图 3-79

❸ 选中标题占位符，重新设置占位符中的文字，在“开始”→“字体”选项组中设置文字格式，然后在占位符边框上单击鼠标右键，在弹出的快捷菜单中选择“置于顶层”→“置于顶层”命令，如图 3-80 所示。

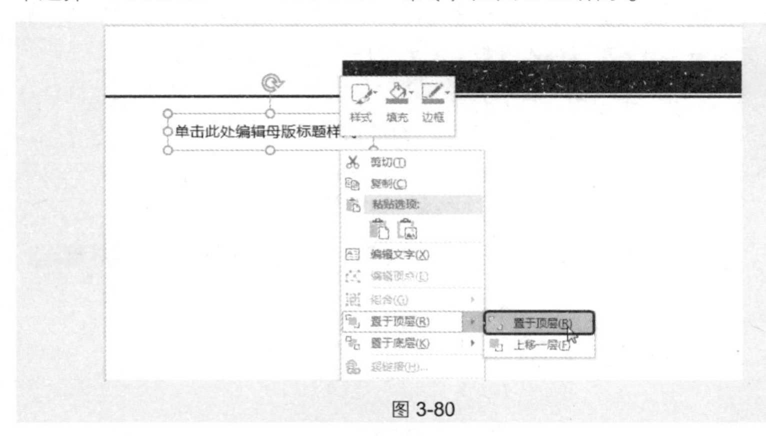

图 3-80

❹ 将占位符移至图形上，并更改字体颜色为白色，如图 3-81 所示。

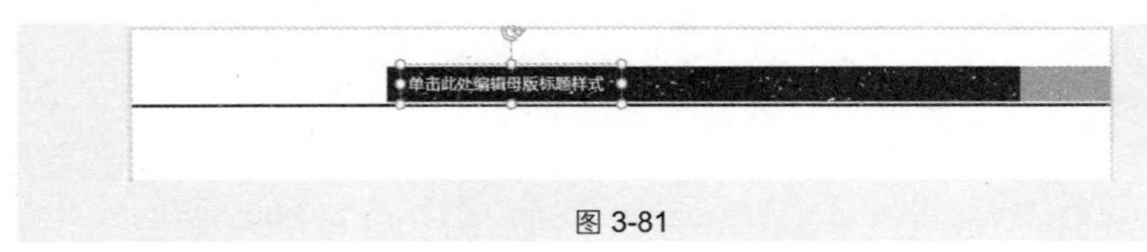

图 3-81

❺ 完成设置后退出母版视图，创建幻灯片时可以看到相同的标题框装饰效果，如图 3-82 所示。

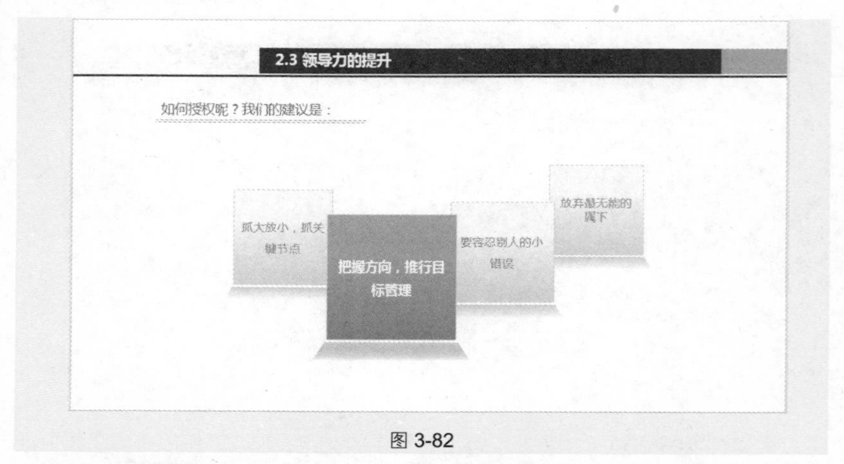

图 3-82

技巧 74 根据当前演示文稿的内容自定义幻灯片版式

幻灯片默认有 11 种不同类型的版式，当在默认的版式中找不到符合当前制作需要的版式时，可以进入母版中自由设计版式。具体操作如下。

❶ 进入母版视图中，在左侧选中“标题和内容”版式，将标题占位符移至如图 3-83 所示的位置，然后删除其他所有的占位符。

❷ 在“幻灯片母版”→“母版版式”选项组中单击“插入占位符”下拉按钮，在其下拉列表中选择“图片”命令，如图 3-84 所示。

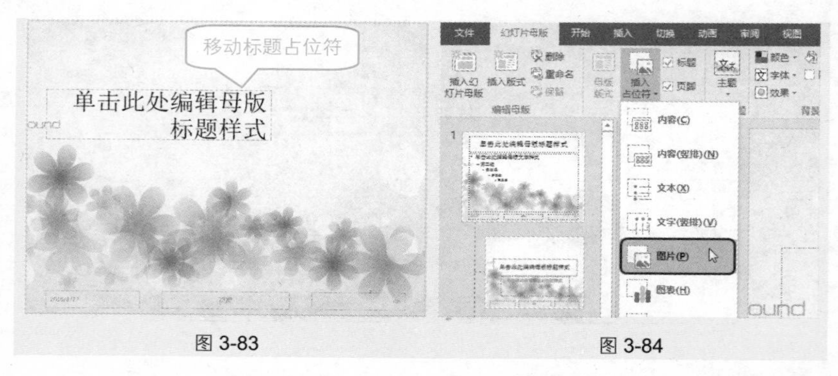

图 3-83　　图 3-84

❸ 按住鼠标左键在版式母版中绘制图片占位符，如图 3-85 所示。接着按

相同的方法在如图 3-86 所示的位置添加一个文本占位符，并横向调整其大小。

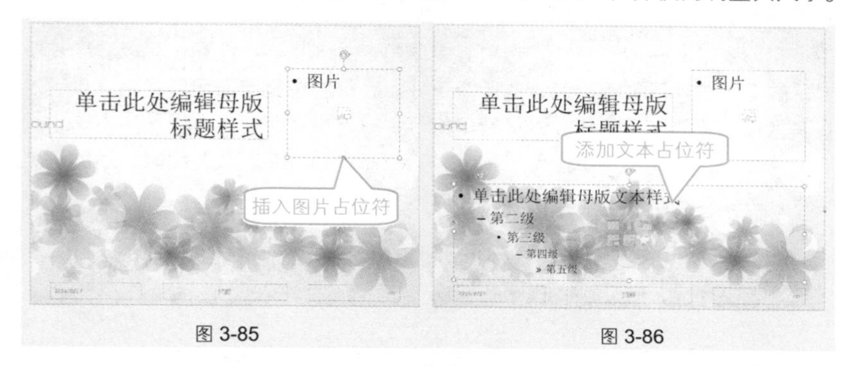

图 3-85　　图 3-86

❹ 完成上面的操作后，返回到幻灯片中，可以看到幻灯片已按照所设置的版式进行显示，如图 3-87 所示。

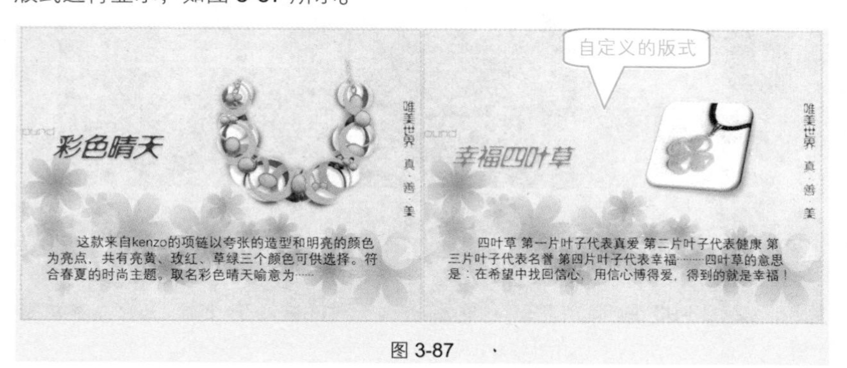

图 3-87

专家点拨

本例中是直接选中“标题和内容”版式，然后对版式进行修改，如果想保留此版式，也可以新建一个版式，然后自定义进行版式布局设计。在“幻灯片母版”→“编辑母版”选项组中单击“插入版式”按钮（如图 3-88 所示）即可插入新版式，然后选中此版式，按上述相同的方法进行编辑即可。

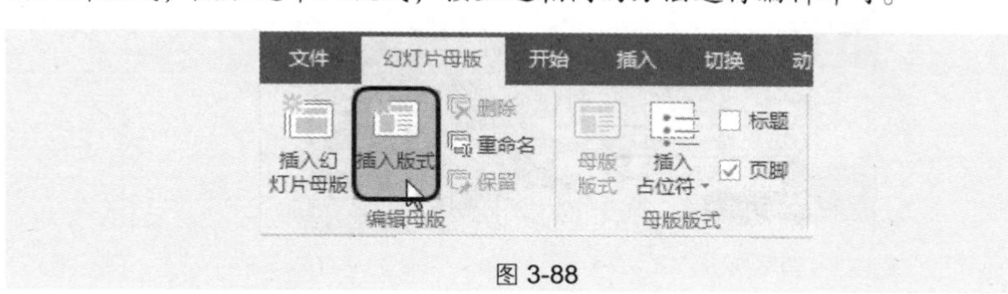

图 3-88

技巧 75 将自定义的版式重命名保存下来

在"开始"→"幻灯片"选项组中单击"版式"下拉按钮，可以看到其中显示的是当前演示文稿中包含的所有版式。在母版中自定义了版式后，也可以将其保存下来并显示于此，以便新建幻灯片时直接套用。具体操作如下。

❶ 如图 3-89 所示为使用"插入版式"命令插入新版式并编辑之后的版式母版，可以看到默认名称为"自定义版式"。

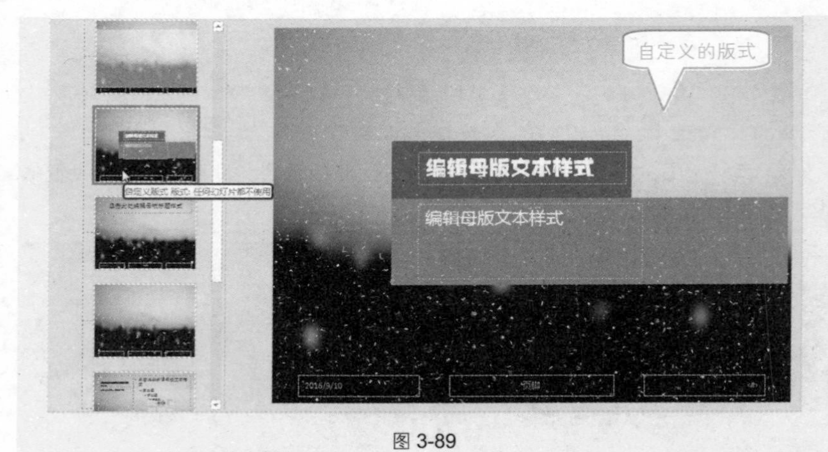

图 3-89

❷ 在此版式母版上单击鼠标右键，在弹出的快捷菜单中选择"重命名版式"命令，如图 3-90 所示。打开"重命名版式"对话框，在"版式名称"文本框中输入"转场页版式"，如图 3-91 所示。

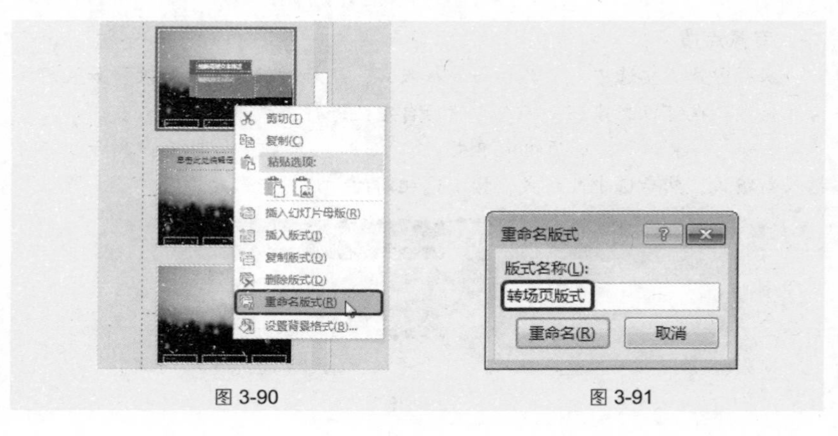

图 3-90　　图 3-91

❸ 单击“重命名”按钮，关闭母版视图回到幻灯片中。在“开始”→“幻灯片”选项组中单击“版式”下拉按钮，可以看到被添加保存的版式，如图 3-92 所示。

图 3-92

技巧 76　试着自己自定义一套主题

由以上内容可知，主题是由字体、图形、图片以及相关的设计元素组成的一套用于制作演示文稿的幻灯片样式，为了保持一篇文稿的统一性，可在幻灯片母版中操作完成，通常根据幻灯片的类型确定主题色调及背景特色等。下面我们通过一个例子来试着自己自定义一套主题。

❶ 新建空白演示文稿，单击“视图”→“母版视图”选项组中的“幻灯片母版”按钮（如图 3-93 所示），进入母版视图。

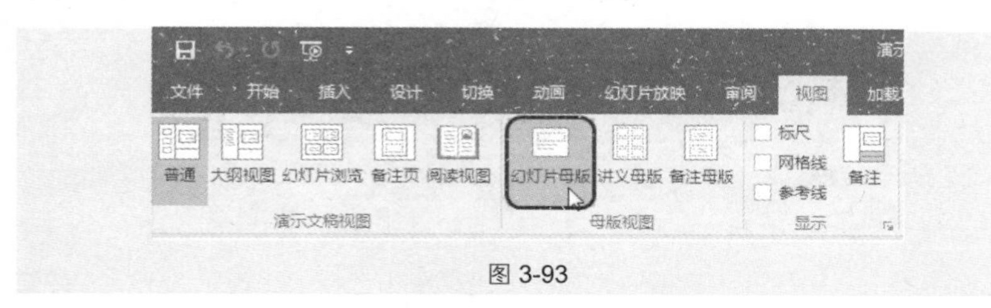

图 3-93

❷ 选中左侧窗格最上方的幻灯片母版，在“幻灯片母版”→“背景”选项组中单击“设置背景格式”启动框（如图 3-94 所示），打开“设置背景格式”

窗格。展开“填充”栏，选中“图片或纹理填充”单选按钮，单击“文件”按钮（如图 3-95 所示），打开“插入图片”对话框。找到图片所在路径并选中，单击“插入”按钮（如图 3-96 所示），即可将选中的图片设为演示文稿的背景，如图 3-97 所示。

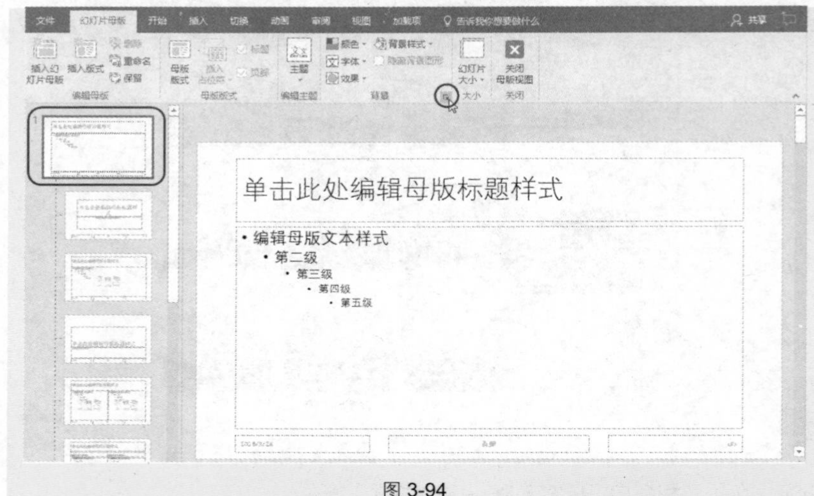

图 3-94

图 3-95　　　　图 3-96

❸ 在左侧窗格母版下方选中“标题与内容”版式，在“插入”→“插图”选项组中单击“形状”下拉按钮，在其下拉菜单中选择“矩形”图形样式并绘制，按相同的方法添加图形并设置图形格式（图形格式设置在后面的章节中会详细介绍），达到如图 3-98 所示的效果。

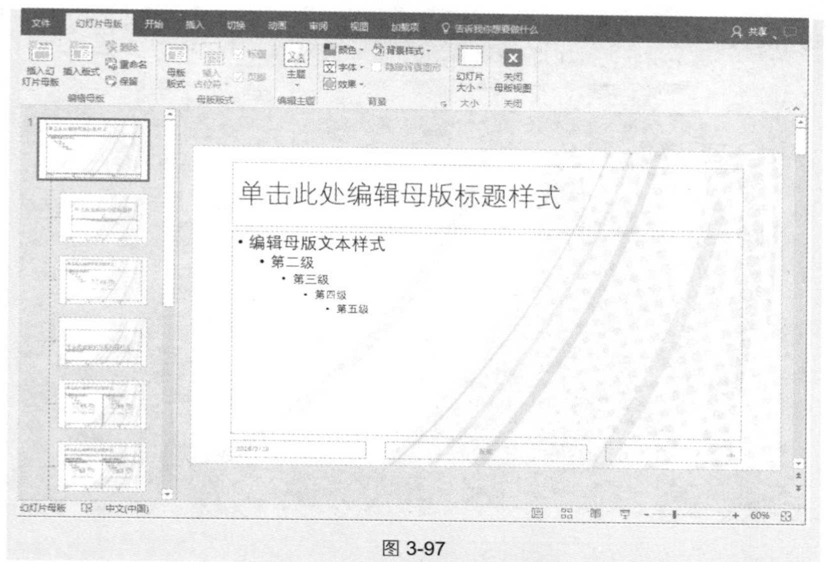

图 3-97

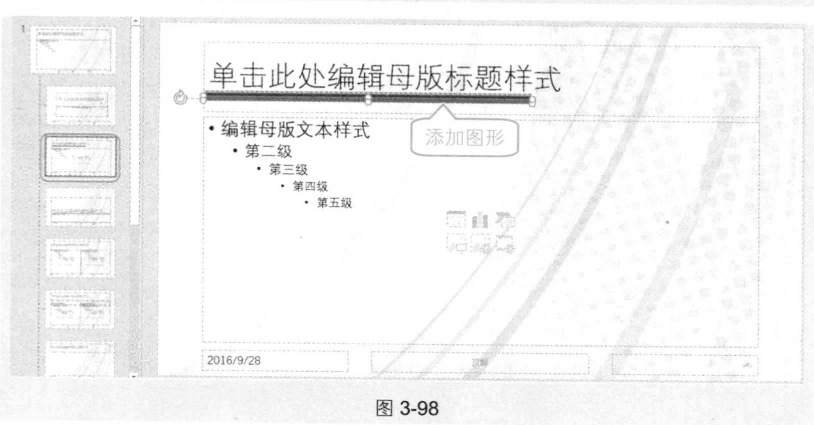

图 3-98

❹ 选中文字“单击此处编辑母版标题样式”，自定义标题文字的格式。在“开始”→“字体”选项组中设置文字格式（字体、字形、颜色等），如图 3-99 所示。

❺ 选中“节标题”版式，在“插入”→“插图”选项组中单击“形状”下拉按钮，在其下拉菜单中选择“矩形”图形样式并绘制（如图 3-100 所示），按相同的方法添加图形并设置图形格式，达到如图 3-101 所示的效果。

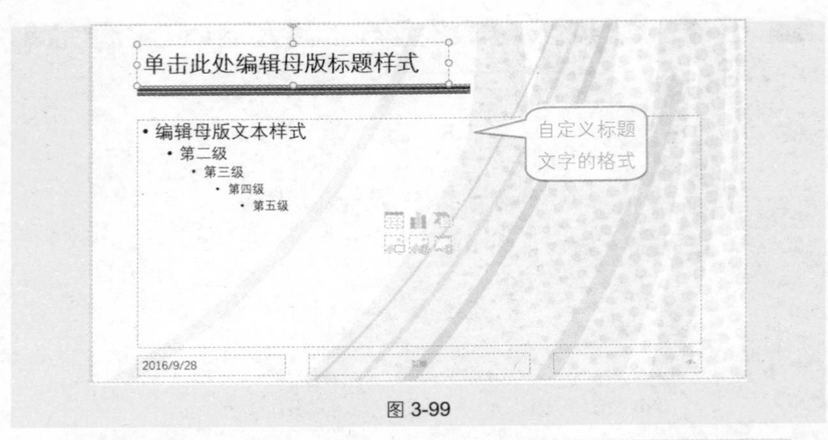

图 3-99

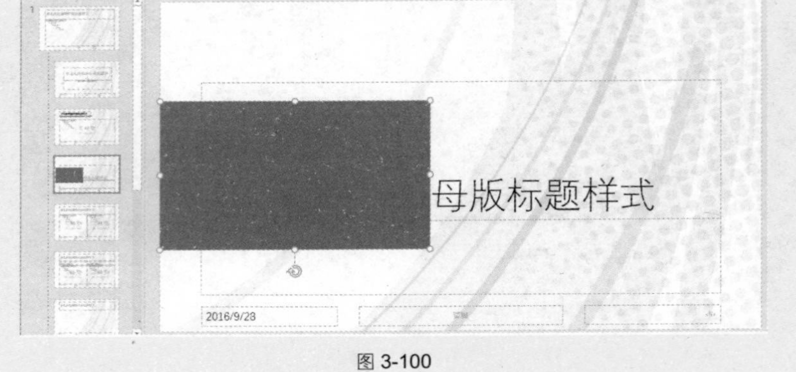

图 3-100

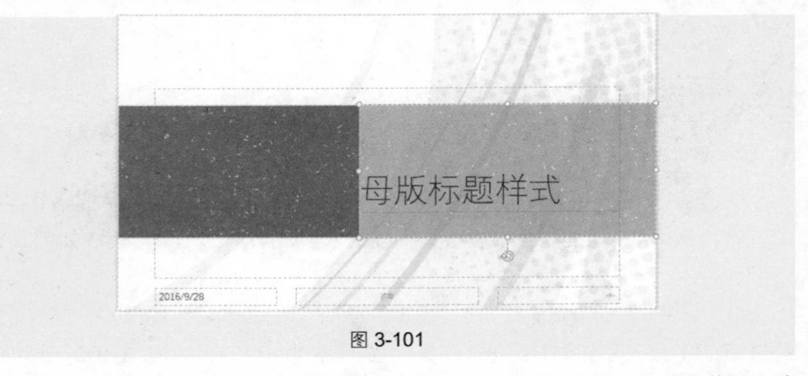

图 3-101

⑥ 选中标题占位符，在占位符边框上单击鼠标右键，在弹出的快捷菜单中选择“置于顶层”→“置于顶层”命令（如图 3-102 所示）。然后在“开始”→“字

体”选项组中设置占位符中的文字格式，效果如图 3-103 所示。

图 3-102　　　　图 3-103

❼ 单击“**关闭母版视图**”按钮，回到普通视图中，在“开始”→“幻灯片”选项组中单击“**版式**”按钮，在其下拉列表中可以看到我们创建的版式（如图 3-104 所示）。如图 3-105 与图 3-106 所示分别为使用“**节标题**”版式与使用“**标题和内容**”版式创建的新幻灯片。

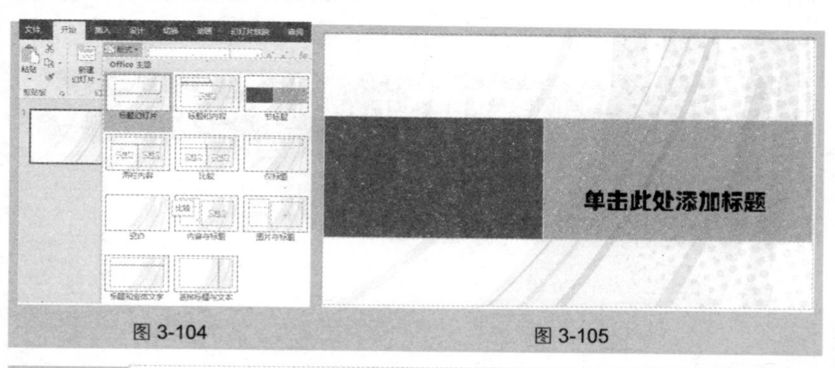

图 3-104　　　　图 3-105

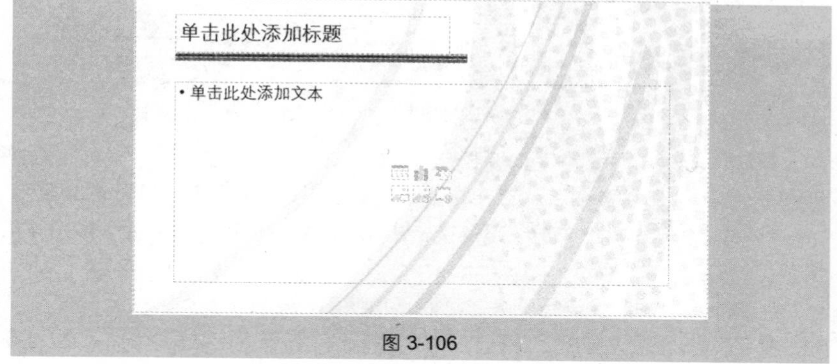

图 3-106

第4章　幻灯片中文本的处理及美化

4.1　文本编辑技巧

技巧 77　下载安装字体

想让幻灯片更有视觉效果，字体设置是一个重要的元素。如何获得更多字体呢？有很多字体网站可以下载字体，下载后安装即可使用。下面举例介绍从模板王网站下载并安装字体的方法。

❶ 打开浏览器，输入网址“**http://fonts.mobanwang.com/200908/4977.html**”，进入主页面，可以在搜索导向框中输入要使用的字体，也可以在页面字体列表区域选择所需字体，此例选择“行书”，如图 **4-1** 所示。

图 4-1

❷ 单击该字体后，在字体下载专题区显示出各种形式的行书，鼠标定位到所需要的字体（如图 **4-2** 所示），单击进入到该行书的下载地址，如图 **4-3** 所示。

❸ 单击“点击进入下载”超链接，设置好下载字体的存放路径，如图 **4-4** 所示。

字体下载过后，要进行安装才可以正常使用，安装步骤如下。

❶ 下载完成后，弹出“下载管理器”提示框，按照提示进行解压，如图 **4-5** 所示。

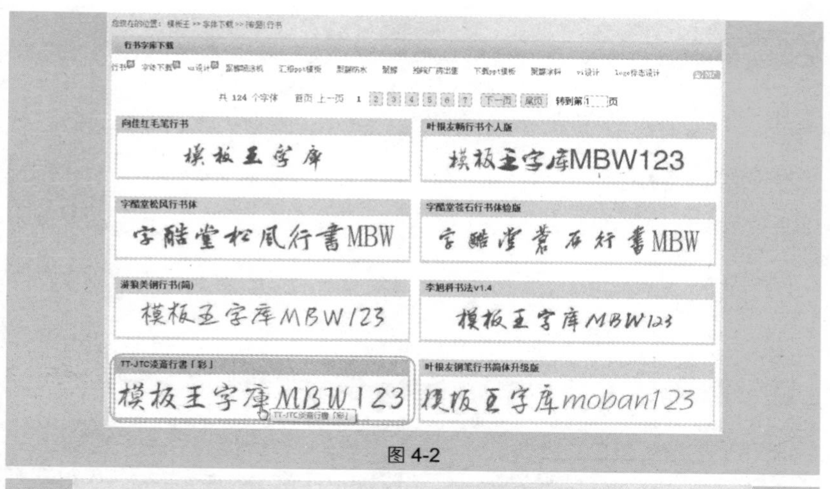

图 4-2

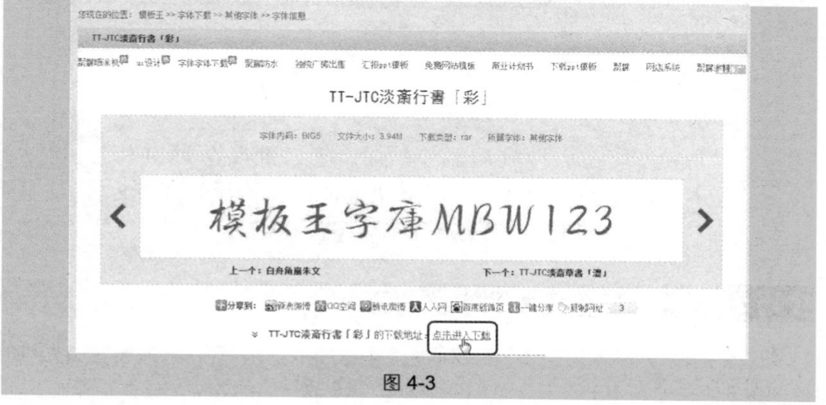

图 4-3

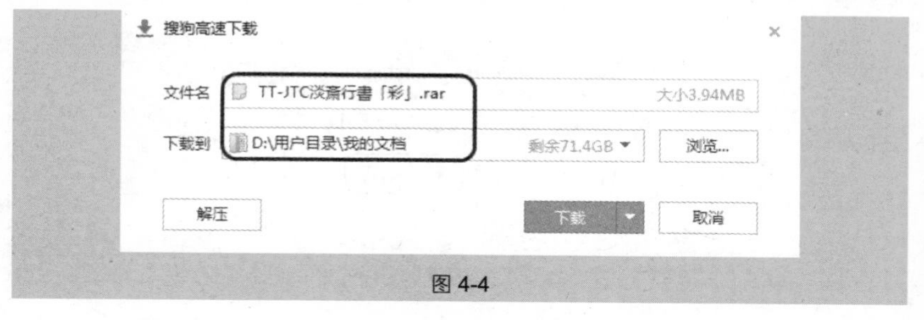

图 4-4

❷ 解压完成后，弹出安装对话框，单击“安装”按钮（如图 4-6 所示）即可安装该字体。打开程序后在字体列表中即可显示此字体。

图 4-5

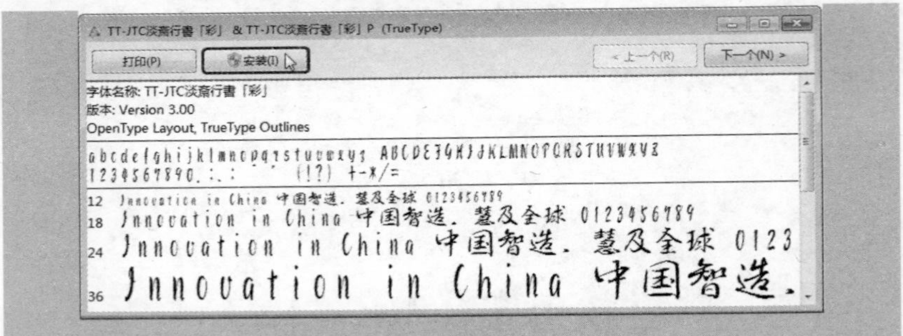

图 4-6

技巧 78 快速调整文本的字符间距

如图 4-7 所示的英文文本为默认间距，稍显拥挤。用户可以通过设置加宽间距值调整间距，如图 4-8 所示为加宽间距值为 **“15 磅”** 后的效果。具体步骤如下。

图 4-7

❶ 选中文字，在 **“开始”** → **“字体”** 选项组中单击 **“字符间距”** 下拉按钮，在弹出的下拉列表中选择 **“其他间距”** 选项，如图 4-9 所示。

图 4-8

❷ 打开“字体”对话框，在“间距”下拉列表框中选择“加宽”选项，在“度量值”文本框中输入“**15**”，如图 4-10 所示。

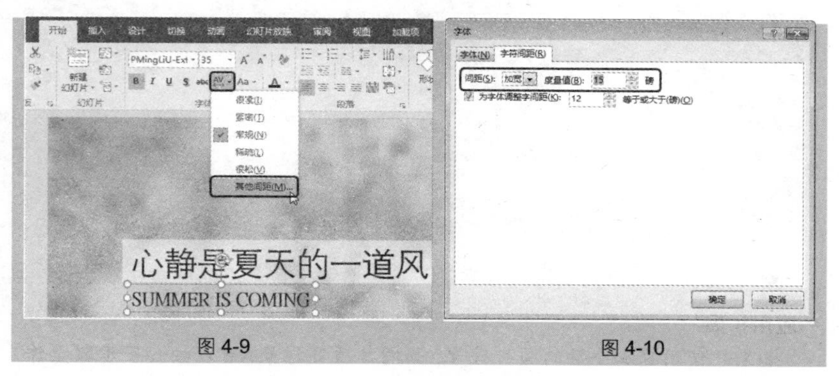

图 4-9

图 4-10

❸ 单击“确定”按钮，即可将选中字体的间距更改为 15 磅。

技巧 79　为文本添加项目符号

在幻灯片中编辑文本时，为了使文本条理更加清晰，通常需要为其设置项目符号，如图 4-11 所示。具体操作如下。

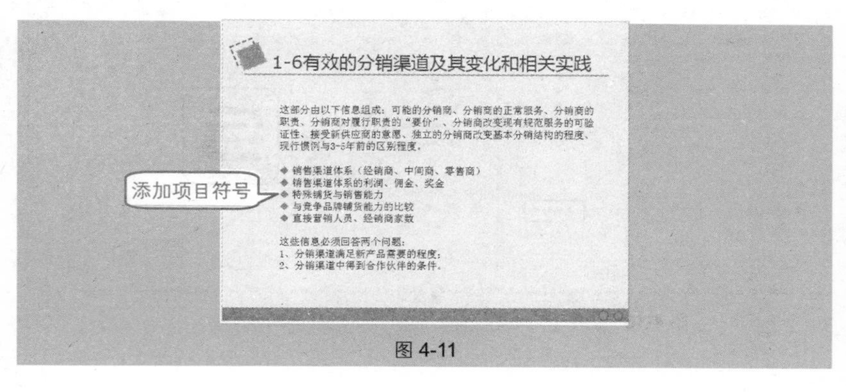

图 4-11

❶ 选中要添加项目符号的文本，在“开始”→“段落”选项组中单击“项目符号”下拉按钮，打开的下拉菜单中提供了几种可以直接套用的项目符号样式，如图 4-12 所示。

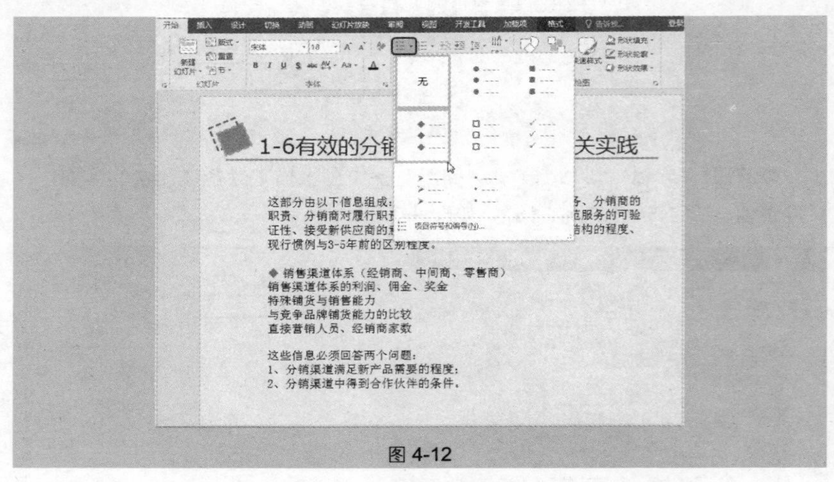

图 4-12

❷ 将鼠标指针指向项目符号样式时可预览效果，单击即可套用。

应用扩展

如果想使用更加个性的项目符号，如图片项目符号，可以按如下步骤操作。

❶ 在“项目符号”按钮的下拉菜单中选择“项目符号和编号”命令，打开“项目符号和编号”对话框，如图 4-13 所示。

❷ 单击“图片”按钮，打开“插入图片”对话框，选中想作为项目符号显示的图片，如图 4-14 所示。

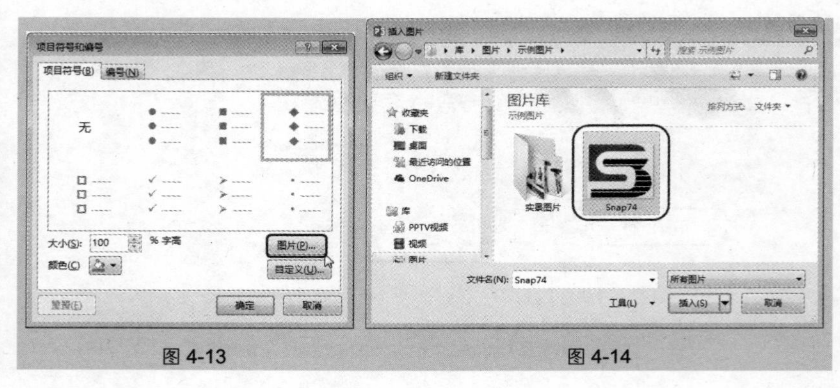

图 4-13　　图 4-14

❸ 依次单击“插入”“确定”按钮即可完成图片项目符号的设定。

技巧 80 为文本添加编号

当幻灯片文本中包含一些列举条目时，一般可以为其添加编号，除了手动依次输入编号外，可以按如下方法一次性添加。

❶ 选中需要添加编号的文本内容，如果文本不连续可以配合“Ctrl”键选中。

❷ 在“开始”→“段落”选项组中单击“编号”下拉按钮，在其下拉菜单中选择一种编号样式（如图 4-15 所示），单击即可应用，如图 4-16 所示。

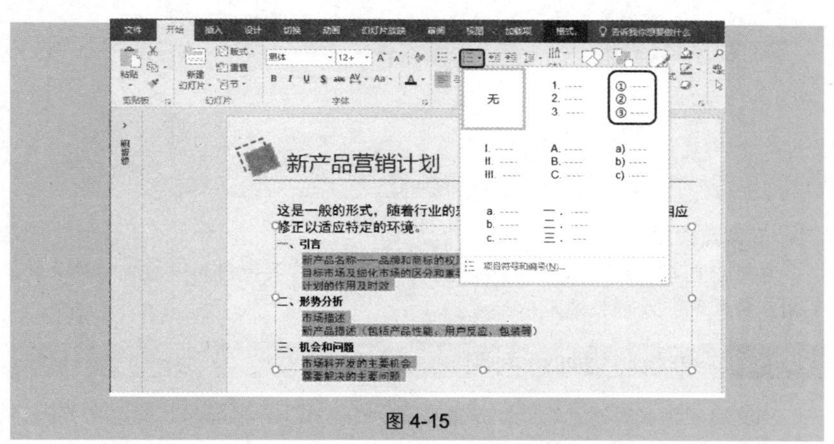

图 4-15

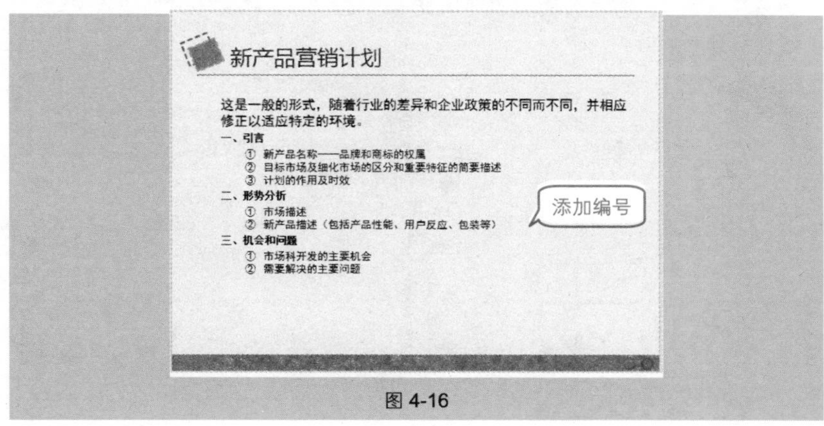

图 4-16

应用扩展

在“编号”按钮的下拉菜单中选择“项目符号和编号”命令，打开“项目符号和编号”对话框，选择“编号”选项卡，如图 4-17 所示。此时除了可以选择编号样式外，还可以自主设置起始编号和编号的显示颜色。

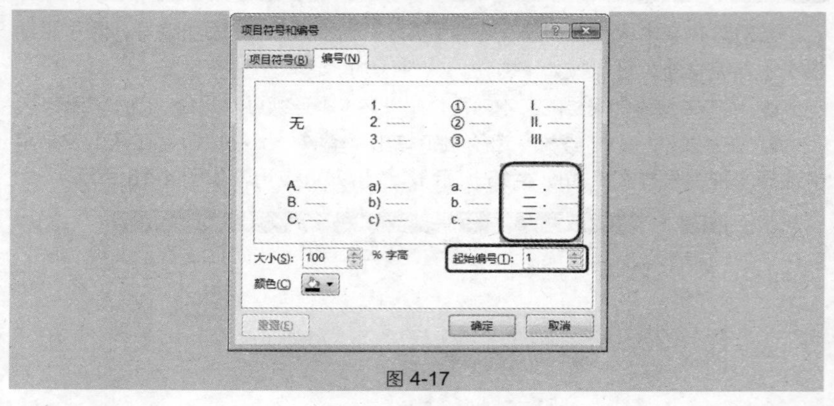

图 4-17

专家点拨

也可以选择一处文本先添加编号，当其他文本需要使用相同格式的编号时，利用“格式刷”功能快速刷取编号。

技巧 81 排版时增加行间距

当文本包含多行时，行间距是紧凑显示的，根据排版要求，有时需要调整行距以获取更好的视觉效果。如图 4-18 所示为排版前的文本，如图 4-19 所示为增加行距后的效果。

图 4-18　　图 4-19

首先选中文本框，在“开始”→“段落”选项组中单击“行距”下拉按钮，打开的下拉菜单中提供了几种行距，本例中选择“**2.0**”（默认为“**1.0**”），如图 4-20 所示。

图 4-20

应用扩展

在“行距”下拉菜单中可以选择“行距选项”命令，打开“段落”对话框。在“间距”栏的“行距”下拉列表框中选择“固定值”选项，然后可以在后面的文本框中设置任意间距值，如图 4-21 所示。

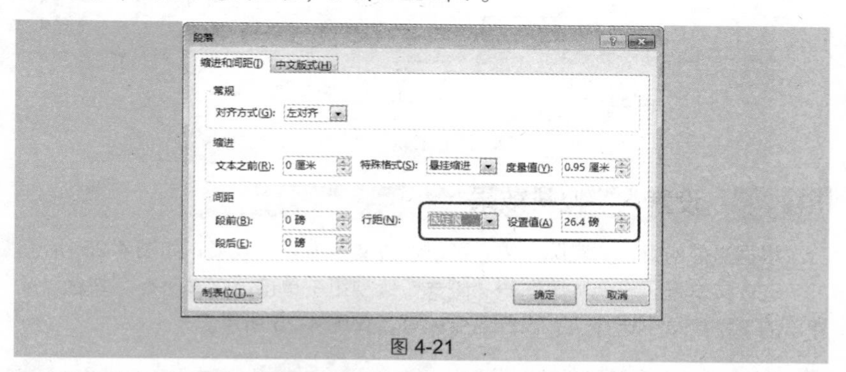

图 4-21

技巧 82 一次性设置多段落的段落格式

当文本包含多个段落时，默认的显示效果如图 4-22 所示，文本缺乏层次感，视觉效果差。通过对段落格式的设置，可以让文本达到首行缩进、有段落间距的效果，如图 4-23 所示。具体操作如下。

❶ 选中文本框，在“开始”→“段落”选项组中单击 按钮，打开“段落”对话框。

❷ 在“缩进”栏的“特殊格式”下拉列表框中选择“首行缩进”选项，在“间距”栏的“段前”微调框中设置段前间距值，本例中设置为“**12 磅**”，如图 4-24 所示。

❸ 设置完成后单击“确定”按钮即可。

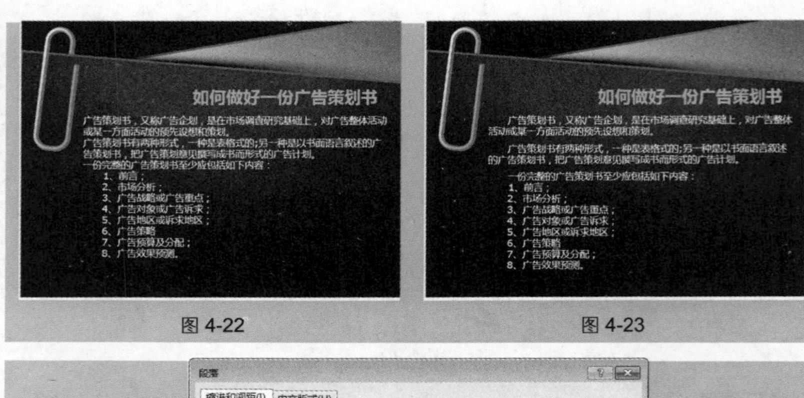

图 4-22　　图 4-23

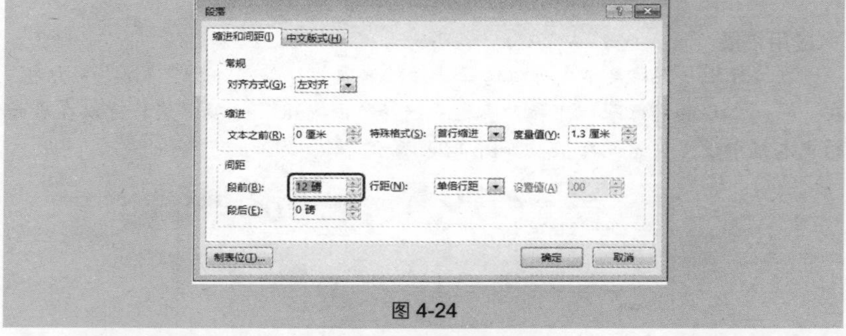

图 4-24

技巧 83　设置文字竖排效果

根据当前幻灯片的实际需求，可以设置文字为竖排效果，如图 4-25 所示。

选中文本框，在“开始”→“段落”选项组中单击“文字方向”按钮，从弹出的下拉菜单中选择“竖排”命令即可，如图 4-26 所示。

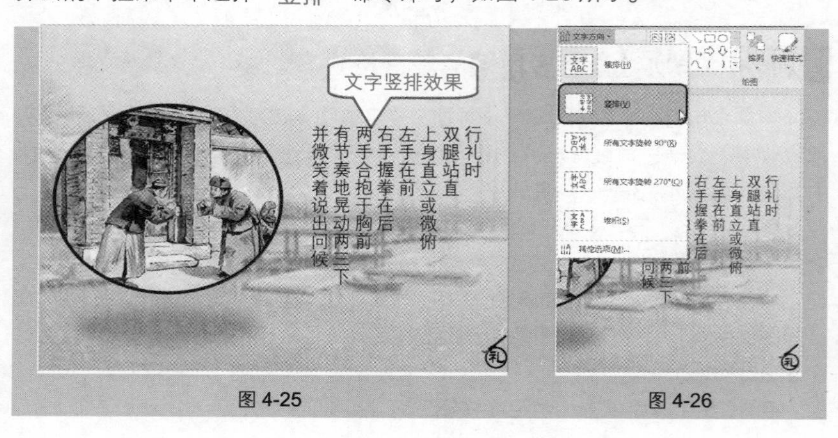

图 4-25　　图 4-26

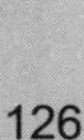

技巧 84 在形状上添加文本达到突出显示或美化效果

在幻灯片的设计过程中，可以将文字显示在形状上，这样既能突出显示文字，又能美化版面。如图 4-27 所示的幻灯片中多处使用图形来突出文字，同时也布局了版面。这样的例子随处可见，操作起来没有什么难度，关键是要有设计思路。下面介绍具体的操作方法。

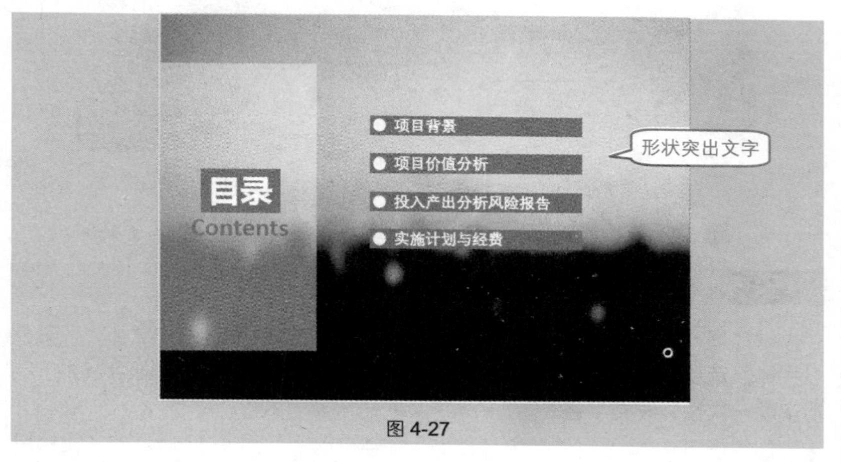

图 4-27

❶ 在“插入”→“插图”选项组中单击“形状”下拉按钮，在其下拉菜单中选择“矩形”图形样式，如图 4-28 所示。

❷ 按住鼠标左键拖动，在适当位置绘制图形，如图 4-29 所示。

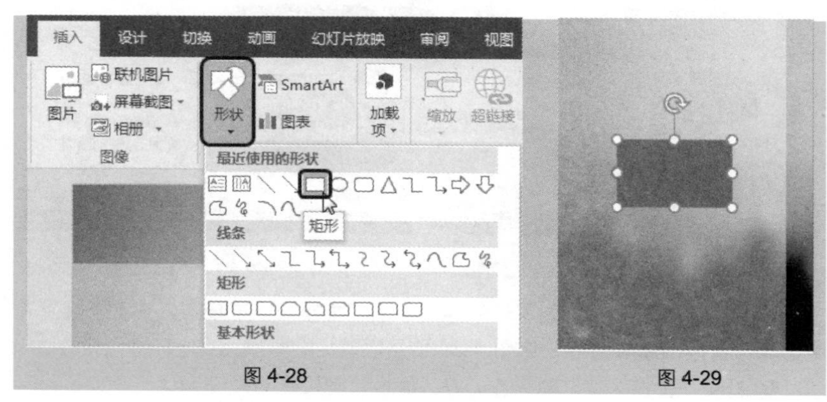

图 4-28　　图 4-29

❸ 选中形状并单击鼠标右键，在弹出的快捷菜单中选择“编辑文字”命令，

如图 4-30 所示。此时光标会自动定位到形状内，文本框变为可编辑状态，输入需要的文字，效果如图 4-31 所示。

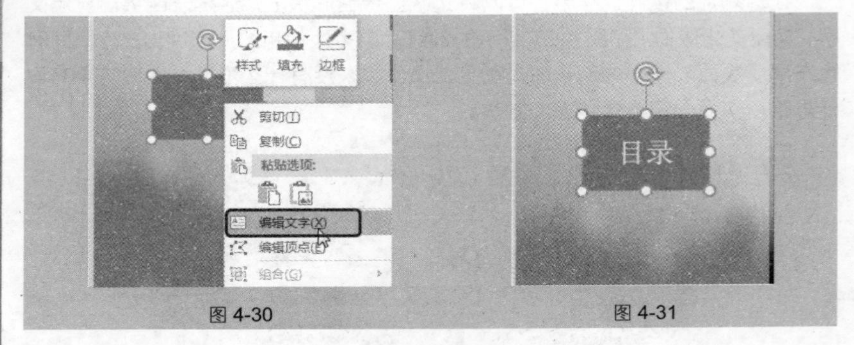

图 4-30　　图 4-31

❹ 设置文字的格式，然后再按相同的方法添加其他图形和文字。

技巧 85　一次性修改字体格式

设计好一个演示文稿后，发现字体不符合要求或者与演讲环境不符，若在“字体”选项组逐一更改字体格式会增加不必要的工作量，此时可以按如下技巧实现一次性修改文字格式。

例如将图 4-32 所示的“华文彩云”字体更改为如图 4-33 所示的“特粗黑体”字体。具体操作如下。

图 4-32　　图 4-33

❶ 在“开始”→“编辑”选项组中单击“替换”下拉按钮，在其下拉菜单中选择“替换字体”命令，如图 4-34 所示。

❷ 打开“替换字体”对话框，在“替换”下拉列表框中选择“华文彩云”，接着在“替换为”下拉列表框中选择“特粗黑体”，如图 4-35 所示。

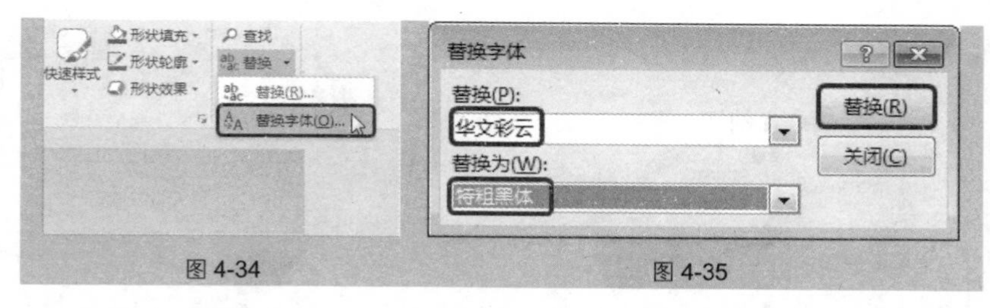

图 4-34　　图 4-35

❸ 单击“**替换**”按钮，即可完成演示文稿字体格式的整体替换。

技巧 86　用“格式刷”设置相同文字格式

当一篇演示文稿中需要采用相同的文字格式时，为避免重复进行字体、字号的设置，可以采用格式刷来复制文字格式，然后刷在需要引用此格式的文本上即可快速引用格式。具体操作如下。

❶ 选中需要引用其格式的文本（如图 4-36 所示），在“**开始**”→“**剪贴板**”选项组中双击 按钮，此时鼠标指针变为小刷子形状。

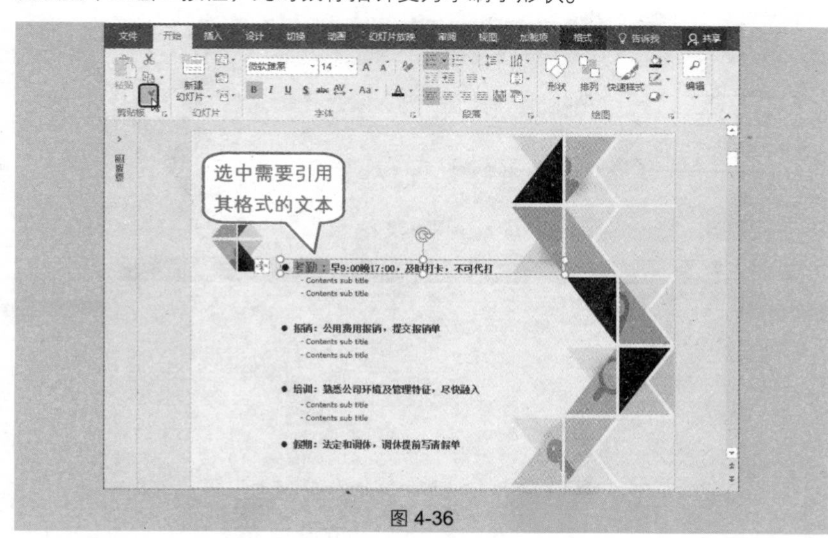

图 4-36

❷ 将鼠标指针对准需要改变格式的文字，拖动鼠标，如图 4-37 所示。

❸ 释放鼠标即可引用格式，按相同方法在下一处需要引用格式的文本上拖动，如图 4-38 所示。

❹ 全部引用完成后，需要在“开始”→“**剪贴板**”选项组中再次单击 按钮取消格式刷的启用状态，如图 4-39 所示。

图 4-37

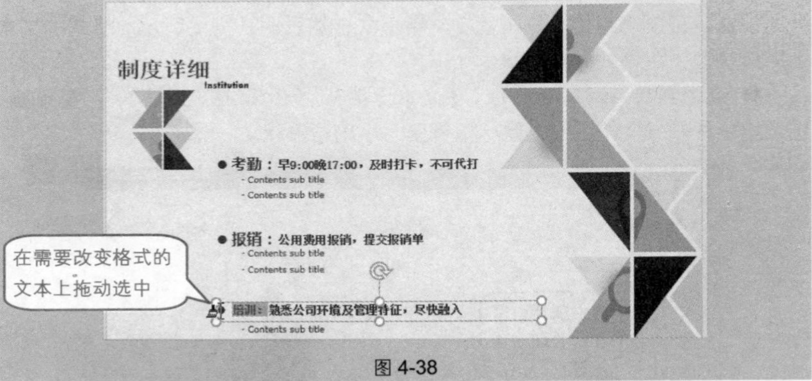

图 4-38

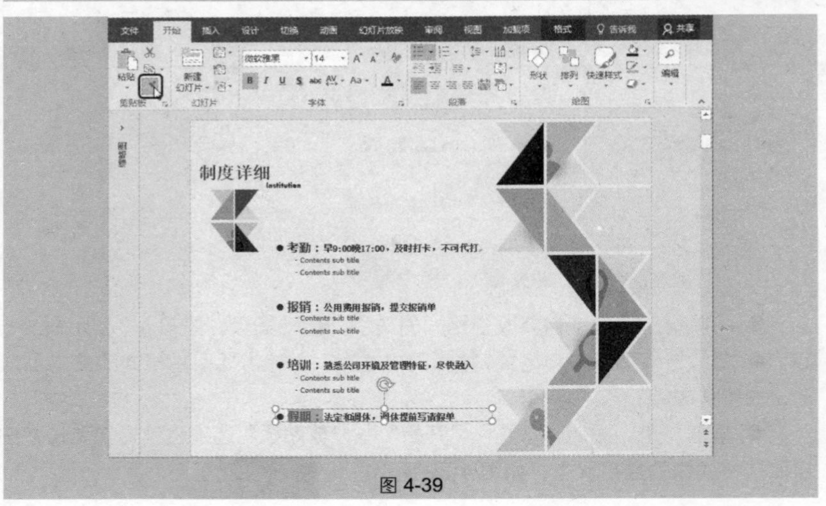

图 4-39

专家点拨

在使用✔按钮时，如果只有一处需要引用格式，可以单击一次✔按钮，在格式引用后自动退出。如果多处需要引用格式，则双击✔按钮，但使用完毕需要手动退出其启用状态。

技巧 87 将正文文本拆分为两张幻灯片

在制作幻灯片时，如果输入了较多文字到一张幻灯片中，后期整理时想将这张幻灯片转变为两张，则可以直接拆分幻灯片。

如图 4-40 所示的幻灯片，可以从“一份完整的广告……如下内容：”处将其拆分到下一张幻灯片中，效果如图 4-41 所示。具体操作如下。

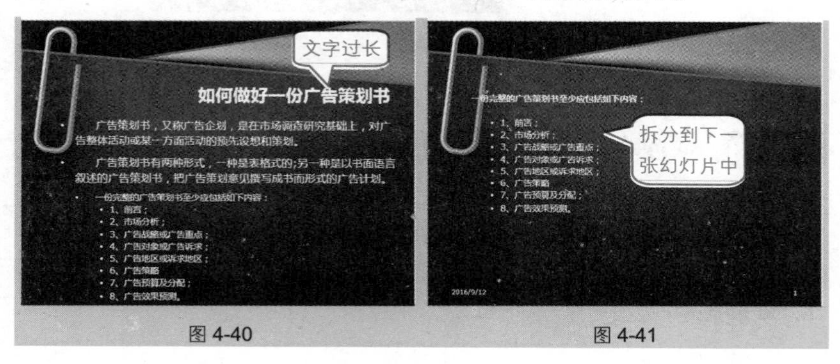

图 4-40　　　　图 4-41

❶ 在普通视图中选择左侧窗格的“大纲”选项卡，将光标定位到需要拆分文本的位置，如图 4-42 所示。

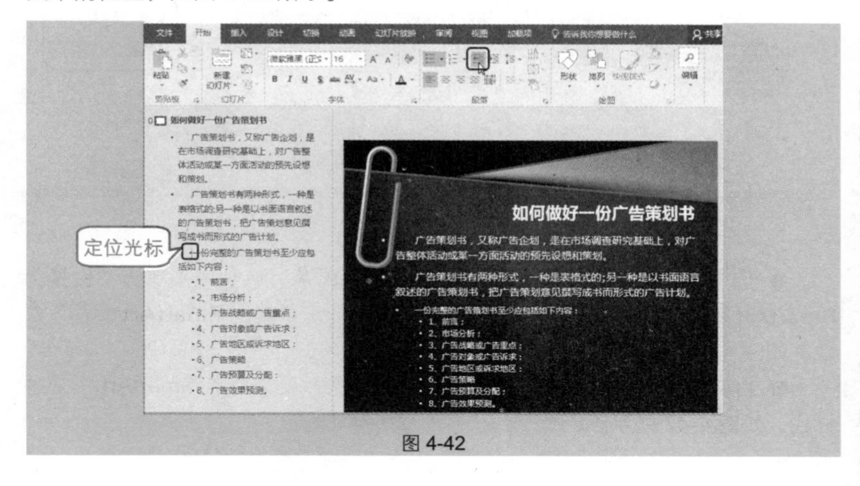

图 4-42

❷ 在“开始”→“段落”选项组中单击“**降低列表级别**”按钮，即可从光标位置处创建新幻灯片，如图 4-43 所示。

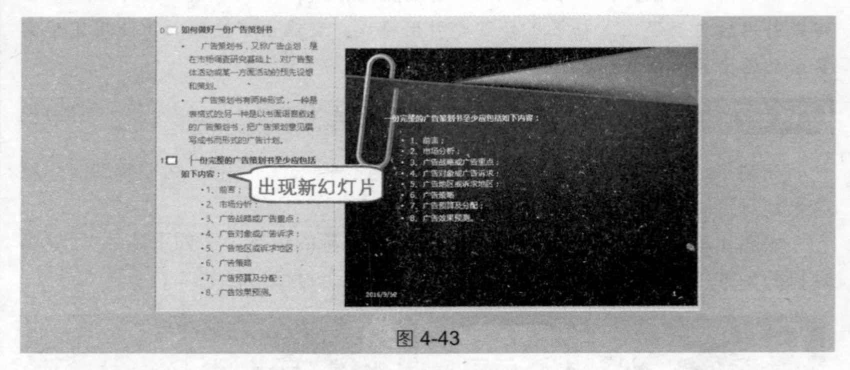

图 4-43

❸ 为幻灯片修改标题，对文字进行美化设置即可。

技巧 88　快速将文本转换为 SmartArt 图形

在幻灯片中输入文本时，如果文本是直接输入在一个文本框或者同一占位符内，为了达到美化的效果，可以快速将文本转换为 SmartArt 图形。如图 4-44 所示为文本效果，图 4-45 所示为将文本转换为 SmartArt 图形的效果。具体操作方法如下。

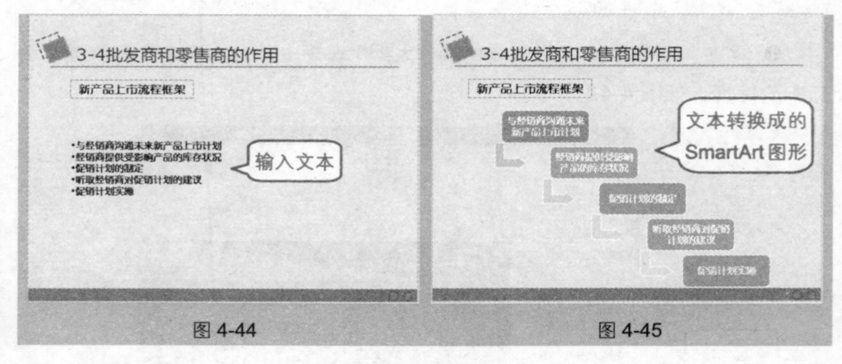

图 4-44　　　　图 4-45

❶ 选中文本所在文本框，在“开始”→“段落”选项组中单击“**转换为 SmartArt 图形**”下拉按钮，在其下拉菜单中选择“**其他 SmartArt 图形**”命令，如图 4-46 所示。

❷ 打开“**选择 SmartArt 图形**”对话框，选择要使用的 SmartArt 图形的样式，如图 4-47 所示。

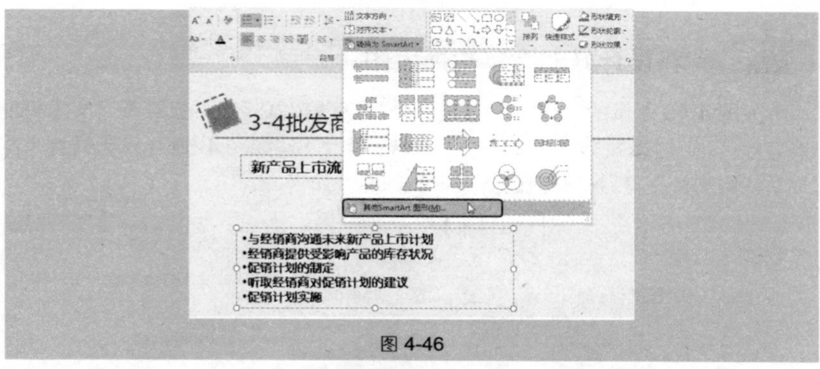

图 4-46

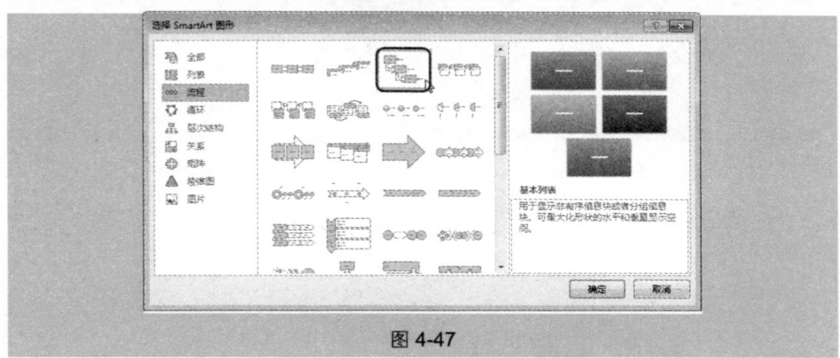

图 4-47

❸ 单击“确定”按钮，即可将文本转换为 SmartArt 图形。选中图形，在“设计”→“**SmartArt** 样式”选项组中单击“更改颜色”下拉按钮，在其下拉列表中选择一种合适的颜色对图形进行美化，如图 **4-48** 所示。

图 4-48

技巧 89 将设计好的文本转换为图片

如图 4-49 所示的幻灯片中，使用了文本框输入文字，并且设置了文本框的填充颜色，通过本技巧可以将该文本框转换为图片。如图 4-50 所示为转换为图片后使用图片浏览器打开时的效果。具体操作如下。

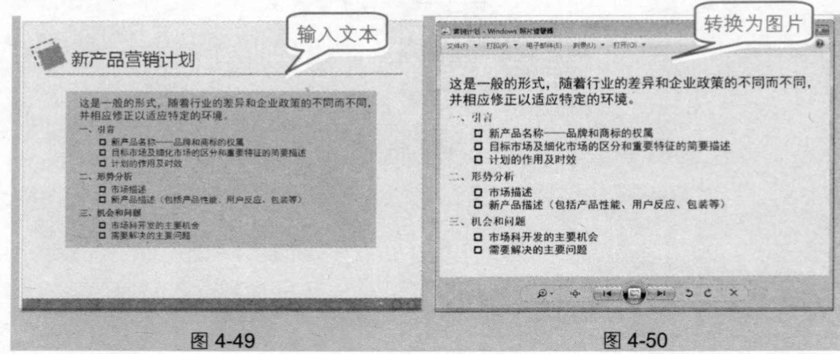

图 4-49　　图 4-50

❶ 选中文本所在文本框并单击鼠标右键，在弹出的快捷菜单中选择“另存为图片”命令，如图 4-51 所示。

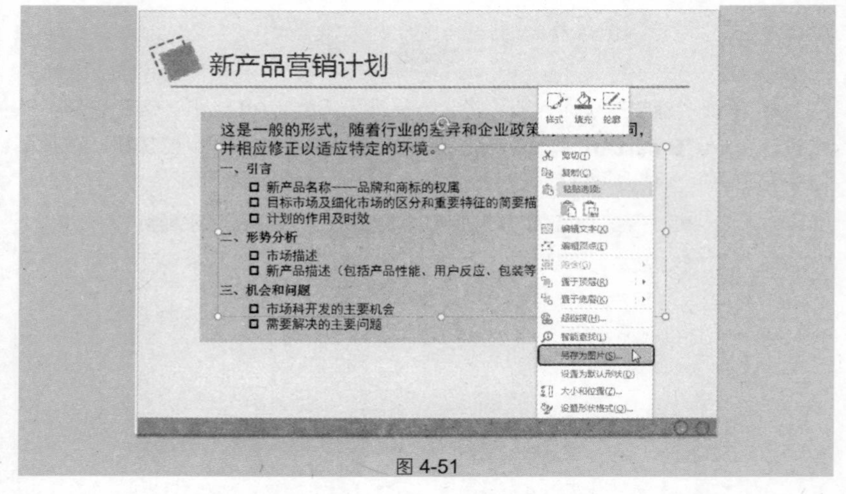

图 4-51

❷ 打开“另存为图片”对话框，设置图片的保存路径，在“文件名”文本框中输入“营销计划”，如图 4-52 所示。

❸ 单击“保存”按钮，即可将文字以图片的形式保存在指定位置。

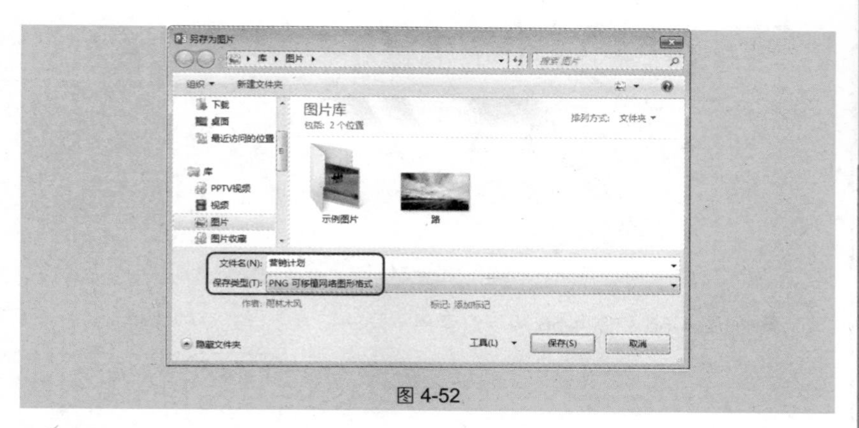

图 4-52

专家点拨

选中文本框单击鼠标右键时，注意要在选中的文本框边线上右击，否则会将光标定位于文本框内，导致弹出的快捷菜单中看不到“另存为图片”命令。

4.2　文本的美化技巧

技巧 90　为大号标题应用艺术字效果

幻灯片中的文本可以通过套用样式快速应用艺术字效果。具体操作如下。

❶ 选中文本，在“绘图工具”→“格式”→“艺术字样式”选项组中单击“其他”下拉按钮（如图 4-53 所示），在其下拉列表中显示了可以选择的艺术字样式，如图 4-54 所示。

图 4-53

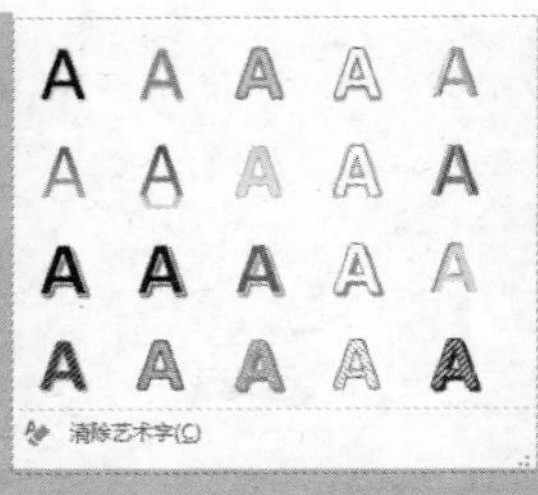

图 4-54

❷ 如图 4-55 和图 4-56 所示为套用不同的艺术字样式后的效果。

图 4-55

图 4-56

应用扩展

这里套用的艺术字样式是基于原字体的，也就是在套用艺术字样式时不改变原字体，只能设置填充、边框、映像、三维等效果。当更改文字字体时，可以获取不同的视觉效果。如图 4-57 与图 4-58 所示为更改字体后的艺术字效果。

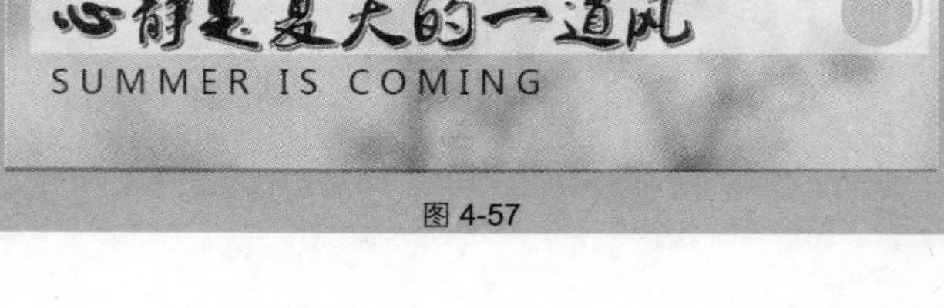

图 4-57

图 4-58

技巧 91　为大号标题设置渐变填充效果

默认输入的文本都为单色显示，对于一些字号较大的文字，例如标题文字，可以为其设置渐变填充效果，如图 4-59 所示。具体操作如下。

图 4-59

❶ 选中文字，在 **“绘图工具”** → **“格式”** → **“艺术字样式”** 选项组中单击 按钮（如图 4-60 所示），打开 **“设置形状格式”** 窗格。

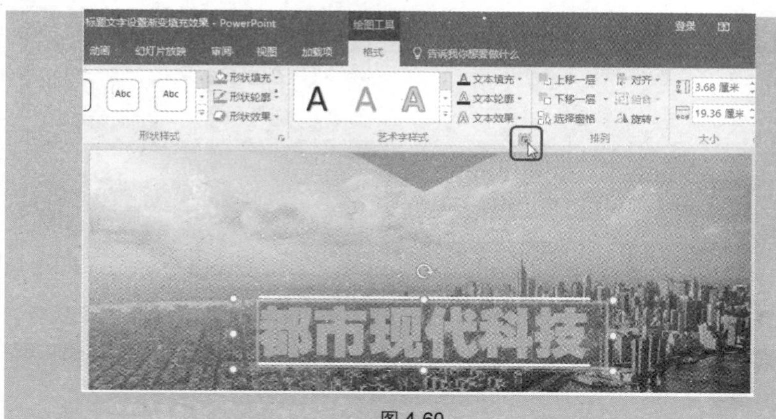

图 4-60

❷ 单击“文本填充与轮廓”标签按钮，在“文本填充”栏中选中“渐变填充”单选按钮，在“预设渐变”下拉列表框中选择“顶部聚光灯-个性色 4”（如图 4-61 所示），填充效果如图 4-62 所示。

图 4-61　　图 4-62

❸ 在“类型”下拉列表框中选择“线性”，在“方向”下拉列表框中选择“线性向下”（如图 4-63 所示），填充效果如图 4-64 所示。

图 4-63　　图 4-64

❹ 单击按钮，添加渐变光圈个数，选中第一个光圈，设置该光圈颜色，拖动光圈可调节幻灯片渐变区域（如图 4-65 所示），添加光圈后可达到如图 4-66 所示的填充效果。

图 4-65　　图 4-66

技巧 92　为大号标题设置图案填充效果

设置文本的图案填充，可以美化文本。如图 4-67 所示为设置前的文本，图 4-68 所示为设置图案填充后的效果。具体操作如下。

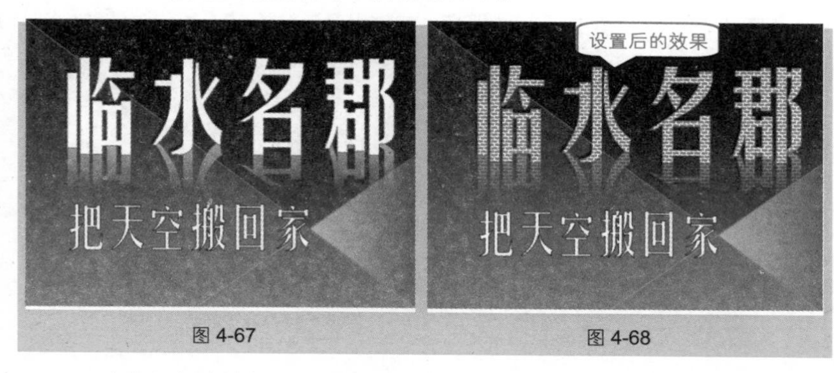

图 4-67　　图 4-68

❶ 选中文字并单击鼠标右键，在弹出的快捷菜单中选择“设置形状格式”命令，打开“设置形状格式”窗格。

❷ 单击“文本填充与轮廓”标签按钮，在“文本填充”栏中选中“图案填充”单选按钮。在“图案”列表中选择“横向砖形”样式，设置“前景”为“白色”，“背景”为“绿色”，如图 4-69 所示。

❸ 设置完成后关闭“设置形状格式”窗格即可。

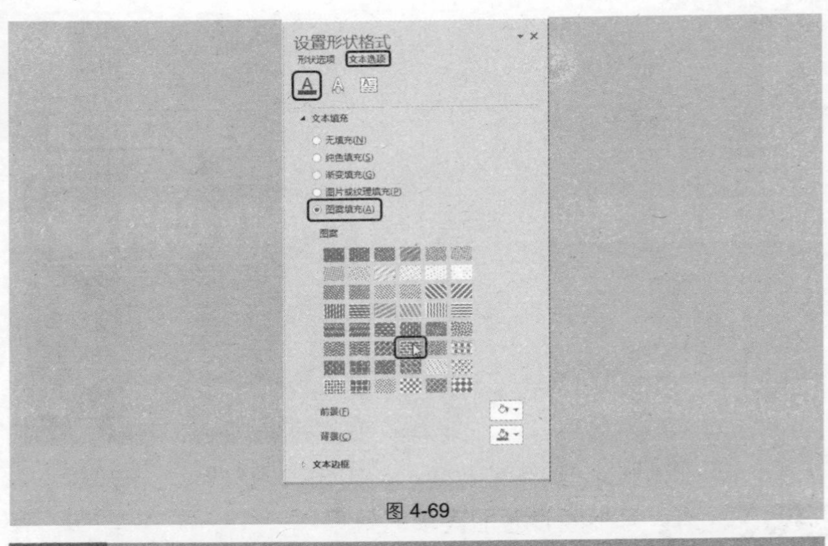

图 4-69

技巧 93 为大号标题设置图片填充效果

设置文本的图片填充效果，也可以美化文本。如图 **4-70** 所示为设置前的文本，如图 **4-71** 所示为设置了图片填充后的效果。具体操作如下。

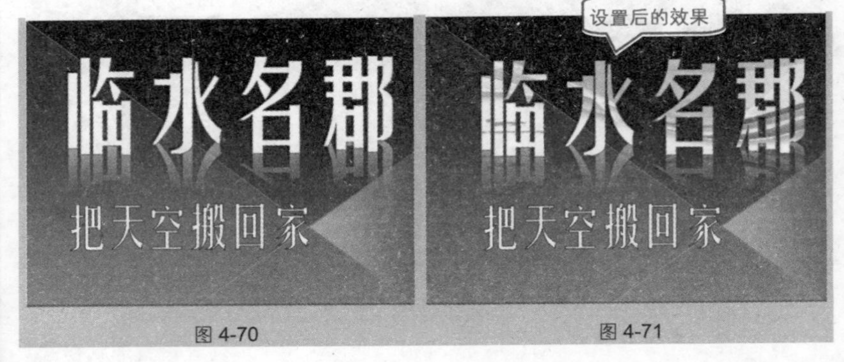

图 4-70　　图 4-71

❶ 选中文字并单击鼠标右键，在弹出的快捷菜单中选择 **“设置形状格式”** 命令，打开 **“设置形状格式”** 窗格。

❷ 单击 **“文本填充与轮廓”** 标签按钮，在 **“文本填充”** 栏中选中 **“图片或纹理填充”** 单选按钮，单击 **“文件”** 按钮（如图 **4-72** 所示），打开 **“插入图片”** 对话框，找到图片所在路径并选中，如图 **4-73** 所示。

❸ 单击 **“打开”** 按钮，即可为选中的文本设置图片填充效果。

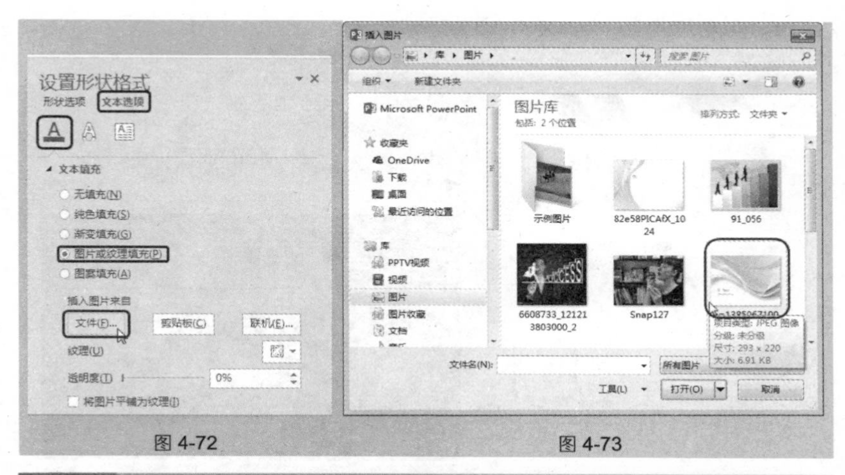

图 4-72　　　　　　　　　　图 4-73

技巧 94　为大号标题设置映像效果

当幻灯片为深色背景时，为文字设置映像效果可以达到犹如镜面倒影的效果。具体操作如下。

❶ 选中文字并单击鼠标右键，在弹出的快捷菜单中选择“**设置文字效果格式**”命令（如图 4-74 所示），打开“**设置形状格式**”窗格。

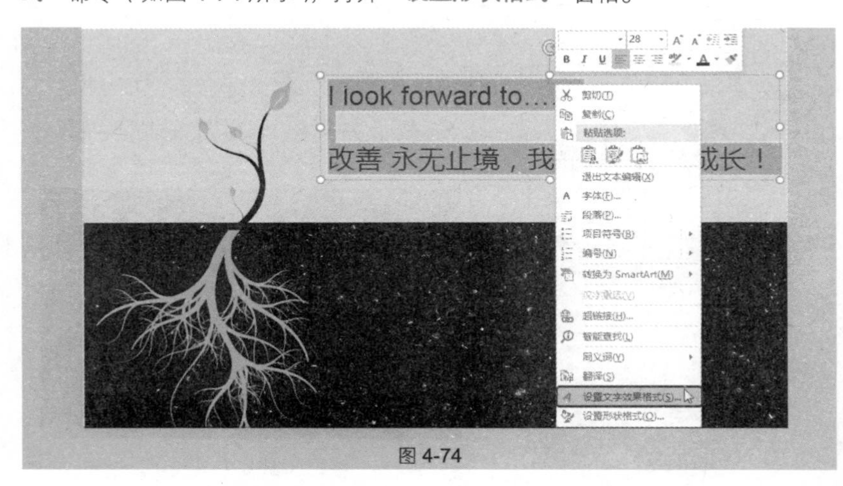

图 4-74

❷ 单击“**文字效果**”标签按钮，展开“**映像**”栏，在“**预设**”下拉列表框中选择“**全映像，8pt 偏移量**”（如图 4-75 所示），达到如图 4-76 所示的映射效果。

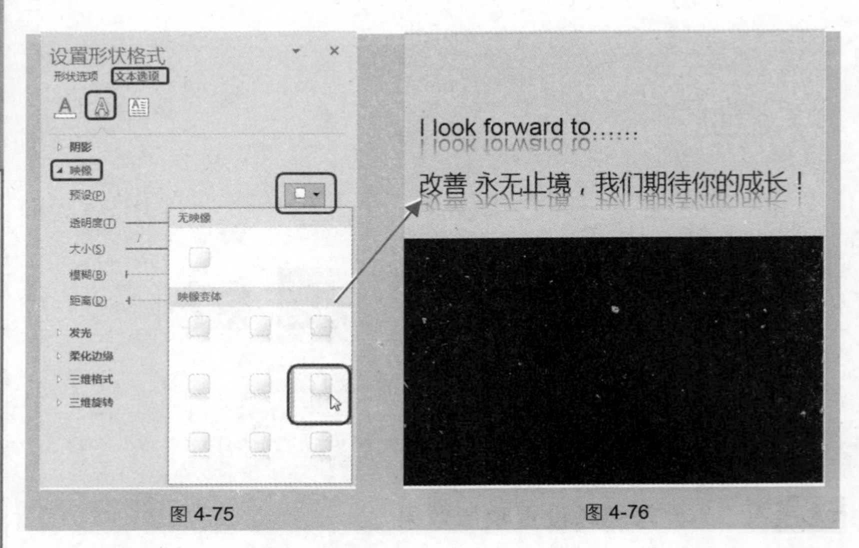

图 4-75　　　图 4-76

❸ 在第❷步操作过程中，如果对预设效果不满意，可以精确设置“透明度”为“**63%**”、“大小”为“**75%**”、“模糊”为“**4 磅**”、“距离”为“**11 磅**”（如图 4-77 所示），达到如图 4-78 所示的效果。

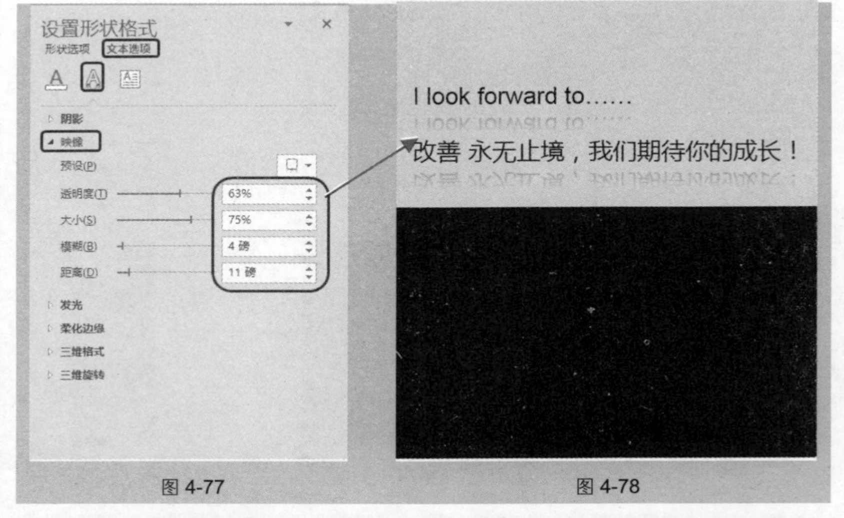

图 4-77　　　图 4-78

技巧 95　为大号标题设置发光效果

如果当前幻灯片背景色稍深，比较灰暗，为文字设置发光效果可获取不一样的视觉效果。具体操作如下。

❶ 选中文字并单击鼠标右键，在弹出的快捷菜单中选择“**设置文字效果格式**”命令（如图 4-79 所示），打开“**设置形状格式**”窗格。

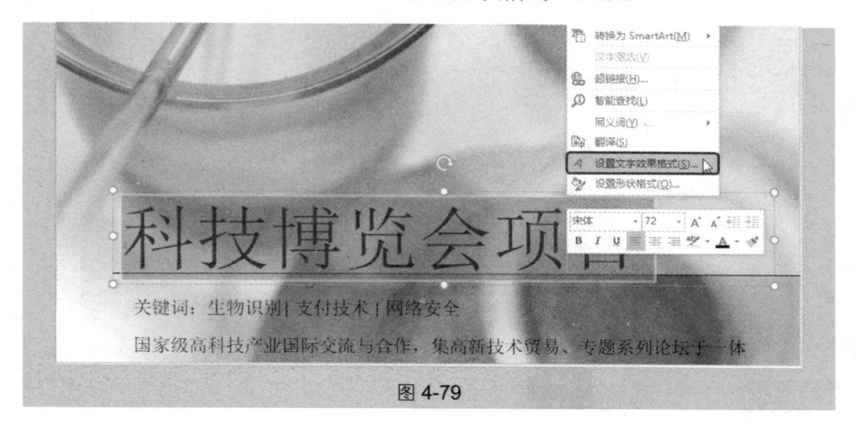

图 4-79

❷ 单击“**文字效果**”标签按钮，展开“**发光**”栏，在“**预设**”下拉列表框中选择“发光：**11pt**；金色，主题色 **2**”（如图 4-80 所示），可达到如图 4-81 所示的效果。

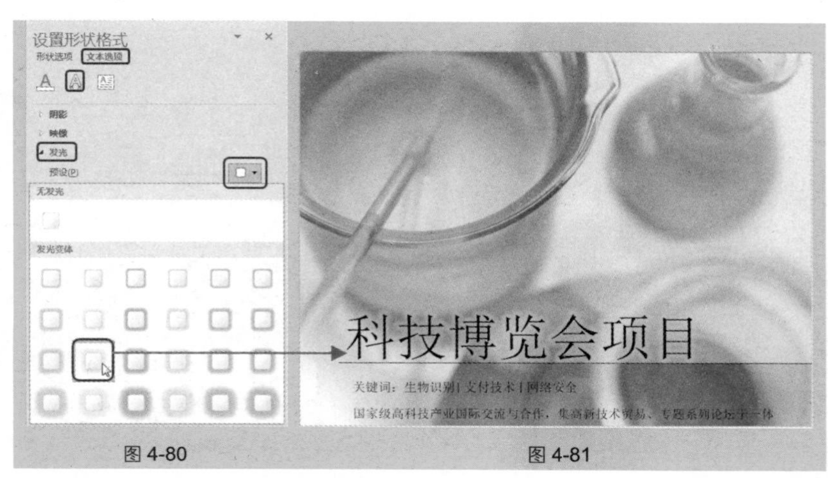

图 4-80　　图 4-81

❸ 在第❷步操作过程中，如果对预设效果不满意，可以更精确地设置“**颜色**”、“**大小**”和“**透明度**”等参数（如图 4-82 所示），达到如图 4-83 所示的效果。

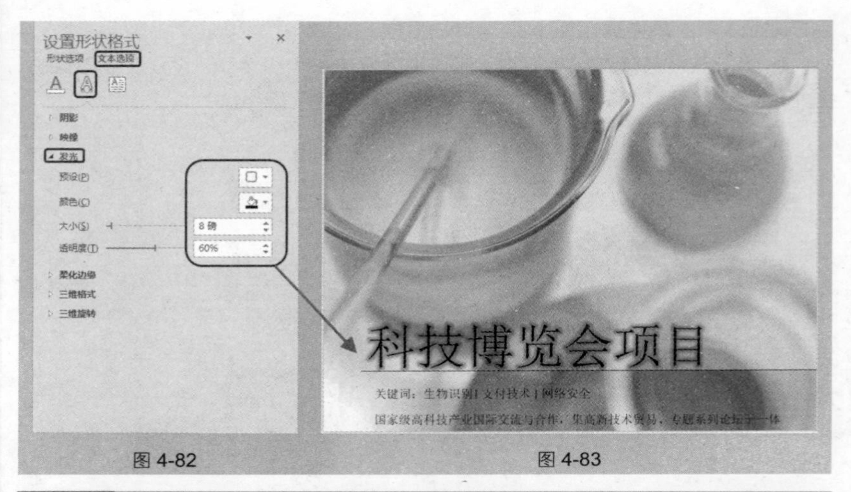

图 4-82　　　　图 4-83

技巧 96　为大号标题设置立体效果

对于一些特殊显示的文本，可以为其设置立体效果，从而加强幻灯片的整体表达效果。如图 4-84 所示为设置前的文本，图 4-85 所示为设置后的立体效果。具体操作如下。

图 4-84　　　　图 4-85

❶ 选中文本，在 **"绘图工具"** → **"艺术字样式"** 选项组中单击按钮（如图 4-86 所示），打开 **"设置形状格式"** 窗格。

❷ 单击 **"文字效果"** 标签按钮，展开 **"三维格式"** 栏，在 **"顶部棱台"** 下拉列表框中选择 **"松散嵌入"**，**"宽度"** 和 **"高度"** 均为 **"6 磅"**（如图 4-87 所

示），达到如图 4-88 所示的效果。

图 4-86

图 4-87　　　　图 4-88

❸ 展开“三维旋转”栏，在“预设”下拉列表框中选择“透视宽松”，并设置“**Y 旋转**”为“**320**”，“透视”为“**105**”（如图 4-89 所示），达到如图 4-90 所示的效果。

❹ 设置完毕后关闭窗格即可。

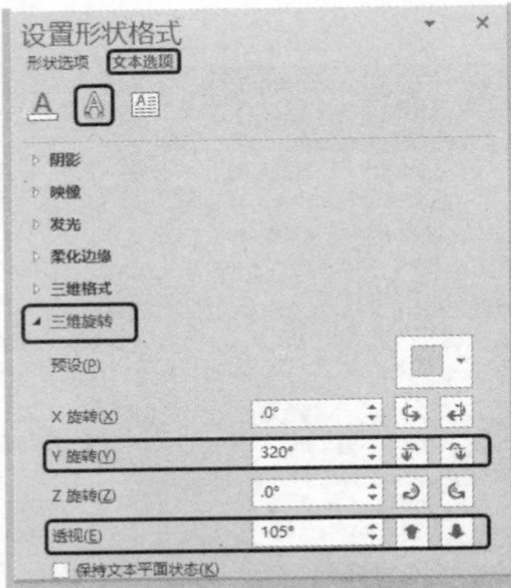
设置形状格式
形状选项
文本选项
阴影
映像
发光
柔化边缘
三维格式
三维旋转
预设(P)
X 旋转(X)
.0°
Y 旋转(Y)
320°
Z 旋转(Z)
.0°
透视(E)
105°
保持文本平面状态(K)

图 4-89

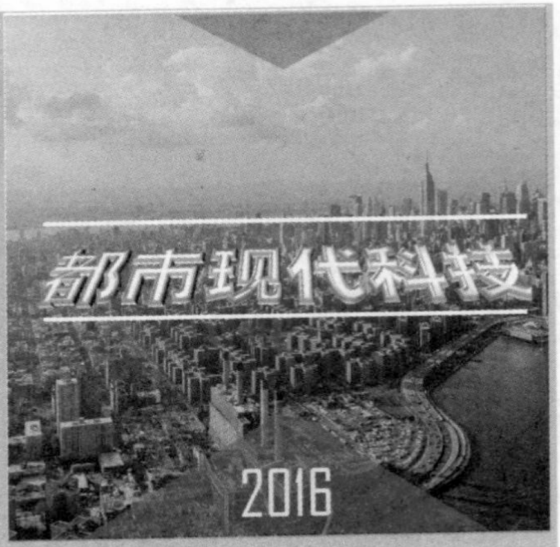
都市现代科技
2016

图 4-90

技巧 97 文字也可以设置轮廓线

对于一些字号较大的文字，例如标题文字，还可以为其设置轮廓线条，这也是美化文字的一种方式。如图 4-91 所示为设置了轮廓线为白色加粗实线后的效果。具体操作如下。

2.宣传篇
科技创新
引领生活

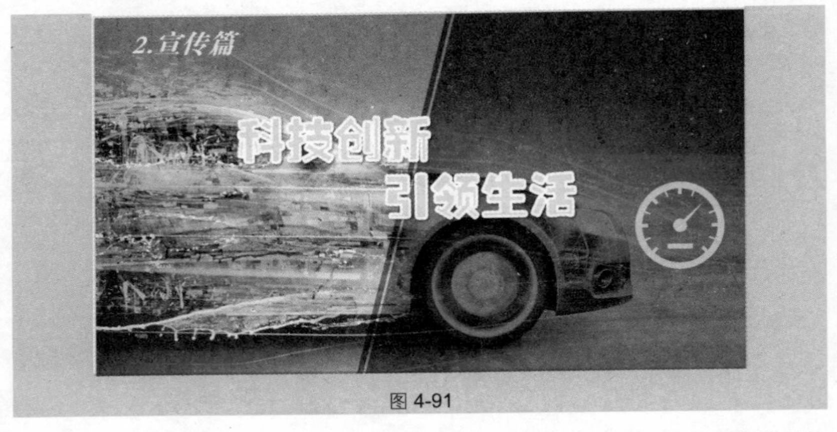

图 4-91

❶ 选中文字并单击鼠标右键，在弹出的快捷菜单中选择“设置文字效果格式”命令，打开“设置形状格式”窗格。

❷ 单击“文本填充与轮廓”标签按钮，在“文本边框”栏中选中“实线”单选按钮，在“颜色”下拉列表框中选择“白色”，“宽度”设置为“3.5 磅”，如图 4-92 所示。

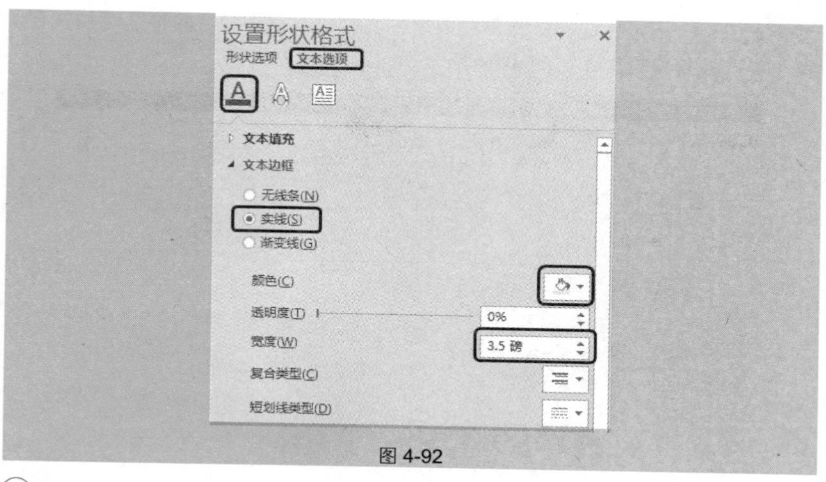

图 4-92

应用扩展

在设置线条时，除了选择线条的颜色与宽度，还可以在“复合类型”下拉列表框中选择复合型线条，也可以在“短划线类型”下拉列表框中选择虚线样式，如图 4-93 所示。

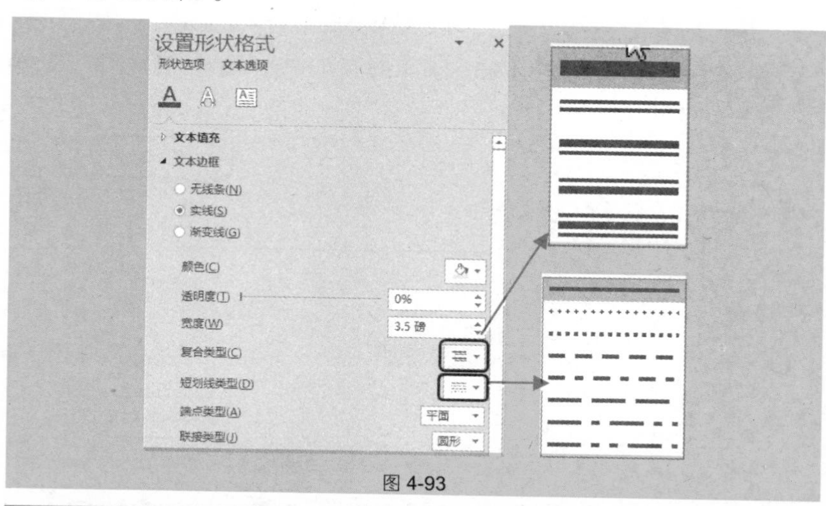

图 4-93

技巧 98　以波浪型显示特殊文字

建立文本后，无论是否为艺术字，都可以为其设置转换效果。具体操作如下。

❶ 选中文本，在“绘图工具”→“格式”→“艺术字样式”选项组中单击

"文本效果"下拉按钮，弹出下拉菜单，将鼠标指针指向"转换"选项，在子菜单中选择转换效果，如图 4-94 所示。

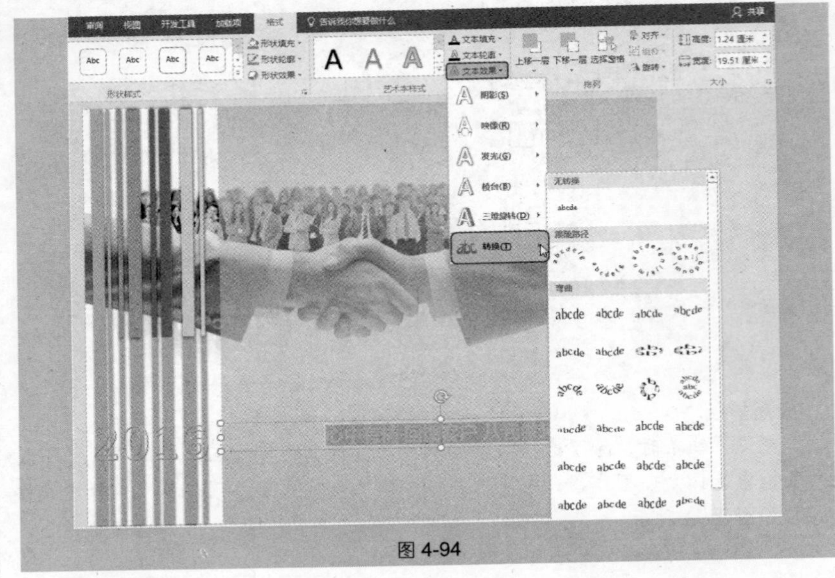

图 4-94

❷ 单击即可应用。如图 4-95 和图 4-96 所示分别为套用"波形 下"和"波形 上"转换样式的效果。

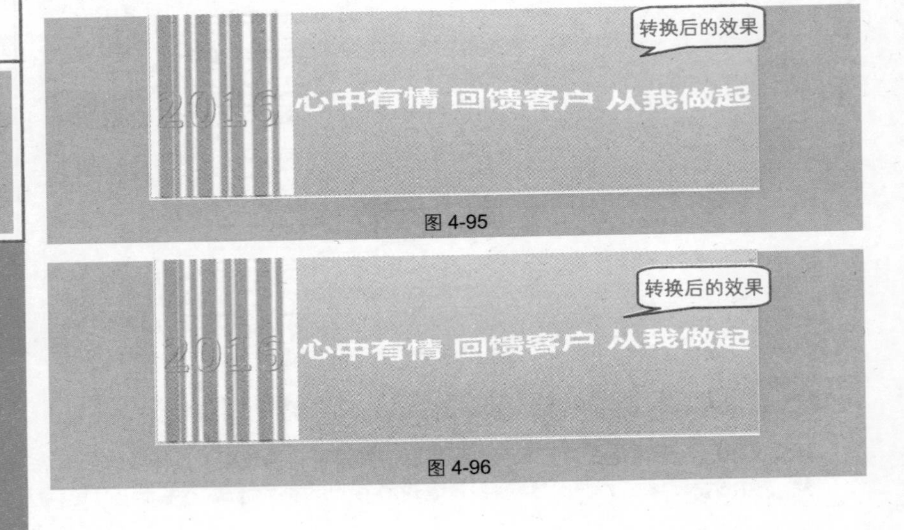

图 4-95

图 4-96

技巧 99 美化文本框——设置文本框的边框线条

系统默认插入的文本框是没有边框线条的，PowerPoint 提供了丰富的文本框样式，用户可以为其设置边框线条，以达到美化的效果。如图 4-97 所示为设置边框后的效果。具体操作如下。

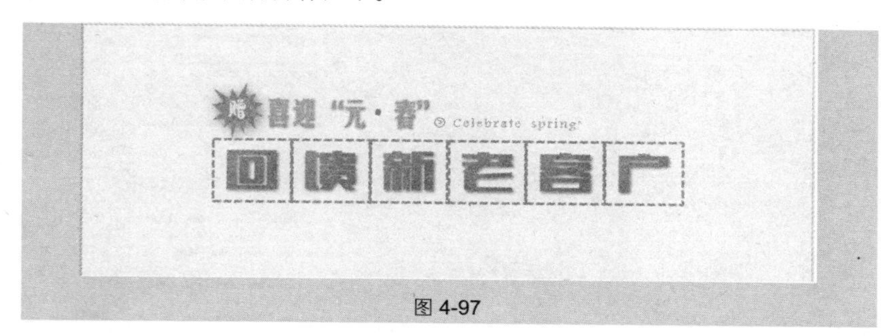

图 4-97

❶ 选中文本框（若要选中多个文本框，可以按住“**Ctrl**”键依次单击选中），在“绘图工具”→“格式”→“形状样式”选项组中单击按钮（如图 4-98 所示），打开“设置形状格式”窗格。

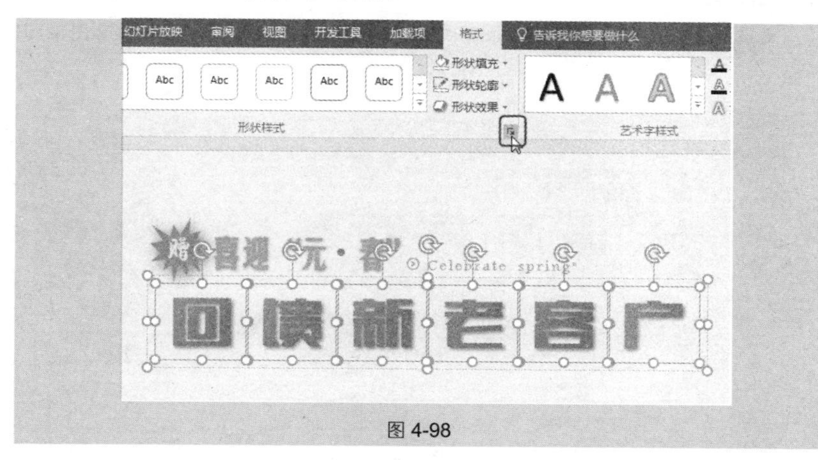

图 4-98

❷ 单击“填充与线条”标签按钮，在“线条”栏中选中“实线”单选按钮。在“颜色”下拉列表框中选择“橙色”，“宽度”设置为“**2.25** 磅”，在“复合类型”下拉列表框中选择“单线”，在“短划线类型”下拉列表框中选择“方点”，如图 4-99 所示。

❸ 关闭“设置形状格式”窗格，即可达到如图 4-97 所示的效果。

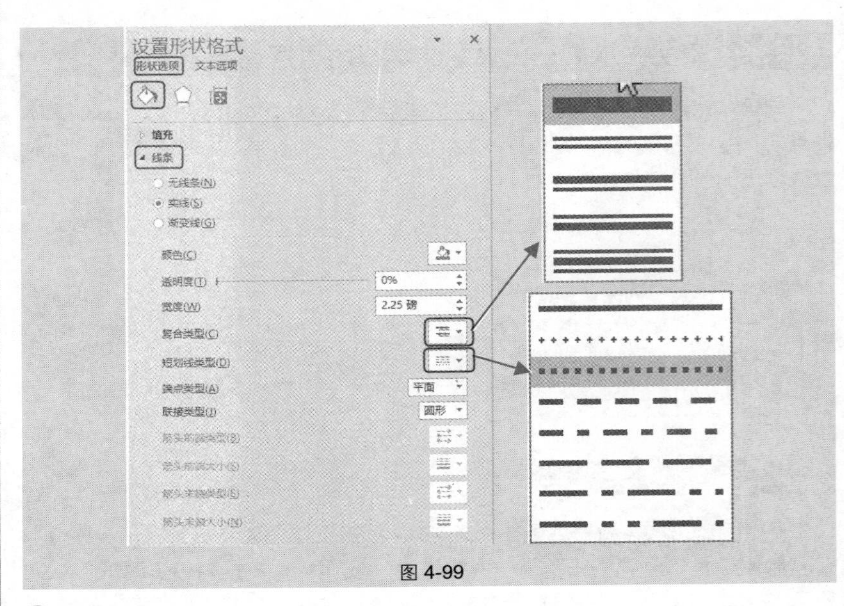

图 4-99

应用扩展

文本框应用不同的颜色和线条样式可以得到不同的效果，如图4-100和图4-101所示。

图 4-100

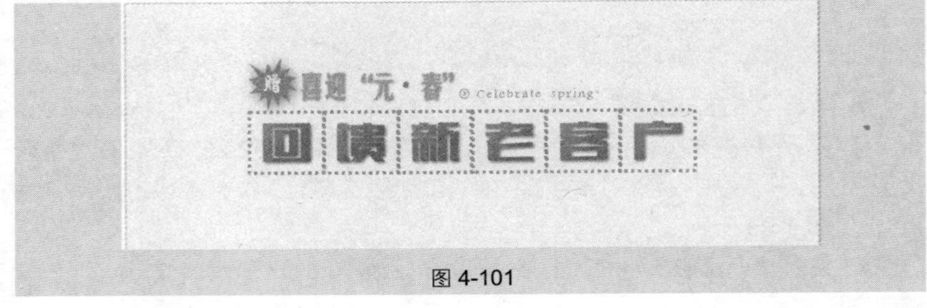

图 4-101

技巧 100　美化文本框——设置文本框的填充颜色

系统默认插入的文本框也是没有底纹和填充颜色的，用户可以为其设置颜色填充，以达到美化的效果。具体操作如下。

❶ 选中文本框，在“绘图工具”→“格式”→“形状样式”选项组中单击按钮，打开“设置形状格式”窗格。

❷ 单击“填充与线条”标签按钮，在“填充”栏中选中“图案填充”单选按钮。在“图案”列表中选择“横线：浅色”，设置“前景”为“红色”，“背景”为“白色”（如图 4-102 所示），达到如图 4-103 所示的效果。

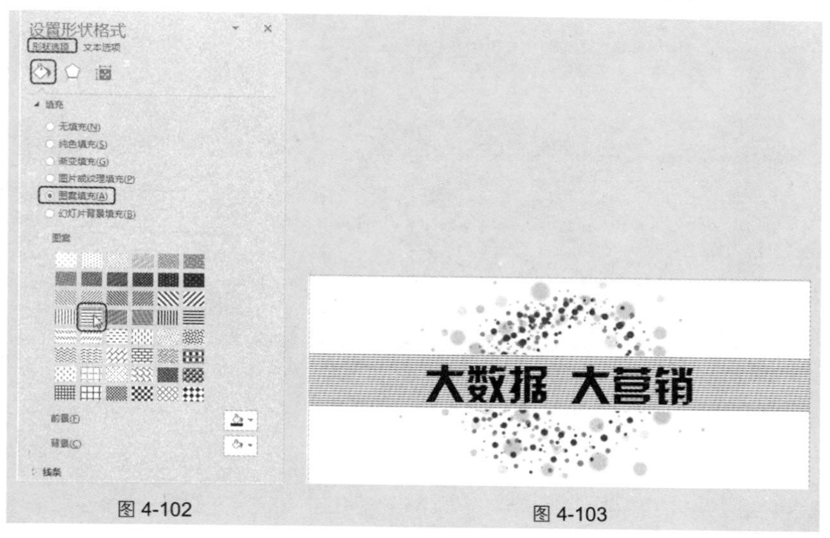

图 4-102　　　　图 4-103

应用扩展

在建立幻灯片的过程中，使用的文本框非常多，多数情况下会使用无边框无填充的文本框。但在不同的环境下，也可以为文本框采用合适的美化方案。除了自定义设置文本框的线条样式、填充效果外，最简单的就是直接套用样式快速美化文本框。具体操作如下。

❶ 选中需要编辑的文本框，单击“格式”→“形状样式”选项组中的“其他”下拉按钮（如图 4-104 所示），在打开的下拉列表中可以选择合适的样式，如图 4-105 所示。

❷ 将鼠标指针指向样式时即可预览，单击即可应用。

❸ 如图 4-106 和图 4-107 所示为套用不同形状样式后的效果。

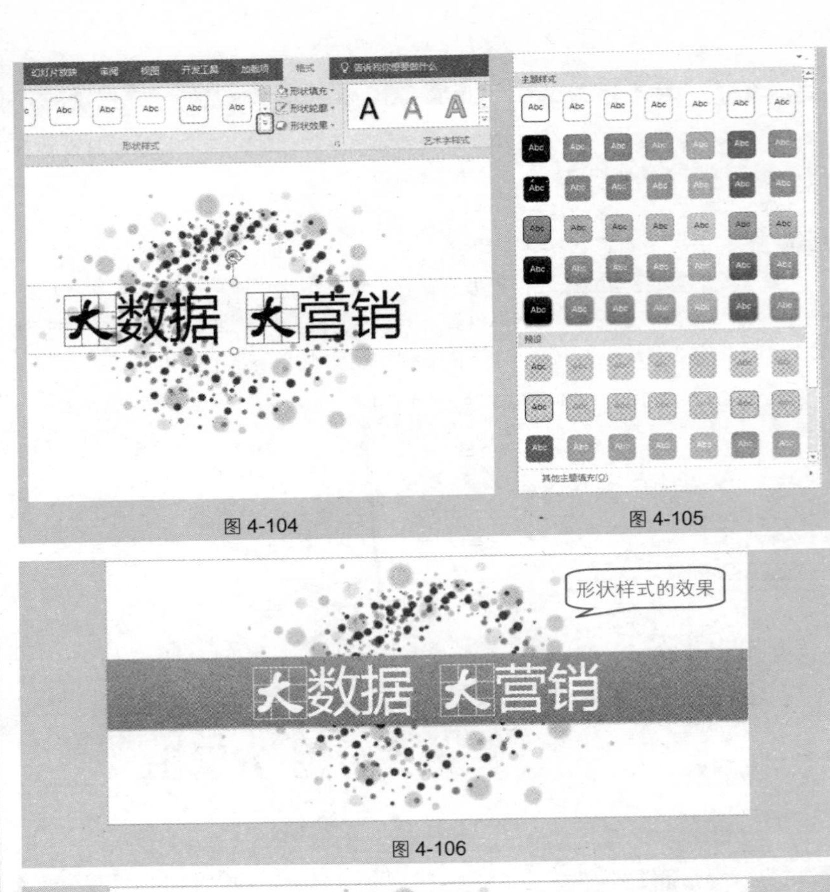

图 4-104　　图 4-105

图 4-106

图 4-107

技巧 101　用“格式刷”快速引用文本框的格式

如图 4-108 所示，选中的文本框和文字都设置了格式，当其他文本框需要使用相同的格式时，可以按如下方法快速引用格式，达到如图 4-109 所示的效果。

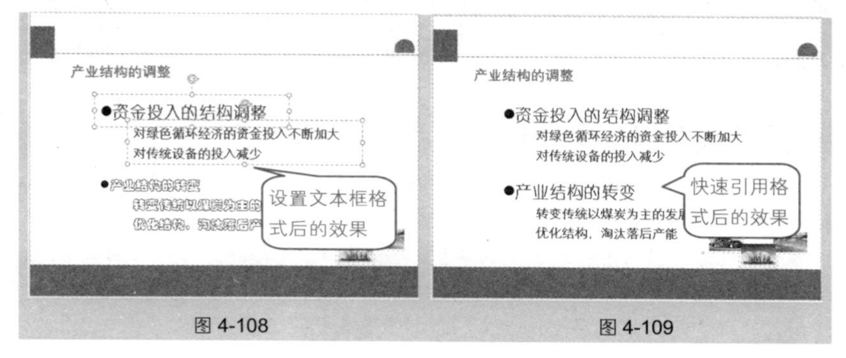

图 4-108　　图 4-109

选中文本框，在“开始”→“剪贴板”选项组中单击按钮，此时光标变成小刷子形状（见图 4-110），在需要引用格式的文本框上单击即可引用相同的格式，如图 4-111 所示。

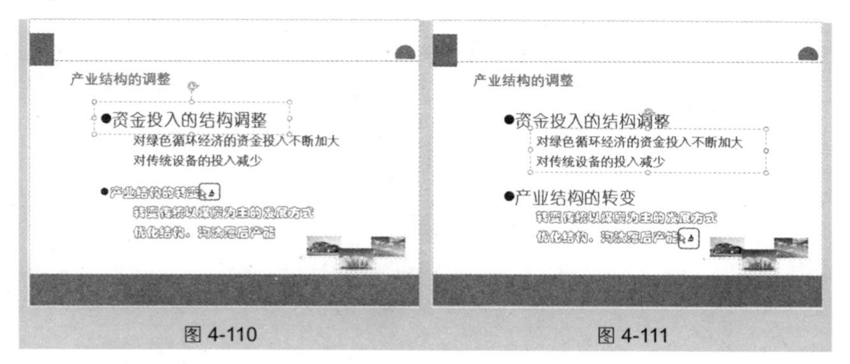

图 4-110　　图 4-111

专家点拨

如果多处需要使用相同的格式，可以双击按钮，依次在需要引用格式的文本框上单击，全部引用完成后再单击一次按钮即可退出，然后对文本框位置和大小作适当的调整即可。

第5章 图片对象的编辑和处理

技巧 102　全图形幻灯片

演示文稿在制作的过程中，为了增强表达效果，一般都要向幻灯片插入各种图片，并根据内容的特点，将图片排成各种版式。

全图形幻灯片一般是在幻灯片中插入一张图片，可以将图片作为背景插入，也可以直接插入图片，在这样的幻灯片中，图片是主体，文字具有画龙点睛的作用，这种幻灯片效果是比较常见的，如图 5-1 和图 5-2 所示。

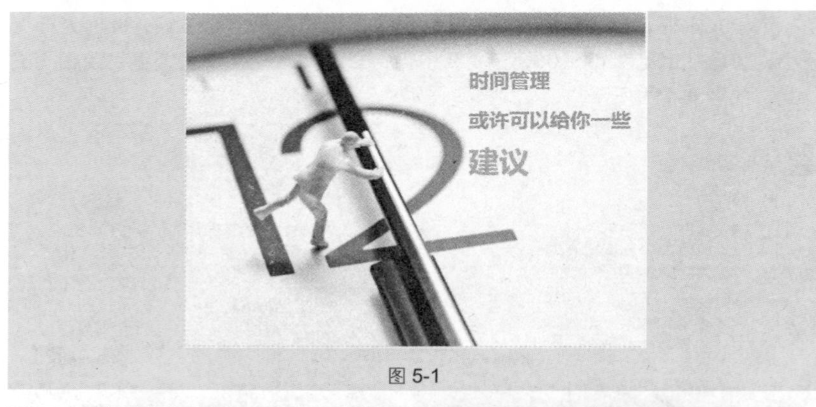

图 5-1

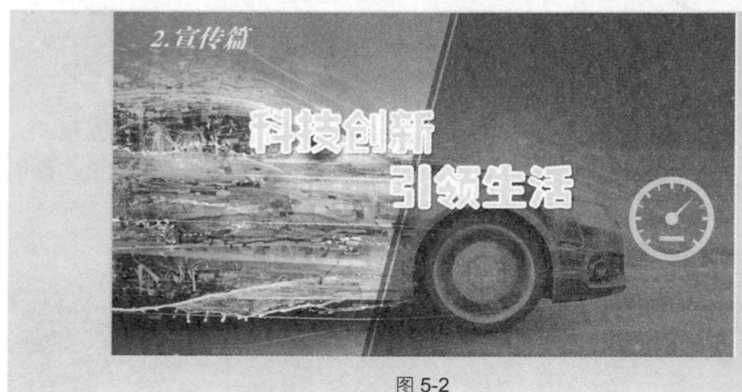

图 5-2

技巧 103 图片主导型幻灯片

图片主导型幻灯片是指图片与文字所占比重差不多，图片一般使用中图，大部分时候会进行贴边处理，这种排版方式在幻灯片设计中也是很常见的，如图 5-3 和图 5-4 所示的幻灯片效果。

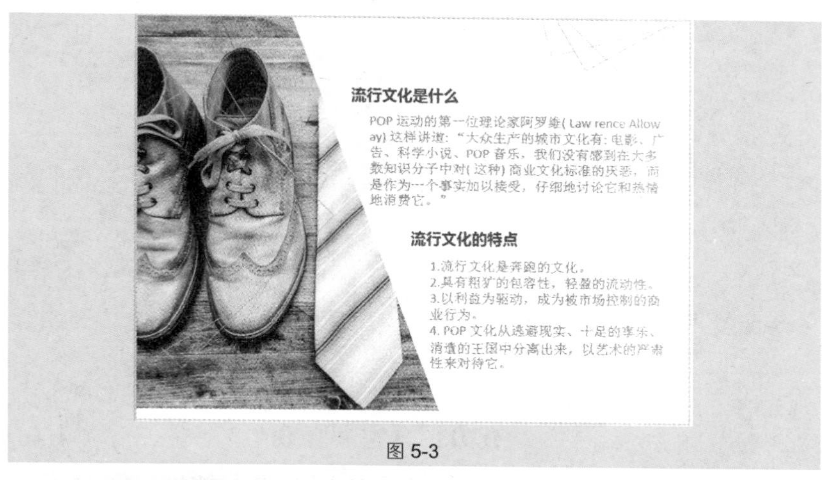

图 5-3

图 5-4

技巧 104 多图幻灯片

多图幻灯片一般是在一个版面中应用多个小图，这些小图是一个有联系的整体，具有形象说明同一个对象或者同一个事物的作用，使用多小图时注意不能只是图片的堆砌，还要注意设计统一的外观，或合理的排版方式。如图 5-5

所示的幻灯片中利用了图形辅助图片的排版方式，如图 5-6 所示的幻灯片则为图片设置了统一的外观并将其对齐放置。

图 5-5

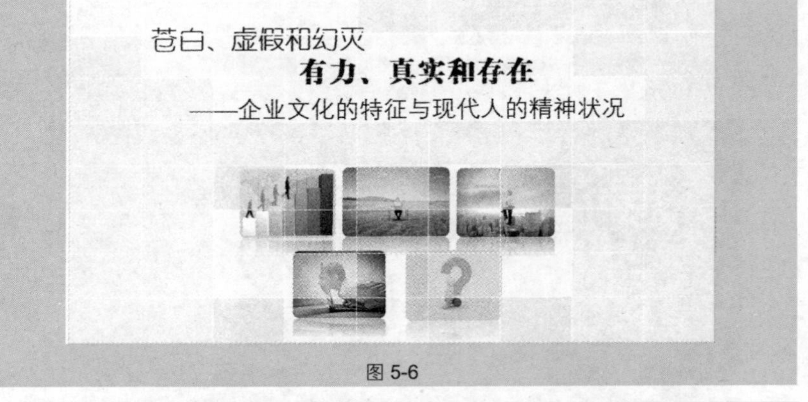

图 5-6

技巧 105　插入新图片并调整大小

要使用图片必须先插入图片，在第 2 章中我们已经介绍了插入新图片的方法，但是其大小和位置也许并不适合版面要求，为了达到预期的设计效果，需要对图片的大小和位置进行调整，具体操作如下。

❶ 选中目标幻灯片，在“插入”→“图像”选项组中单击“图片”按钮（如图 5-7 所示），打开“插入图片”对话框，找到图片存放位置，选中目标图片，单击“插入”按钮（如图 5-8 所示），效果如图 5-9 所示。

❷ 选中图片（如图 5-10 所示），移动图片至左上方（如图 5-11 所示），将

鼠标指针指向拐角控制点（如图 5-12 所示），按住鼠标左键拖动即可成比例放大或缩小图片（如图 5-13 所示），将鼠标指针指向拐角以外的其他控制点，可调整图片的高度和宽度，如图 5-14 所示。

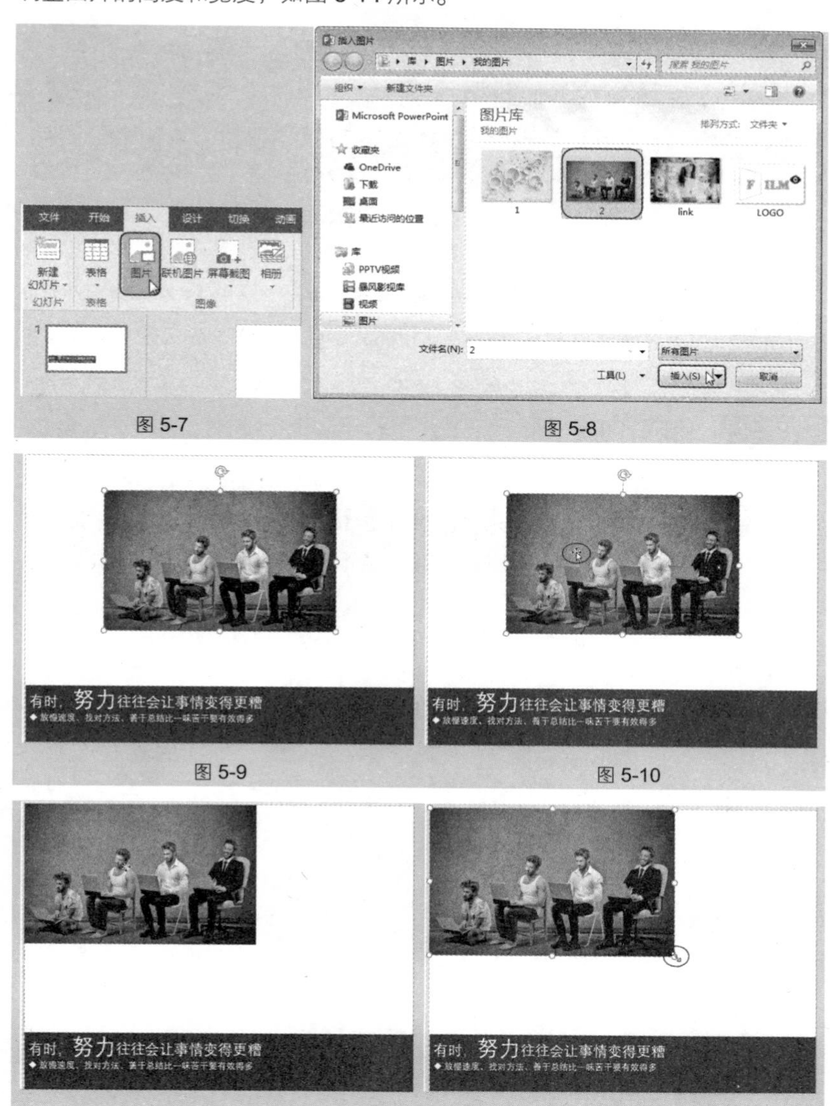

图 5-7

图 5-8

图 5-9

图 5-10

图 5-11

图 5-12

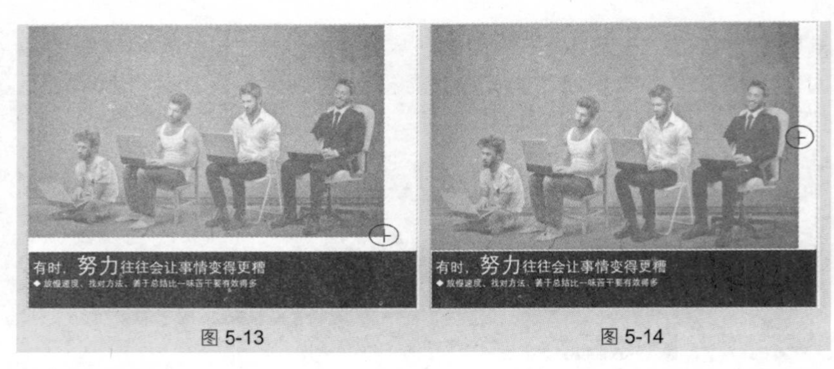

图 5-13　　图 5-14

专家点拨

若图片位置及大小不符合文本的排版要求，可按照此技巧来调整。在实际设计时有的图片不需要与文本相连接，可视具体版面而定，但元素对齐是基本要求。

技巧 106　裁剪图片

默认插入的图片不一定能满足版面的设计需要，我们可能需要的只是图片的一部分，这时可以对图片进行裁剪。如图 5-15 所示，幻灯片中插入的图片包含了较多无用部分，用户可以通过裁剪得到如图 5-16 所示的图片。具体步骤如下。

图 5-15　　图 5-16

❶ 选中图片，在“格式”→“大小”选项组中单击“裁剪”按钮，此时图片中会出现 8 个裁剪控制点，如图 5-17 所示。

❷ 使用鼠标左键拖动相应的控制点到合适的位置即可对图片进行裁剪，如图 5-18 所示。

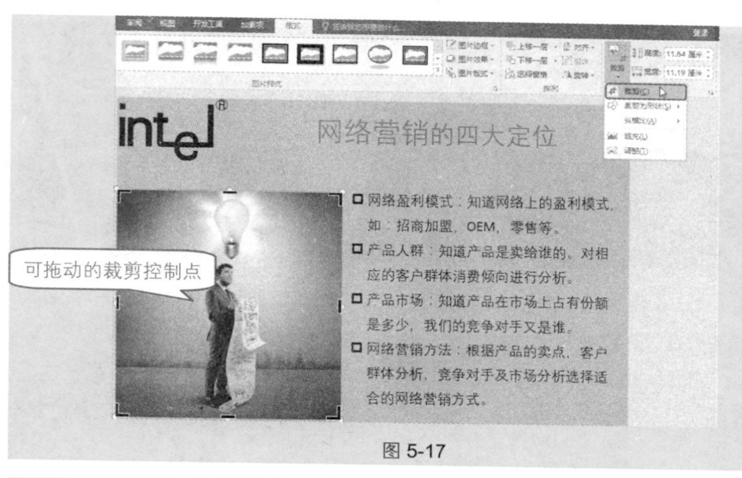

图 5-17

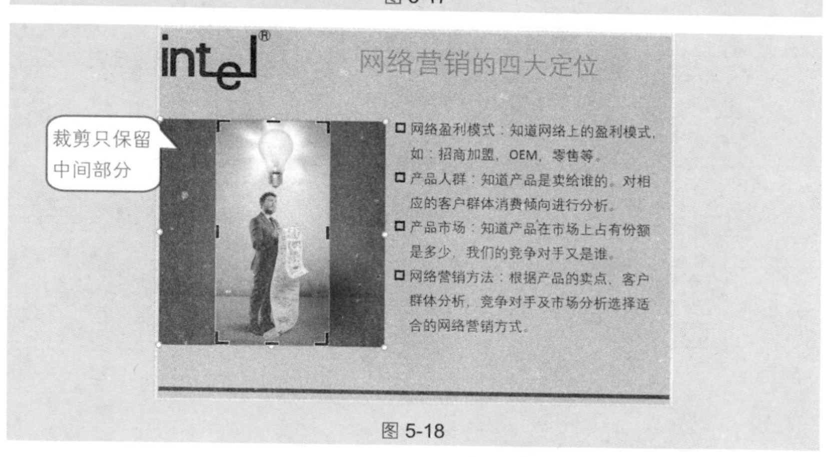

图 5-18

❸ 调整完成后再次单击“裁剪”按钮即可完成图片的裁剪。

技巧 107 将图片裁剪为自选图形样式

插入图片后为了设计需求也可以将图片快速裁剪为自选图形的样式，如图 5-19 所示，幻灯片中为默认图片，通过对图片裁剪可以得到如图 5-20 所示的效果。具体操作如下。

选中图片（如图 5-21 所示），在“格式”→“大小”选项组中单击“裁剪”下拉按钮，在其下拉菜单中选择“裁剪为形状”命令，在弹出的下拉列表中选择“梯形”图形（如图 5-22 所示），即可将图片裁剪为梯形。

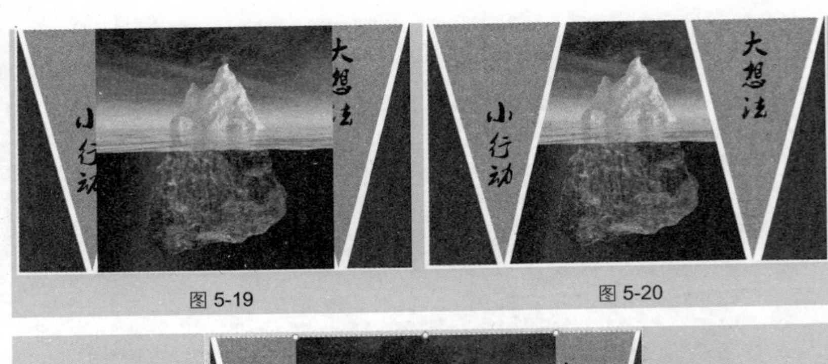

图 5-19　　图 5-20

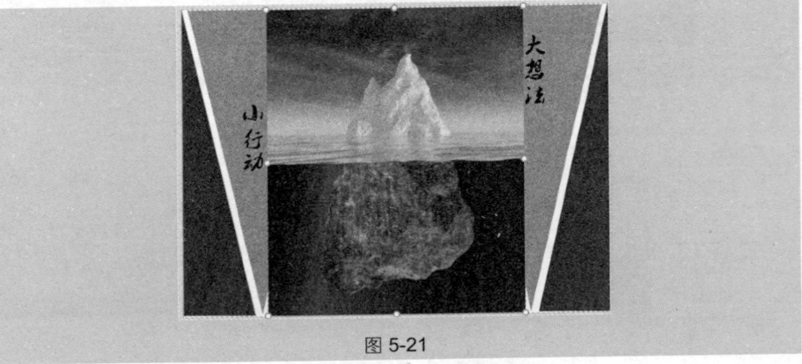

图 5-21

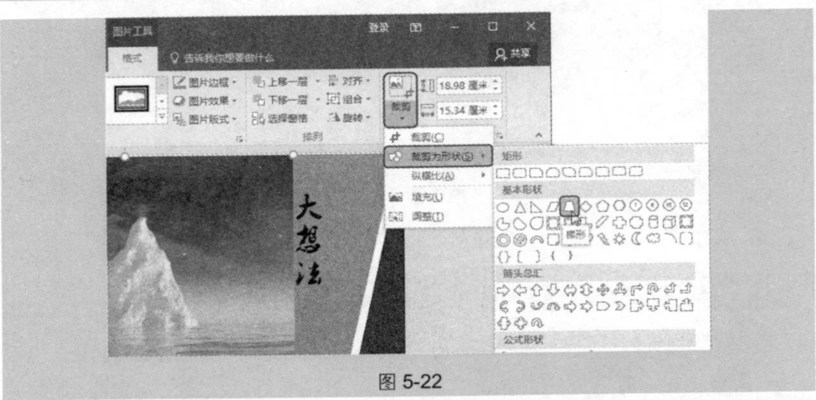

图 5-22

技巧 108　快速删除图片背景

插入图片后，还可以将图片的背景删除，就像 Photoshop 中的“抠图”功能一样。如图 5-23 所示为原图片，将其背景删除后效果如图 5-24 所示。操作方法如下。

图 5-23

图 5-24

❶ 选中图片，在“调整”选项组中单击“删除背景”按钮（如图 5-25 所示），即可进入背景消除状态，变色的部分为要删除的区域，保持本色的部分为要保留的区域，如图 5-26 所示。

图 5-25

图 5-26

❷ 首先调节内部的矩形框，框选要保留的大致区域（如图 5-27 所示）。调节后可以看到人物的领带部分变色了，因此在“消除背景”→“优化”选项组中单击“标记要保留的区域”按钮，如图 5-28 所示。

图 5-27

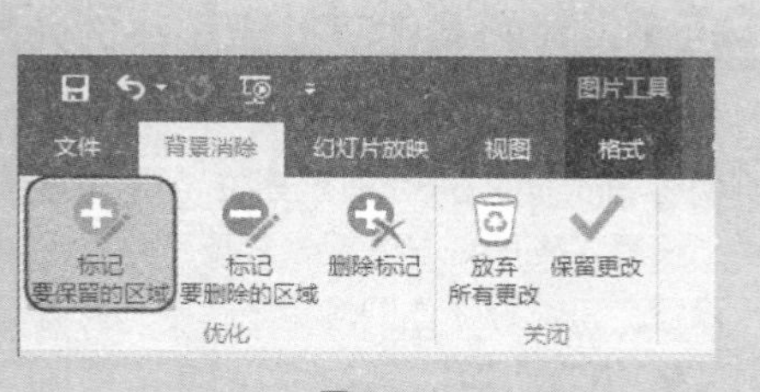

图 5-28

❸ 将光标移动到图片上，光标变为笔的样式，在需要保留的区域上单击并拖动（如图 5-29 所示），即添加⊕样式，表示新增了要保留的区域，如图 5-30 所示。如果还有想保留但已自动变色的区域，按此方法继续增加。

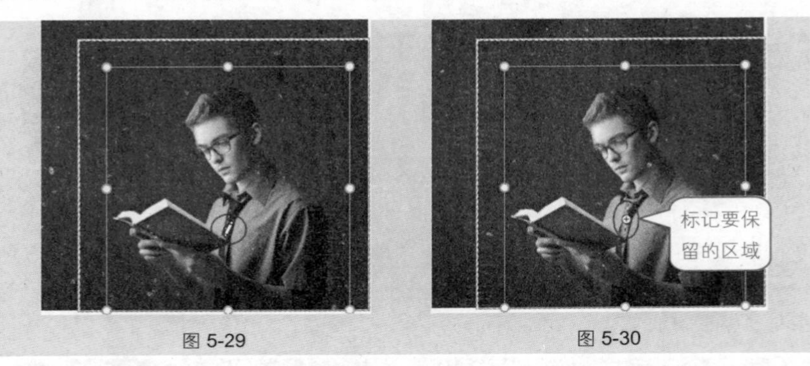

图 5-29　　图 5-30

❹ 如果有想删除而未变色的区域，则在“优化”选项组中单击“标记要删除的区域”按钮，将光标移动到图片上，单击需要删除的区域，即添加⊖样式。

❺ 标记完成后，在“关闭”选项组中单击“保留更改”按钮（如图 5-31 所示），即可删除图片背景。

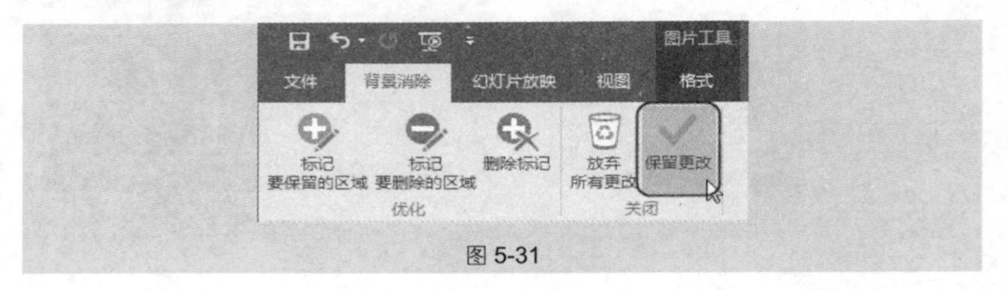

图 5-31

应用扩展

在标记需要保留或删除的部分时，如果不小心标记错误，可以在“优化”选项组中单击“删除标记”按钮来删除已做的标记。

技巧 109　将多图更改为统一的外观样式

在使用多图时，通常要为多图设置相同的外观，以保证幻灯片布局整体的协调统一。如图 5-32 与图 5-33 所示为多张图片均为统一的外观形状的效果。

设置多图的统一外观，其要点是在设置前要一次性将图片选中，然后再进行设置。其设置操作则应用于选中的所有图片上。具体方法如下。

❶ 按住“Ctrl”键，依次选中幻灯片中的多张图片，在“格式”→“大小”

选项组中单击“裁剪”下拉按钮，在其下拉菜单中选择“裁剪为形状”命令，在弹出的子菜单中选择“泪滴形”图形，如图 5-34 所示。

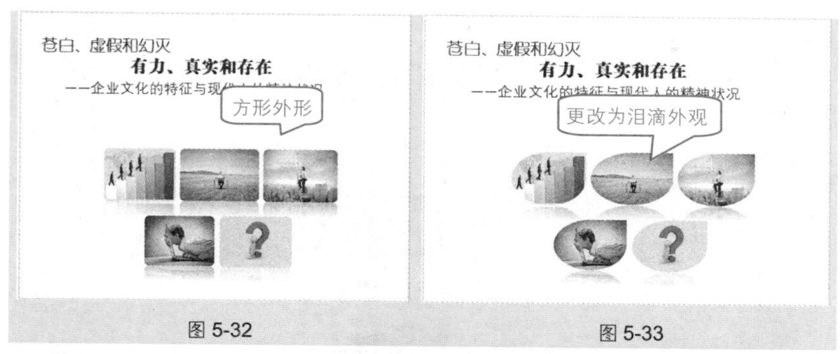

图 5-32　　图 5-33

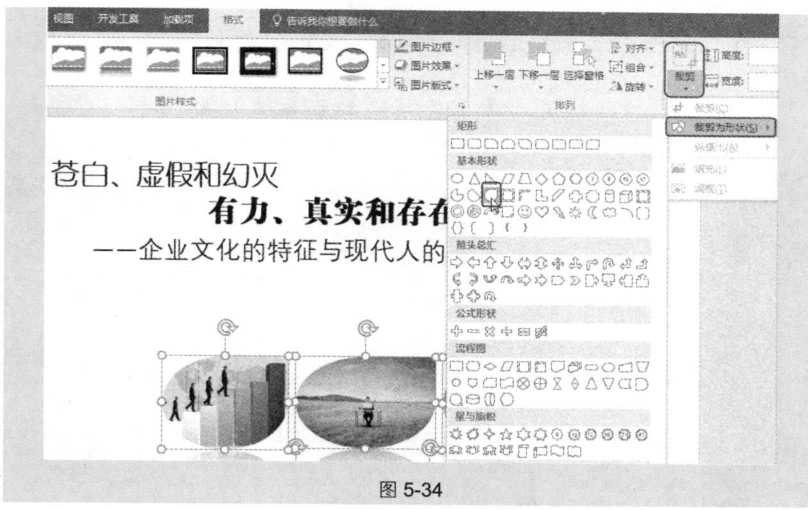

图 5-34

❷ 选中形状后，程序自动将所有选中的图片裁剪成指定的形状样式。

除了应用“裁剪”功能外，还可以直接使用图片样式进行统一图片外观的快速设置。具体操作如下。

❶ 按住“Ctrl”键，依次选中幻灯片中的多张图片，在“绘图工具”→“格式”→“图片样式”选项组中单击“其他”下拉按钮（如图 5-35 所示），下拉列表中显示了可以选择的图片样式，如图 5-36 所示。

❷ 将鼠标指针定位到任意图片样式，可以预览其效果，单击即可以应用该样式，如图 5-37 所示。

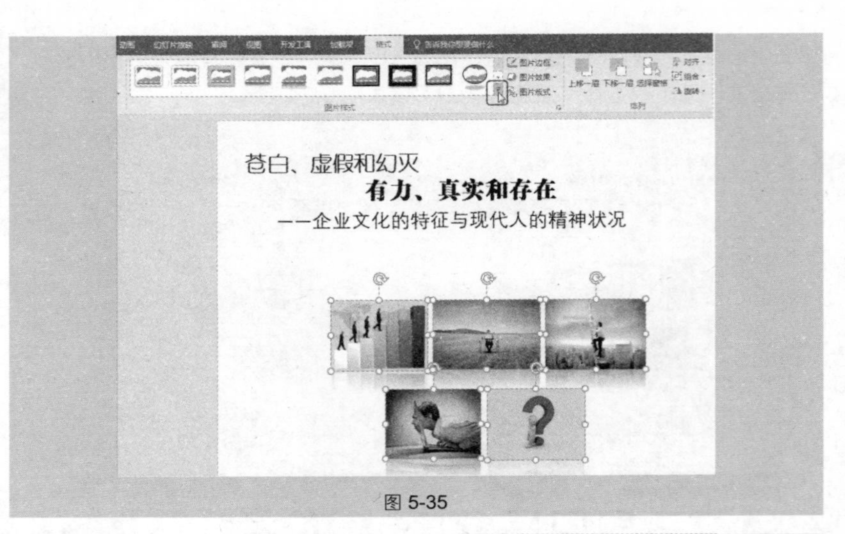

图 5-35

图 5-36

图 5-37

技巧 110 多张小图的快速对齐

当一张幻灯片中包含多张小图时，除了应该保持图片具有相同外观外，对齐也是排版中的一个重要环节，即保持多图按某一规则对齐（左对齐、右对齐、居中对齐等）。如图 5-38 所示，图片随意放置并未对齐，而通过对齐设置可达到如图 5-39 所示效果。具体操作如下。

图 5-38　　图 5-39

❶ 按住“Ctrl”键不放，依次选中幻灯片下方的几张图片，在“图片工具”→“格式”→“排列”选项组中单击“对齐”下拉按钮，在其下拉菜单中选择“底端对齐”命令，如图 5-40 所示。

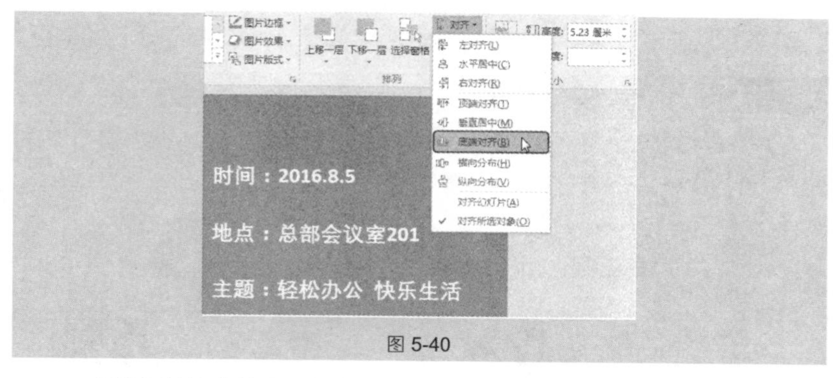

图 5-40

❷ 保持图片选中状态，再在“对齐”下拉菜单中选择“横向分布”命令，如图 5-41 所示。

❸ 选中“培训剪辑”右侧的几个小图形，在“图片工具”→“格式”→“排列”选项组中单击“对齐”下拉按钮，在其下拉菜单中选择“水平居中”命令（如图 5-42 所示），操作完成即可达到如图 5-39 所示的效果。

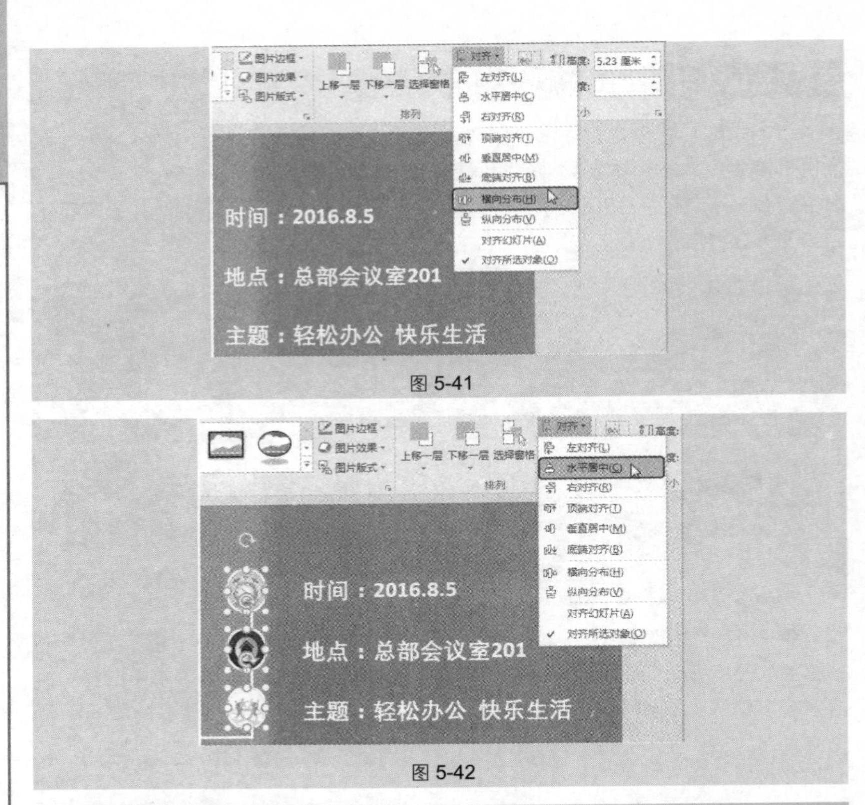

图 5-41

图 5-42

技巧 111 图片的边框修整

如图 5-43 所示为插入图片的原样式，通过边框设置可以使图片得到修整，如图 5-44 所示。具体操作如下。

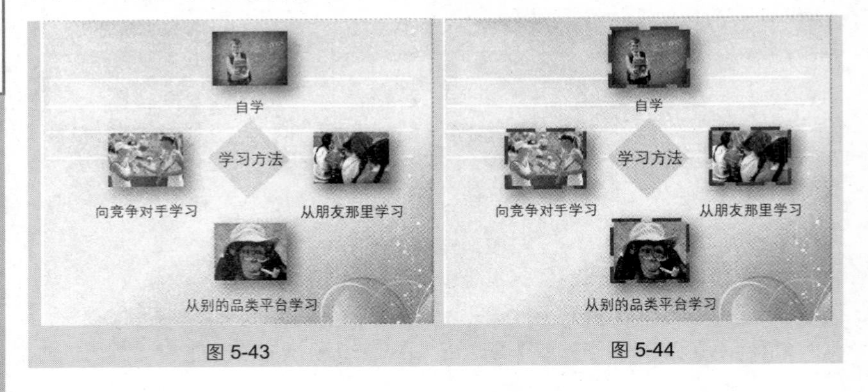

图 5-43　　图 5-44

按住“Ctrl”键不放，依次选中幻灯片中的几张图片，在“图片工具”→“格式”→“图片样式”选项组中单击“图片边框”下拉按钮（如图 5-45 所示），在其下拉列表中设置图片边框颜色为“紫色”，设置边框的“粗细”为“4.5 磅”，“虚线”为“长划线”，如图 5-46 所示。

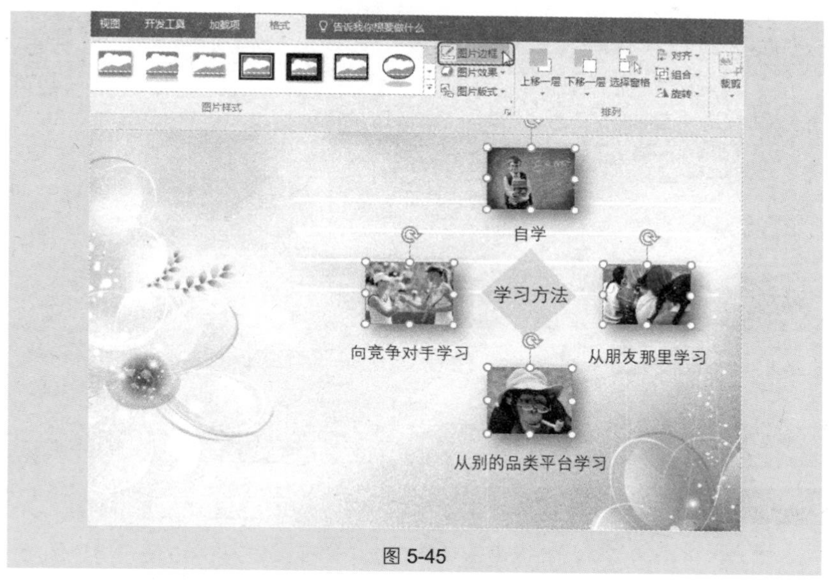

图 5-45

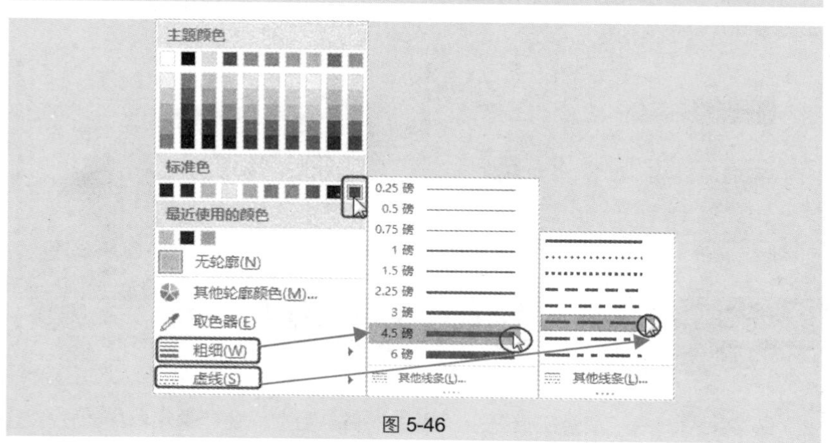

图 5-46

应用扩展

除了在以上功能区域设置图片的边框效果以外，还可以打开“设置图片格式”窗格进行边框线条的设置。具体操作如下。

选中图片，在“图片工具”→“格式”→“图片样式”选项组中单击按钮（如图5-47所示），打开“设置图片格式”窗格，单击“填充与线条”标签按钮，展开“线条”栏，选中“实线”单选按钮，即可设置边框线条的相关参数，如图5-48所示。

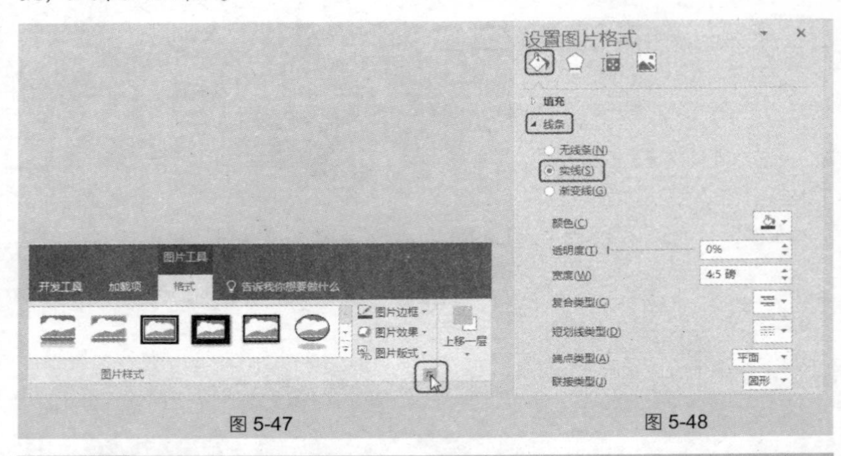

图 5-47 图 5-48

技巧 112 图片倒影效果

图片的倒影效果可以通过设置图片映像来实现，如图5-49所示为原图片，如图5-50所示为设置了“紧密映像”效果后的图片。具体操作如下。

图 5-49 图 5-50

选中图片，在“图片工具”→“格式”→“图片样式”选项组中单击“图片效果”下拉按钮，在其下拉菜单的“映像”子菜单中选择“紧密映像，接触”预设映像效果，如图5-51所示。

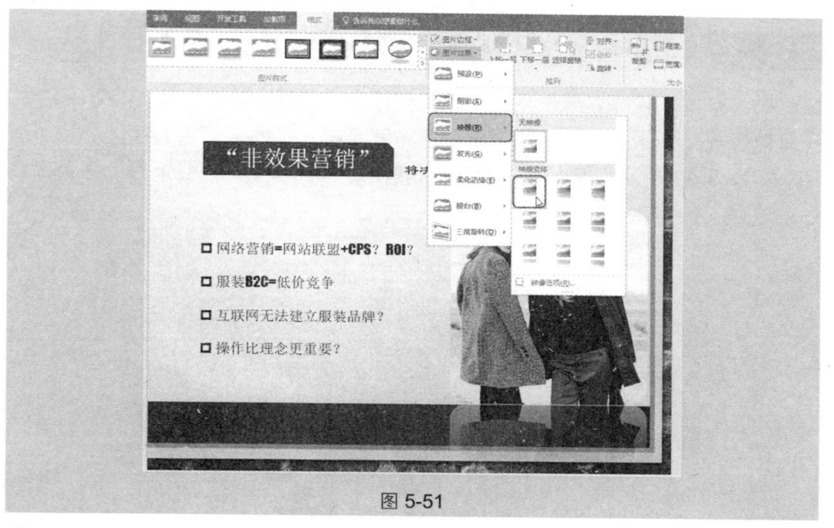

图 5-51

应用扩展

如果对套用的预设效果不满意，可以通过“设置图片格式”窗格进行映像效果的设置。具体操作如下。

选中图片，在“图片工具”→“格式”→“图片样式”选项组中单击按钮，打开“设置图片格式”窗格，单击“效果”标签按钮，展开“映像”栏，可以重新设置透明度、大小、模糊和距离等参数（如图 5-52 所示），达到如图 5-53 所示的效果。

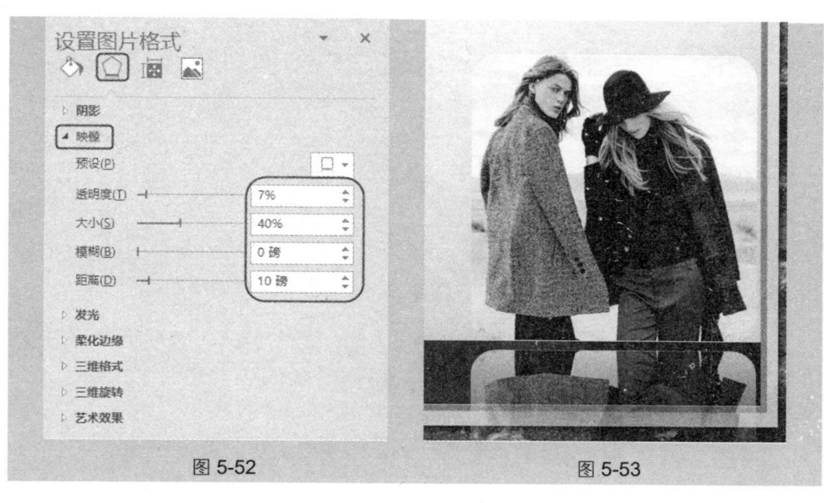

图 5-52　　图 5-53

技巧 113　套用图片样式快速美化图片

图片样式是程序内置的用来快速美化图片的模板，包括边框、柔化、阴影、三维效果等，如果没有特殊的设置要求，套用样式是美化图片的捷径。

如图 5-54 所示为原图片，如图 5-55 所示为套用了“棱台矩形”图片样式后的效果。具体操作如下。

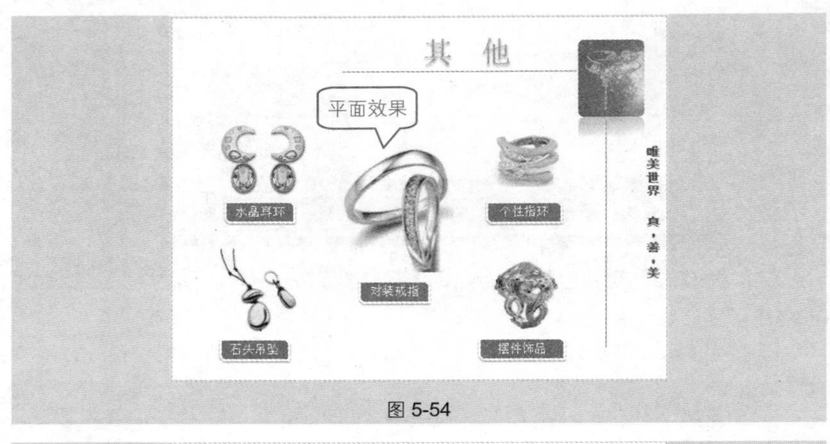

图 5-54

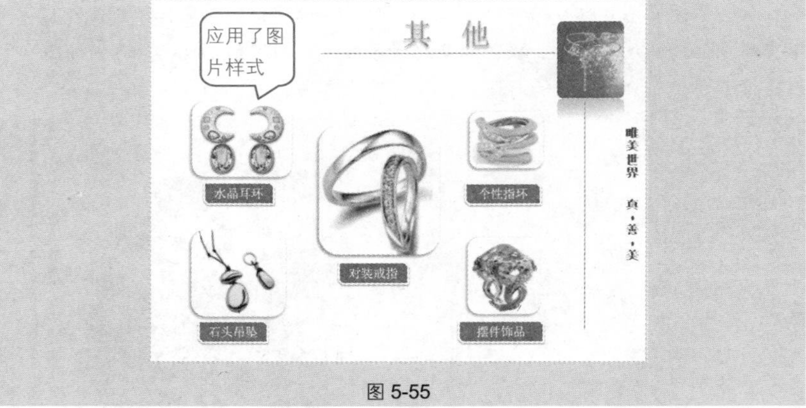

图 5-55

选中图片，在“图片工具”→“格式”→“图片样式”选项组中单击按钮（如图 5-56 所示），在其下拉列表中选择“棱台矩形”图片样式即可，如图 5-57 所示。

按相同的方法可以快速套用其他样式，如果应用对象为单张图片就选中单张图片，如果应用对象为多张图片则一次性选中多张图片。

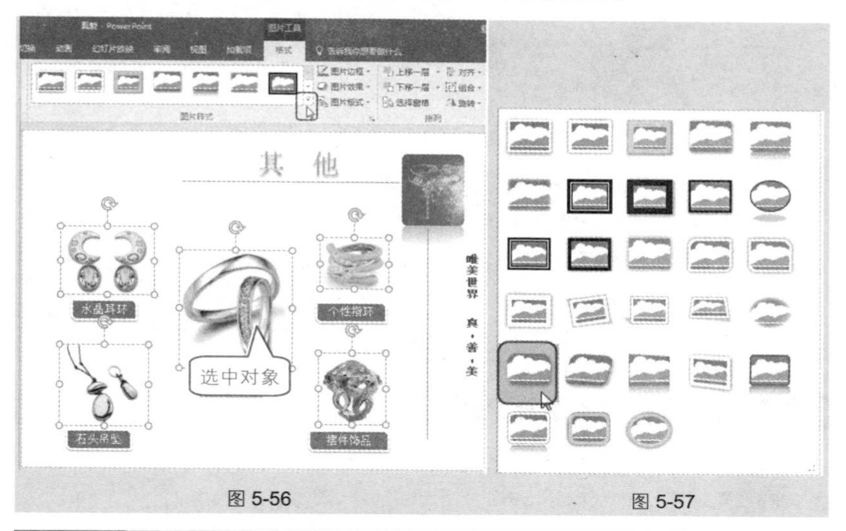

图 5-56　　图 5-57

技巧 114　让图片亮起来

插入图片后，如果对图片的色彩不满意，可以利用软件自带的功能对图片进行简单的调整。如图 **5-58** 所示，插入幻灯片中的图片比较暗，可以通过调整亮度和对比度达到如图 **5-59** 所示的效果。具体操作如下。

图 5-58　　图 5-59

选中图片，在“图片工具”→“格式”→“调整”选项组中单击“更正”下拉按钮，在其下拉列表中套用不同的亮度与对比度样式，如“亮度：**0%**（正常），对比度：**+20%**”，将鼠标指针定位到任意样式，即可以预览其效果，应用后效果如图 **5-60** 所示。

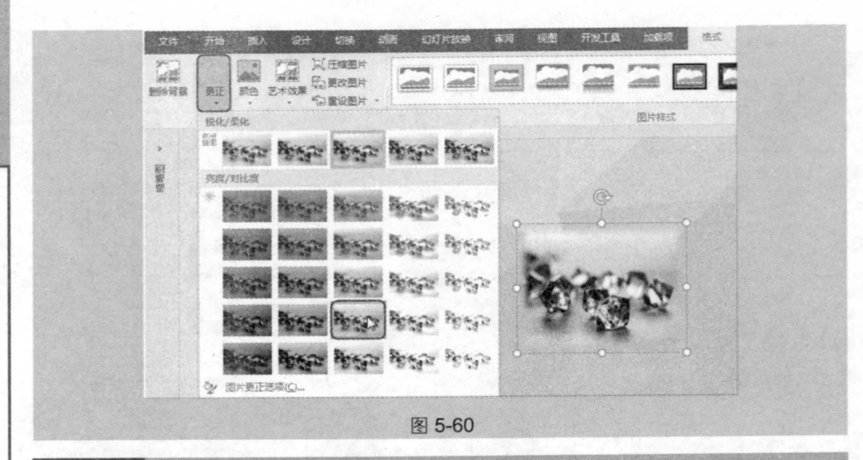

图 5-60

技巧 115　巧妙调整图片色彩

如图 **5-61** 所示的咖啡杯图片，颜色过亮且有些失真，通过对图片饱和度与色调的调整，可以达到如图 **5-62** 所示效果。具体操作如下。

图 5-61　　　　图 5-62

❶ 选中图片，在“图片工具”→“格式”→“调整”选项组中单击“颜色”下拉按钮，在其下拉列表中选择“图片颜色选项”命令，如图 **5-63** 所示。

❷ 打开“设置图片格式”窗格，单击“图片”标签按钮，展开“图片颜色”栏，在“颜色饱和度”栏设置“饱和度”为“**90%**”，在“色调”栏设置“色温”为“**6500K**”，如图 **5-64** 所示。

❸ 单击“确定”按钮，即可完成对图片色彩比例的调整。

应用扩展

单击“颜色”下拉按钮展开下拉列表后，可以直接在“颜色饱和度”“色调”“重新着色”栏中选择合适的色彩。也可以在“设置图片格式”窗格中单击多个“预设”下拉按钮，先选择预设效果，然后再进行微调以获取最佳效果。

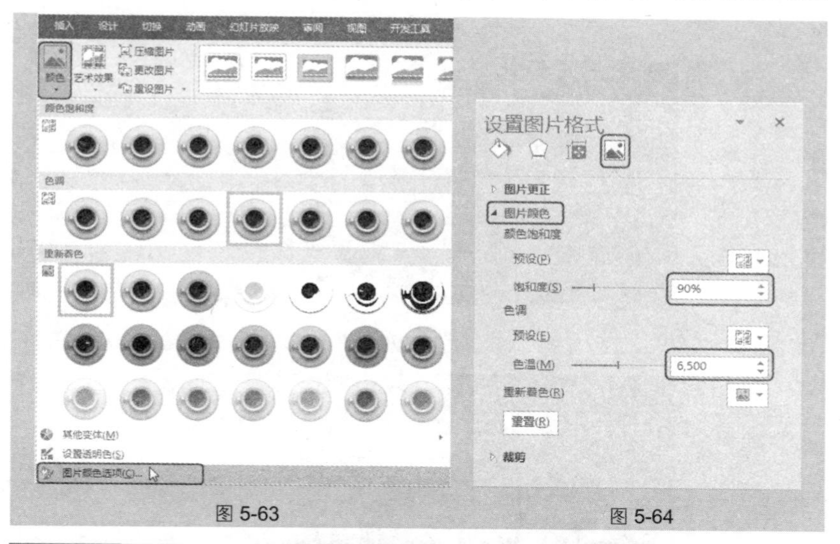

图 5-63　　　　图 5-64

技巧 116　图片艺术效果

图片的艺术效果是通过套用程序内置的艺术样式实现的。插入图片后，可以根据当前幻灯片的表达效果来选择不同的艺术样式。具体方法如下。

❶ 选中图片（如图 5-65 所示），在“图片工具”→“格式”→“调整”选项组中单击“艺术效果”下拉按钮，弹出的下拉列表中显示了可以选择的多种艺术效果，如图 5-66 所示。

图 5-65　　　　图 5-66

❷ 如图 5-67 和图 5-68 所示的幻灯片，分别应用了“塑封”和“画图笔划”的艺术效果。

图 5-67

图 5-68

技巧 117　应用 SmartArt 图形快速排版多张图片

如图 5-69 所示为排列好的图片效果，如果想要进一步美化图片，可以将其转换为如图 5-70 所示的 SmartArt 图形样式。PPT 具备将多张图片直接转换为 SmartArt 图形的功能。具体操作如下。

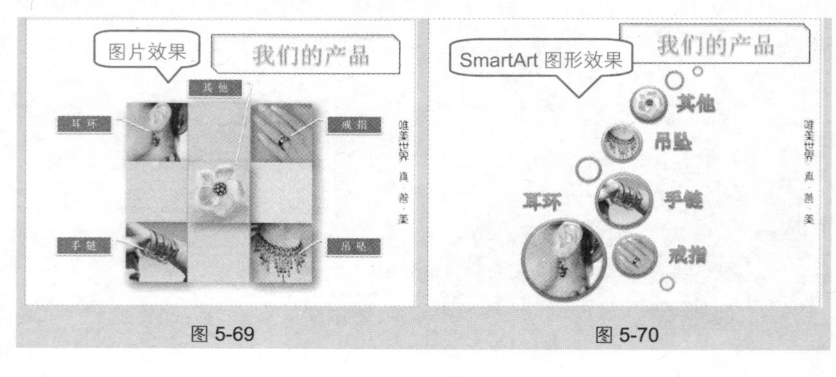

图 5-69　　图 5-70

❶ 一次性选中多幅图片（如图 5-71 所示），在“图片工具”→“格式”→“图片样式”选项组中单击“图片版式”下拉按钮，在其下拉列表中选择“气泡图片列表”SmartArt 图形，如图 5-72 所示。

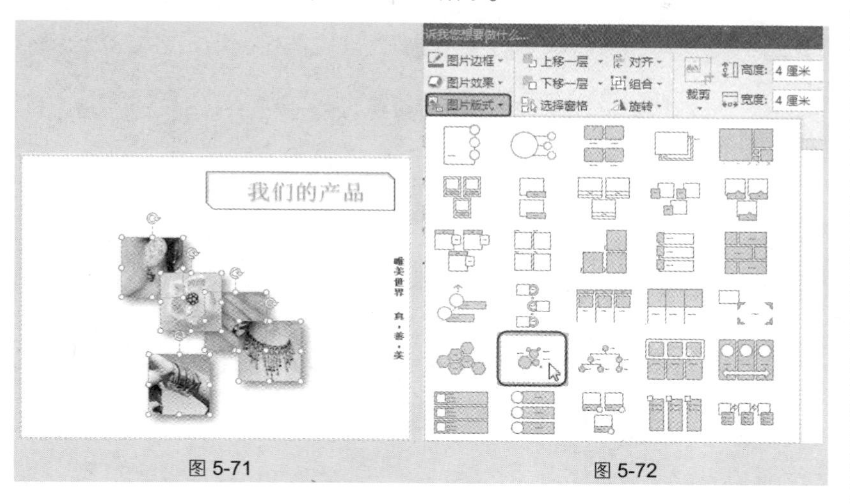

图 5-71　　　　图 5-72

❷ 系统会将图片以“气泡图片列表”样式的 SmartArt 图形显示出来，如图 5-73 所示。

❸ 在“文本”区域中输入各个产品的名称，如图 5-74 所示。

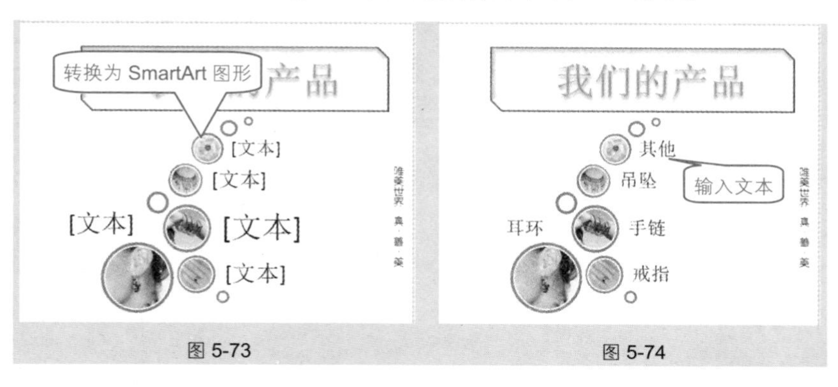

图 5-73　　　　图 5-74

❹ 选中图形，在“**SmartArt** 工具”→“设计”→“**SmartArt** 样式”选项组中单击“更改颜色”下拉按钮，在其下拉列表中选择合适的颜色样式，如图 5-75 所示。

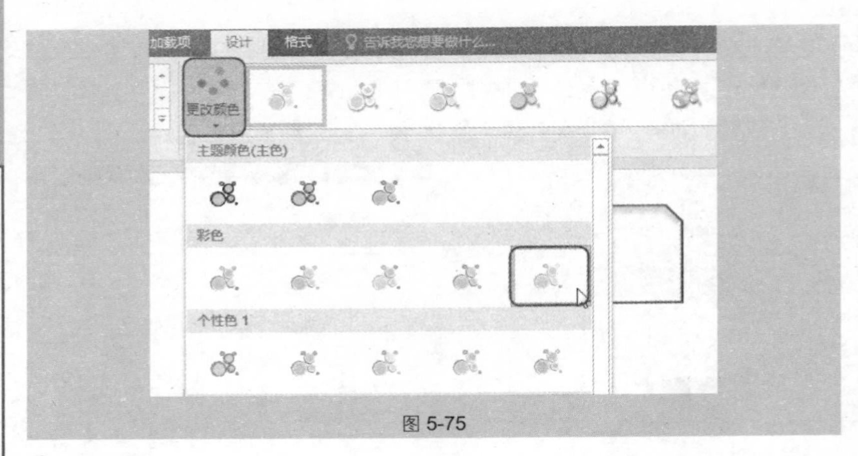

图 5-75

应用扩展

通过应用不同的图片版式可以实现快速排版多张小图，例如应用“图片重点方块”版式，其排版效果如图 5-76 所示。应用“蛇形图片题注列表”版式，其排版效果如图 5-77 所示。

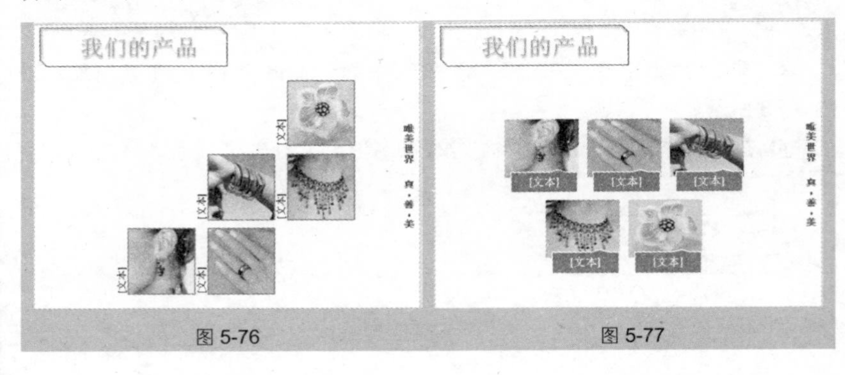

图 5-76　　图 5-77

第6章 图形对象的编辑和处理

技巧 118 图形常用于反衬文字

图形是幻灯片设计中最为常用的一个元素，它常用来设计文字，即用图形反衬文字，既布局了版面又突出了文字。如图 6-1 所示的幻灯片中使用了大量图形，实现了对多处文字的反衬。

图 6-1

在使用全图幻灯片时，如果背景复杂或色彩过多，直接输入文字会导致视觉效果很不好，此时常会使用图形绘制文字编写区，达到突出显示的目的。如图 6-2 所示的幻灯片为标题区域和文字编辑区都添加了图形底衬。

图 6-2

技巧 119　图形常用于布局版面

版面布局在幻灯片的设计中是极为重要的，合理的布局能瞬间给人带来设计美感，提升观众的视觉享受。而图形是布局版面最重要的元素，一张空白的幻灯片，经过图形布局可立即呈现不同的效果，如图 6-3 所示的幻灯片中，图片使用了梯形遮档、斜三角形贴边，标题输入框也使用了图形反衬。

图 6-3

如图 6-4 所示，幻灯片使用了平行四边形布局页面，如图 6-5 所示，幻灯片使用了多个三角形与梯形布局页面。

图 6-4

技巧 120　图形常用于点缀设计

图形也常用于对页面的点缀设计，因为图形的种类多样，并且还可以自定义绘制，所以应用非常广泛。只要有设计思路就可以获取极佳的版面效果，如图 6-6 所示的幻灯片，标题处、右上角处、图片拐角处、主体文字处都使用了图形设计。

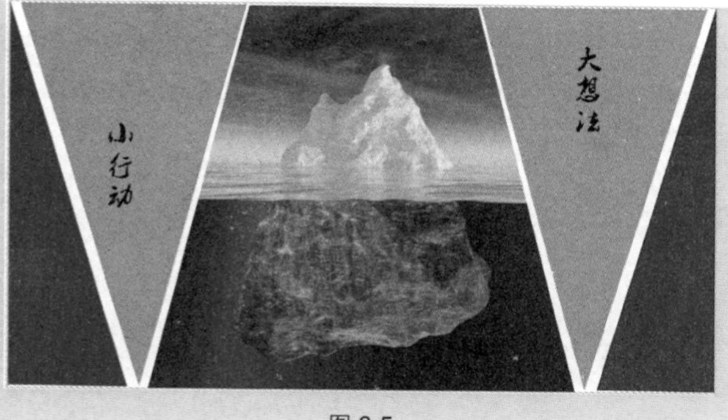

图 6-5

图 6-6

还有一些图形是用来加以强调的，比文字说明更直观，如图 6-7 所示。

图 6-7

技巧 121 图形常用于表达数据关系

除了程序自带的 SmartArt 图形之外，还可以自己利用图形的组合设计来表达数据关系，这也是图形的重要功能之一。如图 **6-8** 所示的幻灯片，表达的是一个列举的数据关系。

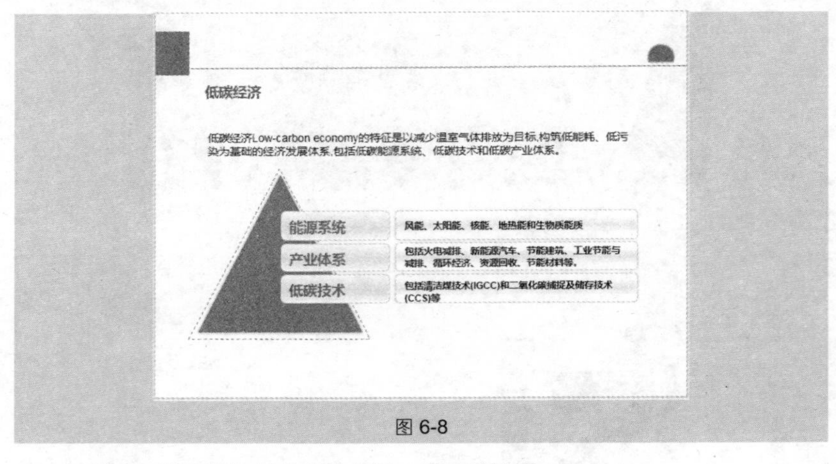

图 6-8

如图 **6-9** 所示的幻灯片表达的是一种流程关系。

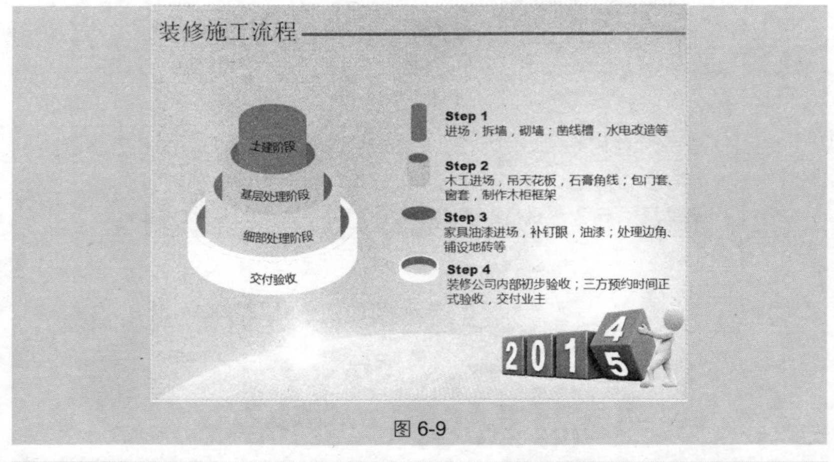

图 6-9

技巧 122 选用并绘制需要的图形

通过以上几个技巧的介绍，我们应该知道了图形在幻灯片设计中发挥着巨大作用。那么要合理应用图形则需要先在幻灯片中绘制图形。下面介绍具体操作。

❶ 首先打开目标幻灯片，在“插入”→“插图”选项组中单击“形状”下拉按钮，此列表中显示了众多图形样式，可根据实际需要选择使用，例如此处选择“圆角矩形”图形样式，如图 6-10 所示。

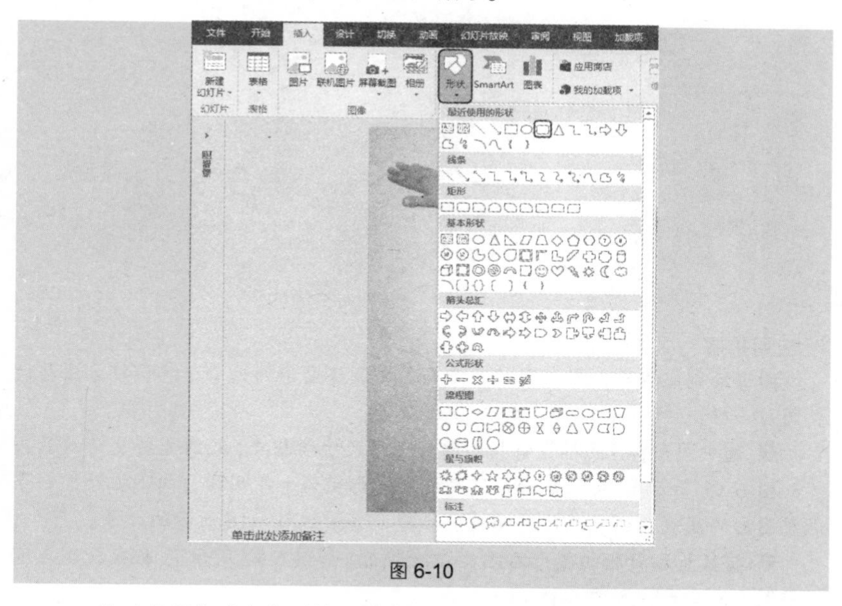

图 6-10

❷ 此时光标变成十字形状，按住鼠标左键拖动即可进行绘制（如图 6-11 所示），释放鼠标即可完成绘制，效果如图 6-12 所示。

图 6-11　　图 6-12

❸ 如果需要向图形中添加文本，则选中图形，单击鼠标右键，在弹出的快捷菜单中选择“编辑文字”命令（如图 6-13 所示），此时图形中出现闪烁光标，输入文字即可，如图 6-14 所示。

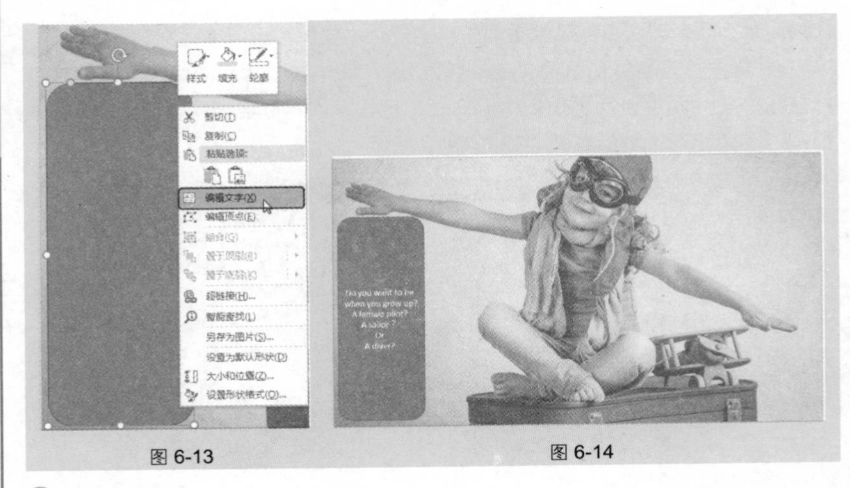

图 6-13　　图 6-14

⏩应用扩展

图形绘制完成后，有时因版面布局需要调整图形的大小，其调整方法与调整图片一样。

❶ 选中图形，将鼠标指针指向图形上方尺寸控制点，此时光标变为双箭头（如图 6-15 所示），按住鼠标左键不放，光标变为十字形状，向下拖动控制点调整图形的高度，到合适位置释放鼠标即可达到如图 6-16 所示的效果。

❷ 将鼠标指针指向图形右方尺寸控制点（如图 6-17 所示），拖曳控制点可调整图形的宽度，如图 6-18 所示。

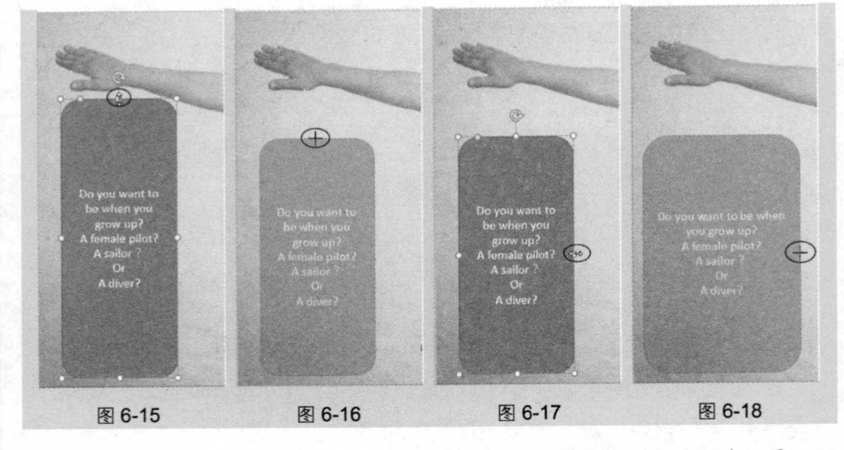

图 6-15　　图 6-16　　图 6-17　　图 6-18

❸ 将鼠标指针指向拐角（如图 6-19 所示），可成比例缩放图形（如图 6-20

所示）。

图 6-19

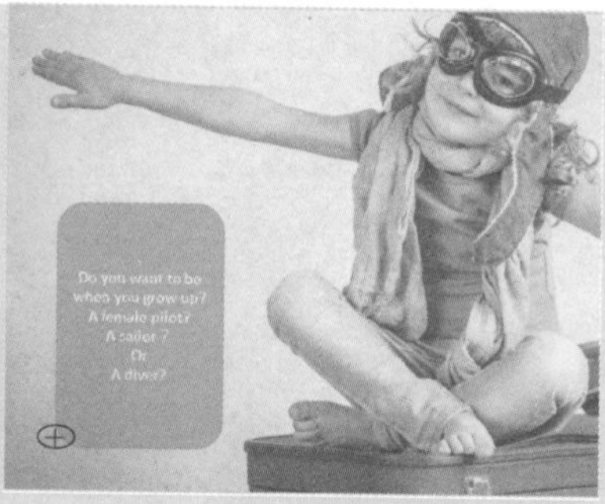

图 6-20

专家点拨

应用扩展中调整图形的大小时，拐角控制点移动的角度不一样，图形的尺寸也呈不规则缩放，呈水平（垂直）角度移动等同于左右（上下）移动控制点，想要呈比例缩放，需要完成相关设置。

技巧 123　绘制正图形的技巧

在幻灯片中拖动鼠标绘制形状时，根据鼠标的拖动会呈现不同效果，有时会绘制出如图 6-21 所示的扁平效果，如果想得到如图 6-22 所示的正图形（即长宽保持一致），该如何绘制呢？具体操作如下。

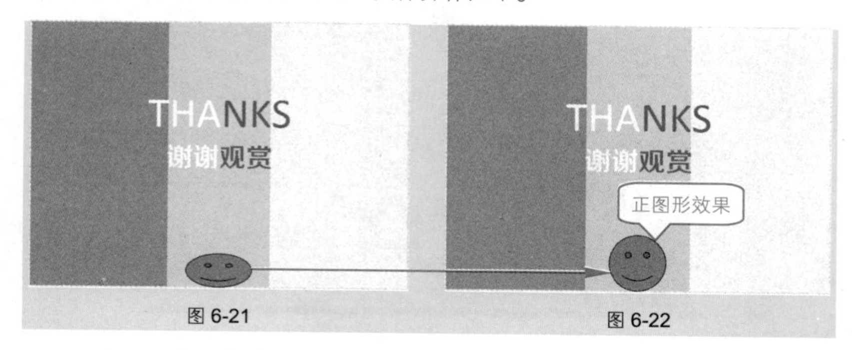

图 6-21　　图 6-22

❶ 打开目标幻灯片，在“插入”→“插图”选项组中单击“形状”下拉按钮，在其下拉列表中选择要绘制的形状，例如此处选择“笑脸”图形样式。

❷ 此时光标变成十字形状，按住“**Shift**”键的同时拖动鼠标进行绘制，即可得到一个正笑脸图形，效果如图 6-23 所示。

图 6-23

技巧 124 调节图形顶点变换图形

在“插入”→“插图”选项组中单击“形状”下拉按钮，可以看到众多图形样式，除了这些规则图形外，我们还可以通过调节图形顶点来获取多种不规则的图形，这为图形的使用带来了更大的灵活性。如图 6-24 所示的幻灯片中使用了直角梯形和倾斜但底部保持水平的三角形，这些都是不规则的图形，在“形状”列表中是找不到的，我们可以通过规则图形变换得到，下面以此幻灯片为例介绍如何通过调节图形顶点变换图形。

图 6-24

❶ 打开目标幻灯片，在“插入”→“插图”选项组中单击“形状”下拉按钮，在其下拉列表中选择“梯形”并绘制图形，如图 6-25 所示。选中图形，单击鼠标右键，在弹出的快捷菜单中选择“编辑顶点”命令，如图 6-26 所示。

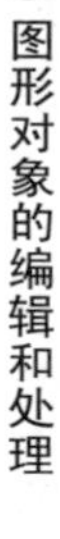

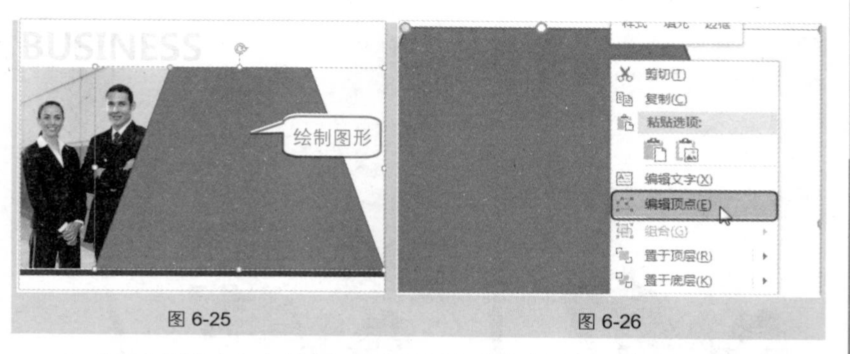

图 6-25　　图 6-26

❷ 此时图形添加红色边框，黑实心正方形突出显示图形顶点，将鼠标指针指向顶点即变为✥样式，如图 6-27 所示。按住鼠标左键并拖动顶点（如图 6-28 所示）到适当位置后释放鼠标即可达到如图 6-29 所示的效果。

图 6-27　　图 6-28

❸ 选中图形，在"绘图工具"→"格式"→"形状样式"选项组中单击"形状填充"下拉按钮，可重设图形填充颜色，如图 6-30 所示。

图 6-29　　图 6-30

❹ 按相同操作方法绘制出等腰三角形（如图 6-31 所示），将光标定位到⟳

图标上，此时光标也变为旋转图标，按住鼠标左键进行旋转，到适当位置后释放鼠标即可达到如图 6-32 所示的效果。

图 6-31　　图 6-32

❺ 旋转后将图形移动到适当位置，如图 6-33 所示，同样对图形顶点进行编辑，使之达到贴边的效果，如图 6-34 所示。

图 6-33　　图 6-34

❻ 通过两次图形绘制并变换得到如图 6-35 所示的图形版面效果。

图 6-35

技巧 125　自定义绘制图形

在“形状”按钮的下拉列表的“线条”栏中可以看到如图 6-36 所示的几种线条，利用它们可以自由绘制任意图形。下面介绍几种常用线条。

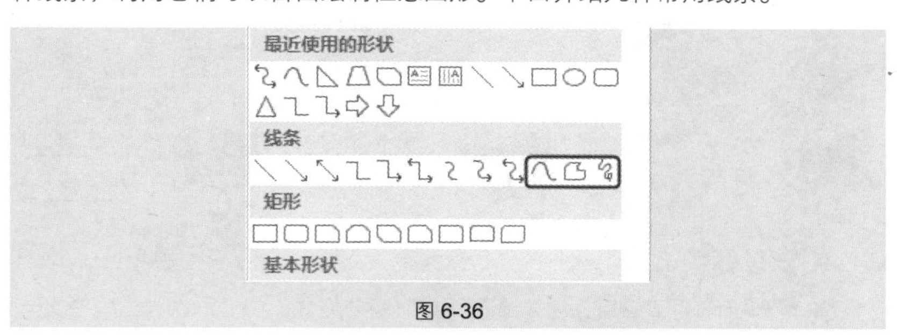

图 6-36

（1）曲线（ ）：用于绘制自定义弯曲的曲线，自定义曲线可以根据设计思路来装饰画面。

（2）自由-形状（ ）：可自定义绘制不规则的多边形，通常自定义绘制图表时会用到。

（3）自由-曲线（ ）：绘制任意自由的曲线。

下面以图 6-37 所示的幻灯片效果为例，介绍如何使用“自由-形状（ ）”工具绘制图形。

❶ 打开目标幻灯片，在“插入”→“插图”选项组中单击“形状”下拉按钮，在其下拉列表中选择“自由-形状”线条，此时光标变为十字形状。

❷ 在需要的位置单击鼠标左键确定第一个顶点后释放鼠标，然后移动鼠标

到需要的位置后再次单击鼠标左键确定第二个顶点，如图 6-38 所示。

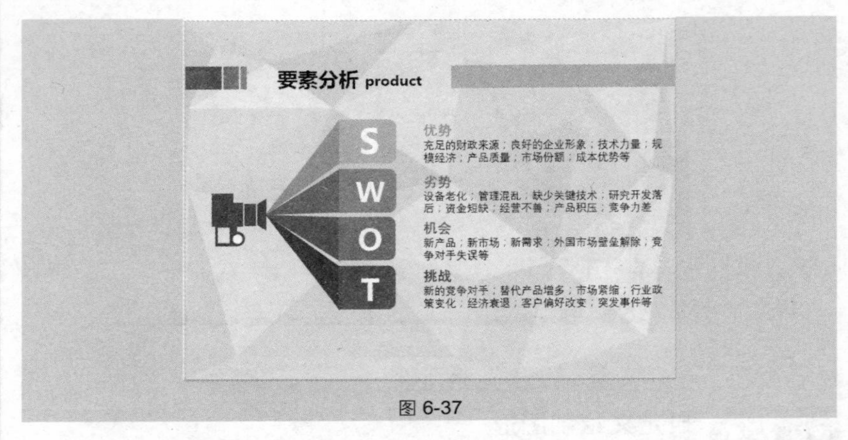

图 6-37

❸ 再移动鼠标继续绘制（如图 6-39 所示），依次绘制直至回到图形起点（如图 6-40 所示），单击鼠标即可完成此次绘制，如图 6-41 所示。

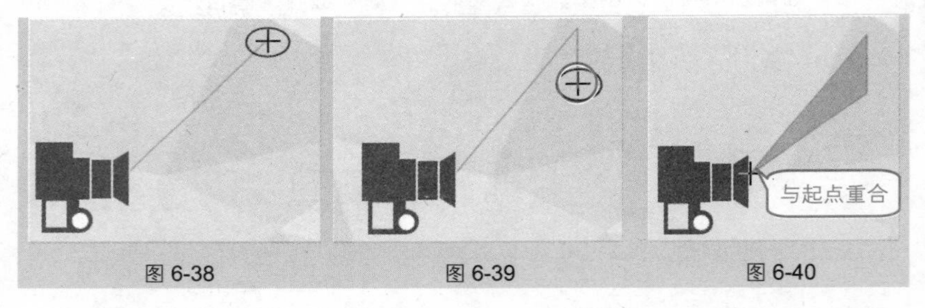

图 6-38　　图 6-39　　图 6-40

❹ 得到封闭的图形后，在“绘图工具”→“格式”→“形状样式”选项组中设置图形格式，达到如图 6-42 所示的效果。

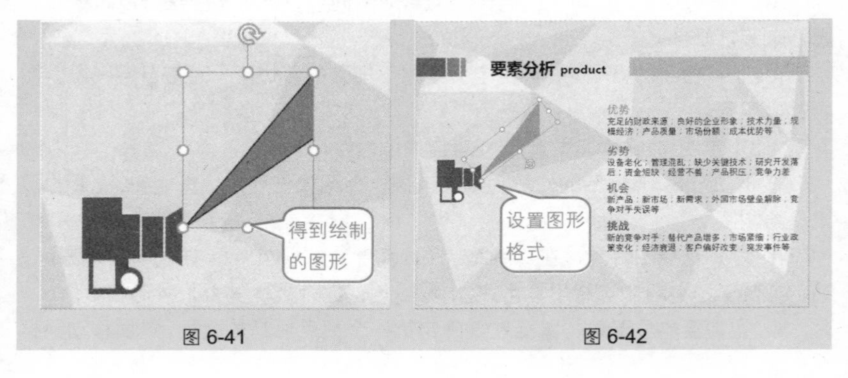

图 6-41　　图 6-42

❺ 按相同的方法可以绘制其他图形并设置不同的图形填充效果。

技巧 126 合并多形状获取新图形

PowerPoint 2016 提供了一个“合并形状”的功能按钮，利用它可以对多个图形进行联合、合并、相交、剪除等操作，从而得出新的图形样式。在此只用一个实例介绍此功能的使用方法，读者可举一反三获取更多的创意图形。如图 6-43 所示图形是对两个图形进行了“剪除”操作后的效果。

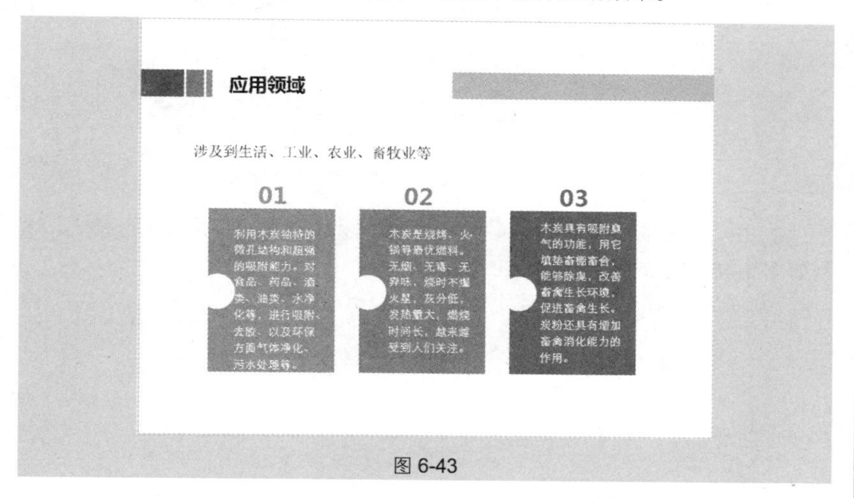

图 6-43

❶ 打开目标幻灯片，在“插入”→“插图”选项组中单击“形状”下拉按钮，在其下拉列表中选择“矩形”图形并绘制（如图 6-44 所示），再选择“圆形”图形绘制完成后同时选中两个图形，如图 6-45 所示。

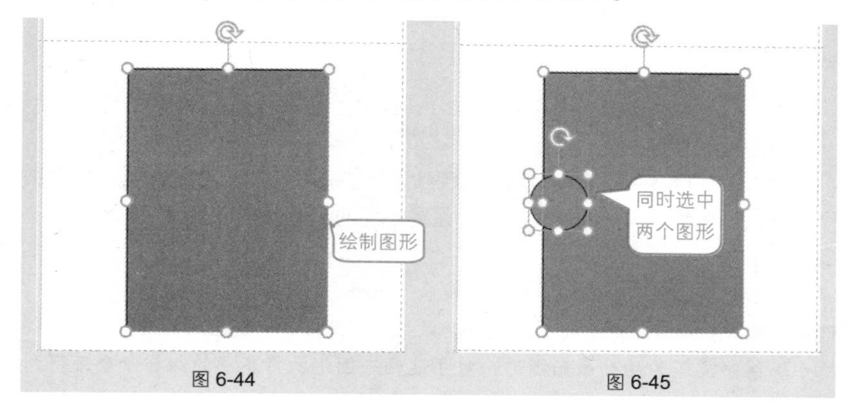

图 6-44　　图 6-45

❷ 在“绘图工具”→“格式”→“插入形状”选项组中单击“合并形状”按钮，在弹出的下拉菜单中选择“剪除”命令（如图 6-46 所示），达到如图 6-47 所示的效果。

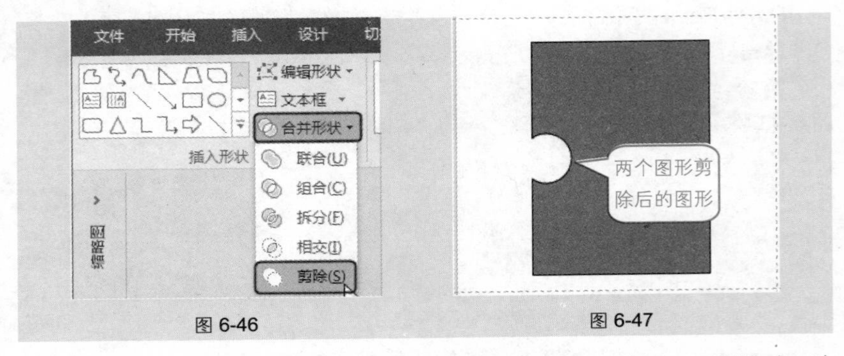

图 6-46　　图 6-47

❸ 在“绘图工具”→“格式”→“形状样式”选项组中设置图形格式，达到如图 6-48 所示的效果。

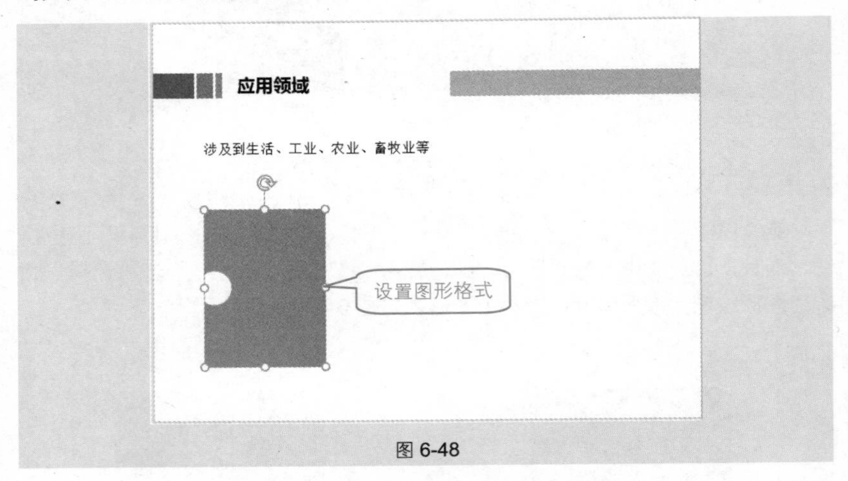

图 6-48

❹ 选中图形并按“**Ctrl+C**”快捷键进行复制操作，按“**Ctrl+V**”快捷键进行粘贴即可得到相同的图形，可为其设置不同的图形填充颜色。

应用扩展

在“合并形状”功能组中除了“剪除”功能按钮，还有其他几个功能按钮，选择其他按钮操作后能够得到不一样的效果，下面给出一组对比效果，如图 6-49 所示。第一幅图为两个原始图形，对于这两个图形执行不同的组合命令可得到不同的效果。

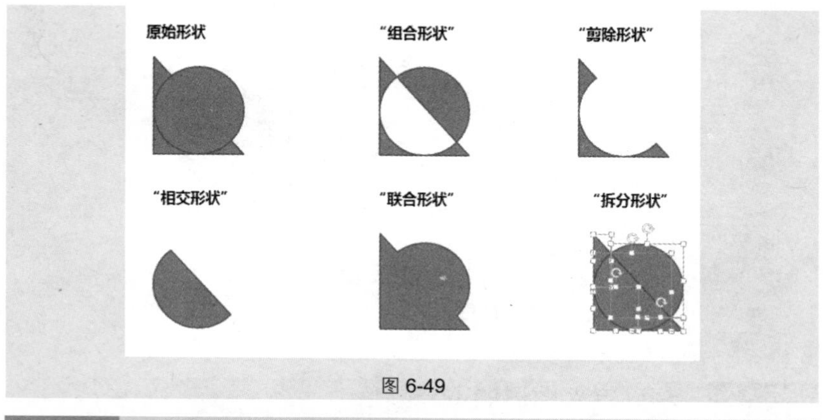

图 6-49

技巧 127 等比例缩放图形

在幻灯片中插入图形后，调整大小时如果直接采用手工拖动的方式很难精确掌握横纵比例，容易造成比例失调，例如放大图 **6-50** 所示的图形，结果手动调整变成了如图 **6-51** 所示的样式。此时可以先锁定图形的纵横比，然后再进行拖动调整。具体操作如下。

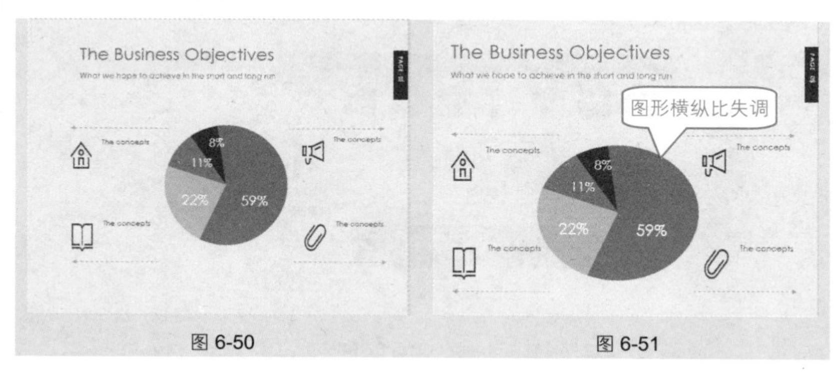

图 6-50　　图 6-51

❶ 在"绘图工具"→"格式"→"大小"选项组中单击按钮，打开"设置形状格式"窗格。在"大小"栏中选中"锁定纵横比"复选框，如图 **6-52** 所示。

❷ 单击"关闭"按钮。调整图形时，将鼠标指针定位于拐角处的控点上，按住鼠标左键进行拖动即可实现图形等比例缩放，如图 **6-53** 所示。

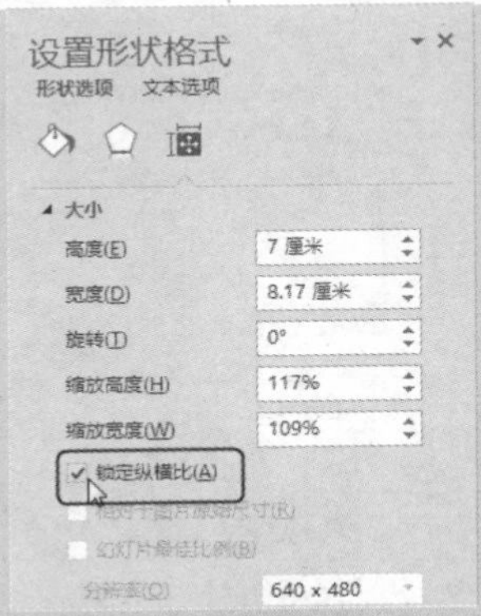

图 6-52 　　　　　　　　图 6-53

技巧 128　精确定义图形的填充颜色

图形在幻灯片中的使用是非常频繁的，通过绘制图形、组合图形等操作可以获取多种不同的版面效果。绘制图形后，填充颜色的设置是图形美化中的一个重要的步骤。具体操作如下。

❶ 选中目标图形，在“绘图工具”→“格式”→“形状样式”选项组中单击“形状填充”下拉按钮，在“主题颜色”列表中单击颜色即可将其应用于选中的图形，也可以选择“其他填充颜色”命令，如图 6-54 所示。

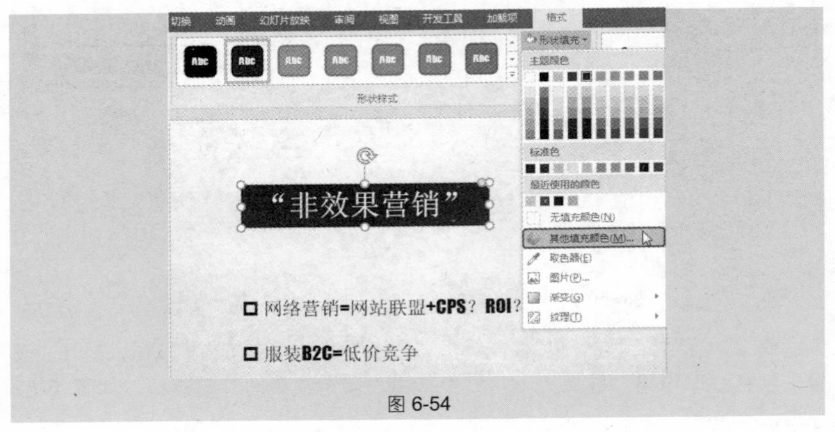

图 6-54

❷ 打开“颜色”对话框，可以在“标准”选项卡中选择标准色，也可以选择“自定义”选项卡（如图 6-55 所示），分别在“红色（R）”、“绿色（G）”和“蓝色（B）”文本框中输入数值（如图 6-56 所示），从而精确定义颜色值。

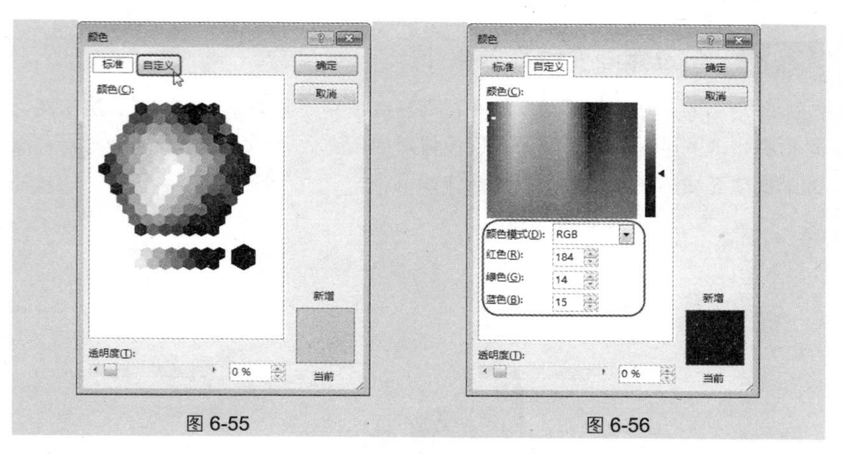

图 6-55　　图 6-56

专家点拨

RGB 色彩模式是工业界的一种颜色标准，通过红（R）、绿（G）、蓝（B）3 个颜色通道的变化以及它们相互间的叠加来得到各种各样的颜色。这个标准几乎包括了人类视力所能感知的所有颜色，是目前运用最广泛的颜色系统之一。

应用扩展

第 1 章技巧 15 介绍了“取色器”的使用，这项功能在设置图形填充颜色时也是非常实用的。如果只是看中了某个颜色但并不知道它的 RGB 值，可以先将想使用的颜色以图片的形式复制到当前幻灯片，然后选中目标图形，在“形状填充”按钮的下拉菜单中选择“取色器”命令（如图 6-57 所示），然后将滴管样式的鼠标指针指向想使用的颜色，单击即可取色，并且我们看到指向的位置上显示了该颜色的 RGB 值，如图 6-58 所示。

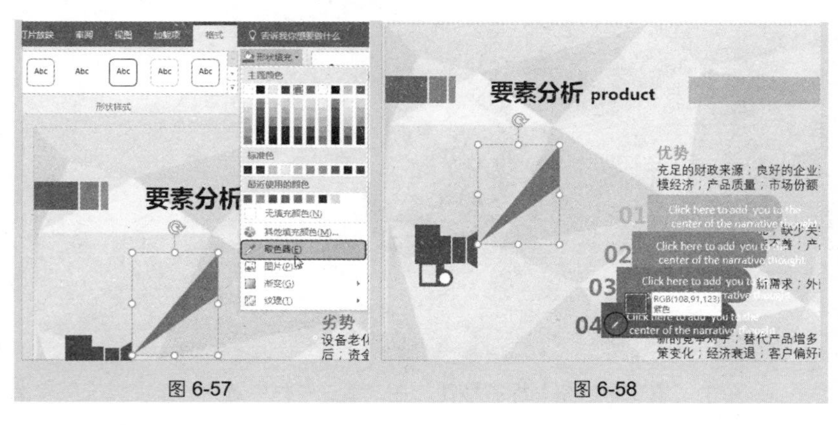

图 6-57　　图 6-58

技巧 129 设置渐变填充效果

绘制图形后默认都是单色填充，而渐变填充效果可以让图形更具层次感，可根据当前的设计需求为图形合理设置渐变填充效果。如图 6-59 所示为设置底图渐变填充后的图形效果。具体操作如下。

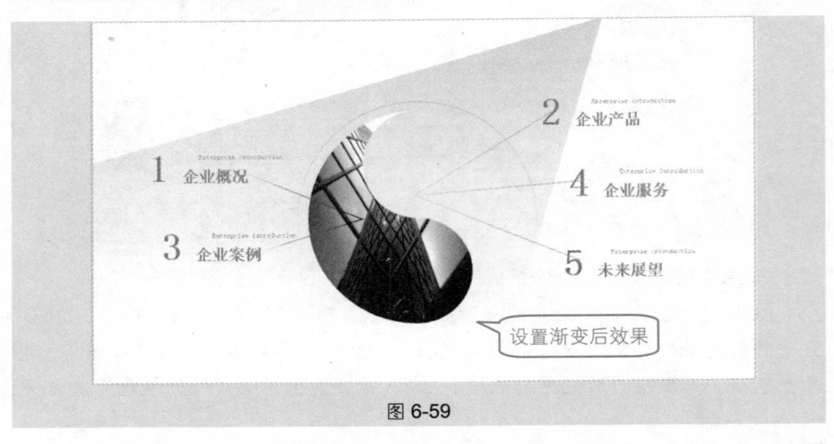

图 6-59

❶ 选中图形，在"绘图工具"→"格式"→"形状样式"选项组中单击 按钮（如图 6-60 所示），打开"设置形状格式"窗格。

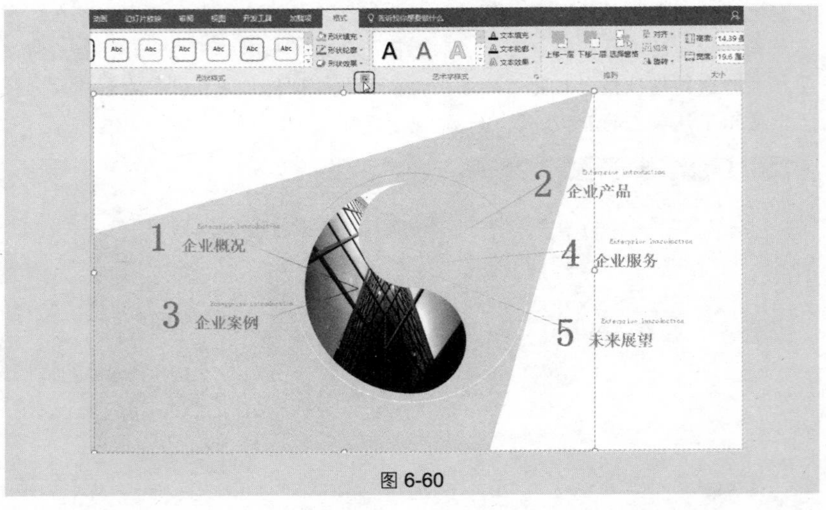

图 6-60

❷ 单击"填充与线条"标签按钮，在"填充"栏中选中"渐变填充"单选

按钮。在“预设渐变”下拉列表框中选择“浅色渐变-个性色 1”样式（如图 6-61 所示），效果如图 6-62 所示。

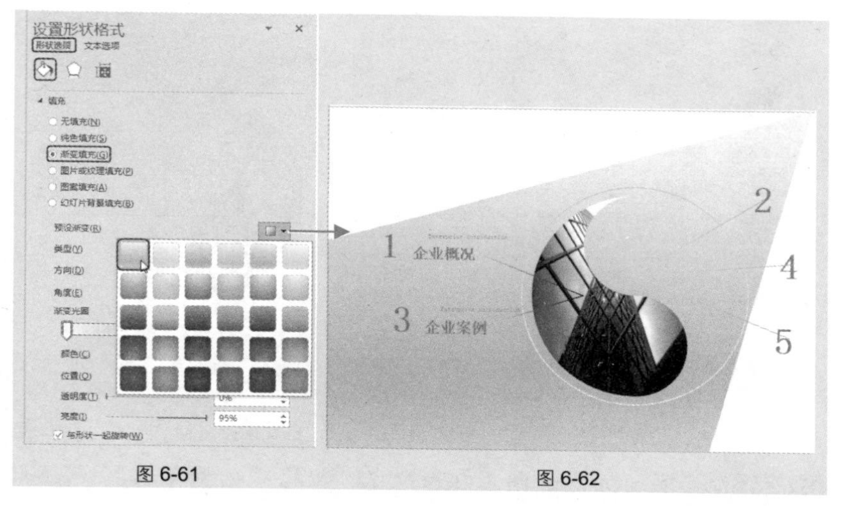

图 6-61　　　　图 6-62

❸ 在“类型”下拉列表框中选择“线性”选项，在“方向”下拉列表框中选择“线性向上”选项（如图 6-63 所示），效果如图 6-64 所示。

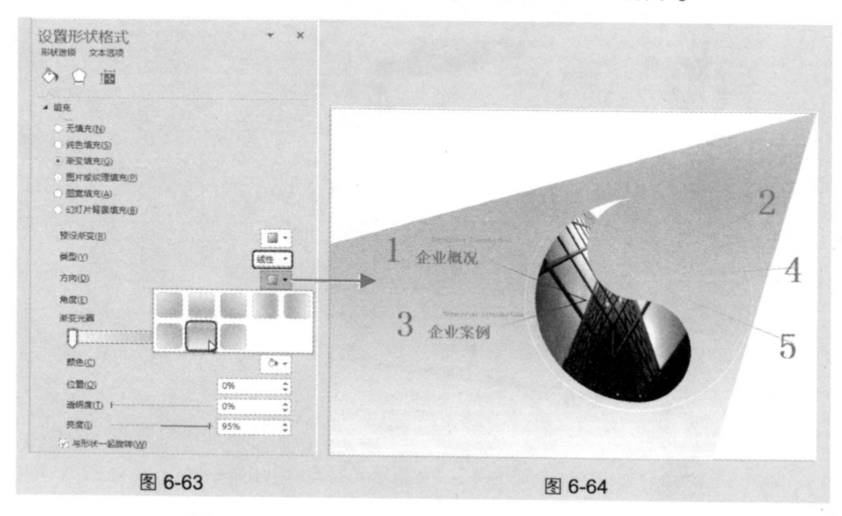

图 6-63　　　　图 6-64

❹ 通过单击按钮，减少渐变光圈个数，选中任意一个光圈，可设置光圈颜色（如图 6-65 所示），设置后可达到如图 6-66 所示的渐变效果。

图 6-65　　　　图 6-66

❺ 单击“关闭”按钮即可达到效果图中显示的效果。

技巧 130　设置图形的边框线条

图形的边框线条设置也是图形美化的一项操作，如图 6-67 所示的图形设置了图形的边框为较粗的线条效果。具体操作如下。

图 6-67

❶ 选中图形，在“绘图工具”→“格式”→“形状样式”选项组中单击按钮，打开“设置形状格式”窗格。

❷ 单击“填充与线条”标签按钮，在“线条”栏选中“实线”单选按钮。

在“颜色”下拉列表框中选择“黑色，文字 **1**，淡色 **5%**”，“宽度”设置为“**3** 磅”，在“复合类型”下拉列表框中选择“双线”样式，在“短划线类型”下拉列表框中选择“实线”样式，如图 **6-68** 所示。

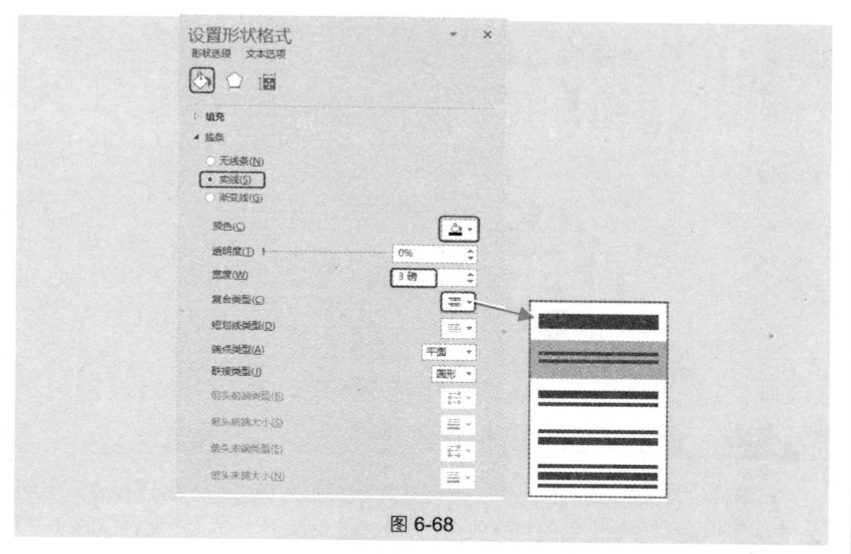

图 6-68

❸ 单击“关闭”按钮完成设置即可让选中图形达到如图 **6-67** 所示的效果。

技巧 131　设置图形半透明的效果

添加图形后可以为其设置半透明的显示效果，如图 **6-69** 所示为添加的默认图形（图形为纯色填充），如图 **6-70** 所示为设置半透明后的效果，显然设置后的图形表达效果更好。具体操作如下。

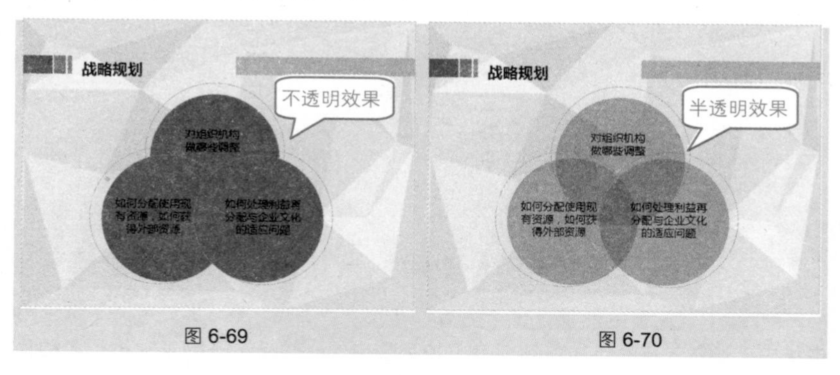

图 6-69　　图 6-70

选中圆形图形，在“绘图工具”→“格式”→“形状样式”选项组中单击按钮，打开“设置形状格式”窗格。拖动“透明度”滑块调整透明度为“**53%**”，如图 **6-71** 所示。

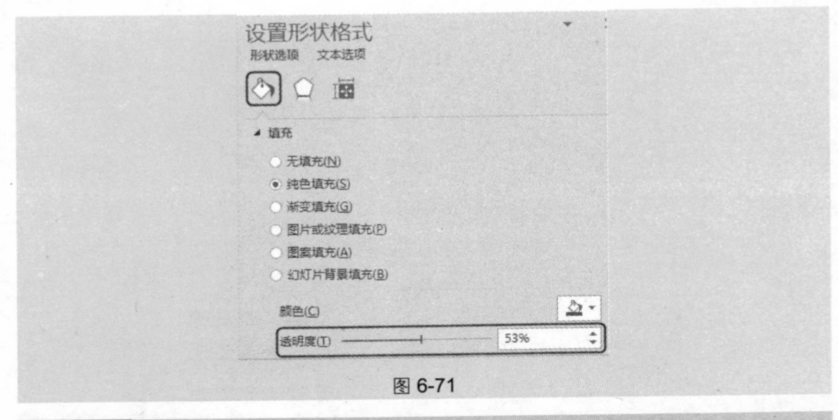

图 6-71

技巧 132 设置图形的三维特效

三维特效是美化图形的一种常用方式，在幻灯片中为图形合理设置三维特效，有时可以达到意想不到的特殊效果，例如为图 **6-72** 所示的形状添加如图 **6-73** 所示的三维效果。具体操作如下。

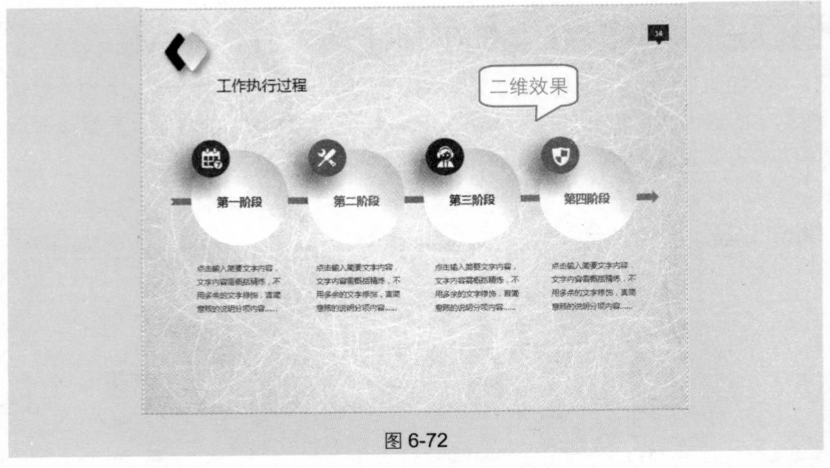

图 6-72

❶ 选中要设置的形状，在“绘图工具”→“格式”→“形状样式”选项组中单击“形状效果”下拉按钮，其下拉列表中的“棱台”子列表提供了多种预

设效果，本例选择“柔圆”样式，如图 6-74 所示。

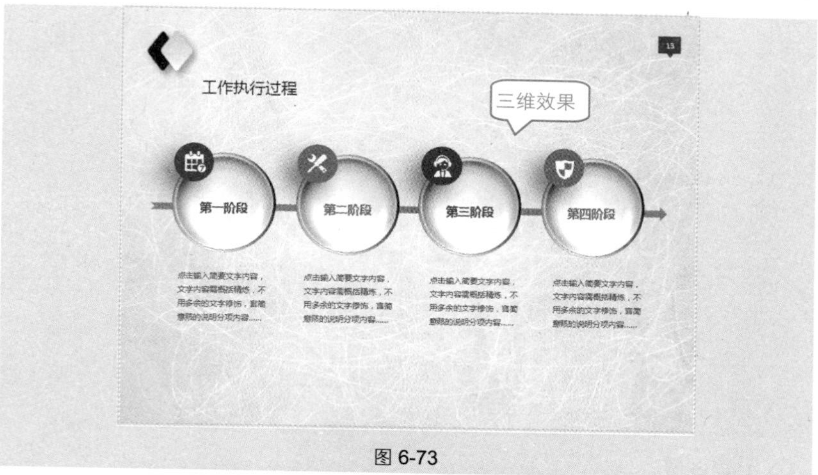

图 6-73

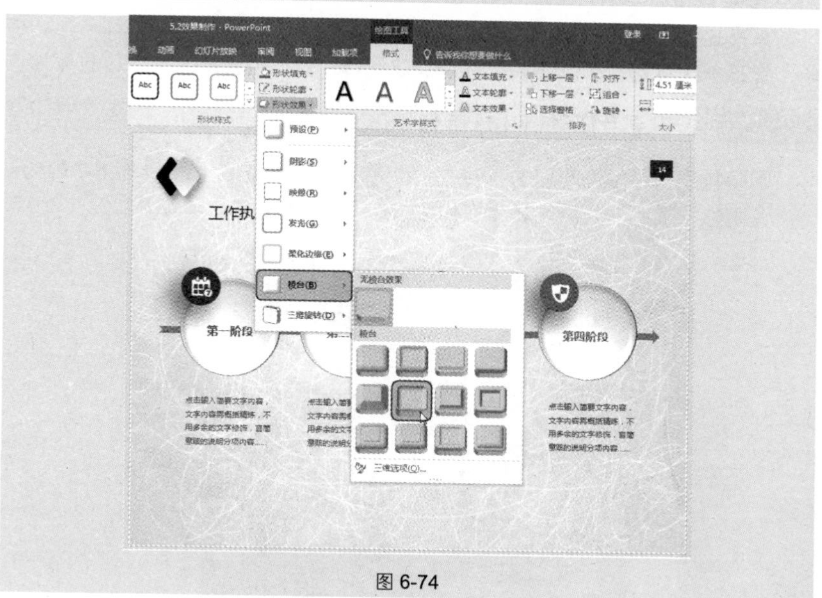

图 6-74

❷ 选择“三维选项”命令，打开“设置形状格式”窗格，单击“效果”标签按钮，展开“三维格式”栏，可对三维参数再次进行调整（图中显示的是达到图 6-73 所示效果的样式参数），如图 6-75 所示。

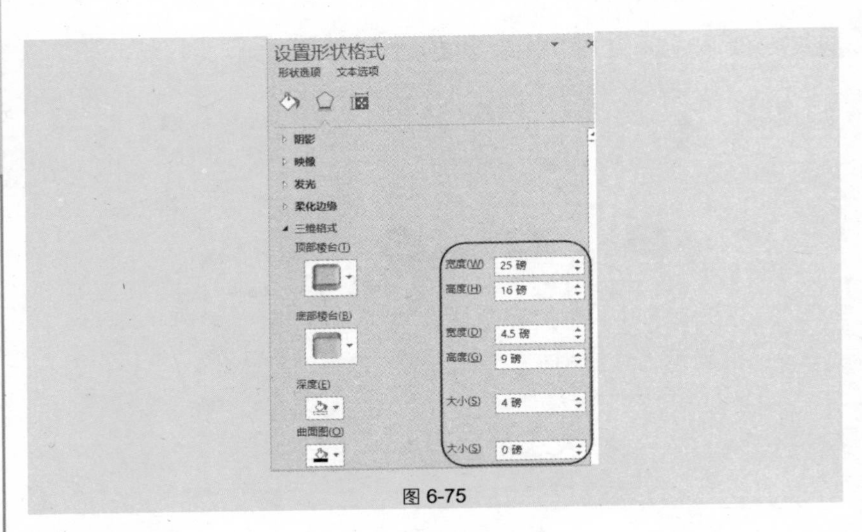

图 6-75

专家点拨

当设置了图形的三维特效后，如果想快速还原图形，可以在"设置形状格式"窗格中切换到"三维格式"或"三维旋转"栏，单击"重置"按钮即可。

技巧 133　设置图形的阴影特效

阴影特效也是修饰图形的一种方式，如图 6-76 所示为原图，图 6-77 所示为设置阴影特效后的效果。具体操作如下。

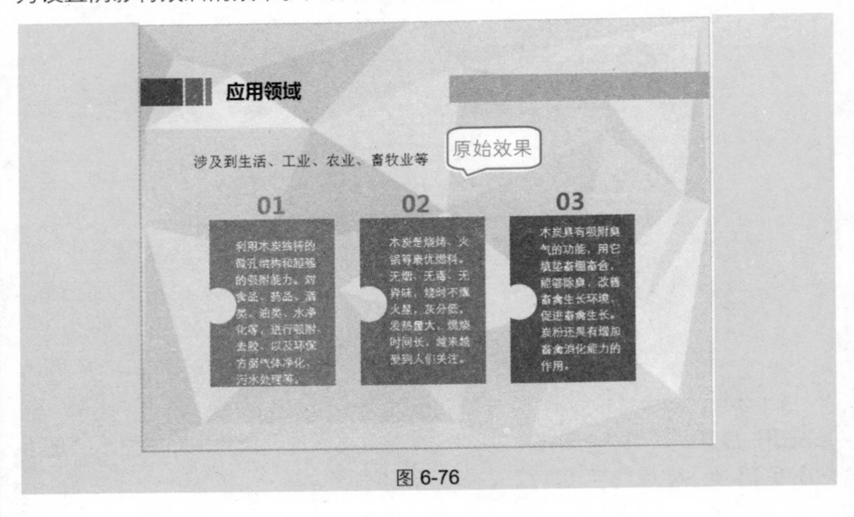

图 6-76

图 6-77

❶ 选中要设置的图形，在“绘图工具”→“格式”→“形状样式”选项组中单击“形状效果”下拉按钮，其下拉列表中的“阴影”子列表提供了多种预设效果，本例选择“偏移：右下”样式，如图 6-78 所示。

❷ 选择“阴影选项”命令，打开“设置形状格式”窗格，单击“效果”标签按钮，展开“阴影”栏，可对阴影参数再次进行调整（图中显示的是达到图 6-77 所示效果的样式参数），如图 6-79 所示。

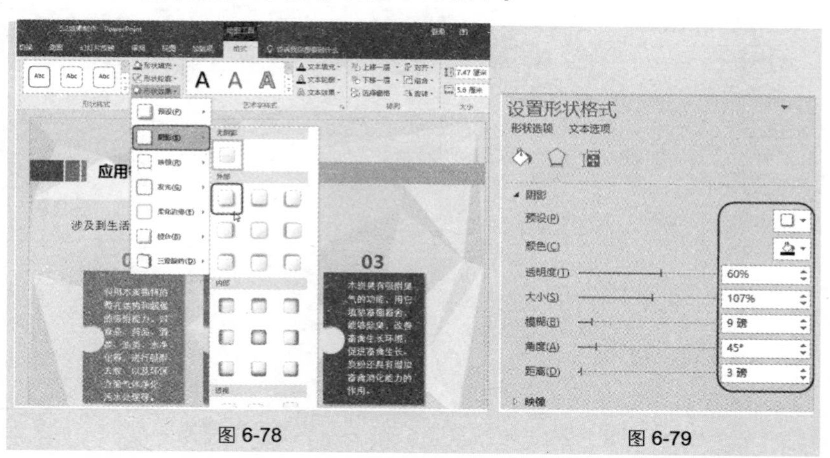

图 6-78

图 6-79

技巧 134 为图形设置映像效果

对于插入的图形，还可以使用“映像”效果来增强其立体感，例如将图 6-80

所示的图形更改为图 6-81 所示的样式，就需要使用“映像”功能。具体操作如下。

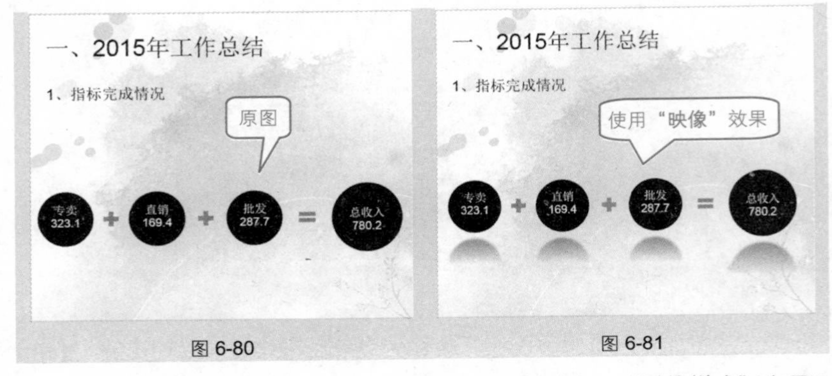

图 6-80　　　　图 6-81

❶ 选中要设置的形状，在“绘图工具”→“格式”→“形状样式”选项组中单击“形状效果”下拉按钮，其下拉列表中的“映像”子列表提供了多种预设效果，本例选择“半映像：接触”样式，如图 6-82 所示。

❷ 选择“映像选项”命令，打开“设置形状格式”窗格，单击“效果”标签按钮，展开“映像”栏，可继续对映像参数进行调整（图中显示的是达到图 6-81 所示效果的样式参数），如图 6-83 所示。

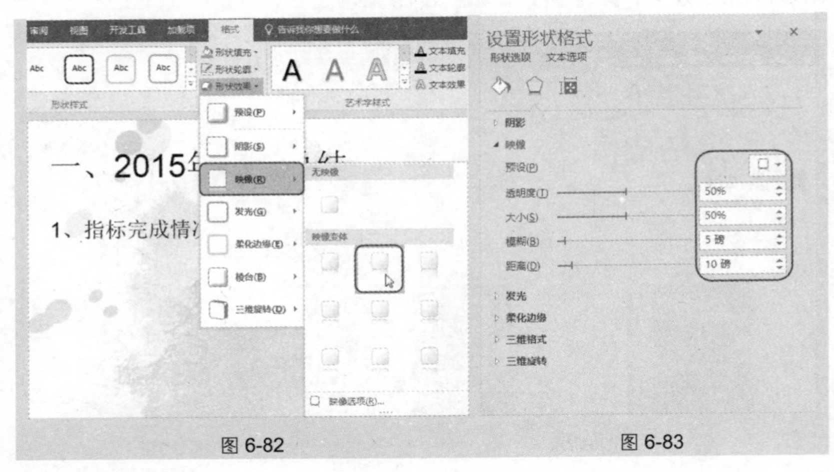

图 6-82　　　　图 6-83

应用扩展

在“形状效果”下拉列表中还有“发光”“柔化边缘”等效果选项，用户可以按照类似的方法选择设置。

技巧 135　一次性选中多个对象

在编辑幻灯片时，经常要操作多个对象，如图形、图片、文本框等。在操作前需要准确地选中对象，因此如果想一次性选中多个需要进行相同操作的对象，可以按如下方法实现。

❶ 在“开始”→“编辑”选项组中单击“选择”按钮，在其下拉菜单中选择“选择对象”命令以开启选择对象的功能（默认是开启的，如果被他人无意中关闭了，则可按此方法开启）。

❷ 按住鼠标左键拖动选中所有需要选择的对象，如图 6-84 所示，释放鼠标即可将框选区域内所有对象都选中，如图 6-85 所示。

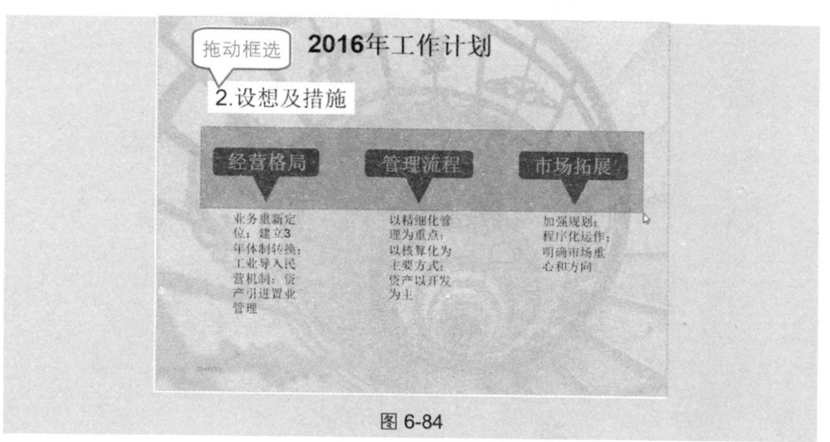

图 6-84

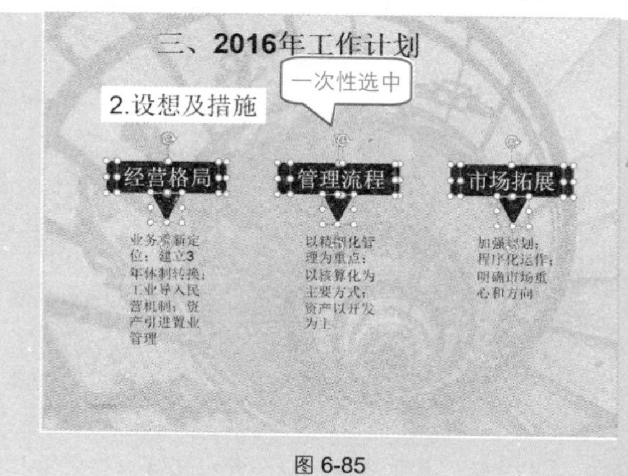

图 6-85

技巧 136 图形按次序叠放

如图 6-86 所示，三角形图形在 3 个圆角矩形图形上面，那么如何将三角形放置到这 3 个图角矩形图形的下面，达到如图 6-87 所示的效果呢？具体操作如下。

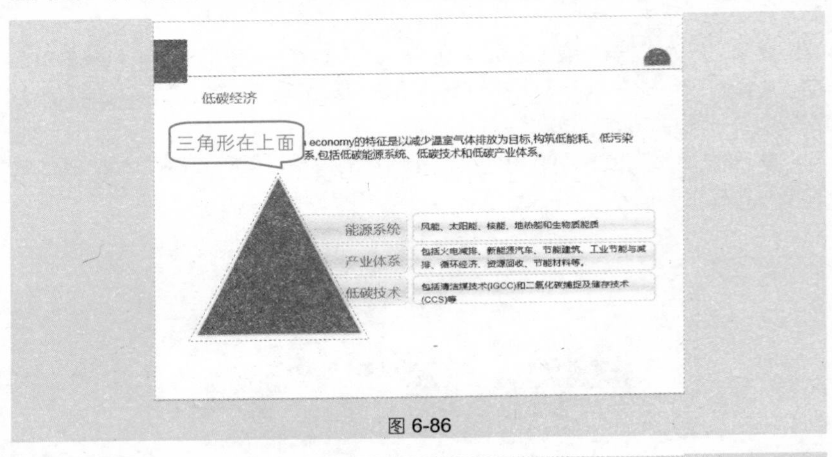

图 6-86

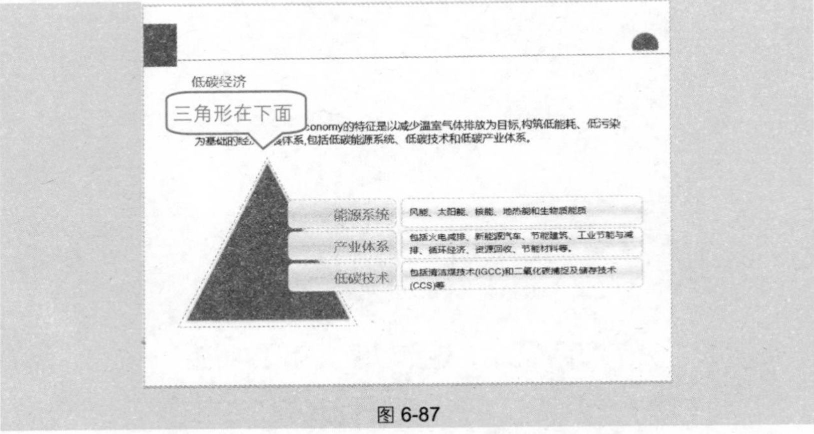

图 6-87

❶ 选中三角形，单击鼠标右键，在弹出的快捷菜单中选择“置于底层”→“置于底层”命令，如图 6-88 所示。

❷ 执行命令后，即可看到图片重新叠放后的效果。

应用扩展

除了在右键菜单中选择“置于底层”命令外，还可以在菜单栏中实现上述操作效果。

在“绘图工具”→“格式”→“排列”选项组中单击“下移一层”下拉按钮，在其下拉菜单中选择“置于底层”命令即可。

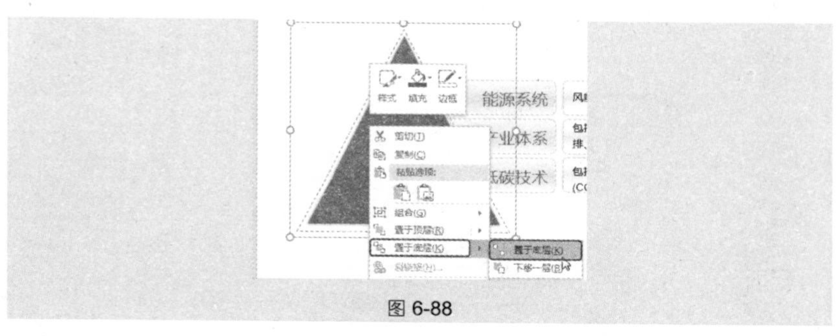

图 6-88

专家点拨

本例只进行了一次调整就达到了想要的图形效果，如果是组合更多图形，可能需要进行多次上移或下移才能达到目的，可以执行“上移一层”或“下移一层”命令逐步调整。

技巧 137 多图形快速对齐

在制作幻灯片时经常需要同时使用多个图形，在多图形使用中有一个重要的原则，就是该对齐的对象一定要严格对齐，否则不但显得页面元素零乱，而且影响幻灯片的整体布局效果。如图 6-89 所示为图形随意放置的效果，而图 6-90 所示的图形排列整齐、工整大方。

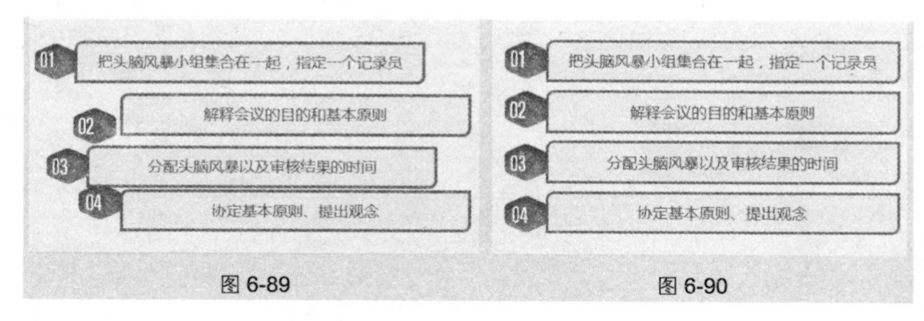

图 6-89　　图 6-90

要想对多图形进行快速排列，可以使用如下操作方法。

❶ 选中左边小图形，在“绘图工具”→“格式”→“排列”选项组中单击“对齐”下拉按钮，在其下拉菜单中选择“左对齐”命令（如图 6-91 所示），即可达到如图 6-92 所示的效果。

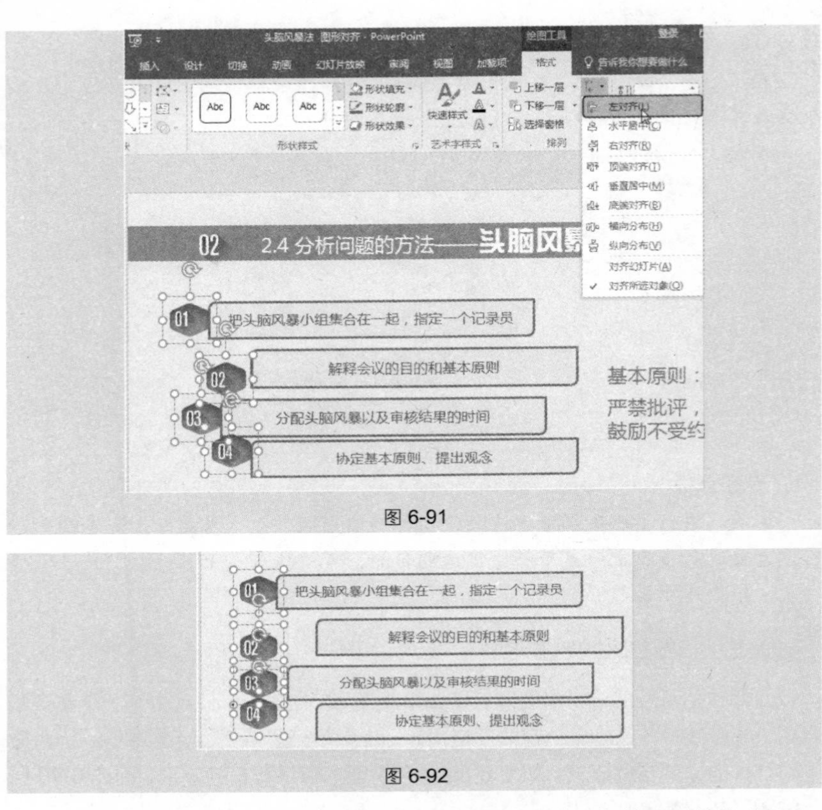

图 6-91

图 6-92

❷ 执行“左对齐”命令之后，需要再调整纵向距离，保持图形的选中状态，在下拉菜单中选择“纵向分布”命令（如图 6-93 所示），达到如图 6-94 所示的效果。

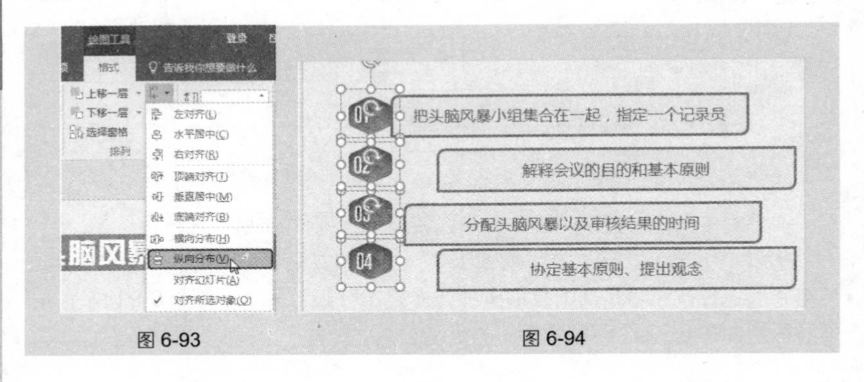

图 6-93　　图 6-94

❸ 按相同的方法调整右边图形使之对齐。

应用扩展

PowerPoint 在 2013 版本之后就具备了自动对齐及参考线的功能，即对于幻灯片上的图形、图片等对象可以在拖动时就显示参考线（左对齐、顶端对齐、居中对齐、相等间距等），便于移动对象释放鼠标后即可实现对齐。图 6-95 显示了左对齐与相等间隔的参考线，图 6-96 显示了顶端对齐的参考线，出现参考线后释放鼠标即可达到对齐的效果。

图 6-95　　图 6-96

技巧 138　完成设计后组合多图形为一个对象

当使用多个图形完成一个设计后，可以将多个对象组合成一个对象，方便整体调整。具体操作如下。

❶ 按住鼠标左键拖动框选所有需要选择的对象（如图 6-97 所示），释放鼠标即可将框选区域内所有对象都选中，如图 6-98 所示。

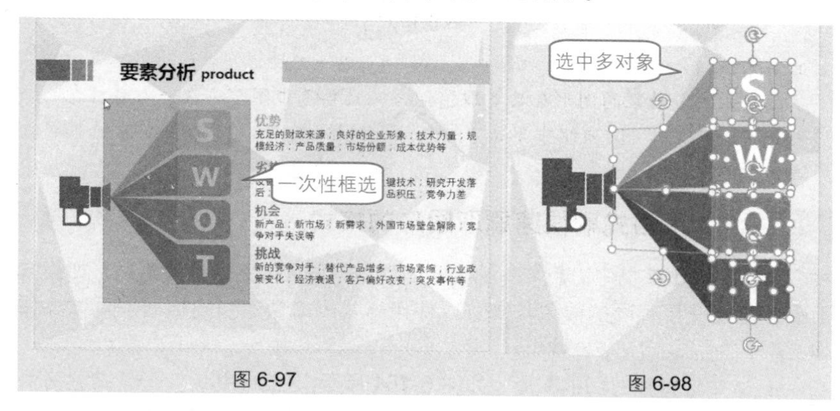

图 6-97　　图 6-98

❷ 在“绘图工具”→“格式”→“排列”选项组中单击“组合”下拉按钮，在其下拉菜单中选择“组合”命令（如图 6-99 所示），操作完成之后，可将所有的图形组合为一个对象，如图 6-100 所示。

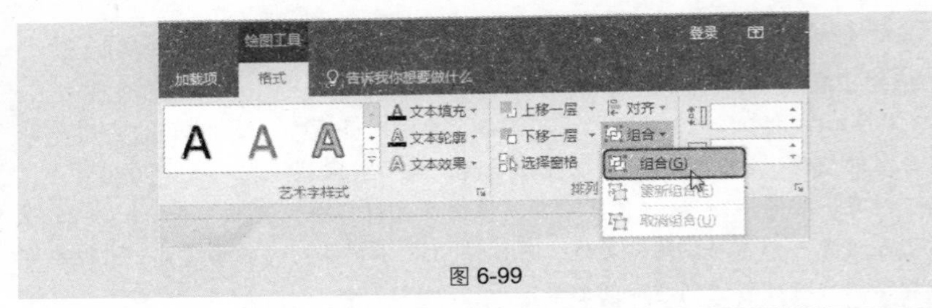

图 6-99

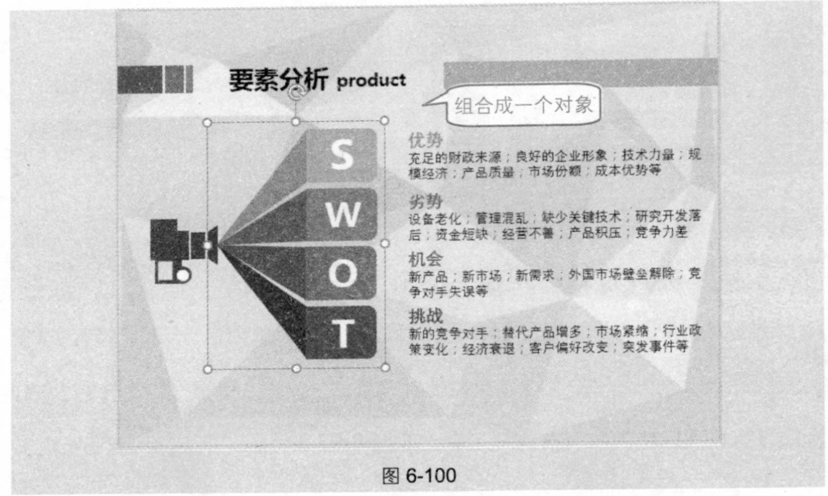

图 6-100

应用扩展

设置为一个对象的图形如果要取消组合，只要选中图形，在“绘图工具”→“格式”→“排列”选项组中单击“组合”下拉按钮，在其下拉菜单中选择“取消组合”命令即可。

技巧 139　用格式刷快速刷取图形的格式

像在 Word 文档中引用文本的格式一样，当设置好图形的效果后，如果其他图形也要使用相同的效果，则可以使用格式刷来快速引用格式。具体操作如下。

❶ 选中设置格式后的图形（如图 6-101 所示），在“开始”→“剪贴板”选项组中单击格式刷按钮，此时光标变成小刷子形状，然后移动到需要引用其格式的图形上单击鼠标，如图 6-102 所示。

❷ 按相同的方法给其他图形刷取格式，如图 6-103 所示。

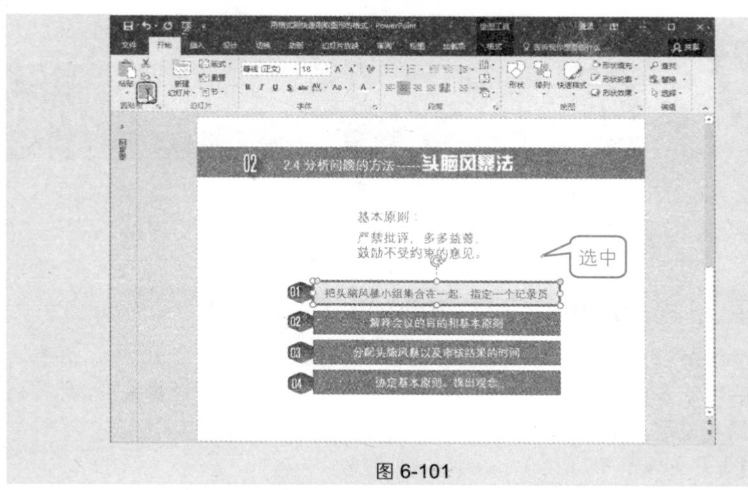

图 6-101

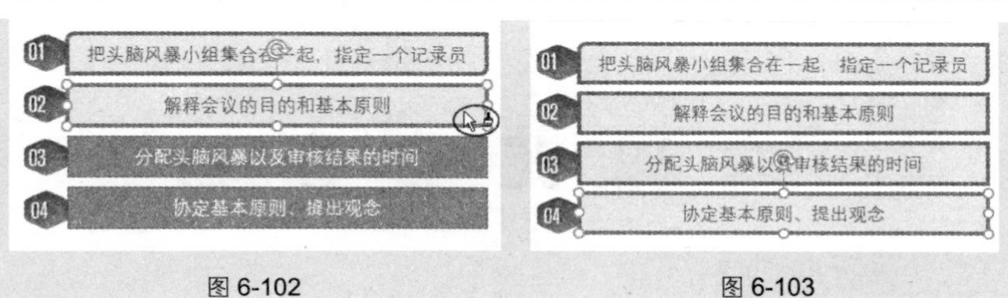

图 6-102　　图 6-103

专家点拨

如果有多处图形需要使用相同的格式，则可以双击✎按钮，依次在目标对象上单击，全部引用完成后再次单击✎按钮退出即可。

第7章 工作型 PPT 中 SmartArt 图形的妙用

7.1 SmartArt 图形的编辑技巧

技巧 140 学会选用合适的 SmartArt 图形

SmartArt 图形在幻灯片中的使用也非常广泛，可以让文字图形化，并且通过选用合适的 SmartArt 图形类型，可以很清晰地表达出各种逻辑关系，如并列关系、循环关系、流程关系等。

（1）并列关系

表示句子或词语之间具有的一种相互关联，或是同时并举，或是同地进行的关系，如图 7-1 所示。

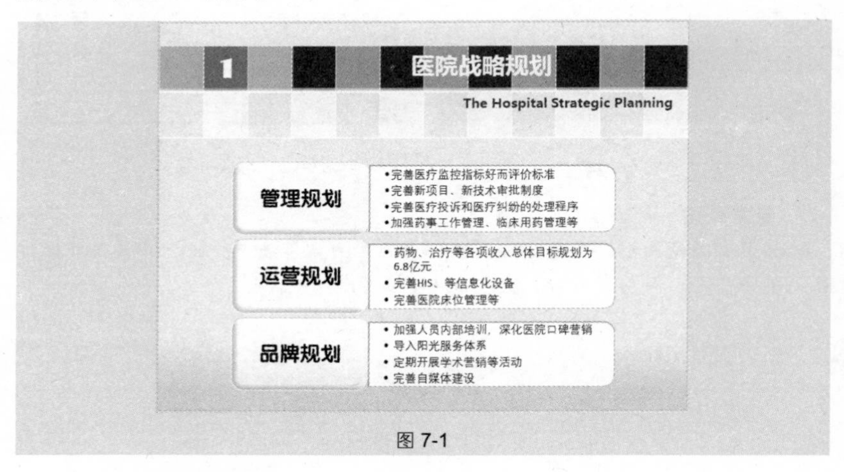

图 7-1

（2）循环关系

表示事物周而复始地运动或变化的关系，如图 7-2 所示。

（3）流程关系

表示事物进行中的次序或顺序的布置和安排关系，如图 7-3 所示。

除了上述经常用到的 SmartArt 图形以外，还有一些图形表示层次结构以及内部关系等，种类繁多，所以选择合适的 SmartArt 图形是非常重要的。

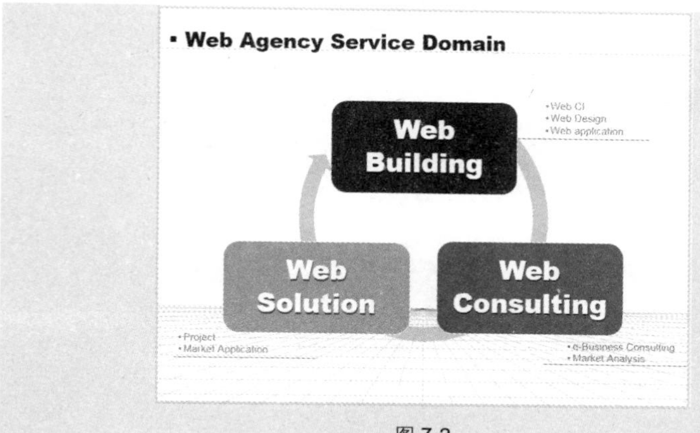

图 7-2

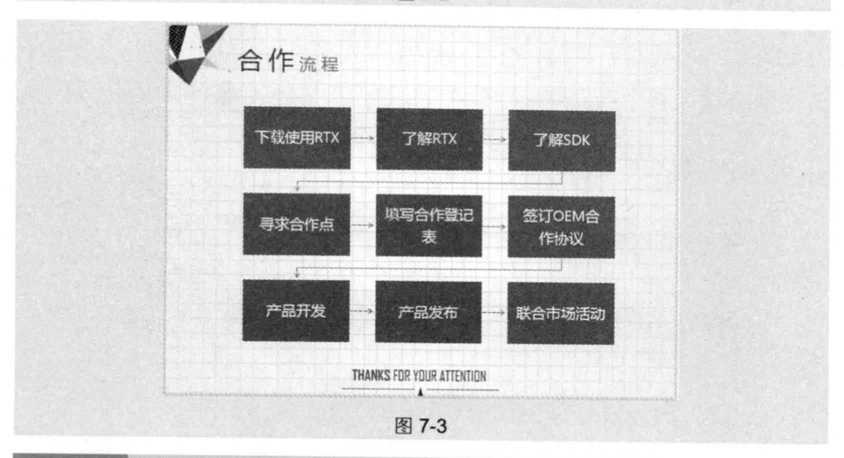

图 7-3

技巧 141 快速创建 SmartArt 图形

在技巧 140 中讲到要根据事物的特征来选用合适的 SmartArt 图形类型。那么该如何向幻灯片插入一个 SmartArt 图形呢？如图 7-4 所示为幻灯片插入了 SmartArt 图形。下面介绍操作步骤。

❶ 打开目标幻灯片，在“插入”→“插图”选项组中单击“**SmartArt**”按钮（如图 7-5 所示），打开“选择 **SmartArt** 图形”对话框。

❷ 在左侧选择“棱锥图”选项，接着选中“棱锥图列表”图形，如图 7-6 所示。

❸ 单击“确定”按钮，此时插入的 SmartArt 图形默认的效果如图 7-7

所示。

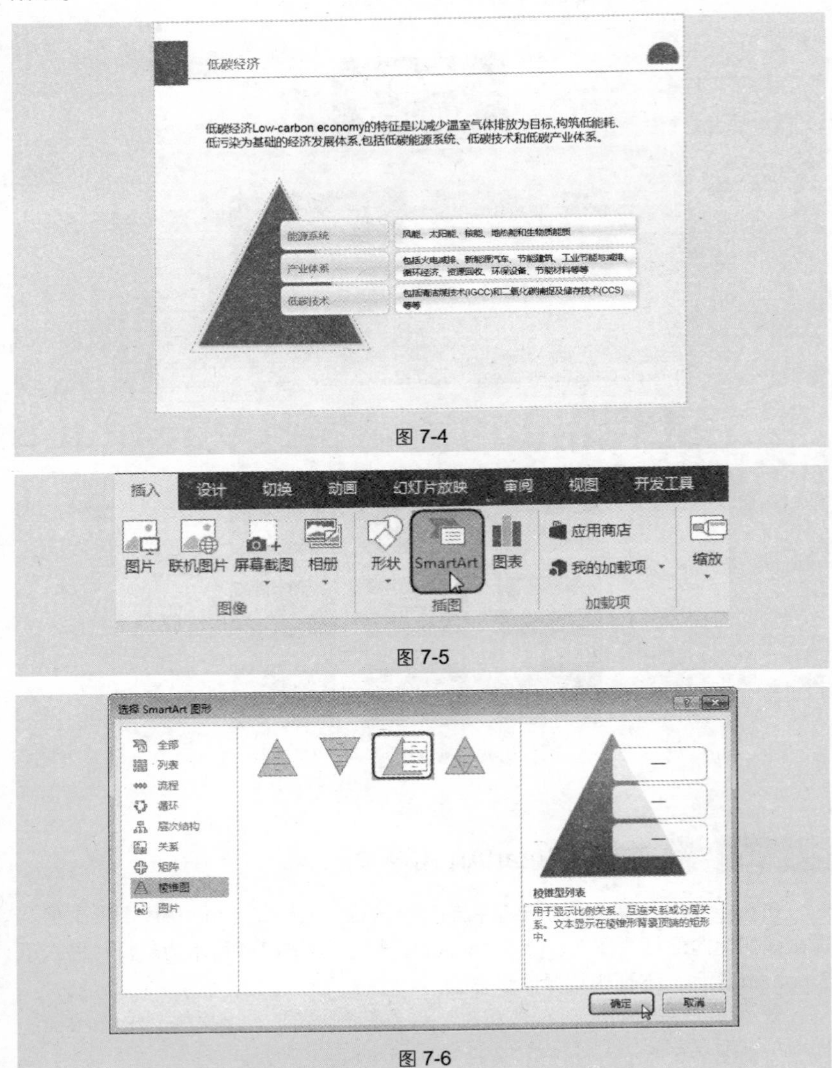

图 7-4

图 7-5

图 7-6

❹ 在“插入”→“插图”选项组中单击“形状”下拉按钮，向幻灯片中添加新图形，如图 7-8 所示。

❺ 在图形中输入文本并对图形进行美化设置，可达到如图 7-4 所示的效果。

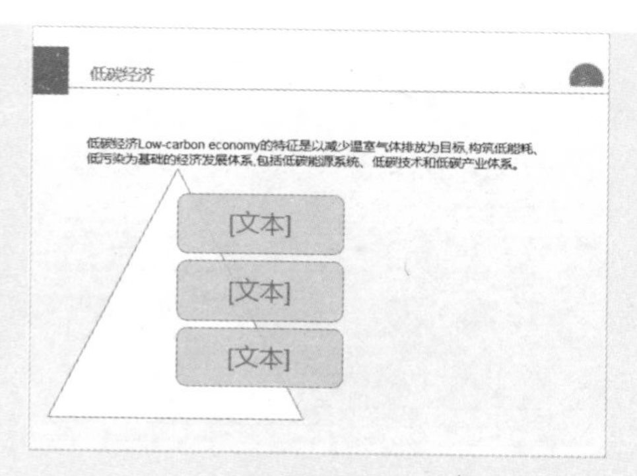

图 7-7

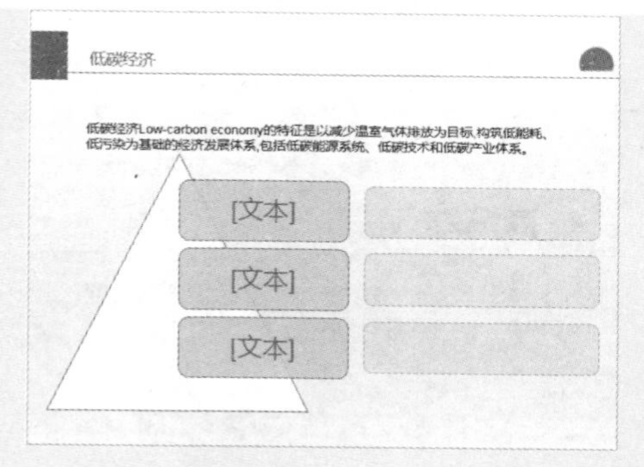

图 7-8

技巧 142　用文本窗格向 SmartArt 图形中输入文本

在插入了 SmartArt 图形后，图形中会显示“文本”字样，提示用户在此输入文本。但在本例 SmartArt 图形中有一个圆形图是显示在漏斗图的内部的，因此无法直接选中并在其中输入文本，此时需要打开文本窗格来输入。具体操作如下。

❶ 选中 SmartArt 图形，在“SmartArt 工具”→“设计”→“创建图形”选项组中单击“文本窗格”按钮（如图 7-9 所示），即可打开 SmartArt 图形文本窗格，如图 7-10 所示。

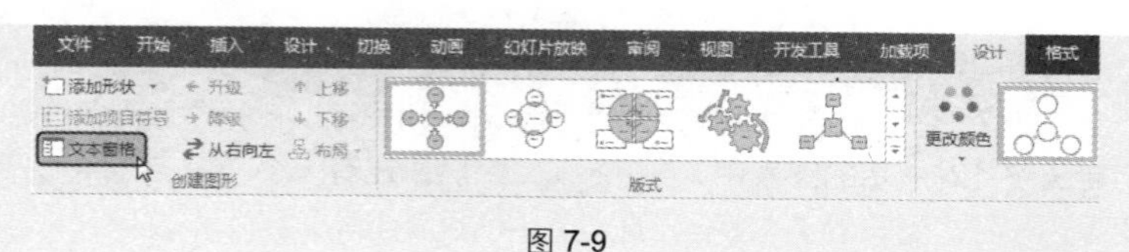

图 7-9

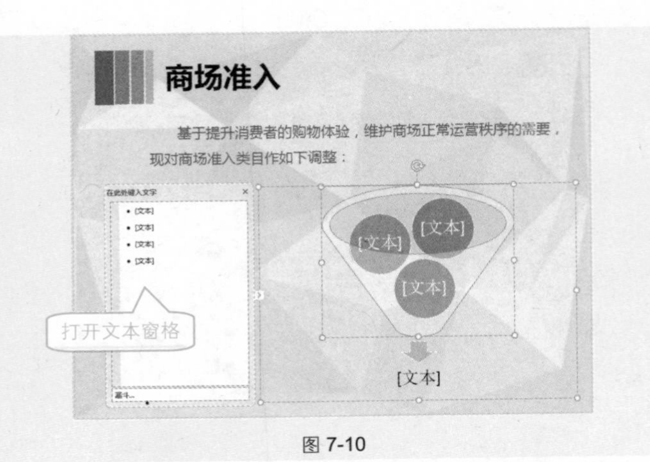

图 7-10

❷ 在文本窗格中准确定位光标并输入文本，如图 7-11 所示。

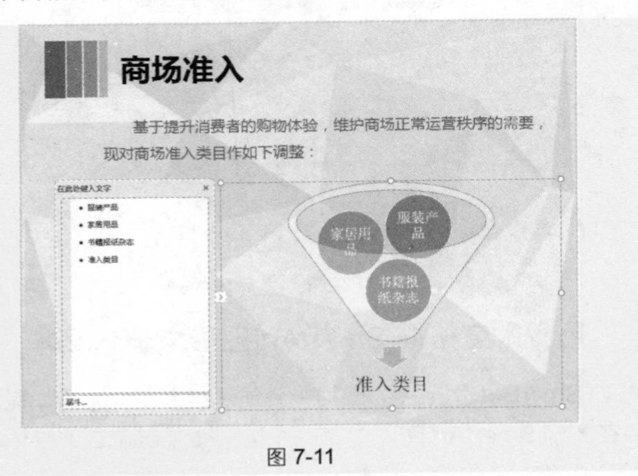

图 7-11

应用扩展

选中 SmartArt 图形，其左侧会出现 按钮，单击该按钮可以在显示与隐藏文本窗格之间进行切换，如图 7-11 所示。

技巧 143 形状不够要添加

选择不同种类的 SmartArt 图形，其默认的形状也各不相同，但一般都只包含 2 个或 3 个形状。当默认的形状数量不够时，用户可以自行添加更多的形状。

在图 7-12 所示的图表中，“展示荣誉”后面还有一个“节目清单”，因此需要添加形状达到如图 7-13 所示的效果。下面介绍具体操作步骤。

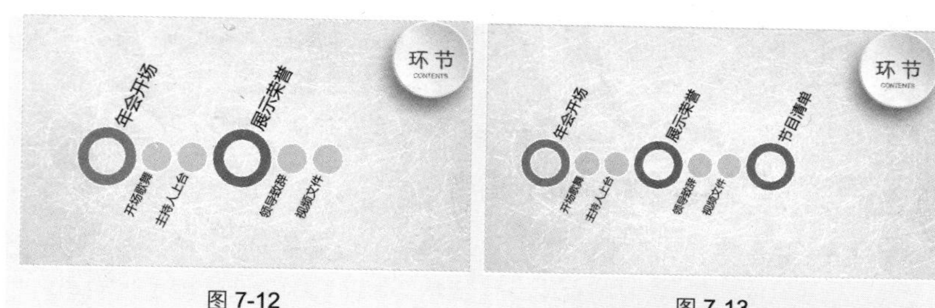

图 7-12　　　　图 7-13

❶ 选中空心图形，在“SmartArt 工具”→“设计”→“创建图形”选项组中单击“添加形状”按钮，展开下拉菜单，选择“在后面添加形状”命令（如图 7-14 所示），即可在所选形状后面添加新的形状，如图 7-15 所示。

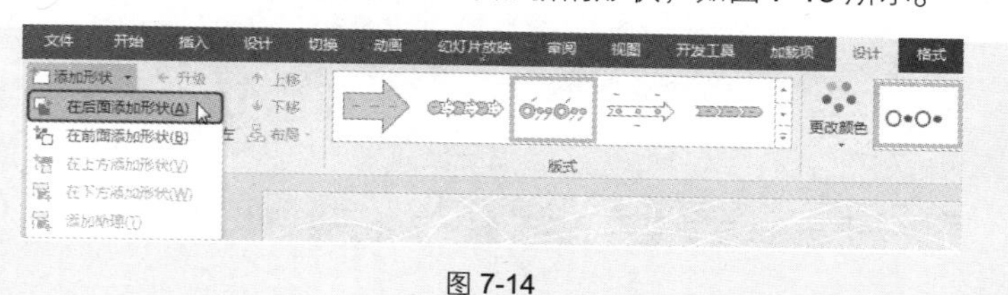

图 7-14

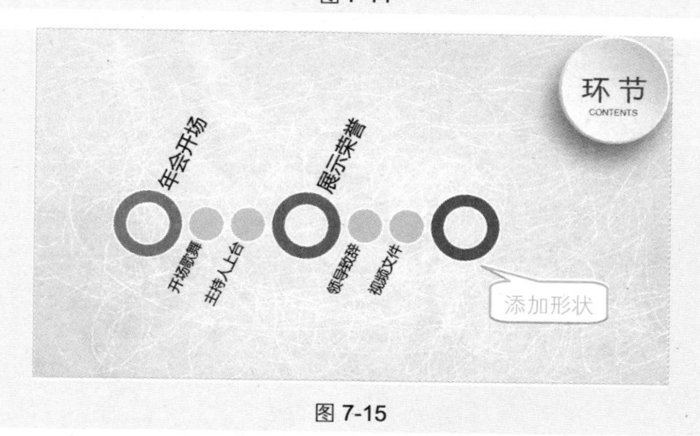

图 7-15

❷ 添加形状后，在文本窗格中输入文本并对图形进行格式设置，即可达到如图 7-13 所示的效果。

专家点拨

在添加形状时需要注意的是，有的是添加同一级别的形状，有的是添加下一级别的形状。用户要确保准确选中图形，然后按实际需要进行添加即可。

应用扩展

在 SmartArt 图形中，执行“在后面添加形状”命令，无法跳跃级别完成添加形状操作。例如上例中想要在"节目清单"后面再添加下一级别的实心图形，选中实心图形并执行"在后面添加形状"命令后，图形只能添加在"节目清单"之前，想要达到预期的效果，需要在添加形状后进行降级处理。

技巧 144 文本级别不对时要调整

在 SmartArt 图形中编辑文本时，会涉及目录级别的问题，如某些文本是上一级文本的细分说明，这时就需要通过调整文本的级别来清晰地表达文本之间的层次关系。

如图 7-16 所示，"节目清单"文本的以下两行属于对该标题的细分说明，所以应该调整其级别到下一级中，以达到如图 7-17 所示的效果。具体操作如下。

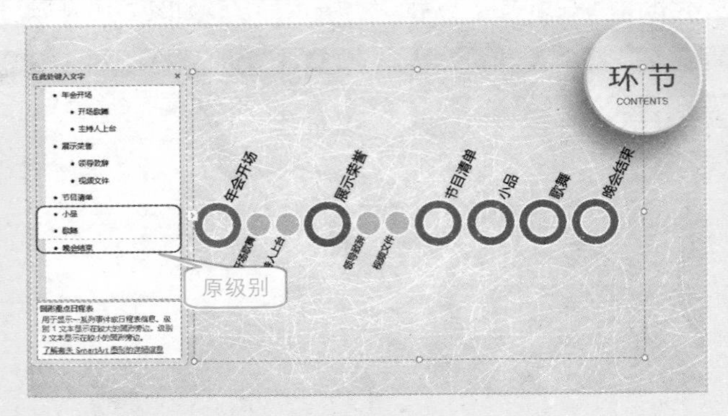

图 7-16

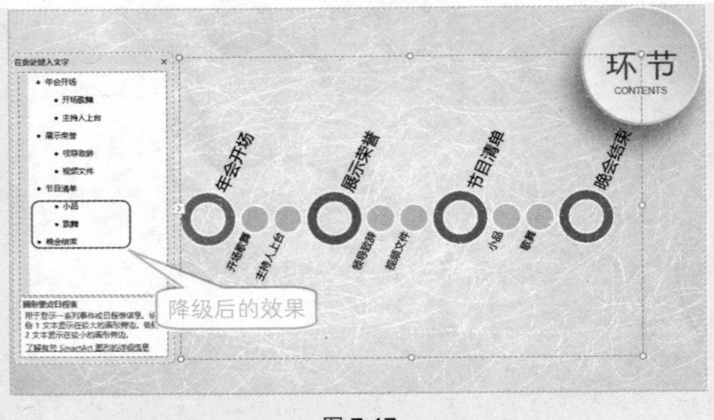

图 7-17

❶ 在文本窗格中将"小品"和"歌舞"两行一次性选中，然后在"SmartArt 工具"→"设计"→"创建图形"选项组中单击"降级"按钮（如图 7-18 所

示），即可达到如图 7-19 所示的效果。

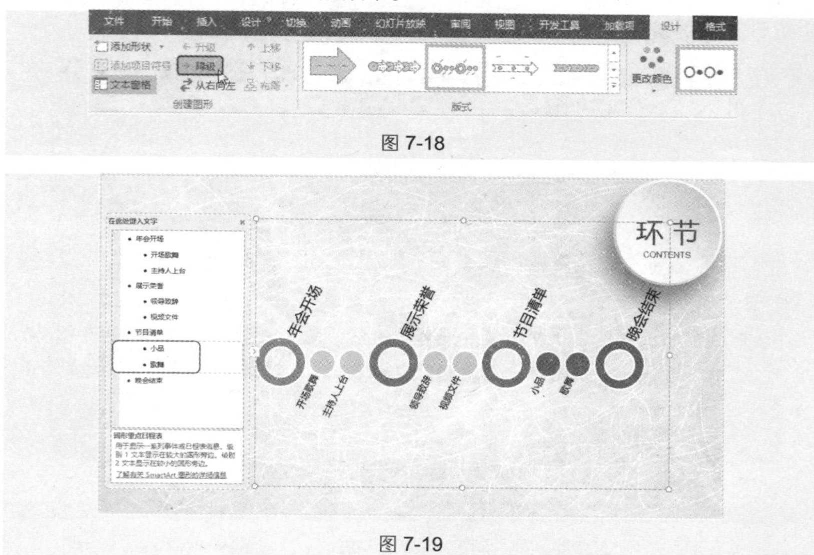

图 7-18

图 7-19

❷ 降级处理后，对图形进行格式设置，即可达到如图 7-17 所示的效果。

技巧 145　快速调整 SmartArt 图形顺序

建立好 SmartArt 图形后如果发现某一文本的顺序出现错误，可以直接在图形上快速调整。如图 7-20 和图 7-21 所示为调整前后的效果。下面介绍具体操作步骤。

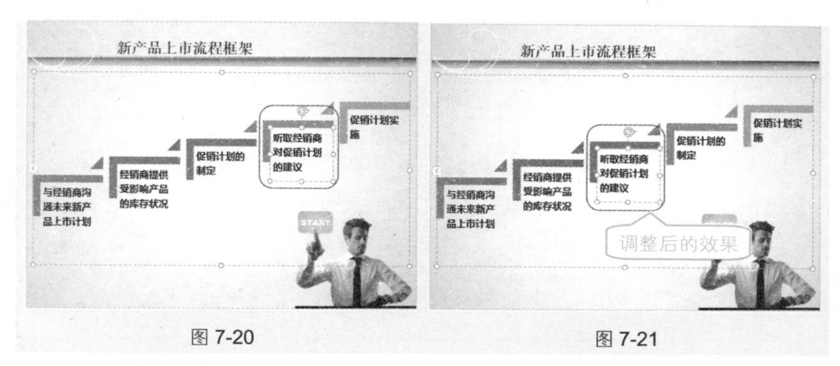

图 7-20　　图 7-21

❶ 选中需要调整的图形，在“SmartArt 工具”→“设计”→“创建图形”

选项组中根据实际调整的需要，直接单击“上移”或者“下移”按钮进行调节，如图 7-22 所示。

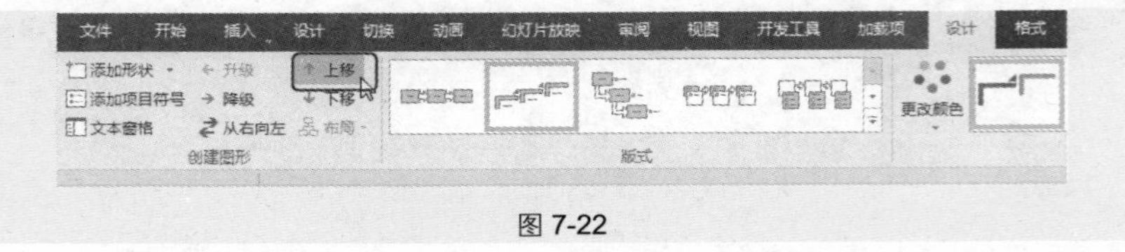

图 7-22

❷ 此时即可看到文本顺序调整后的效果，如图 7-21 所示。

应用扩展

如果选中的图形包含下级分支，那么所有的下级分支将一并被调整。如图 7-23 所示，选中“保存信息”图形，经过两次下移操作，调整后的结果如图 7-24 所示。

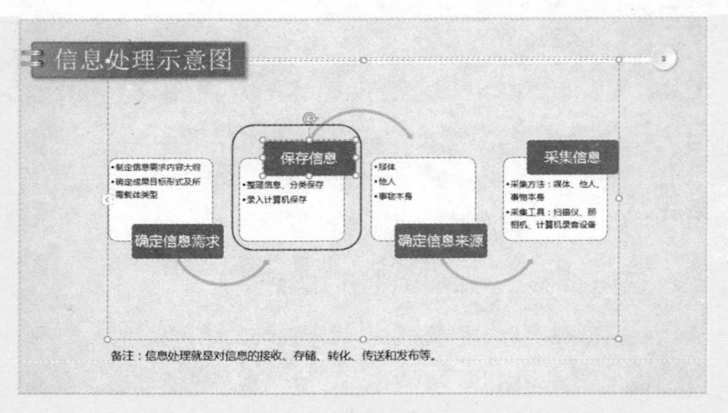

图 7-23

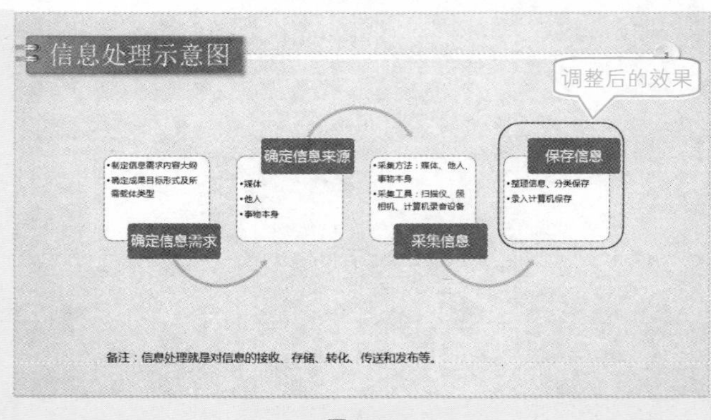

图 7-24

技巧 146　更改 SmartArt 图形类型

如果用户认为所设置的 SmartArt 图形布局不合理，或者不美观，可以在原图的基础上快速对布局样式进行更改。如图 7-25 和图 7-26 所示分别为更改前后的效果。下面介绍具体操作。

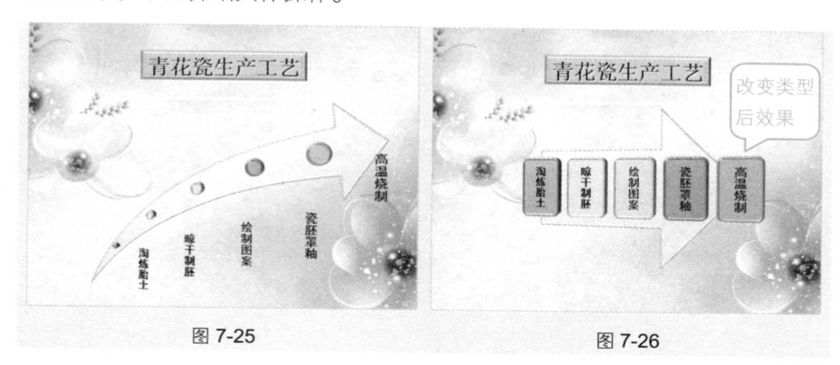

图 7-25　　　　图 7-26

❶ 在“SmartArt 工具”→“设计”→“版式”选项组中单击按钮，在打开的下拉列表中可以选择需要的图形类型，当光标指向任意图标时即可看到预览效果（如图 7-27 所示），单击即可应用。

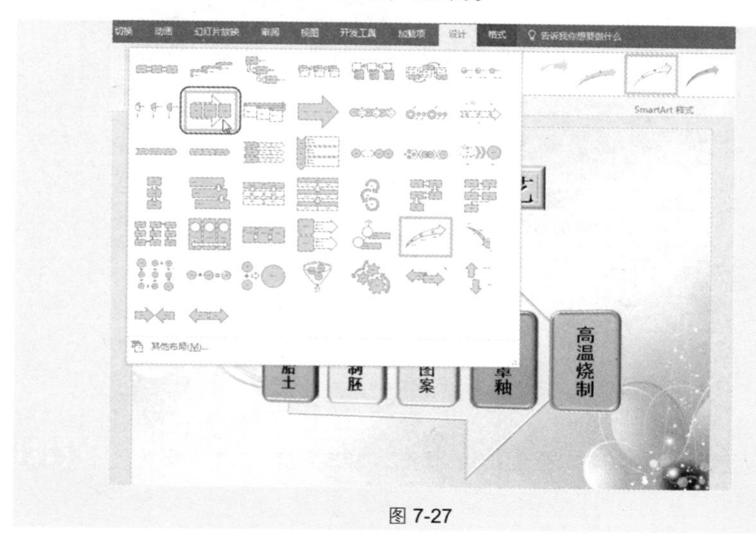

图 7-27

❷ 如果下拉列表中找不到需要使用的图形，可以选择“其他布局”命令，

然后在打开的“选择 SmartArt 图形”对话框中进行选择。

技巧 147　更改 SmartArt 图形中默认的图形样式

在创建 SmartArt 图形时，系统默认创建的图形形状都是固定的，但可以通过执行“更改形状”命令更改 SmartArt 图形中默认的图形样式。如图 7-28 和图 7-29 所示为更改前后的效果。下面介绍具体操作步骤。

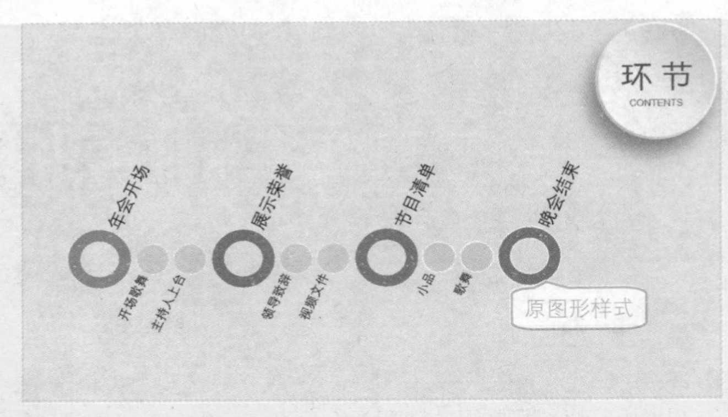

图 7-28

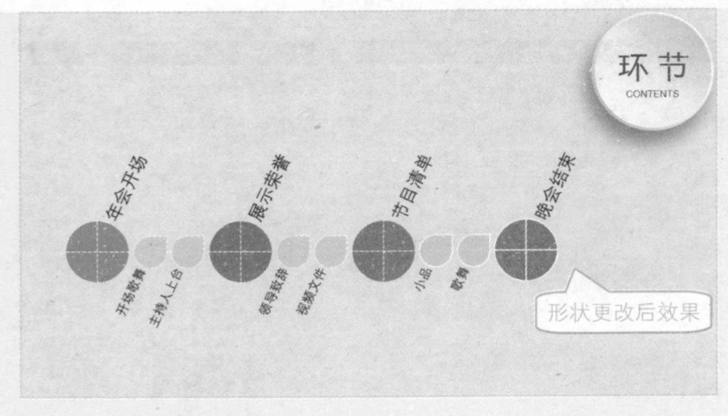

图 7-29

❶ 选中一级标题图形，在“SmartArt 工具”→“格式”→“形状”选项组中单击“更改形状”按钮，在弹出的下拉列表中选择需要的图形样式，如图 7-30 所示。单击后即可应用，更改后的效果如图 7-31 所示。

❷ 一次性选中二级标题图形，按相同方法进行图形样式的更改，操作完成后，即达到如图 7-29 所示的效果。

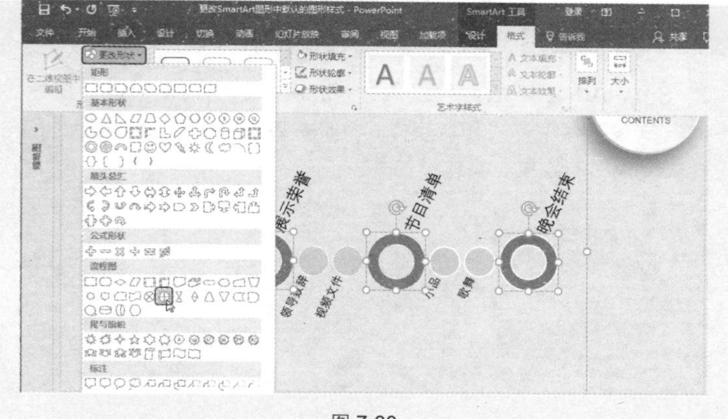

图 7-30

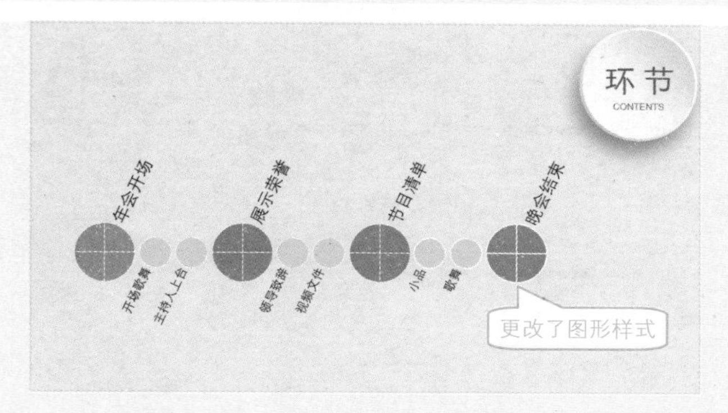

图 7-31

应用扩展

更改图形后，如果发现其大小不符合要求，可以选中图形，在“SmartArt工具”→“格式”→“形状”选项组中单击“增大”按钮放大图形，如图 7-32 所示。

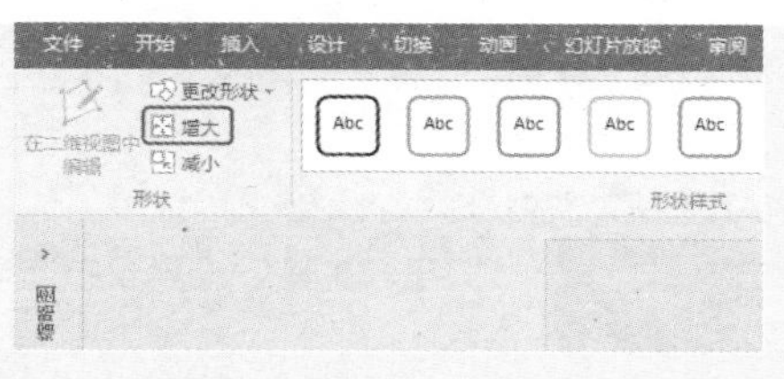

图 7-32

技巧 148 通过套用样式模板一键美化 SmartArt 图形

创建 SmartArt 图形后，可以通过 SmartArt 样式模板进行快速美化，SmartArt 样式包括颜色样式和特效样式。如图 7-33 与图 7-34 所示的幻灯片即为应用样式模板后的效果。具体操作如下。

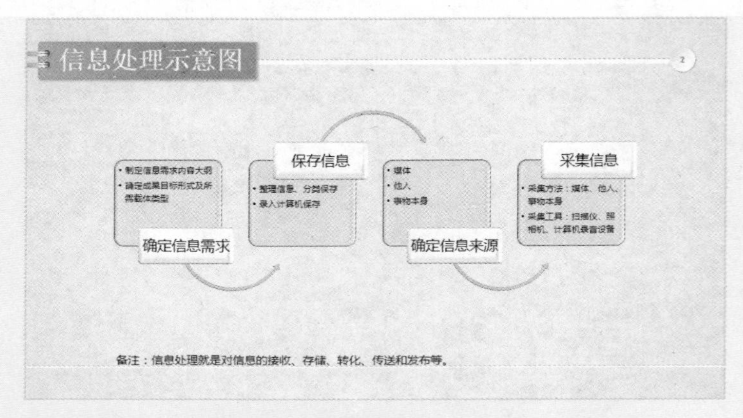

图 7-33

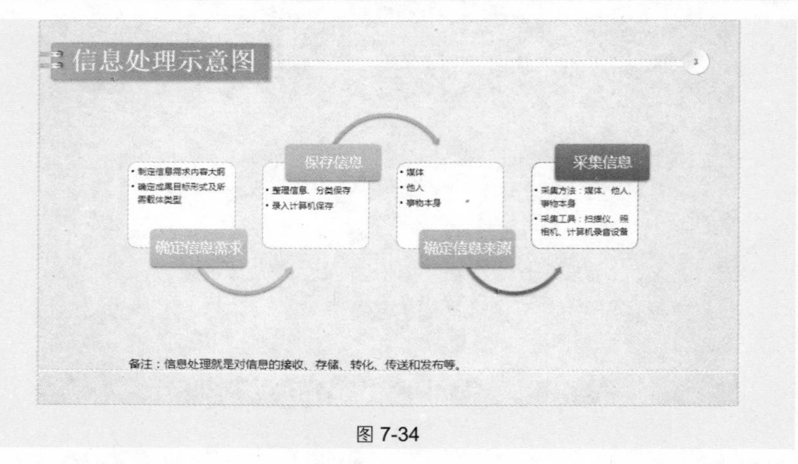

图 7-34

❶ 选中 SmartArt 图形，在“SmartArt 工具”→“设计”→“SmartArt 样式”选项组中单击“更改颜色”按钮，在其下拉列表中选择“彩色轮廓-个性色 2”样式，如图 7-35 所示。

❷ 在“SmartArt 样式”选项组中单击按钮展开下拉列表，选择“嵌入”

三维样式，如图 7-36 所示。执行此操作后，即可达到如图 7-33 所示的效果。

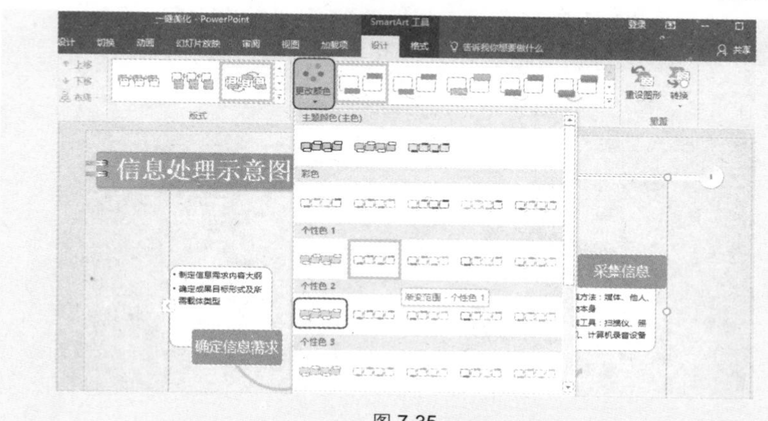

图 7-35

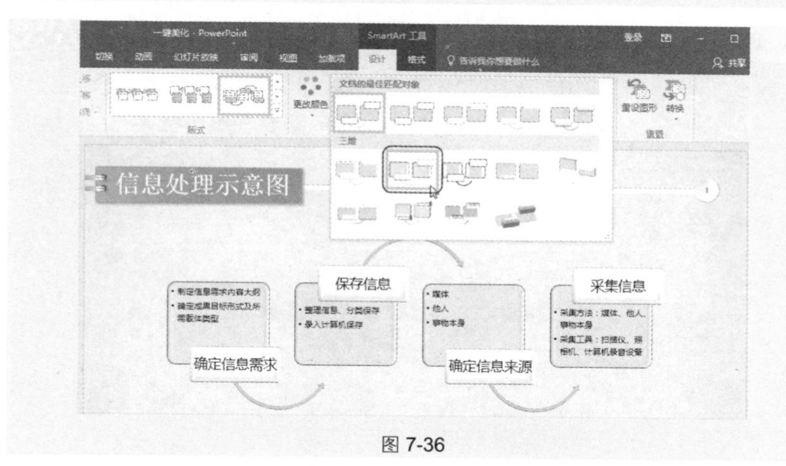

图 7-36

③ 按相同的方法为 SmartArt 图形应用“彩色范围-个性色 4 至 5”颜色和“强烈效果”三维格式，即可达到如图 7-34 所示的效果。

技巧 149　将 SmartArt 图形转换为形状并重排

SmartArt 图形是由多个图形组合而成的，在创建 SmartArt 图形后，可以直接将其转换为形状，而且取消组合后，可以对各个对象进行自由编辑。

如果用户想要创建的图形与某个 SmartArt 图形样式相近，则可以先创建 SmartArt 图形，然后将其转换为形状后再进行修改。下面介绍具体操作步骤。

❶ 例如本例中先插入了 SmartArt 图形，然后选中 SmartArt 图形并单击鼠标右键，在弹出的快捷菜单中选择“转换为形状”命令（如图 7-37 所示），即可将 SmartArt 图形转换为形状，如图 7-38 所示。

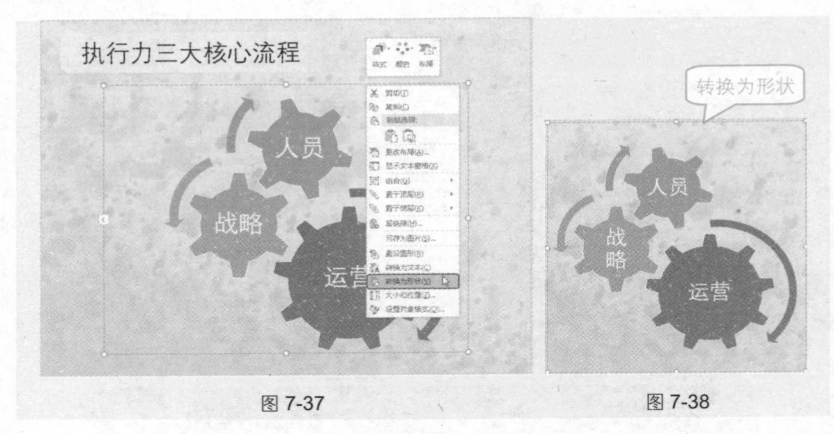

图 7-37　　图 7-38

❷ 选中转换后的形状，单击鼠标右键，在弹出的快捷菜单中依次选择“组合”→“取消组合”命令（如图 7-39 所示），可以看到 SmartArt 图形拆分为可任意移动的多个图形，如图 7-40 所示。

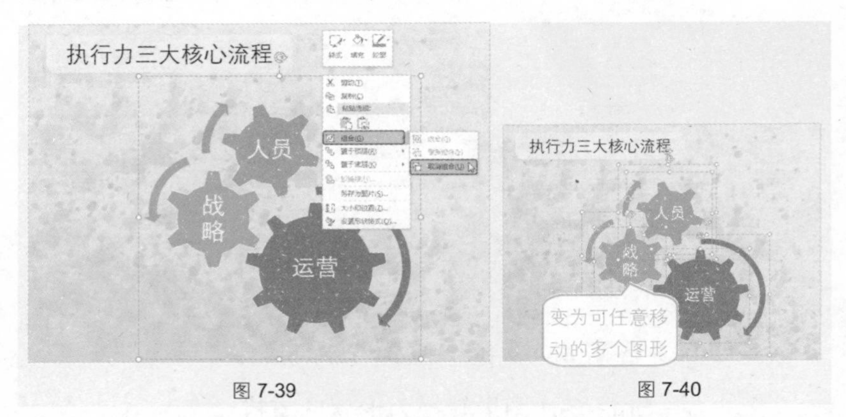

图 7-39　　图 7-40

❸ 可以逐一选中各个对象，按需求进行编辑，编辑完成后可以将多个对象重新组合。

技巧 150　将 SmartArt 图形转换为纯文本

创建 SmartArt 图形后，如果不需要再使用，可以将其快速转换为文本。操作方法如下。

选中 SmartArt 图形，在“SmartArt 工具”→“设计”→“重置”选项组中单击“转换”按钮，在其下拉菜单中选择“转换为文本”命令（如图 7-41 所示），即可将 SmartArt 图形转换为文本，如图 7-42 所示。

设计
格式
更改颜色
版式
SmartArt 样式
重设图形
转换
转换为文本(C)
转换为形状(V)
产品推广 Product
第 3 页
3.新产品推广的主要步骤
一
二
三
四
五
• 挖掘消费者需求
• 制定新产品推广方案
• 组织样本工程或样板市场推广
• 加大培训或考核，保证推广效果
• 评估推广方案，不断调整与完善

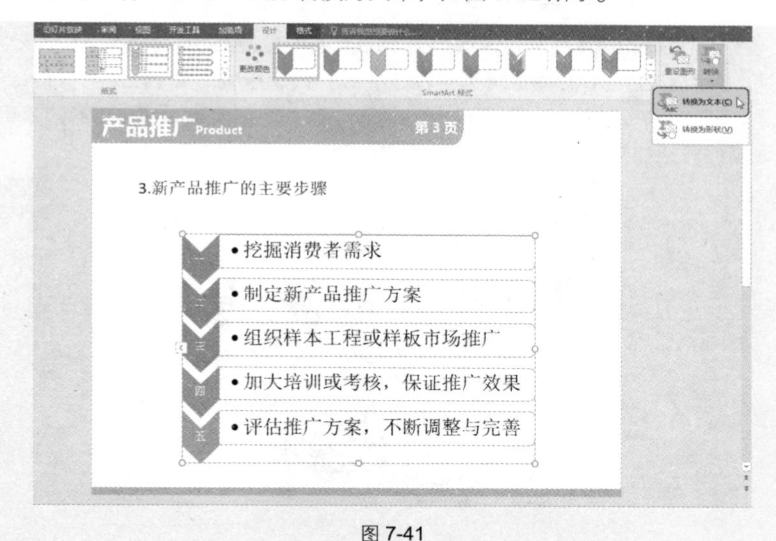

图 7-41

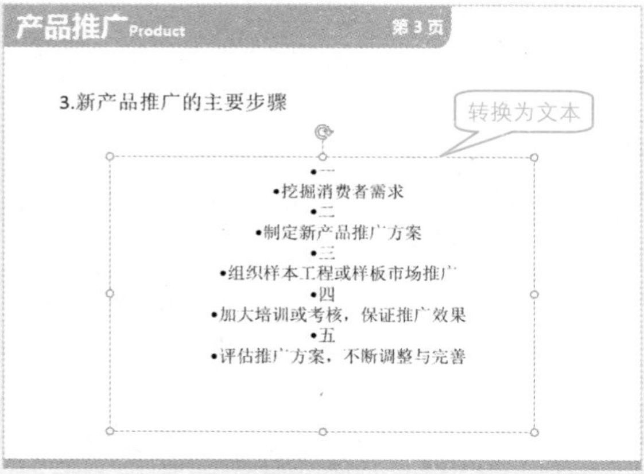

产品推广 Product
第 3 页
3.新产品推广的主要步骤
转换为文本
•一
•挖掘消费者需求
•二
•制定新产品推广方案
•三
•组织样本工程或样板市场推广
•四
•加大培训或考核，保证推广效果
•五
•评估推广方案，不断调整与完善

图 7-42

转换后的文本根据其在 SmartArt 图形中级别的不同，自动在前面显示项目符号，稍作整理后即可使用。

7.2 用 SmartArt 图形表达文本关系的范例

技巧 151 用图片型 SmartArt 图形展示公司活动信息

图片型 SmartArt 图形用于居中显示图片的构想，相关的其他构思则显示在旁边，图片型 SmartArt 图形可以用指定的版式快速排版图片，让图片保持统一外观且整齐划一。如图 7-43 所示为创建了“活动展示”SmartArt 图形的效果。具体操作方法如下。

图 7-43

❶ 在“插入”→“插图”选项组中单击“SmartArt”按钮，打开“选择 SmartArt 图形”对话框，在左侧选择“图片”选项，接着选中“蛇形图片题注列表”图形，如图 7-44 所示。

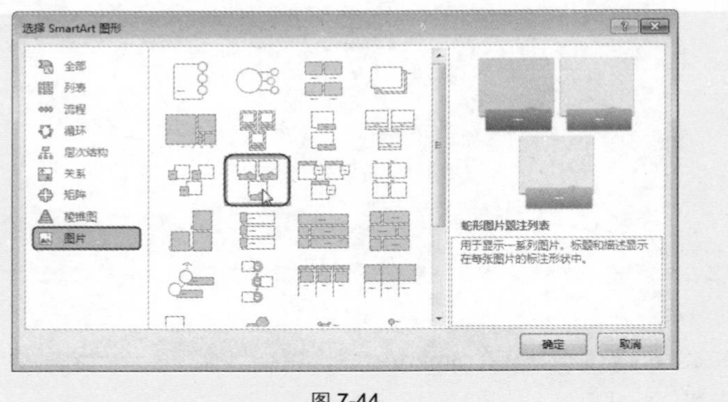

图 7-44

❷ 单击“确定”按钮，即可在 PPT 中插入图形。选中图形，在“SmartArt 工具”→“设计”→“创建图形”选项组中单击“添加形状”按钮，展开下拉列表，选择“在后面添加形状”命令，效果如图 7-45 所示。

❸ 在第一个形状中输入文本（如图 7-46 所示），然后单击“图片”占位符按钮，打开“插入图片”对话框，找到与 H 集团签约仪式的图片所在路径并选中，如图 7-47 所示。

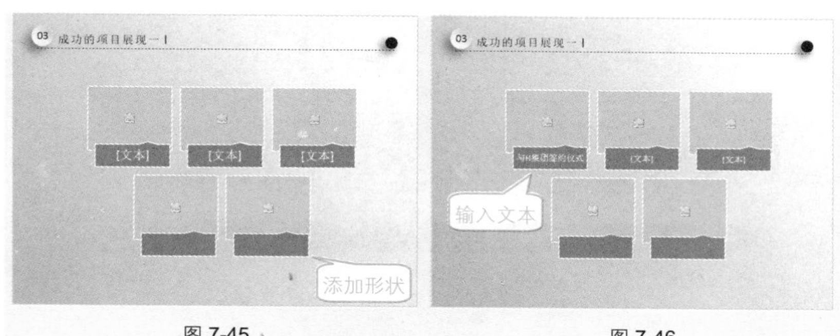

图 7-45　　图 7-46

图 7-47

❹ 单击“插入”按钮即可插入图片，按照相同的方法在图形中输入其他文本信息并插入与之匹配的图片，如图 7-48 所示。

❺ 选中 SmartArt 图形，在“SmartArt 工具”→“设计”→“SmartArt 样式”选项组中单击按钮展开下拉列表，选择“中等效果”样式（如图 7-49 所示），即可达到如图 7-43 所示的效果。

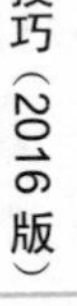

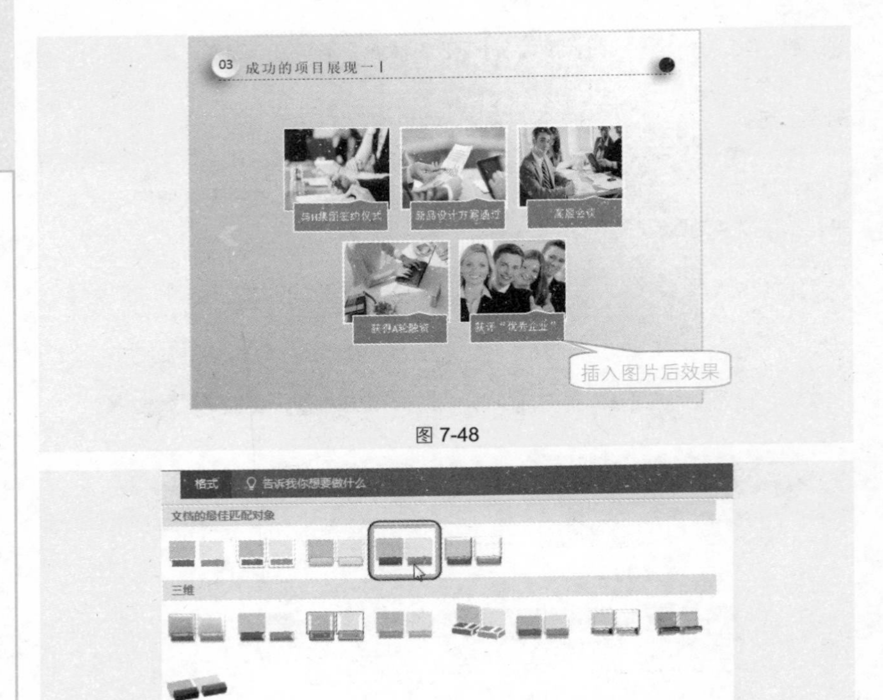

图 7-48

图 7-49

应用扩展

运用图片型 SmartArt 图形有时可以获取良好的版面效果，如图 7-50 与图 7-51 所示的幻灯片中只有一张图片，使用图片型 SmartArt 图形来编排，取得了不错的版面效果。

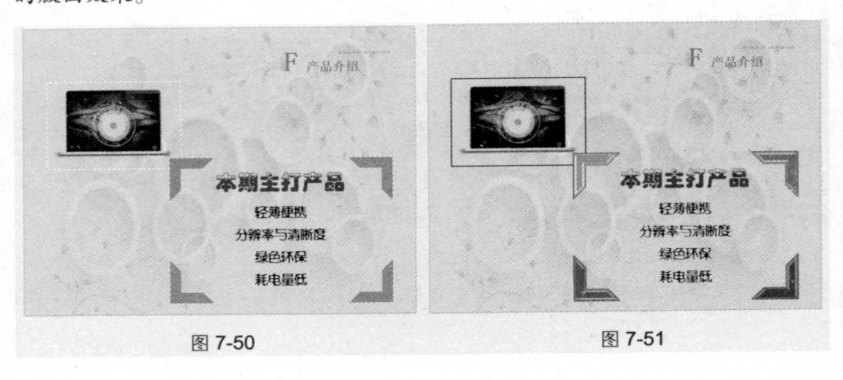

图 7-50　　图 7-51

技巧 152 列表型图形的应用

列表型图形是 SmartArt 图形中的一个重要分类，它用于体现平行关系，也可以包含下级内容。使用此类图形可以避免枯燥的文字造成的版面单调问题。

如图 7-52 所示即为使用水平项目符号列表图形创建的医院战略规划示意图。

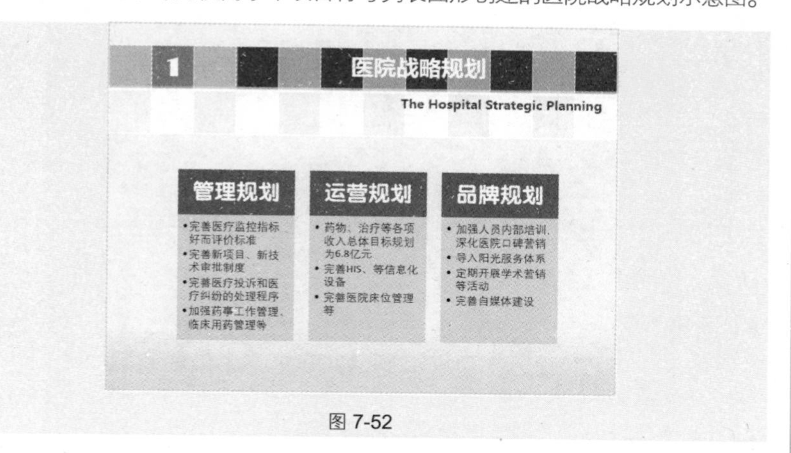

图 7-52

❶ 在“插入”→“插图”选项组中单击“SmartArt”按钮，打开“选择 SmartArt 图形”对话框，在左侧选择“列表”选项，接着选中“水平项目符号列表”图形，如图 7-53 所示。

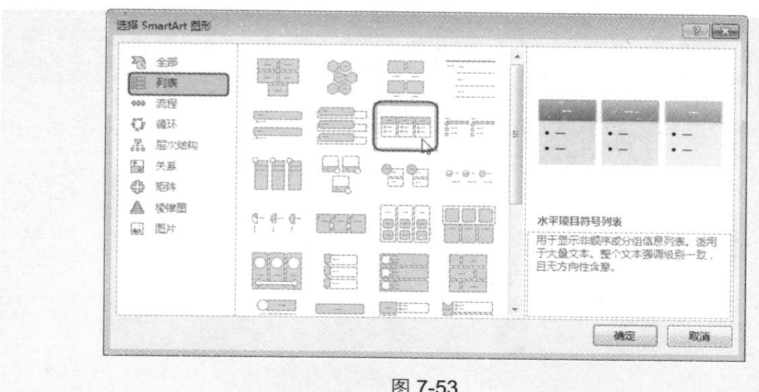

图 7-53

❷ 在图形中输入文本，如图 7-54 所示。

❸ 选中图形，在“SmartArt 工具”→“设计”→“SmartArt 样式”选项组中单击“更改颜色”下拉按钮，在其下拉列表中选择“深色 2”颜色样式（如

图 7-55 所示），即可达到如图 7-52 所示的效果。

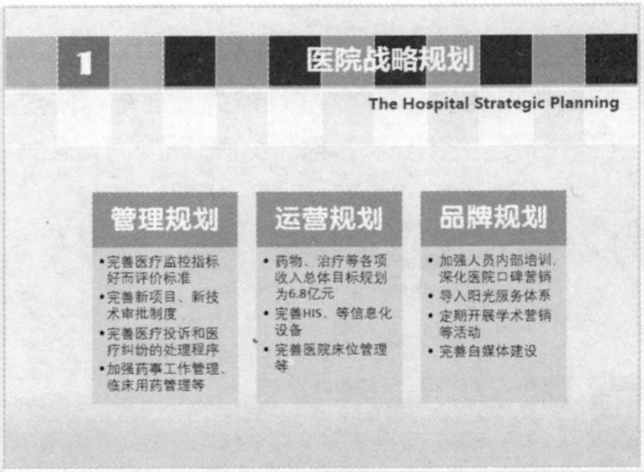

图 7-54

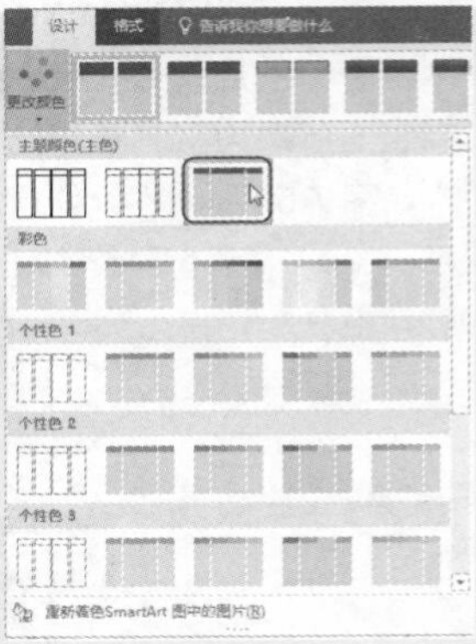

图 7-55

专家点拨

PowerPoint 默认插入演示文稿中的 SmartArt 图形都是二维样式的，用户可以在“SmartArt 工具”→“设计”→“SmartArt 样式”选项组中单击按钮，在其下拉列表中选择一种三维样式，为图形添加立体效果。

技巧 153 流程型图形的应用 1

流程型 SmartArt 图形用于显示行进、任务、流程或者工作中的顺序步骤，总共包含了 48 种不同的图形样式。不同类型的流程型图形，其表达效果也有所不同。

如图 7-56 所示为使用流程型 SmartArt 图形创建的入职申请流程示意图。下面介绍具体操作步骤。

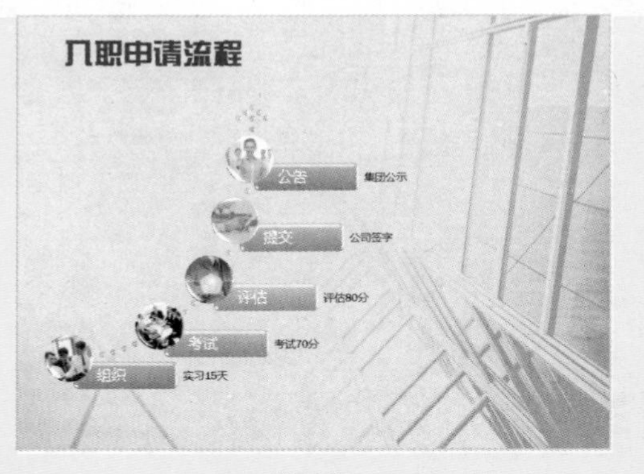

图 7-56

❶ 在"插入"→"插图"选项组中单击"SmartArt"按钮，打开"选择SmartArt 图形"对话框，在左侧选择"流程"选项，然后选中"升序图片重点流程"图形，如图 7-57 所示。

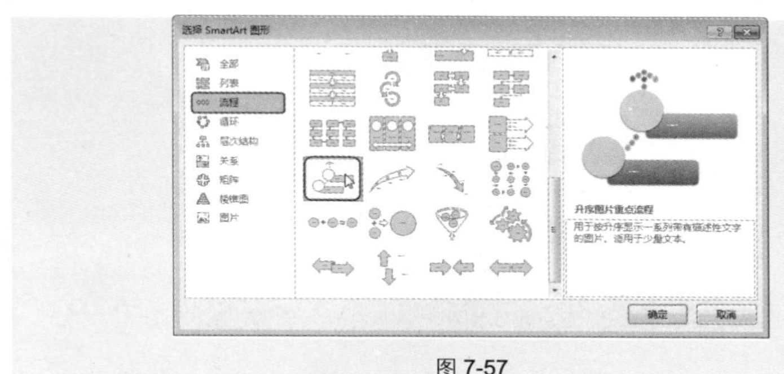

图 7-57

❷ 单击"确定"按钮，插入默认的 SmartArt 图形。选中最上方图形并右击，在弹出的快捷菜单中选择"添加形状"→"在上方添加形状"命令，如图 7-58 所示。

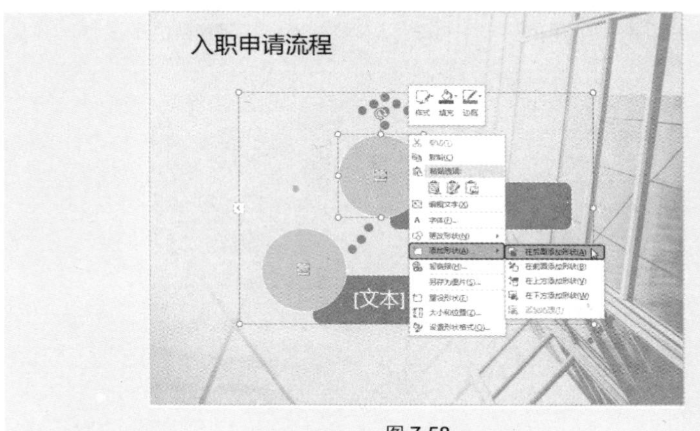

图 7-58

❸ 选中图形，在"SmartArt 工具"→"设计"→"SmartArt 样式"选项组中单击"更改颜色"下拉按钮，在其下拉列表中选择"彩色范围-个性色 4 至 5"颜色样式，如图 7-59 所示。

❹ 选中 SmartArt 图形，在"SmartArt 工具"→"格式"→"形状样式"选项组中单击"形状效果"下拉按钮，在其下拉菜单中选择"棱台"子菜单中

的“硬边缘”效果，如图 7-60 所示。

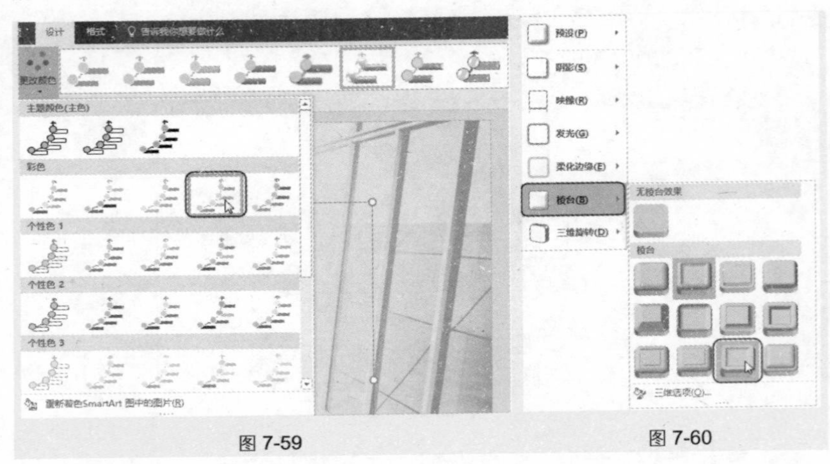

图 7-59　　　　图 7-60

❺ 依次插入图片并编辑文字，即可达到如图 7-56 所示的效果。

技巧 154　流程型图形的应用 2

如图 7-61 所示为创建的“新产品推广的主要步骤”SmartArt 图形。具体方法如下。

图 7-61

❶ 在“插入”→“插图”选项组中单击“SmartArt”按钮，打开“选择 SmartArt 图形”对话框，在左侧选择“流程”选项，然后选中“圆箭头流程”图形，如图 7-62 所示。

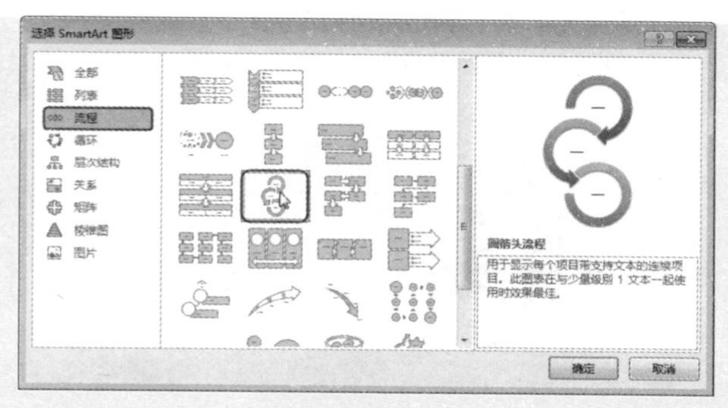

图 7-62

❷ 单击“确定”按钮，插入默认的 SmartArt 图形。选中最下方图形并右击，在弹出的快捷菜单中选择“添加形状”→“在后面添加形状”命令（如图 7-63 所示），输入文本，达到如图 7-64 所示的效果。

图 7-63　　　　图 7-64

❸ 在“插入”→“插图”选项组中单击“形状”下拉按钮，在其下拉列表中选择“矩形”形状，对图形格式进行设置，达到如图 7-65 所示效果。

❹ 然后在图形里输入文本即可达到如图 7-61 所示的效果。

技巧 155　关系图形的应用

关系型 SmartArt 图形用于表示两个或多个项目之间的关系，或者多个集合之间的关系，包括射线图、维恩图、箭头图、漏斗图等样式。如图 7-66 所示为“平均箭头”关系型 SmartArt 图形，它形象地表达了使用手机的利弊关系。下面介绍操作步骤。

图 7-65

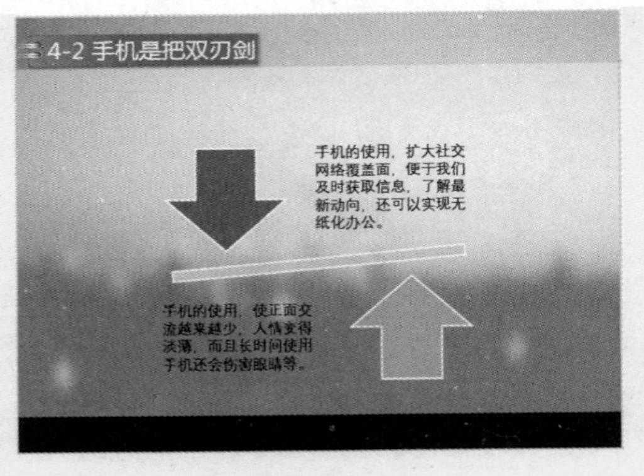

图 7-66

❶ 在“插入”→“插图”选项组中单击“SmartArt”按钮，打开“选择 SmartArt 图形”对话框，在左侧选择“关系”选项，然后选中“平衡箭头”图形，如图 7-67 所示。

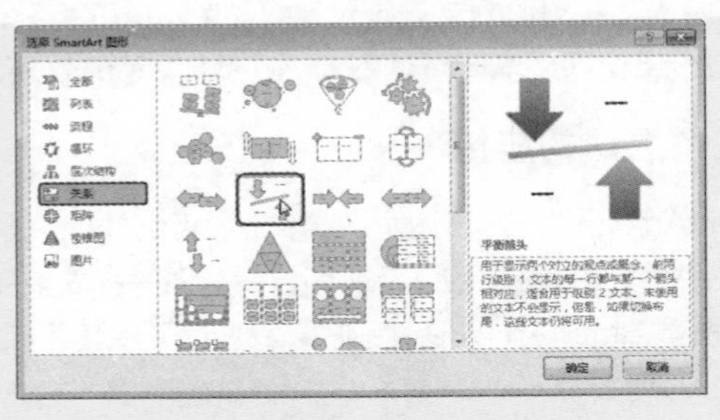

图 7-67

❷ 单击“确定”按钮，即可插入默认的 SmartArt 图形，然后在图形内输入文本，效果如图 7-68 所示。

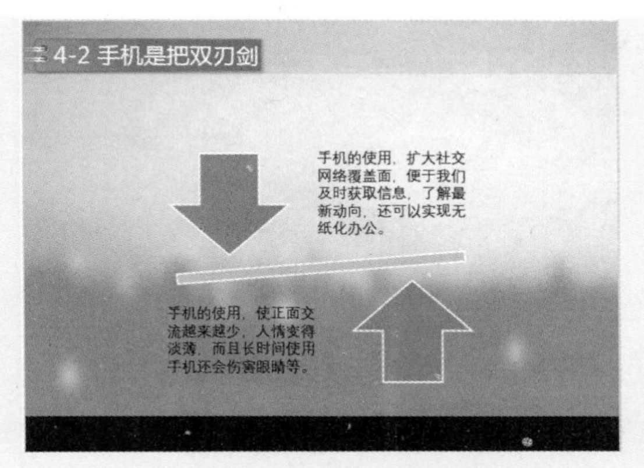

图 7-68

❸ 选中 SmartArt 图形，在“SmartArt 工具”→“设计”→“SmartArt 样式”选项组中单击“更改颜色”按钮，在其下拉列表中可以选择“彩色-个性色”颜色样式，如图 7-69 所示。接着在“SmartArt 样式”选项组中单击按钮展开下拉列表，选择“细微效果”样式，如图 7-70 所示。执行此操作后，即可达到如图 7-66 所示的效果。

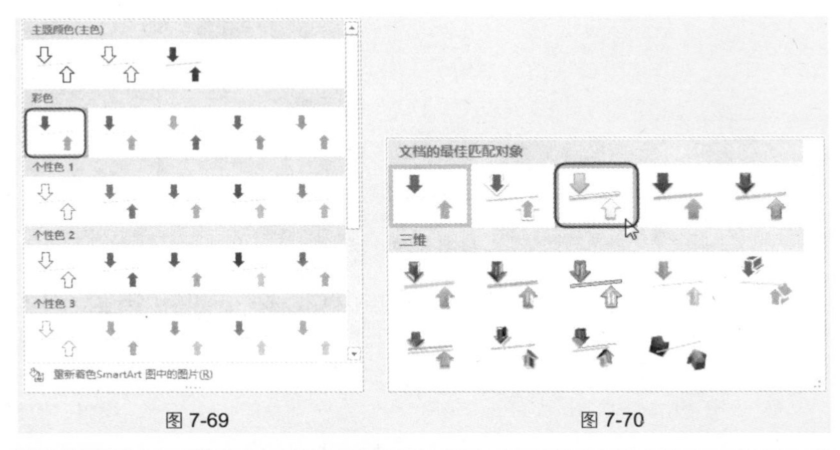

图 7-69　　　　图 7-70

技巧 156　循环图形的应用

循环型 SmartArt 图形以循环流程表示阶段、任务或事件的连续序列。如图 7-71

所示为创建的“分段循环”循环型 SmartArt 图形，它展现了循环经济发展的整个过程。下面介绍操作方法。

图 7-71

❶ 在“插入”→“插图”选项组中单击“SmartArt”按钮，打开“选择 SmartArt 图形”对话框，在左侧选择“循环”选项，接着选中“分段循环”图形，如图 7-72 所示。

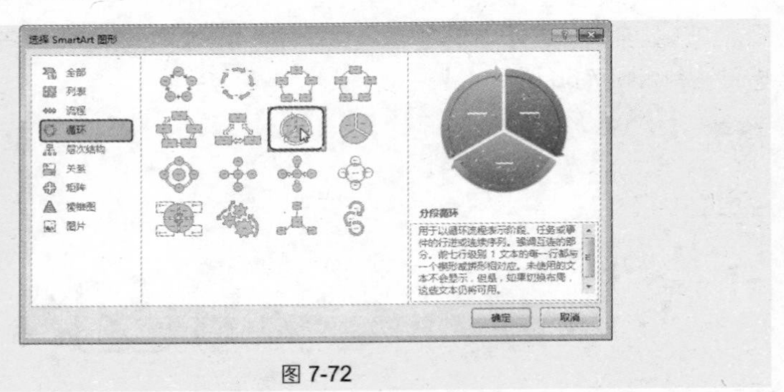

图 7-72

❷ 单击“确定”按钮，插入默认的 SmartArt 图形。选中图形并右击，在弹出的快捷菜单中选择“添加形状”→“在后面添加形状”命令（如图 7-73 所示），达到如图 7-74 所示的效果。

❸ 选中 SmartArt 图形，在“SmartArt 工具”→“设计”→“SmartArt 样式”选项组中单击“更改颜色”按钮，在其下拉列表中选择“彩色轮廓-个性色 3”颜色样式（如图 7-75 所示），在文本框内输入文字，如图 7-76 所示。

❹ 在“插入”→“插图”选项组中单击“形状”下拉按钮，在其下拉列表

中选择“矩形”形状，对图形格式进行设置（如图 7-77 所示），接着在图形内输入文本即可达到如图 7-71 所示的效果。

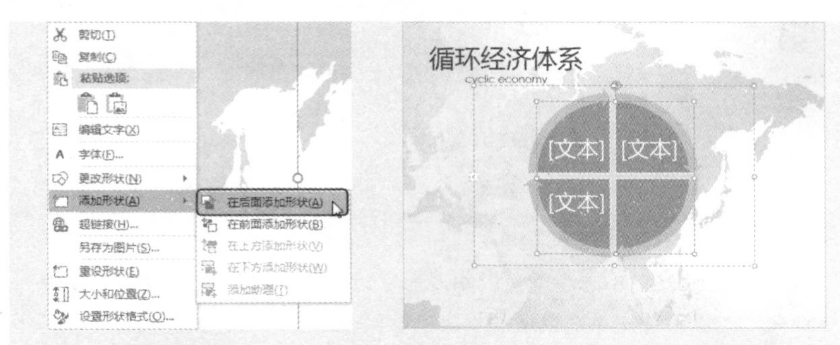

图 7-73　　　　图 7-74

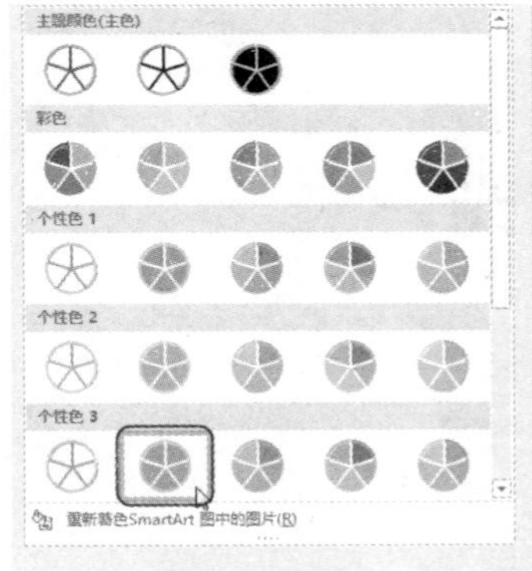

图 7-75

图 7-76

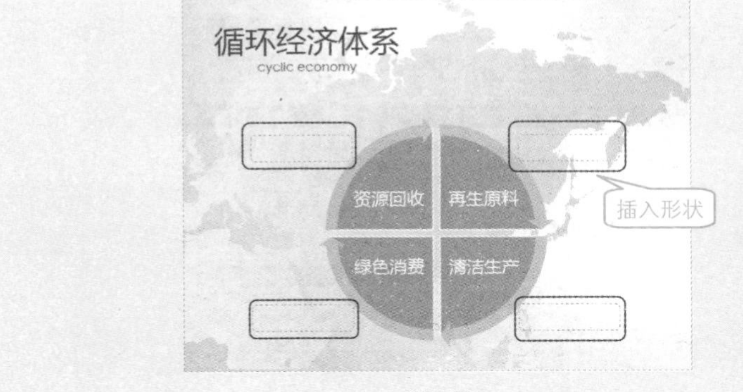

图 7-77

第8章 工作型PPT中表格的使用技巧

8.1 幻灯片中表格的插入及编辑

技巧157 插入新表格

表格是商务PPT中非常常见的图形形式，通过四方框线的格式可以清晰地表达观点，所以会使用表格也是演示文稿制作中重要的一环。

首先需要插入表格，如图8-1所示为一份产品类的演示文稿，需要插入表格记录产品信息，具体操作步骤如下。

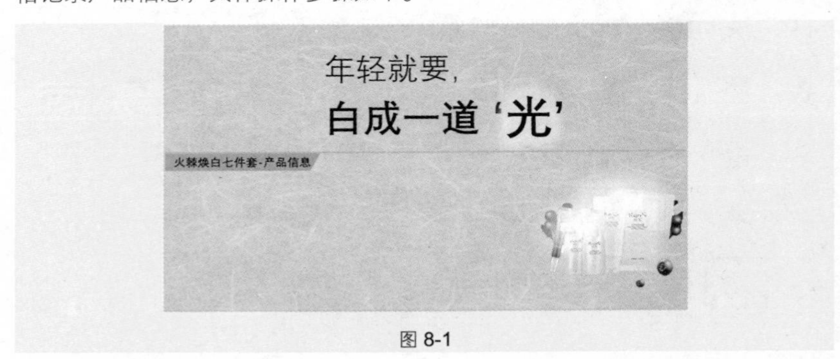

图8-1

❶ 打开目标幻灯片，在"插入"→"表格"选项组中单击"表格"下拉按钮，在其下拉列表中"插入表格"区域通过拖动鼠标选择"3*6"表格格式，此时幻灯片编辑区显示出表格样式，如图8-2所示。

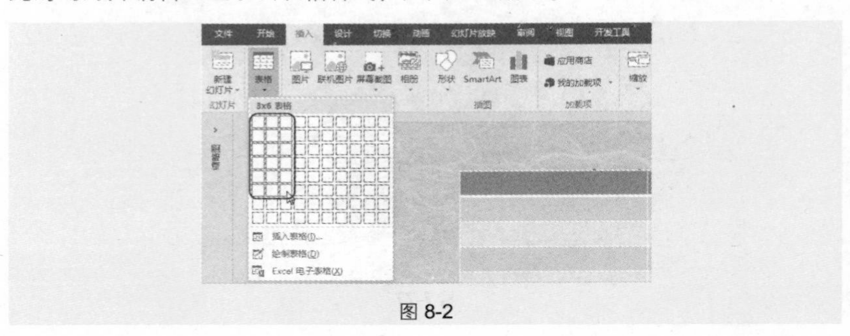

图8-2

❷ 表格插入后，默认插入的表格在幻灯片编辑区中间，此时需要根据版面调整表格位置。将光标定位在表格边框线上，出现四向箭头时，按住鼠标左键拖动可移动表格（如图 8-3 所示），到合适位置后释放鼠标。

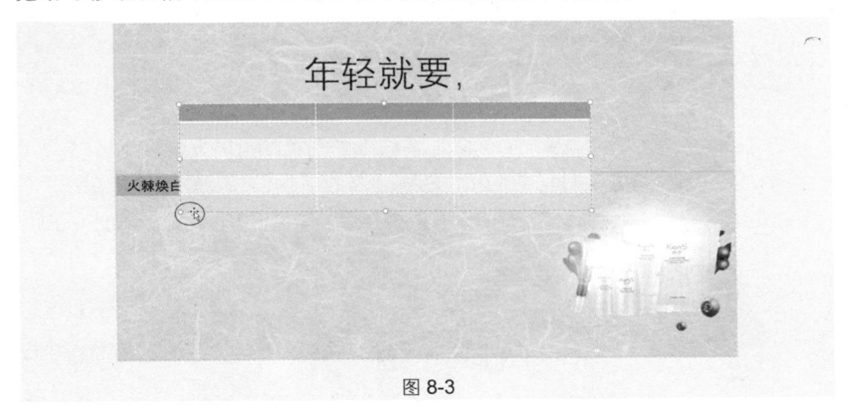

图 8-3

❸ 将光标定位到表格编辑框，输入相关信息，效果如图 8-4 所示。

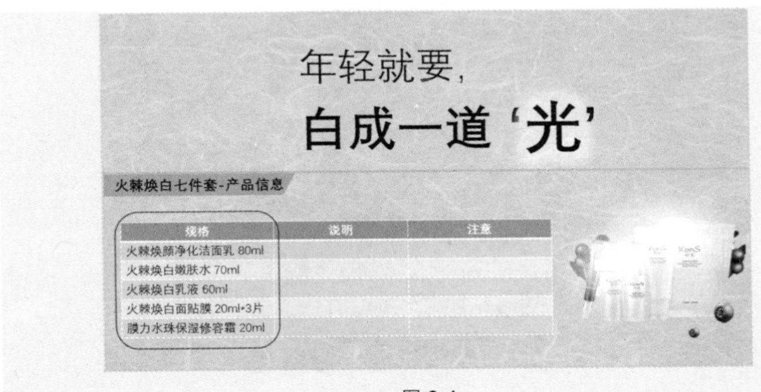

图 8-4

技巧 158 按表格需求合并与拆分单元格

幻灯片中表格由于条目内容性质的不同，有时会存在一对多或多对一的关系，如图 8-5 所示的表格中，显然“说明”列与“注意”列只有一行数据，为保持表格的美观度，需要进行单元格合并以达到图 8-6 所示的效果。具体操作如下。

❶ 同时选中需要合并的几个单元格，在“表格工具”→“布局”→“合并”选项组中单击“合并单元格”按钮即可完成合并，如图 8-7 所示。

❷ 按照同样方法合并其他单元格，即可达到如图 8-6 所示的效果。

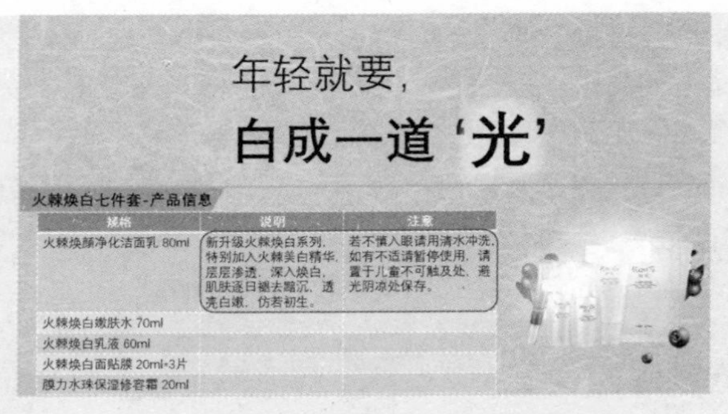

图 8-5

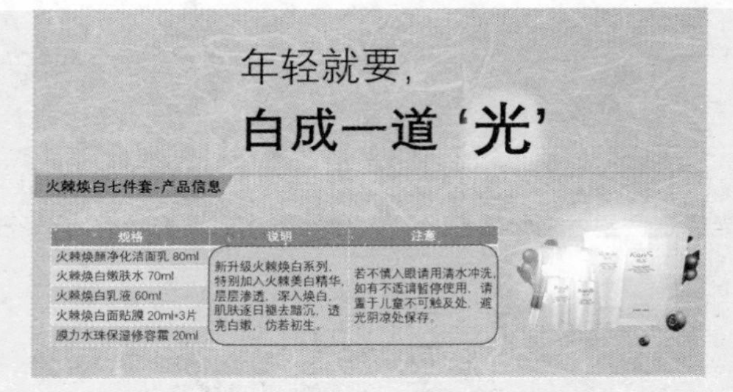

图 8-6

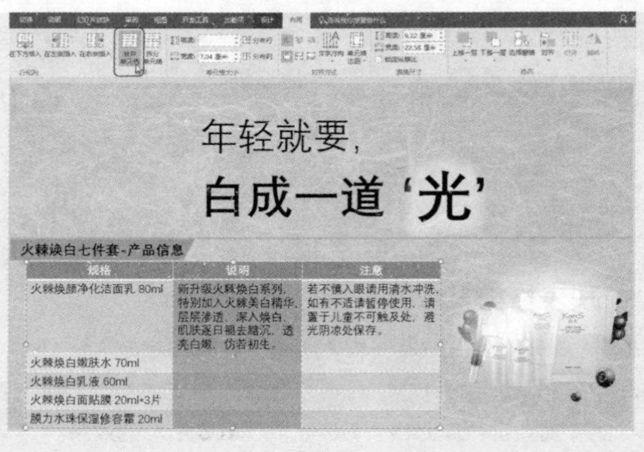

图 8-7

应用扩展

那么如果需要拆分单元格，就按以下方法操作。

❶ 同时选中需要拆分的几个单元格，在“表格工具”→“布局”→“合并”选项组中单击“拆分单元格”按钮，如图 8-8 所示。

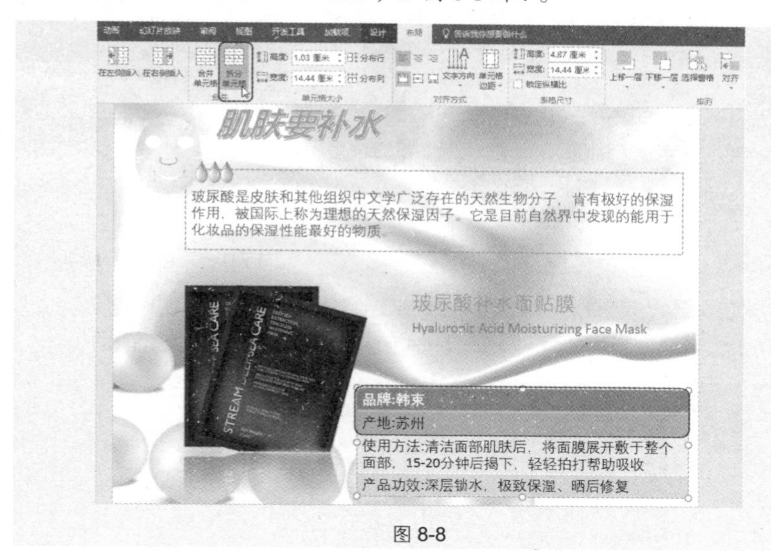

图 8-8

❷ 打开“拆分单元格”对话框，设置要拆分的行数与列数，如图 8-9 所示。单击“确定”按钮即可对单元格进行拆分，达到如图 8-10 所示的效果。

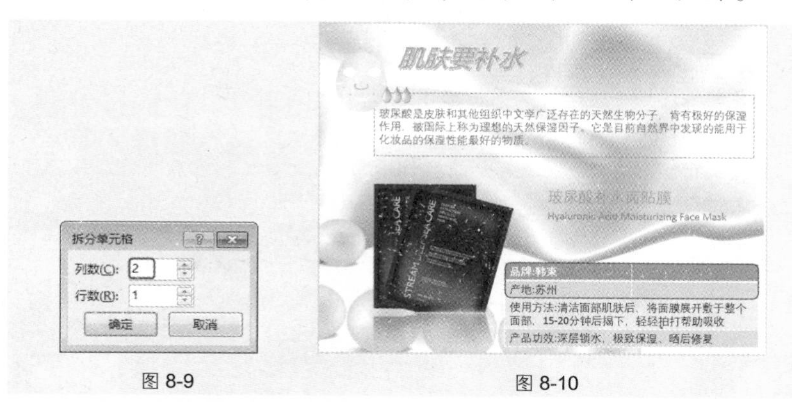

图 8-9　　图 8-10

技巧 159 表格行高与列宽的调整

在幻灯片里插入表格时，默认插入的四方框线表格的行高和列宽都是固定值，若与文字内容长度、文字大小不符，就要进行调整。如图 8-11 所示为原列宽，通过调整减小了第一列的宽度，如图 8-12 所示。下面介绍操作步骤。

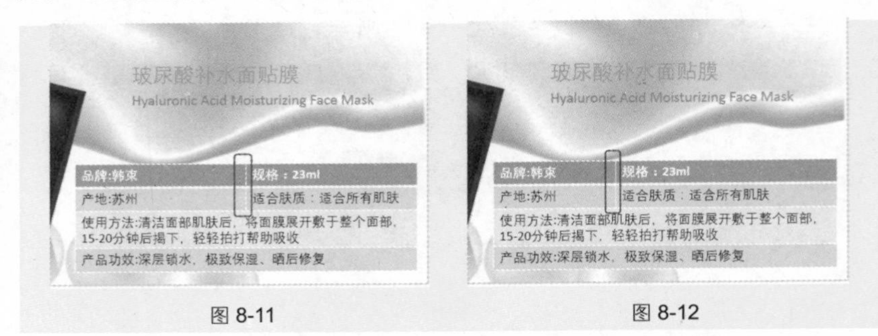

图 8-11　　图 8-12

将鼠标指针定位于表格内部需要调整列宽的竖框线边缘，此时出现竖框线左右移动控制点，按住鼠标左键向左拖曳，到合适位置后释放鼠标即可，如图 8-13 所示。

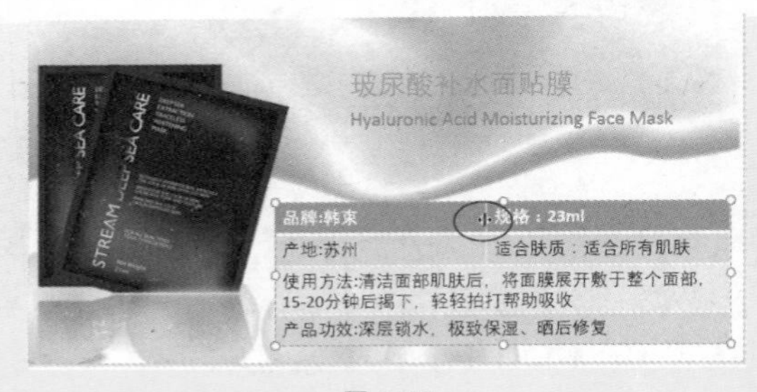

图 8-13

应用扩展

那么如果想调整行高，该如何操作呢？例如下面增加第一行的行高。

❶ 将鼠标指针定位于第一行表格内部横框线边缘，出现横框线上下移动控制点，按住鼠标左键向下拖曳（如图 8-14 所示），到合适位置后释放鼠标即可。

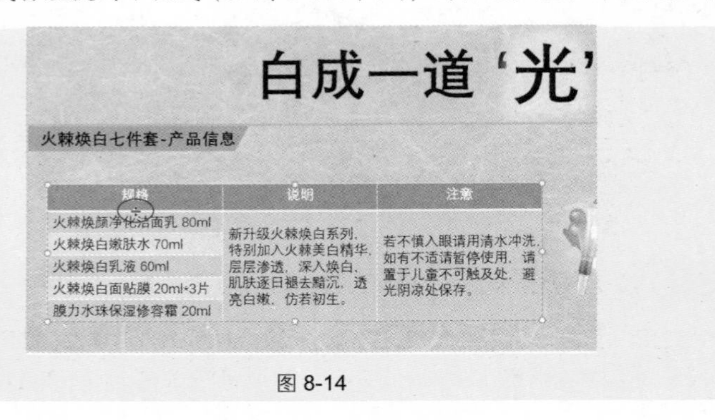

图 8-14

❷ 增大行高后，行内文字默认是顶端对齐的，在"表格工具"→"布局"→"对齐方式"选项组中单击"垂直居中"按钮（如图 8-15 所示），即可将文字调整到框内正中位置。

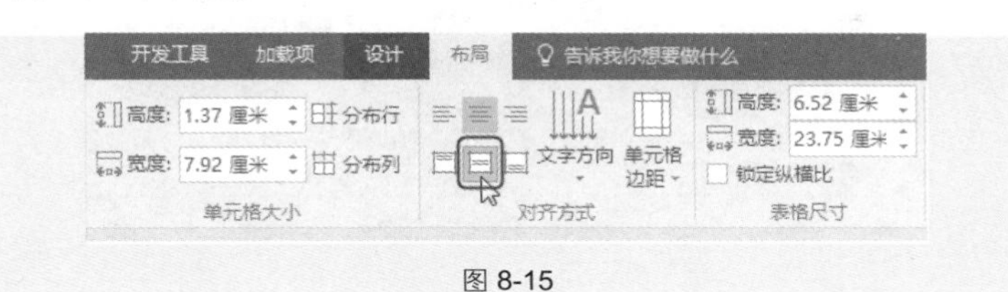

图 8-15

技巧 160　一次性让表格具有相等行高和列宽

通过"分布行"功能可以实现选中行的行高平均分布，而通过"分布列"功能可以实现选中列的列宽平均分布。这项功能在编辑表格时非常实用。

如图 8-16 所示，需要将不同行高的行列设置为相等的行高显示。其方法为：选中需要调整的行后，在"表格工具"→"布局"→"单元格大小"选项组中单击"分布行"按钮（如图 8-16 所示），即可实现平均分布这几行的行高，如图 8-17 所示。

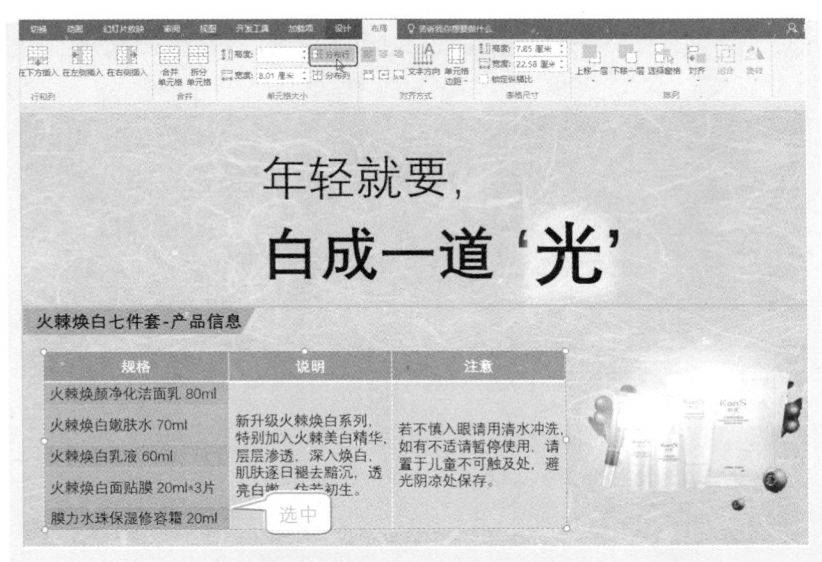

图 8-16

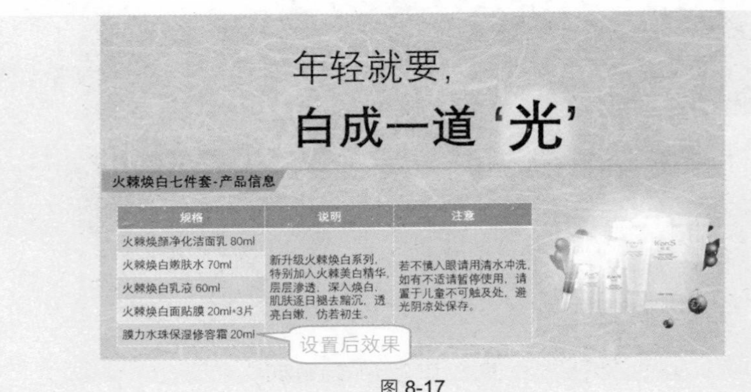

图 8-17

技巧 161　突出表格中的重要数据

一张表格包含的信息有时会比较多，因此也有重点与次要之分。那么对于表格中的重点信息，我们可以进行重点强调设计。

常用的方法主要有背景色反衬（如图 8-18 所示），设置不同字体颜色（如图 8-19 所示），设置自选图形提示圈（如图 8-20 所示），设置单元格的特殊颜色（如图 8-21 所示），或者加粗加大字号等。

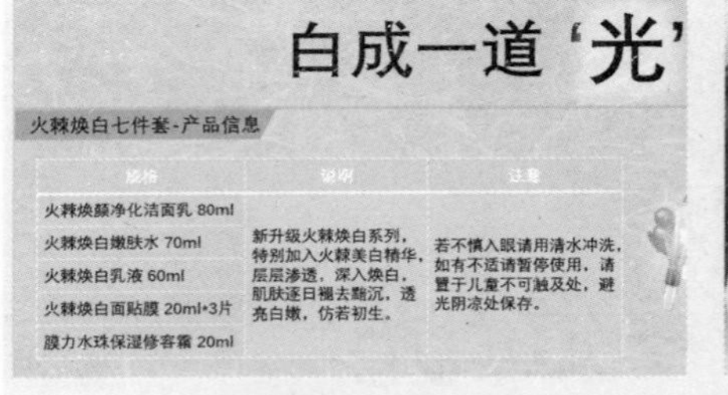

图 8-18

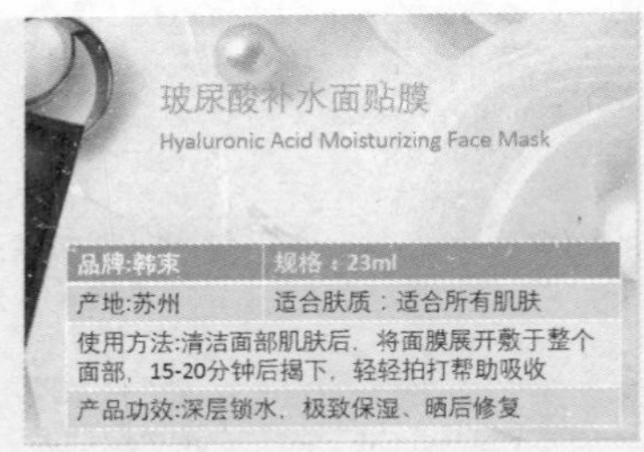

图 8-19

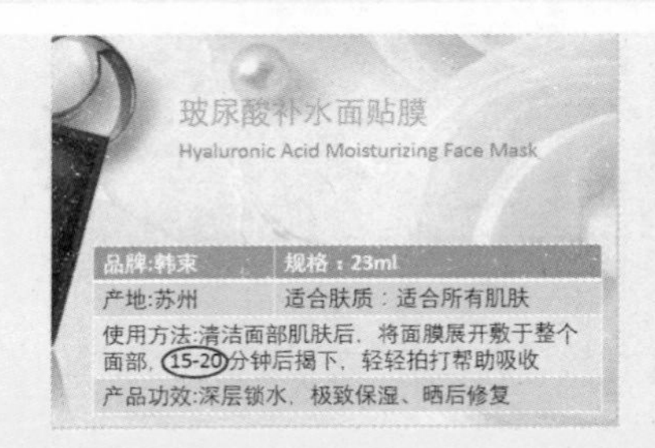

图 8-20

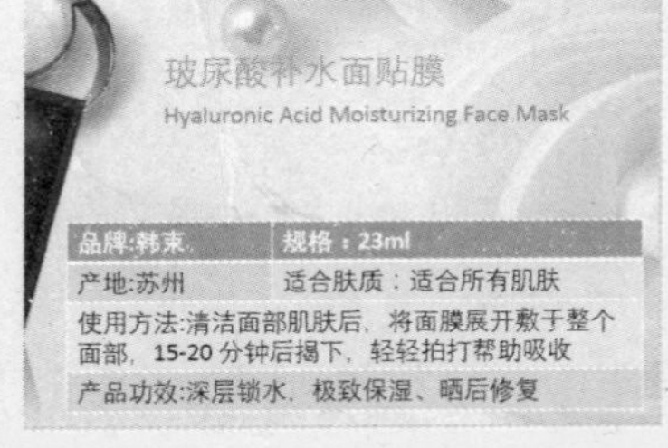

图 8-21

技巧 162 成比例缩放表格

表格就像图片和图形一样，如果不想单独调整行高与列宽，可以锁定横纵比后再进行调整，这样在调整时就可以实现等比例缩放。具体操作如下。

❶ 选中表格，在"表格工具"→"布局"→"表格尺寸"选项组中选中"锁定纵横比"复选框，如图 8-22 所示。

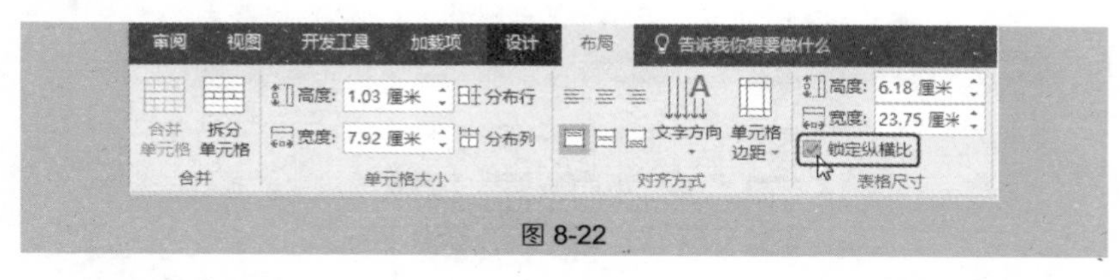

图 8-22

❷ 调整表格时，将鼠标指针定位于拐角处的控点上，按住鼠标进行拖动即可实现表格等比例缩放，如图 8-23 所示。

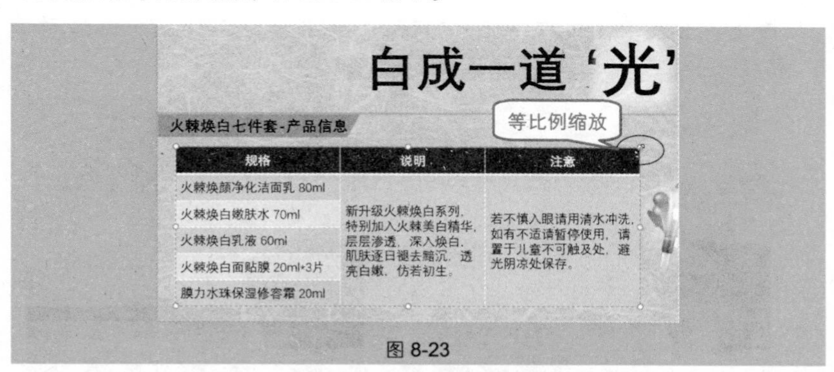

图 8-23

技巧 163 套用表格样式一键美化

创建表格后，程序也提供了一些可供套用的表格样式。下面介绍套用步骤。

❶ 选中表格，在"表格工具"→"设计"→"表格样式"选项组中单击"其他"按钮（如图 8-24 所示），打开的下拉列表中显示出各种表格样式（如图 8-25 所示），将光标指向相应样式时即可预览效果，以方便用户确认是否为所需要的样式。

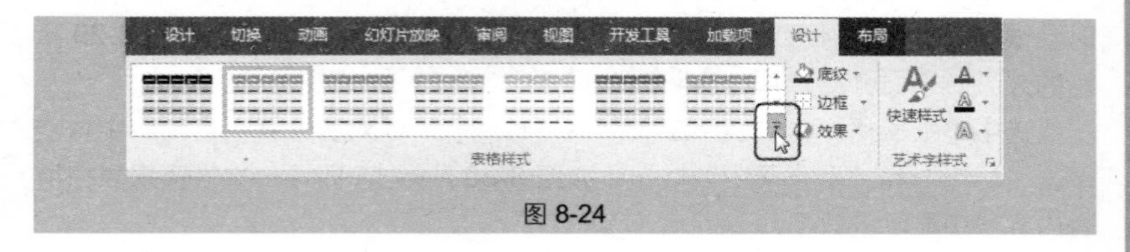

图 8-24

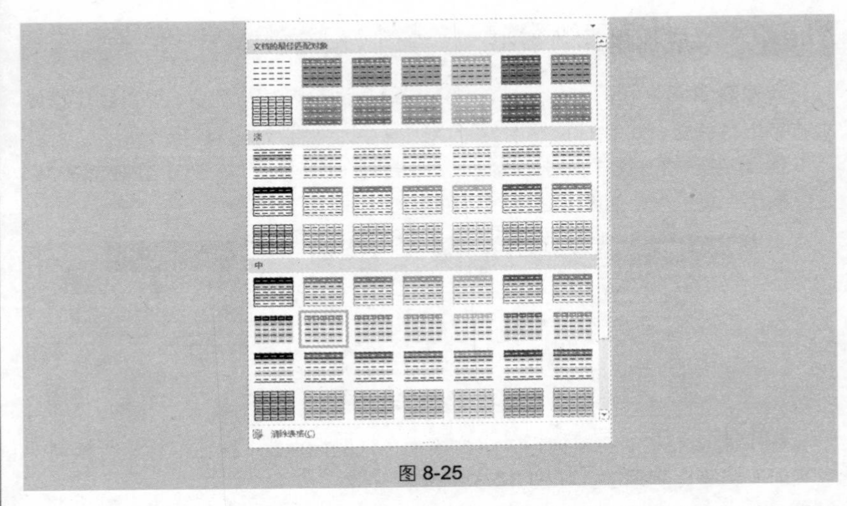

图 8-25

❷ 如图 8-26 和图 8-27 所示的幻灯片中，分别套用了“主题样式 1，强调 3”和“深色样式 1，强调 2”的表格样式。

图 8- 26　　图 8-27

技巧 164　为表格数据设置合理的对齐方式

在表格中输入内容时，会发现数据默认显示在左上角位置，即默认对齐方式为“左对齐-顶端对齐”，如图 8-28 所示。当表格单元格较宽，或者行高较大时会很不美观，此时可以将对齐方式调整为“水平居中”，以达到如图 8-29 所示的效果。下面介绍操作方法。

选中整张表格，在“表格工具”→“布局”→“对齐方式”选项组中依次单击“居中”和“垂直居中”按钮（如图 8-30 所示），即可一次性实现表格所有内容居中显示的效果。

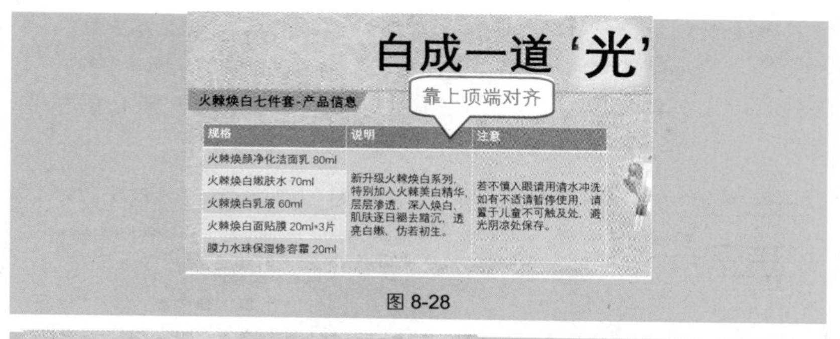

图 8-28

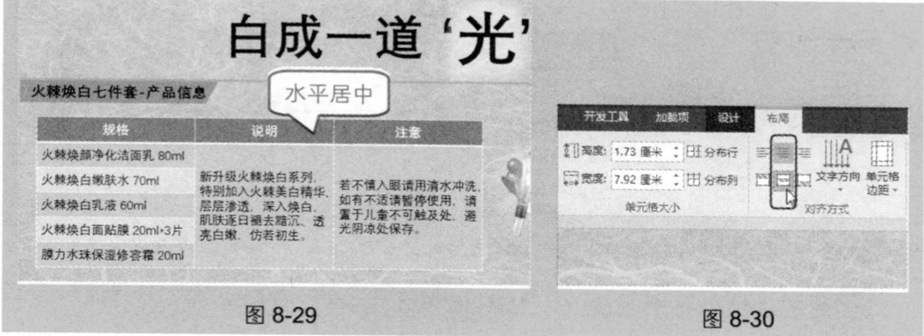

图 8-29　　　　图 8-30

专家点拨

在“对齐方式”选项组中还有其他几个对齐设置按钮，我们可以按照当前的设计需求合理设置对齐方式，只要选中目标单元格，然后单击相应的按钮即可立即应用。

技巧 165　自定义设置不同的框线

默认插入的表格美观度不一定是合适的，除了套用表格样式外，还可以自定义设置不同的框线，以增强其外观效果。如图 8-31 和图 8-32 所示为边框线设置前后的效果。操作方法如下。

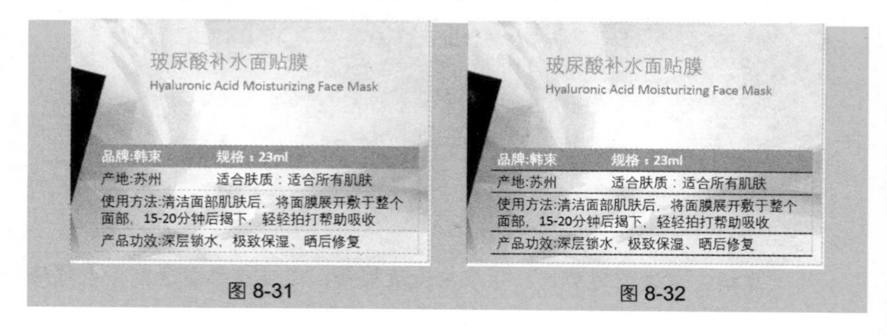

图 8-31　　　　图 8-32

❶ 选中表格，在“**表格工具**”→“**设计**”→“**绘制边框**”选项组中单击“**笔样式**”下拉按钮，在其下拉列表中选择“**实线**”（如图 8-33 所示）；单击“**笔划粗细**”下拉按钮，在其下拉列表中选择“**1.5 磅**”（如图 8-34 所示）；单击“**笔颜色**”下拉按钮，在其下拉列表选中“**深红**”，如图 8-35 所示。

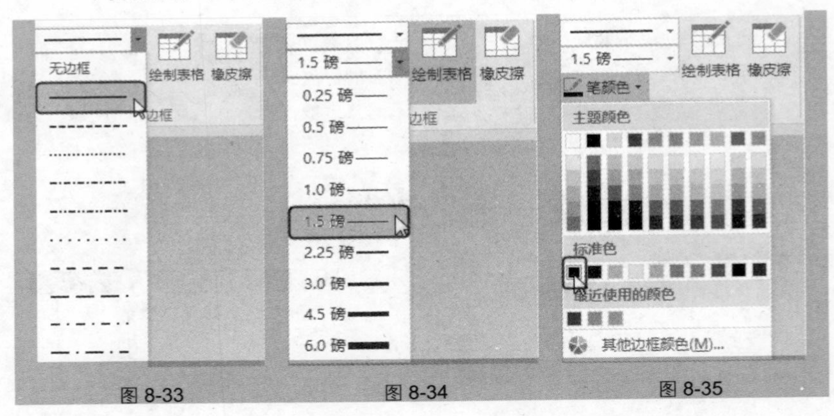

图 8-33　　图 8-34　　图 8-35

❷ 选中目标单元格区域（如图 8-36 所示），在“**表格工具**”→“**设计**”→“**表格样式**”选项组中单击“**边框**”下拉按钮，下拉菜单中显示了可以应用的框线（可以应用所有框线，也可以应用部分框线），此处选择“**下框线**”样式（如图 8-37 所示）即可将上面设置的线条样式应用为下框线效果。

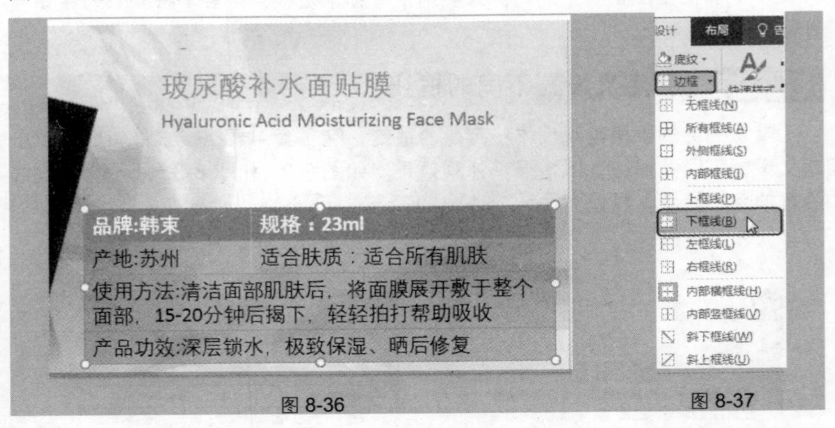

图 8-36　　图 8-37

专家点拨

除了直接使用边框的功能按钮来应用边框外，还可以绘制边框（也可绘制表格）。先设置“**笔样式**”“**笔划粗细**”“**笔颜色**”，光标变为“**笔**”样式图标，定位于要绘制边框线的边框，单击鼠标左键并拖动即可实现绘制，如图 8-38 所示。

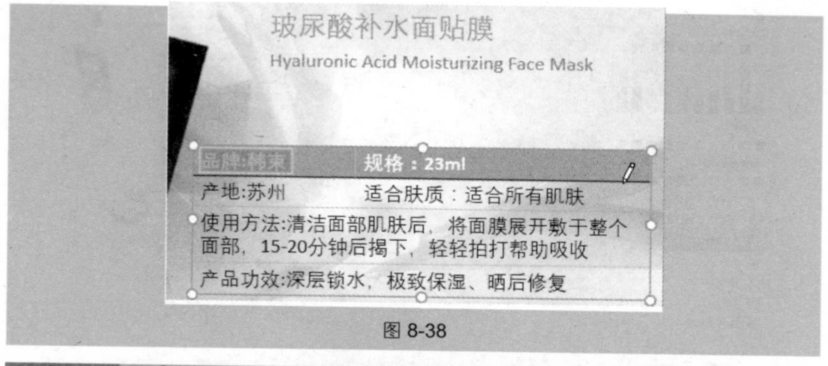

图 8-38

技巧 166　自定义单元格的底纹色

设置单元格的底纹色可以起到美化的作用，如图 8-39 所示为重新设置了列标识区域的底纹色后的效果。下面介绍操作步骤。

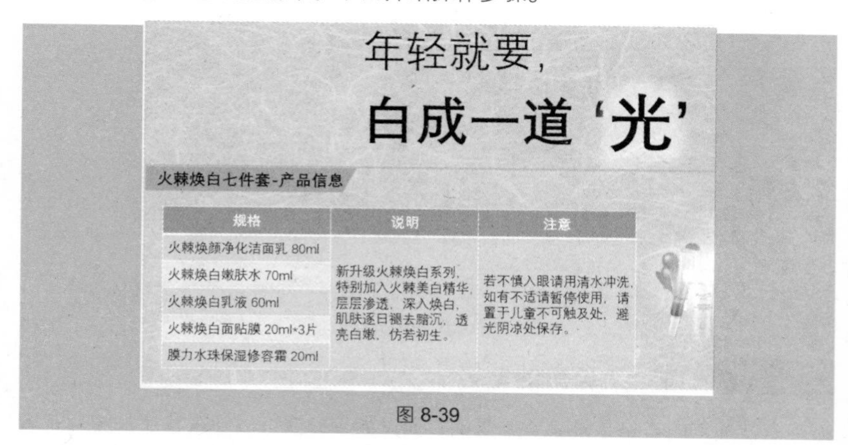

图 8-39

❶ 选中目标单元格区域，在“**表格工具**”→“**设计**”→“**表格样式**”选项组中单击“**底纹**”下拉按钮，在打开的下拉列表中选择“**取色器**”命令（也可以从主题颜色栏中选择颜色），如图 8-40 所示。

❷ 此时光标箭头变为 ，将 移到需要拾取颜色的位置（如图 8-41 所示），单击鼠标左键，即可完成对色彩的拾取，效果如图 8-39 所示。

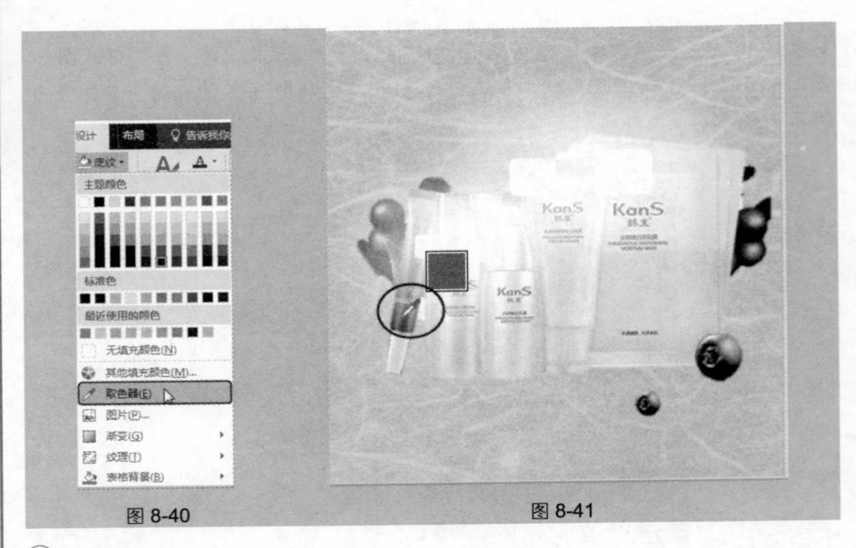

图 8-40　　　　图 8-41

应用扩展

除了使用纯色作底纹使用外，还可以设置“渐变”底纹效果（如图 8-42 所示）、“图片与纹理”及“图案”底纹效果，其设置方法与形状填充效果的操作方法基本相同。

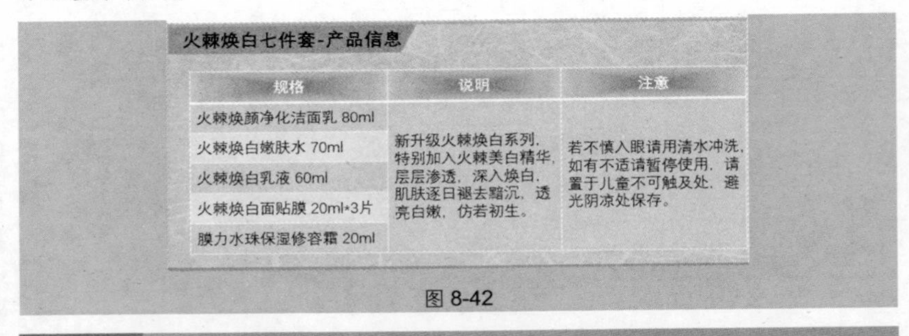

火辣焕白七件套-产品信息

规格	说明	注意
火辣焕颜净化洁面乳 80ml	新升级火辣焕白系列，特别加入火辣美白精华，层层渗透，深入焕白，肌肤逐日褪去黯沉，透亮白嫩，仿若初生。	若不慎入眼请用清水冲洗，如有不适请暂停使用，请置于儿童不可触及处，避光阴凉处保存。
火辣焕白嫩肤水 70ml		
火辣焕白乳液 60ml		
火辣焕白面贴膜 20ml*3片		
膜力水珠保湿修容霜 20ml		

图 8-42

技巧 167　自定义表格的背景

默认插入的表格是没有背景色的，通过如下方法可以为表格添加图片背景效果，如图 8-43 所示。

❶ 选中表格，在“表格工具”→“设计”→“表格样式”选项组中单击“底纹”下拉按钮，在其下拉列表中选择“表格背景”→“图片”命令，如图 8-44 所示。

❷ 打开“插入图片”对话框，找到需要作为背景的图片保存路径并选中图

片，如图 8-45 所示。

图 8-43

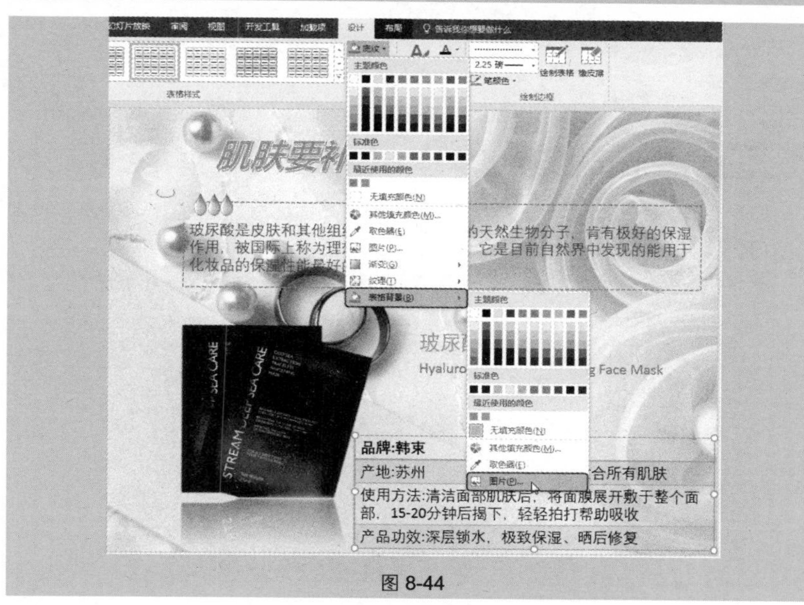

图 8-44

❸ 单击“插入”按钮即可将图片作为背景插入到表格中。

专家点拨

在为表格添加背景时，如果表格已经使用了程序中的内置样式，则首先要将其删除，否则即使为表格添加了背景，也不会在 PPT 中显示出背景样式。

具体方法如下。

选中表格，在“**表格工具**”→“**设计**”→“**表格样式**”选项组中单击按钮，在其下拉列表中选择“**清除表格**”命令即可。

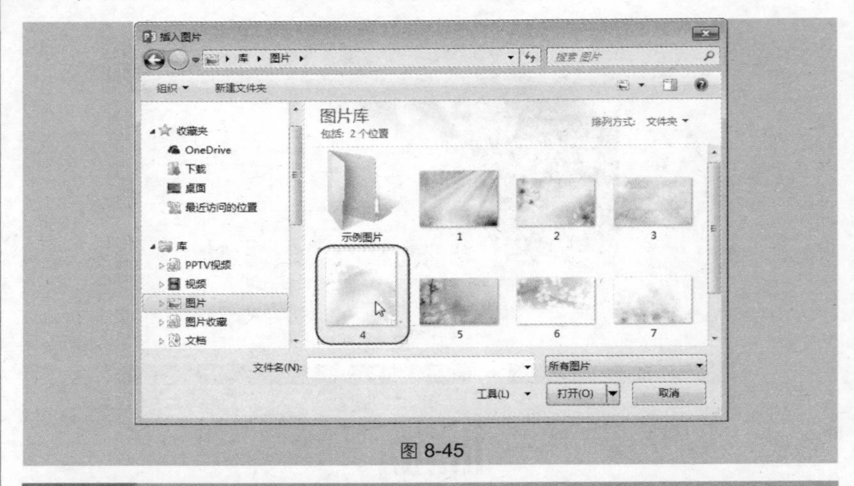

图 8-45

技巧 168　复制使用 Excel 表格

如果要使用到幻灯片中的表格在 Excel 程序中已经创建了，则可以直接复制使用，而且操作起来也很方便。

❶ 在 Excel 工作表中按“**Ctrl+C**”快捷键复制表格，如图 **8-46** 所示。

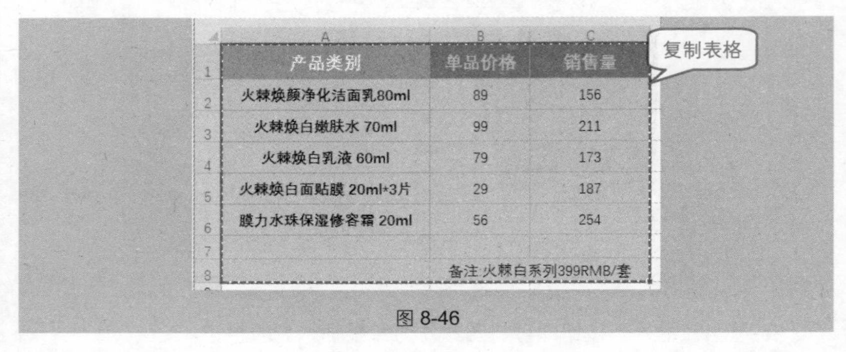

产品类别	单品价格	销售量
火辣焕颜净化洁面乳80ml	89	156
火辣焕白嫩肤水 70ml	99	211
火辣焕白乳液 60ml	79	173
火辣焕白面贴膜 20ml*3片	29	187
膜力水珠保湿修容霜 20ml	56	254
	备注:火辣白系列399RMB/套	

图 8-46

❷ 切换到幻灯片中，按“**Ctrl+V**”快捷键粘贴表格，然后单击“**粘贴选项**”下拉按钮，在打开的下拉列表中单击“**使用目标样式**”按钮，如图 **8-47** 所示。

❸ 将表格移至合适的位置，在表格中单击即可进入表格的编辑状态（功能区中也会出现“**表格工具**”选项卡），如图 **8-48** 所示。

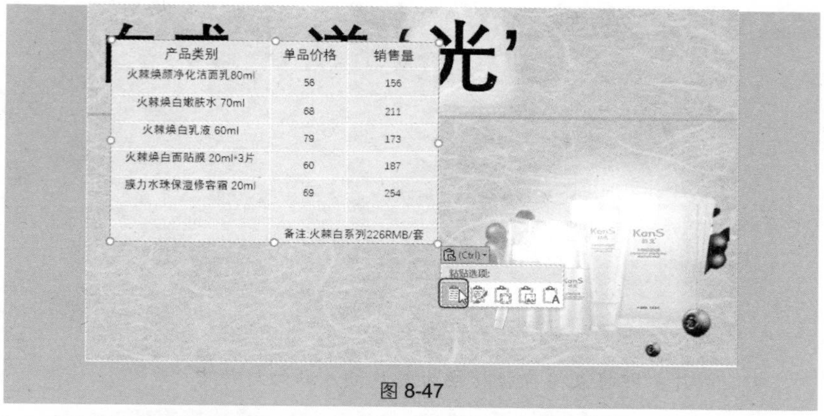

图 8-47

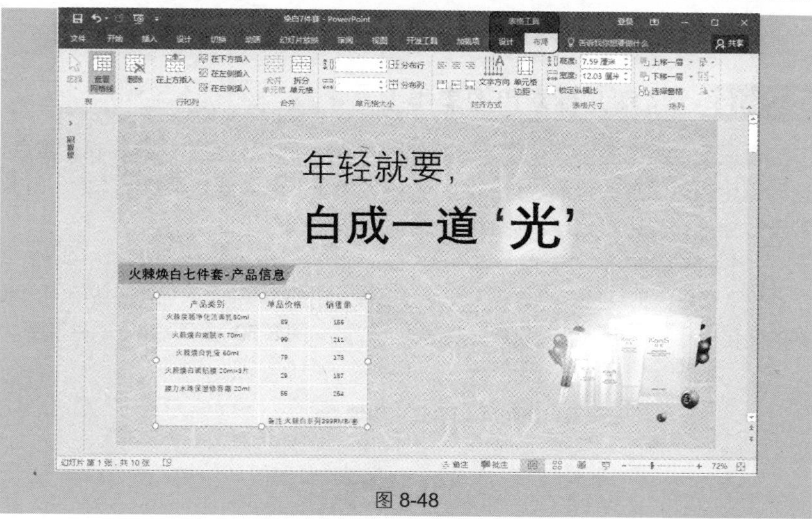

图 8-48

专家点拨

“粘贴选项” 按钮中的几个功能按钮的说明如下。

- 使用目标样式：即让表格的外观样式匹配当前幻灯片的格式（直接执行复制时默认项），如主题色等。
- 保留源格式：即让表格的外观样式保留原来在 Excel 中的设置效果，如图 8-49 所示。
- 嵌入：即将 Excel 程序嵌入到 PPT 程序中，以此方式粘贴后，双击表格即可进入 Excel 编辑状态，这会增加幻灯片体积，一般不建议使用。

火棘焕白七件套-产品信息

产品类别	单品价格	销售量
火棘焕颜净化洁面乳80ml	56	156
火棘焕白嫩肤水 70ml	68	211
火棘焕白乳液 60ml	79	173
火棘焕白面贴膜 20ml*3片	60	187
膜力水珠保湿修容霜 20ml	69	254

备注:火棘白系列226RMB/套

图 8-49

- 图片：即将表格直接转换为图片插入到幻灯片中。

8.2　幻灯片中图表的创建及编辑

技巧 169　了解几种常用图表类型

合适的数据图表可以让复杂的数据更加清晰，可以让观众更容易抓住重点，达到迅速传达信息的目的，这在幻灯片中尤为重要。因此如果要制作的幻灯片涉及数据分析与比较，建议使用图表来展示数据结果。

（1）柱形图

柱形图是一种以柱形的高低来表示数据值大小的图表，用来描述一段时间内数据的变化情况，也用于对多个系列数据的比较。如图 8-50 所示为建立的柱形图。

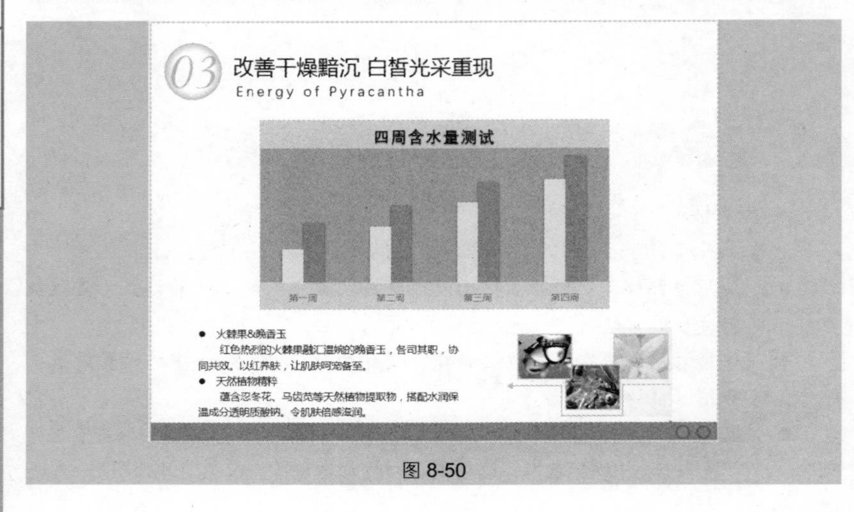

图 8-50

（2）条形图

条形图也是用于比较数据大小的图表，它可以看作是旋转了的柱形图，在制作条形图时，可以对数据进行排序，这样其大小更加直观明了。如图 8-51 所示为建立的条形图。

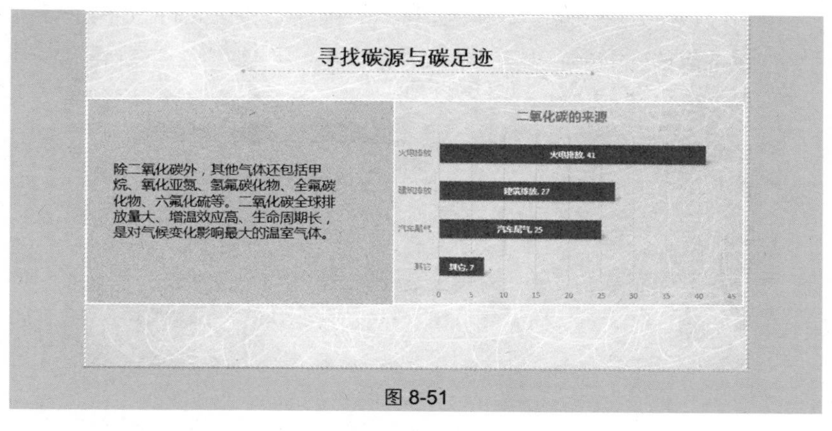

图 8-51

（3）饼图

饼图显示一个数据系列中各项的大小与其占各项总和的比例，所以，在强调同系列某项数据在所有数据中所占的比重时，饼图具有很好的效果。如图 8-52 所示为建立的饼图。

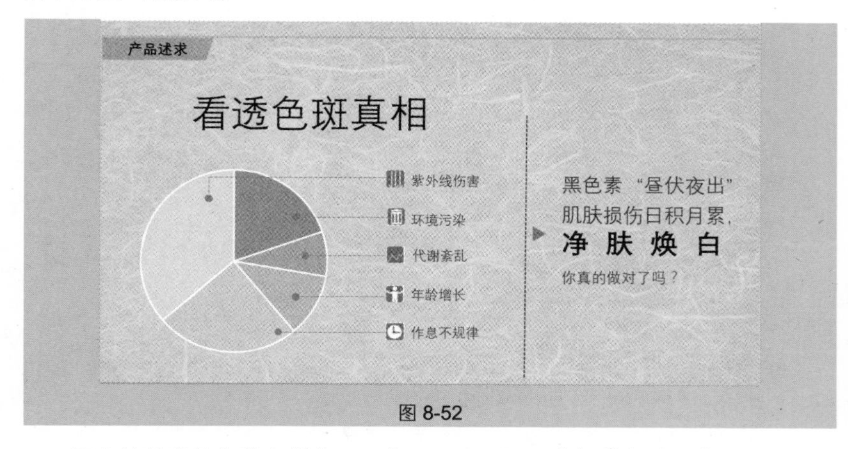

图 8-52

图表的种类是多种多样的，因此 PowerPoint 中提供多种图表类型，还包含组合图表和子图表类型，各自体现不同的表达重点。

技巧 170　创建新图表

要使用图表，首先需要创建新图表。下面以柱形图为例来介绍创建新图表的方法，具体操作如下。

❶ 在“插入”→“插图”选项组中单击“图表”按钮（如图 8-53 所示），打开“插入图表”对话框，选中“柱形图”标签，在其右侧子图表类型下选择“簇状柱形图”图表类型，如图 8-54 所示。

图 8-53

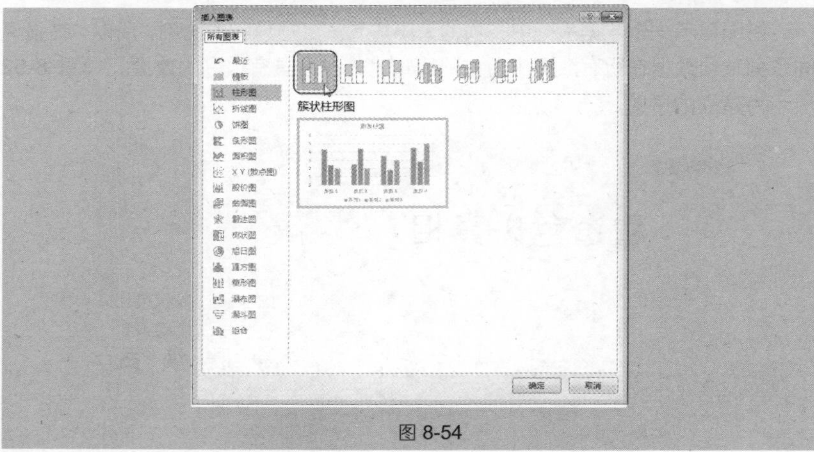

图 8-54

❷ 此时，幻灯片编辑区显示出新图表，其中包含编辑数据的表格“**Microsoft PowerPoint 中的图表**”，如图 8-55 所示。

❸ 向对应的单元格区域输入数据，可以看到柱状图图形随数据变化而变化（如图 8-56 所示），输入完成后单击“关闭”按钮关闭数据编辑窗口，在幻灯片中通过拖动尺寸控制点调整图表的大小，如图 8-57 所示。

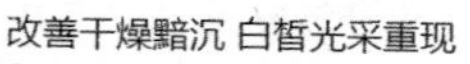

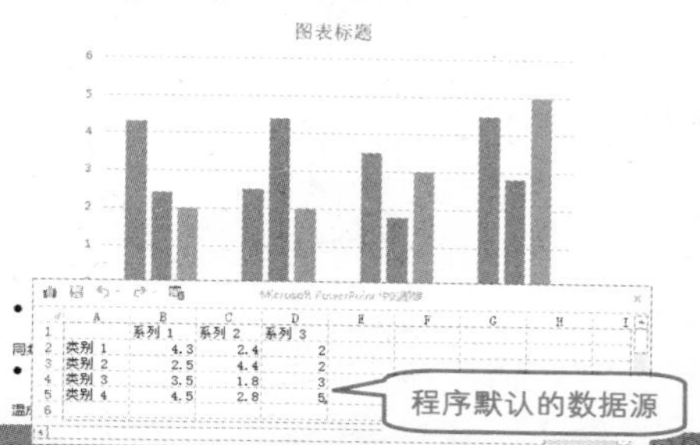

图 8-55

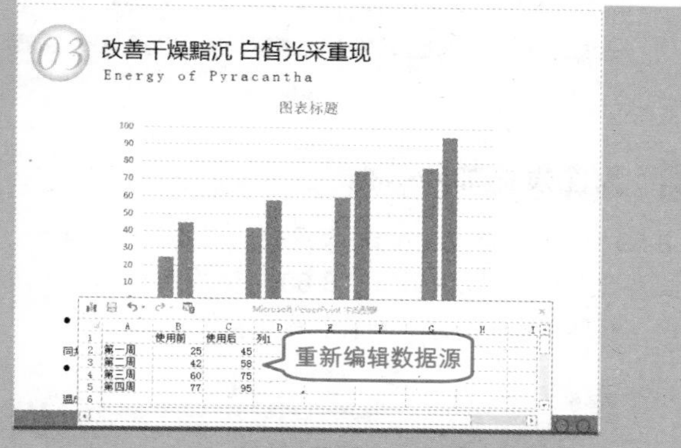

图 8-56

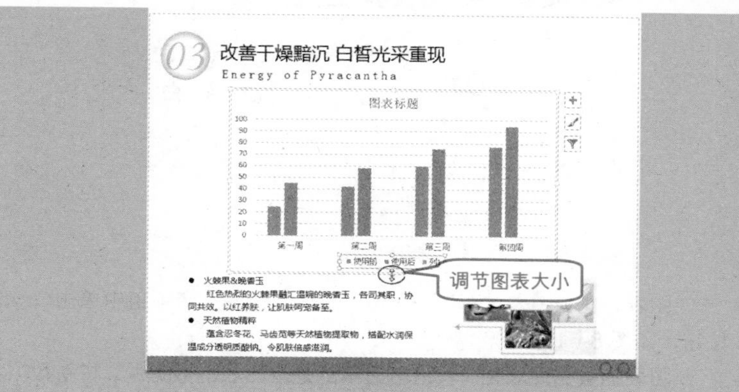

图 8-57

❹ 将光标定位到“图表标题”文本框，删除原文字并输入新的图表标题，（如图 8-58 所示），即创建了新的图表。

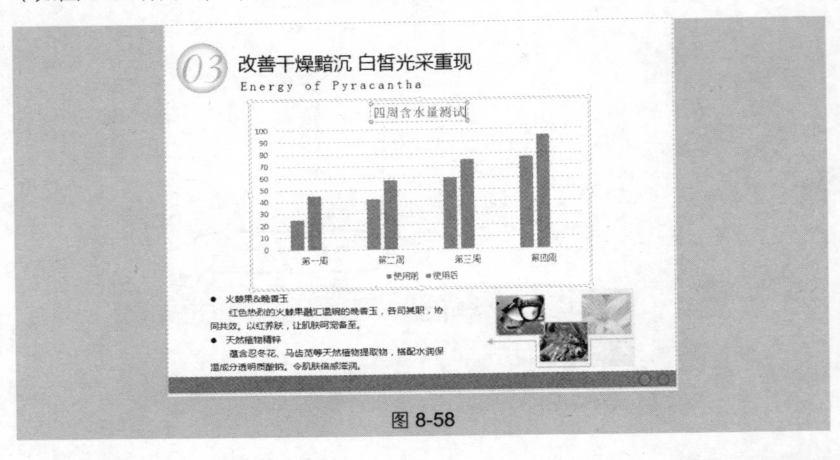

图 8-58

技巧 171　为图表追加新数据

如图 8-59 所示，幻灯片中的图表只显示了 4 个数据类别，现在需要添加一个数据类别到图表中，以达到如图 8-60 所示的效果。此时可以直接在原图表上追加数据，而不需要重新建立图表。具体操作如下。

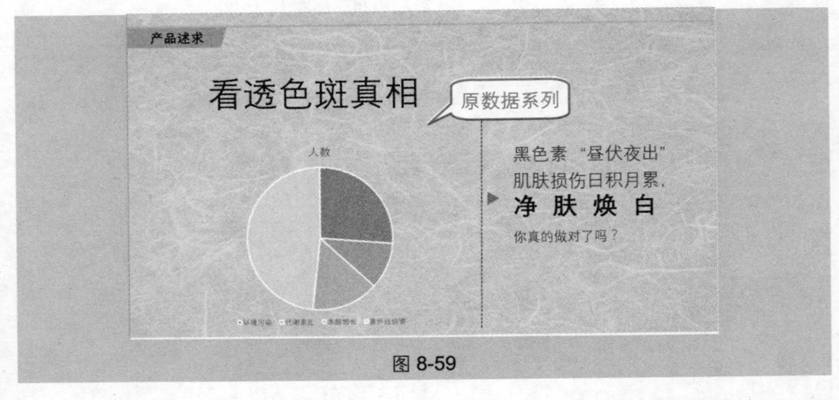

图 8-59

❶ 选中图表，在“图表工具”→“设计”→“数据”选项组中单击“编辑数据”按钮，如图 8-61 所示。

❷ 打开图表的数据源表格，表格中显示的是原图表的数据源，将新数据源输入到表格中，如图 8-62 所示。

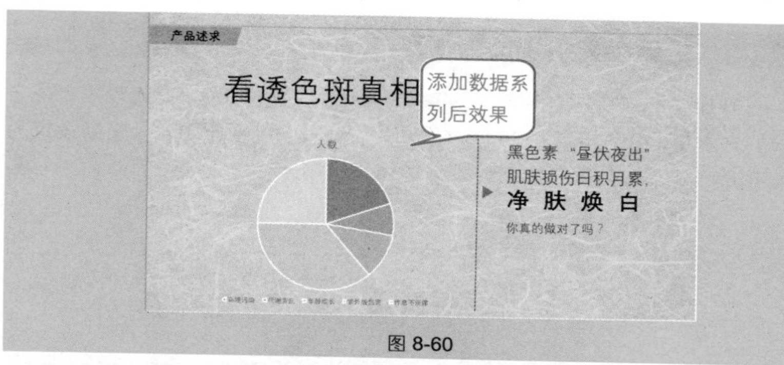

图 8-60

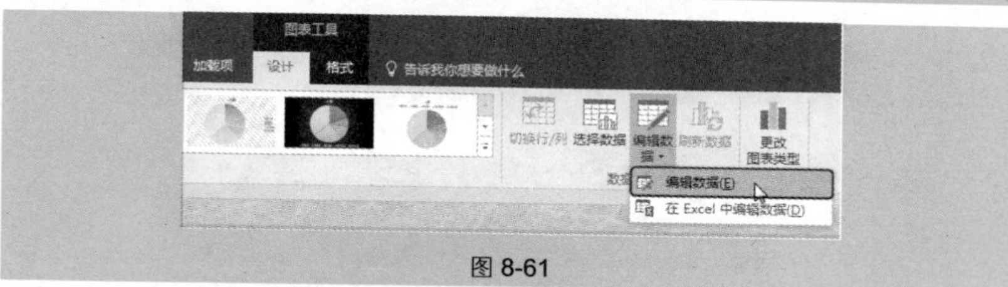

图 8-61

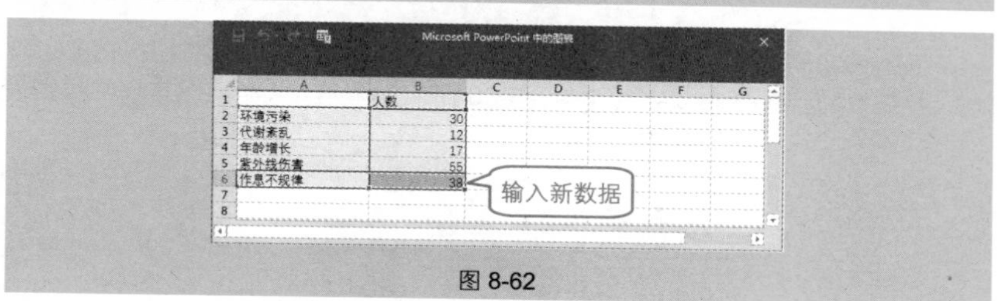

图 8-62

❸ 回到幻灯片中查看图表，即可看到新添加的数据，如图 8-63 所示。

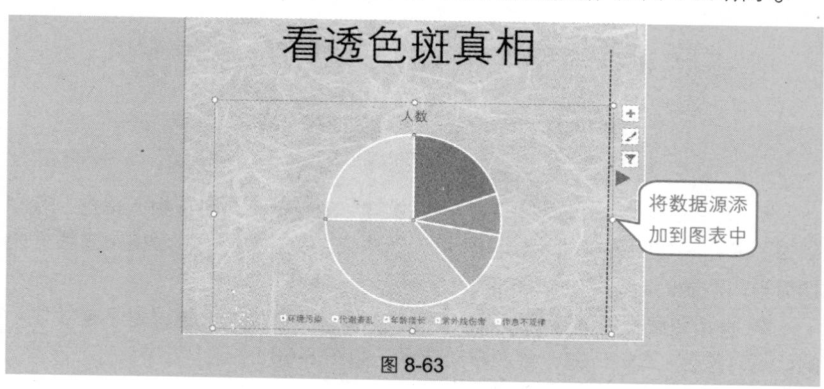

图 8-63

技巧 172　重新定义图表的数据源

如图 **8-64** 所示，图表中显示了 **4** 周的测试结果，如果需要比较第一周与第四周的含水量，得到如图 **8-65** 所示的图表，可以直接在原图表上重新设置图表的数据源，而不需要重新建立图表。具体操作如下。

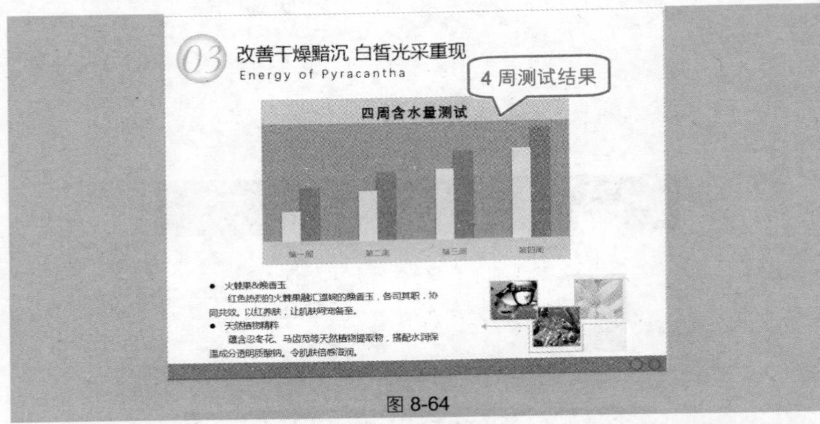

图 8-64

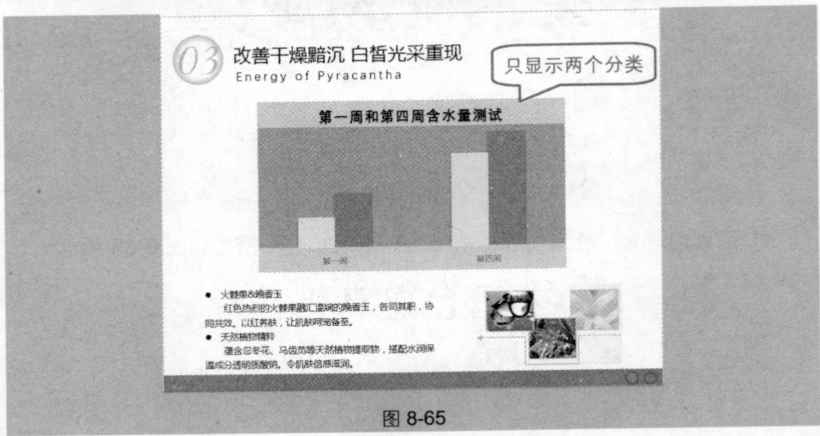

图 8-65

❶ 选中图表，在“**图表工具**”→“**设计**”→“**数据**”选项组中单击“**选择数据**”按钮（如图 **8-66** 所示），即可打开图表的数据源表格，表格中虚线框内即为当前图表的数据源，如图 **8-67** 所示。

❷ 直接用鼠标拖动选择新数据源区域，如果要选择的数据源是不连续显示的，可以按住“**Ctrl**”键，依次拖动选择，如图 **8-68** 所示。

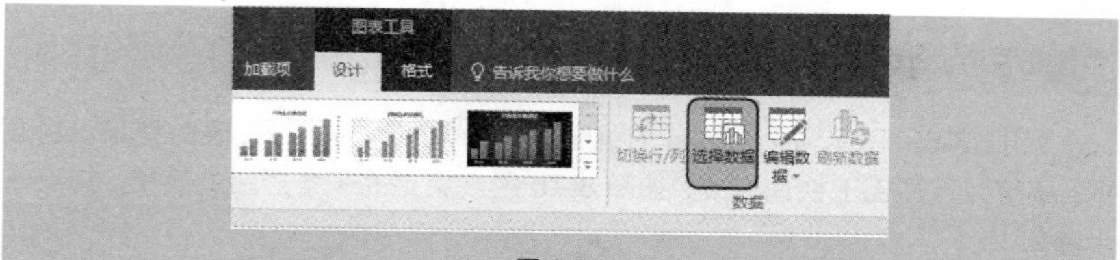

图 8-66

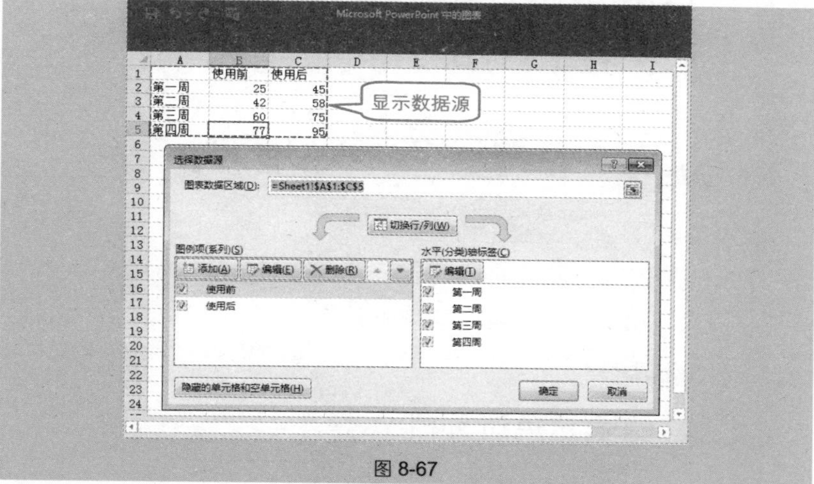

图 8-67

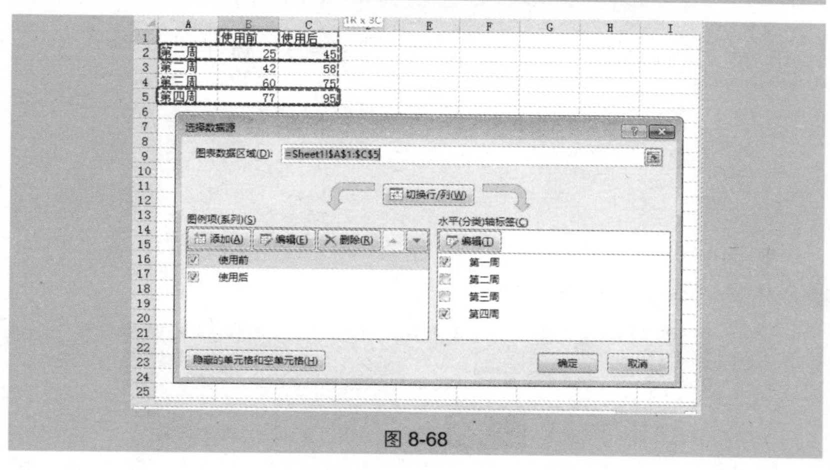

图 8-68

单击“**确定**”按钮，即可更改图表中的数据源。回到图表中即可查看更改数据源后的图表效果。

技巧 173 巧妙变换图表的类型

如图 8-69 所示为创建完成的饼图，如果想使用另一种图表类型来表达数据，则可以在原图上快速更改，如图 8-70 所示为更改了条形图的效果。其操作步骤如下。

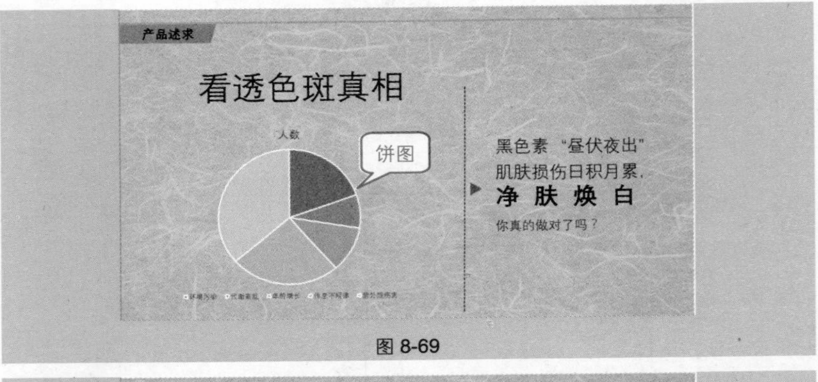

图 8-69

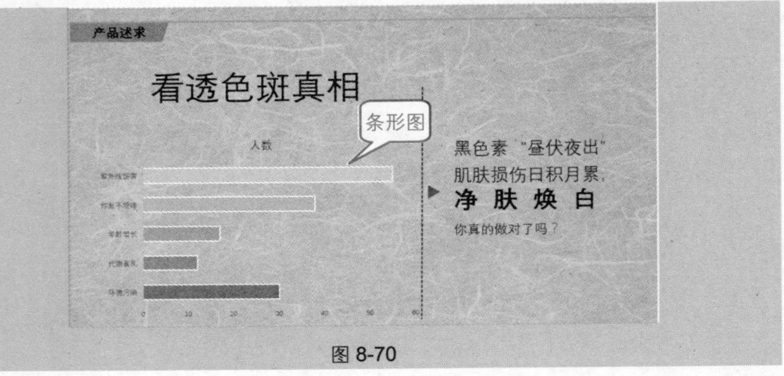

图 8-70

❶ 选中图表，在"图表工具"→"设计"→"数据"选项组中单击"更改图表类型"按钮，如图 8-71 所示。

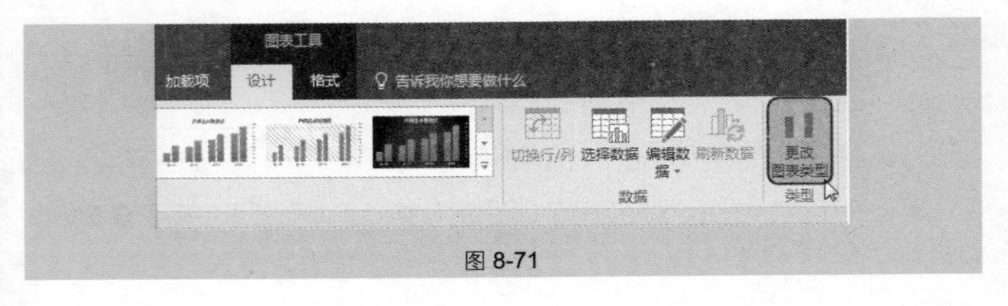

图 8-71

❷ 打开“更改图表类型”对话框，重新选择图表类型，如图 8-72 所示。

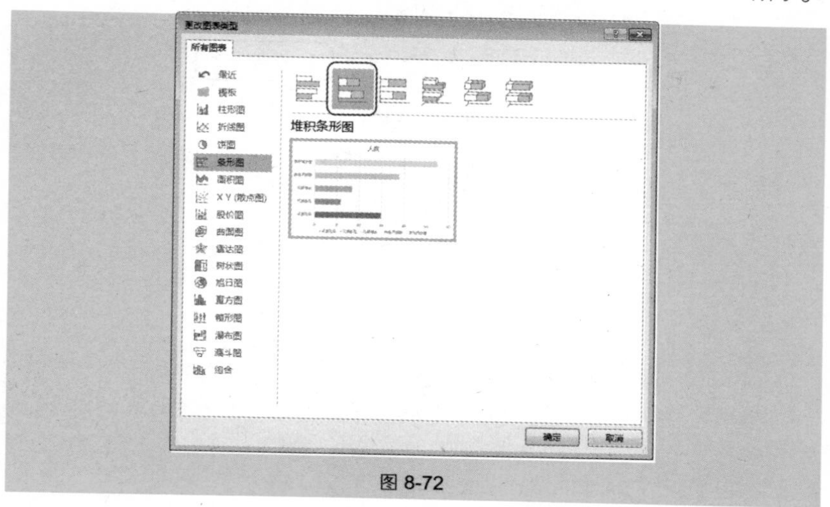

图 8-72

❸ 单击“确定”按钮，即可更改原图表的类型。

技巧 174　为图表添加数据标签

如图 8-73 所示，PowerPoint 默认插入的图表是不显示数据标签的，现在要求为图表添加数据标签，达到如图 8-74 所示的效果，具体操作如下。

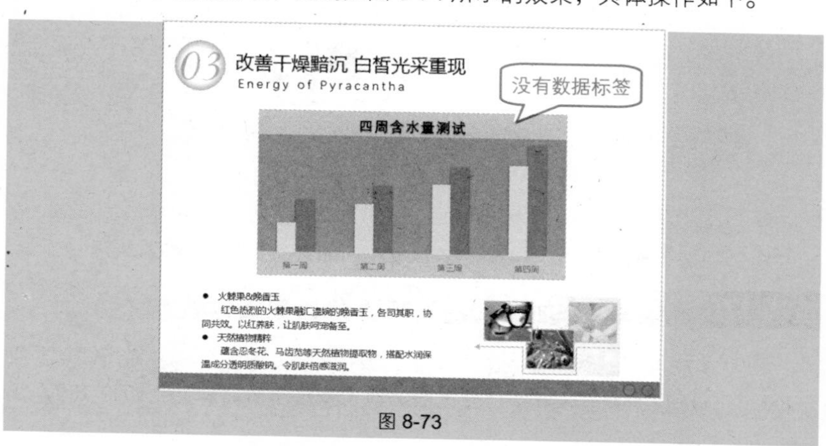

图 8-73

❶ 选中图表，此时图表编辑框右上角出现“图表元素”、“图表样式”和“图表筛选器”3 个图标，单击“图表元素”图标，选中“数据标签”复选框，如

图 8-75 所示。

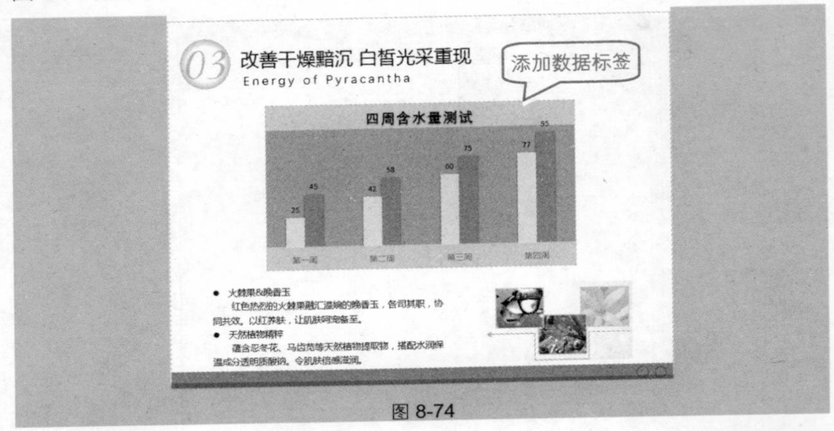

图 8-74

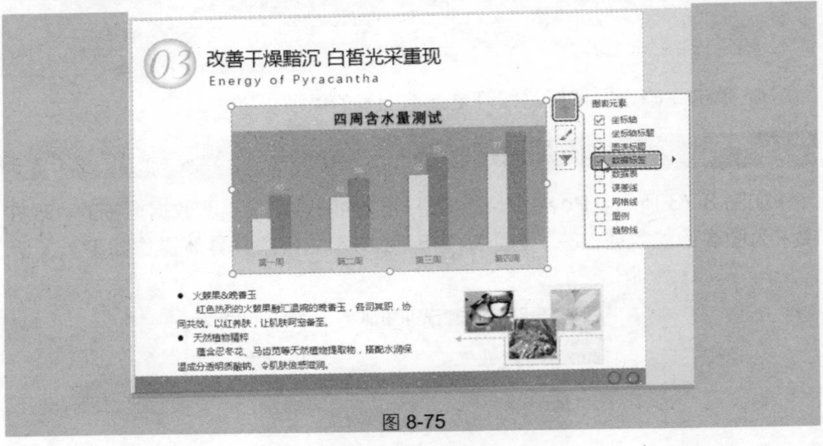

图 8-75

❷ 当默认的数据标签字体颜色与图表底纹不符时，可以选中数据标签，在“开始”→“字体”选项组中重设文字颜色，即可达到如图 8-74 所示的效果。

技巧 175 为饼图添加类别名称与百分比数据标签

如图 8-76 所示，默认插入的饼图不含数据标签，现在要求为饼图添加类型名称与百分比数据标签，其中百分比数据包含两位小数，即达到如图 8-77 所示的效果。操作步骤如下。

❶ 选中图表，此时图表编辑框右上角出现“图表元素”、“图表样式”和“图表筛选器”3 个图标，单击“图表元素”图标，选中“数据标签”复选框，单

击其右侧▶按钮，在子菜单中选择"更多选项"选项，如图 8-78 所示。

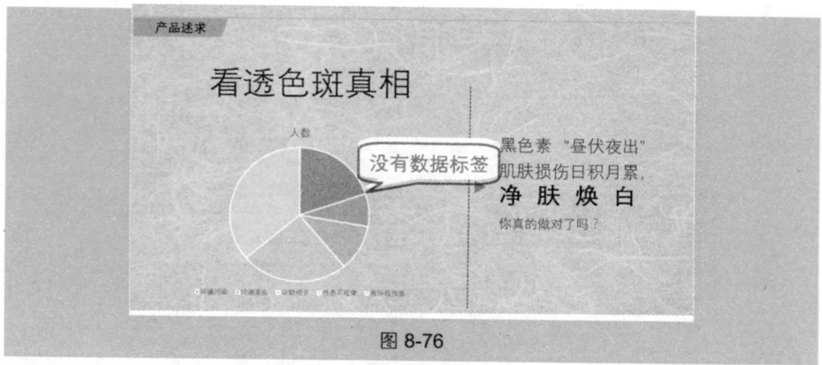

图 8-76

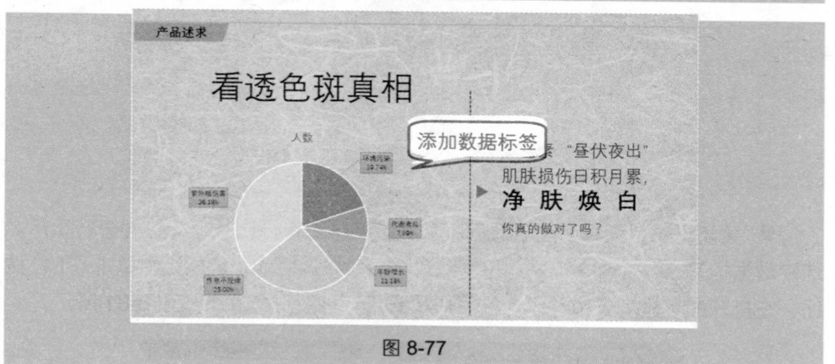

图 8-77

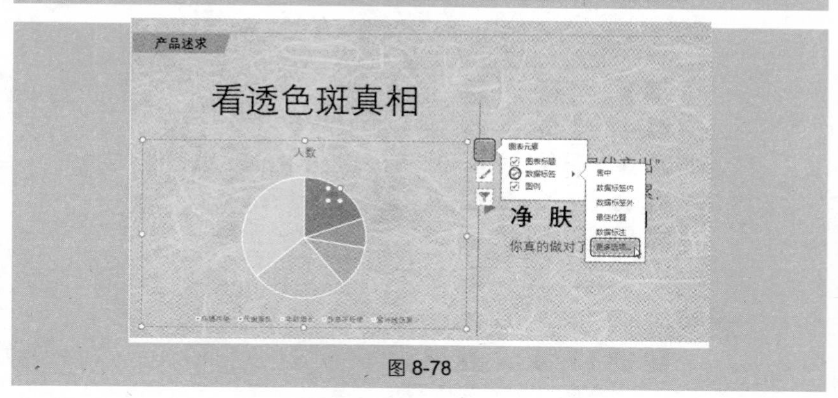

图 8-78

❷ 弹出"设置数据标签格式"窗格，展开"标签选项"栏，在"标签包括"栏中选中"类别名称"、"百分比"和"显示引导线"复选框，在"分隔符"下

拉列表框中选择“(分行符)”选项，如图 8-79 所示。

❸ 展开“数字”栏，在“类别”下拉列表框中选择“百分比”类型，然后设置“小数位数”为“2”，如图 8-80 所示。

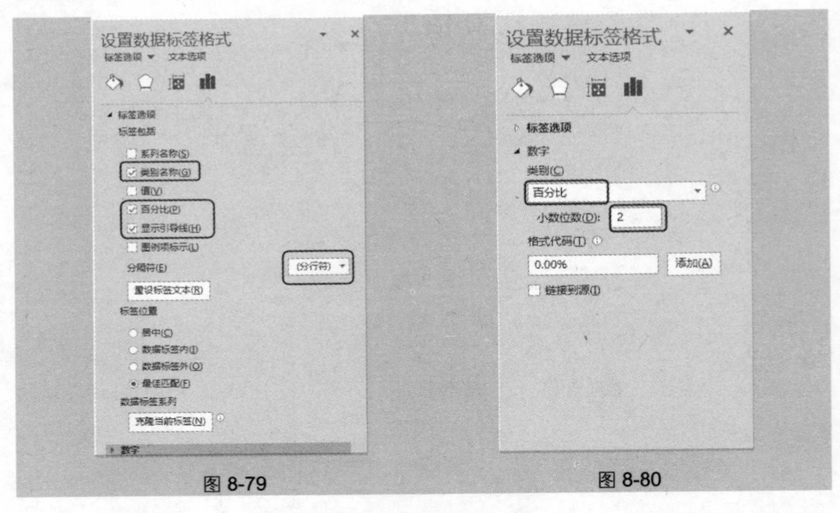

图 8-79　　图 8-80

❹ 关闭窗格，即可为图表数据添加类型名称与百分比数据标签并分行显示。选中数据标签，在“图表工具”→“格式”→“形状样式”选项组中单击下拉按钮，在打开的下拉列表中可以为标签形状套用一种图形样式，如图 8-81 所示。

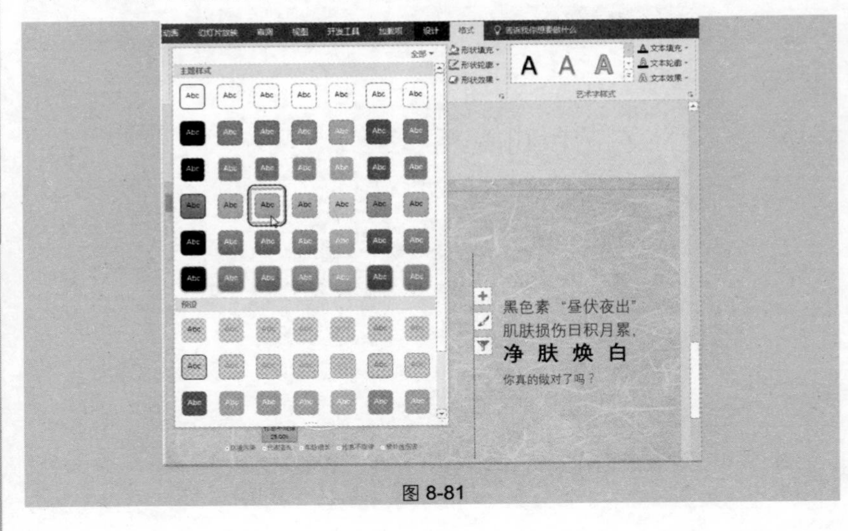

图 8-81

技巧 176　套用图表样式实现快速美化

新插入的图表保持默认格式，通过套用图表样式可以达到快速美化的目的。而且在 PowerPoint 2016 中提供的图表样式相比过去的版本有了较大提升，整体效果较好，初学者可以选择先套用图表样式再补充设计的美化方案。如图 8-82 所示为默认图表，图 8-83 所示为套用图表样式后的效果。下面介绍具体操作步骤。

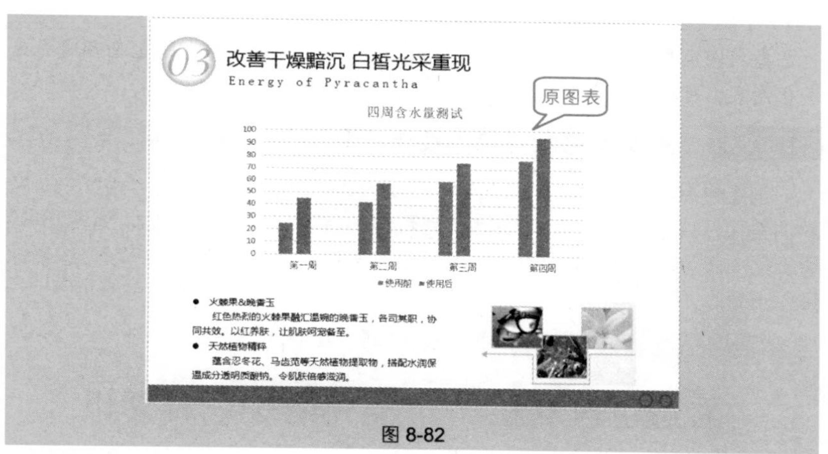

图 8-82

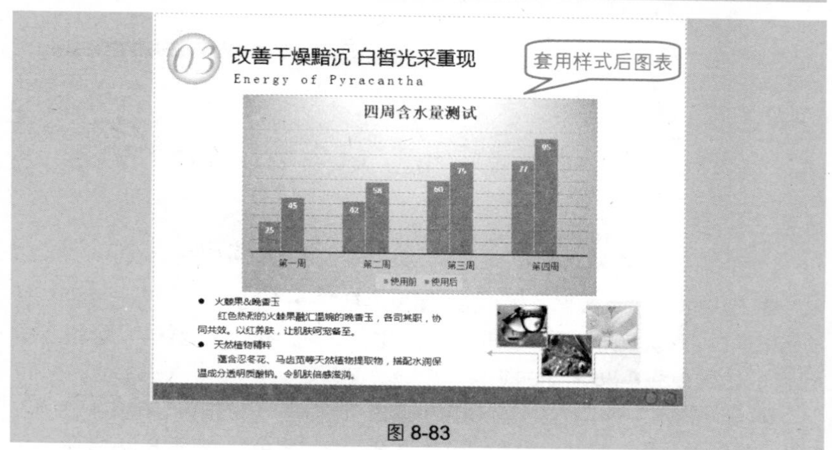

图 8-83

选中图表，在“图表工具”→“设计”→“图表样式”选项组中单击下拉按钮，在下拉列表中选择想要套用的样式（如图 8-84 所示），单击即可套用。

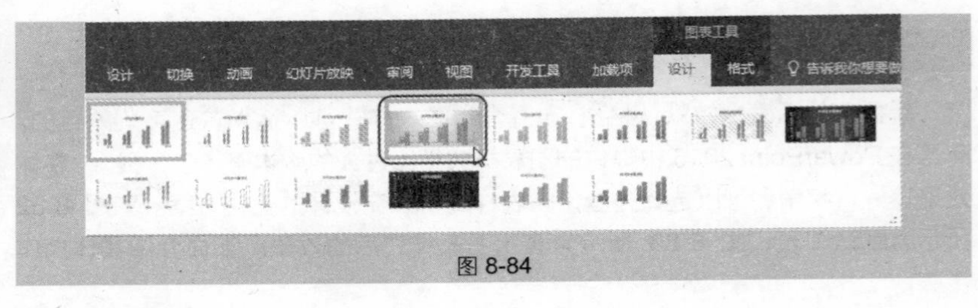

图 8-84

专家点拨

套用图表样式时会将原来所设置的格式取消，因此如果想通过套用样式来美化图表，可以在建立图表后先进行套用，然后再进行补充设置。

技巧 177 图表中重点对象的特殊美化

创建的图表也有其要表达的重点，对于图表中的重点对象可以为其进行特殊的美化，如设置填充色、边框效果等，以达到突出显示的目的。如图 8-85 所示的图表为默认图表，通过设置可达到如图 8-86 所示的效果。下面介绍具体操作步骤。

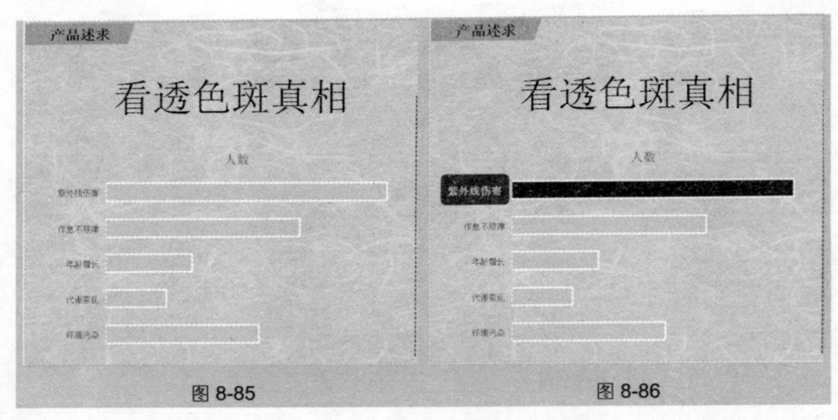

图 8-85　　图 8-86

❶ 选中表格重点数据形状，在“图表工具”→“格式”→“形状样式”选项组中单击“形状填充”下拉按钮，在“标准色”列表中选中“红色”(如图 8-87 所示)，达到如图 8-88 所示的效果。

❷ 在“插入”→“插图”选项组中单击“形状”下拉按钮，在其下拉列表中选择“圆角矩形”样式，设置“形状填充”为“紫色”，如图 8-89 所示。然后在形状上单击鼠标右键，在弹出的快捷菜单中选择“编辑文字”命令，输入文本即可。

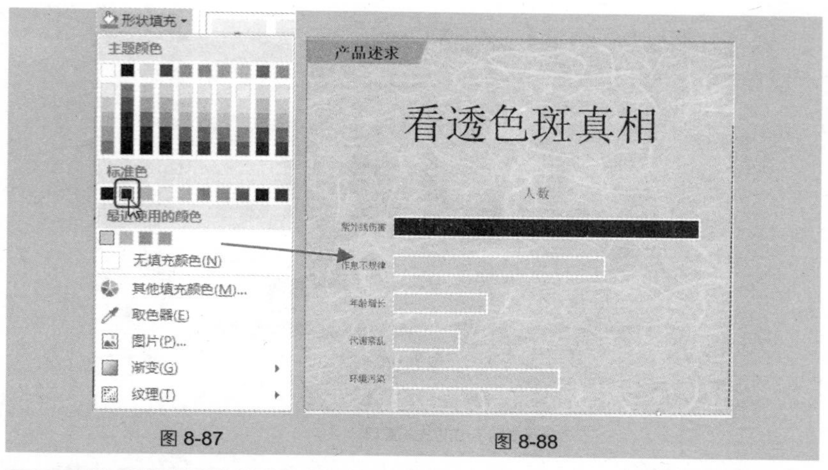

图 8-87　　　　图 8-88

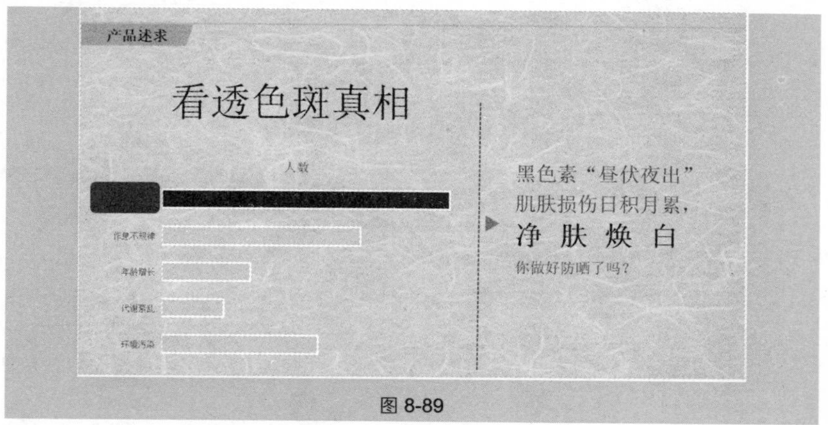

图 8-89

技巧 178　隐藏图表中不必要的对象实现简化

默认创建的图表包含较多元素，而对于图表中不必要的对象是可以实现隐藏简化的，这样更有利于突出重点对象，也可以让图表更简洁。如隐藏坐标轴线，有数据标签时将坐标轴值隐藏等。如图 8-90 所示为默认的图表格式，通过隐藏对象设置可达到如图 8-91 所示的效果。操作方法如下。

❶ 选中图表，单击图表编辑框右上角的“**图表元素**”图标，在右侧列表框中取消选中“**网格线**”复选框；接着将鼠标指针指向“**坐标轴**”，然后单击右侧出现的右三角按钮，单击此按钮，在子菜单中取消选中“**主要纵坐标轴**”复选框，如图 8-92 所示。

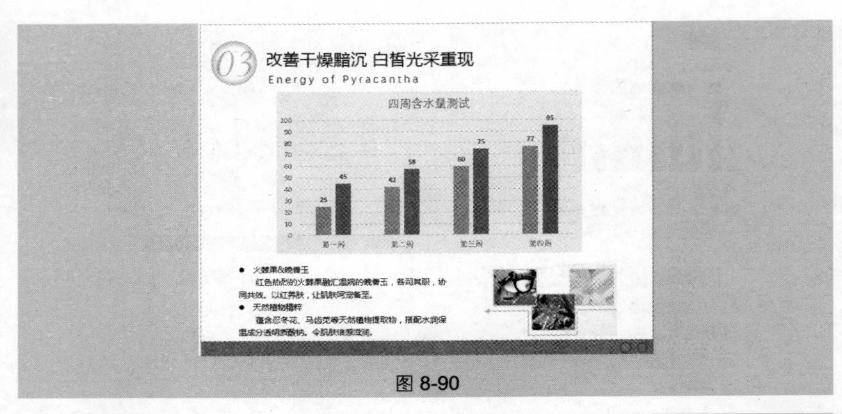

图 8-90

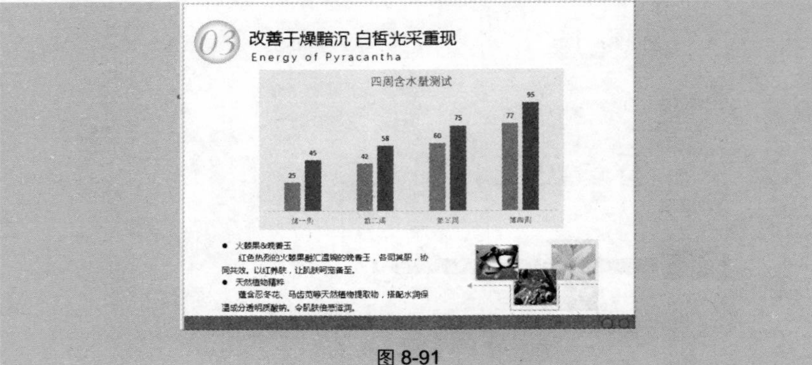

图 8-91

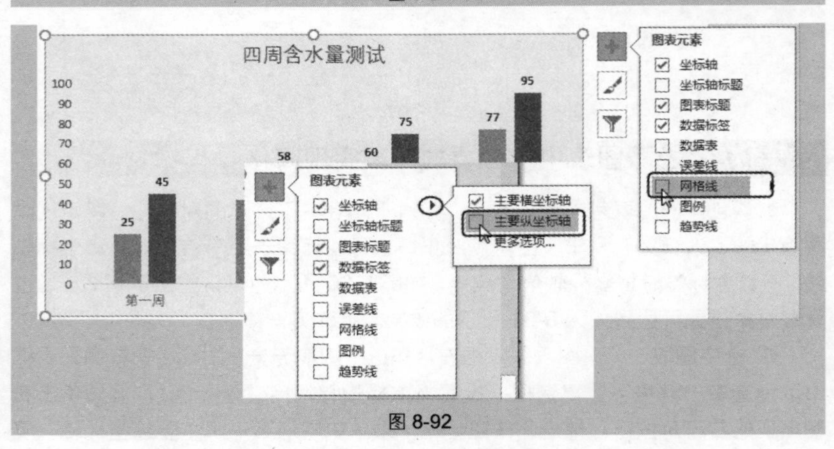

图 8-92

❷ 通过两次隐藏即可达到如图 8-91 所示的显示效果。

专家点拨

在隐藏对象时有一种更简便的方法就是选中目标对象，按键盘上的“Delete”键进行删除，与上述方法达到的效果相同。但如果要恢复对象的显示，则必须单击“图表元素”图标，重新选中前面的复选框恢复显示。

技巧 179 将设计好的图表转换为图片

在幻灯片中创建图表并设置效果后，可以将图表保存为图片，当其他地方需要使用时，即可直接插入转换后的图片。操作方法如下。

❶ 选中图表并单击鼠标右键，在弹出的快捷菜单中选择“另存为图片”命令，如图 8-93 所示。

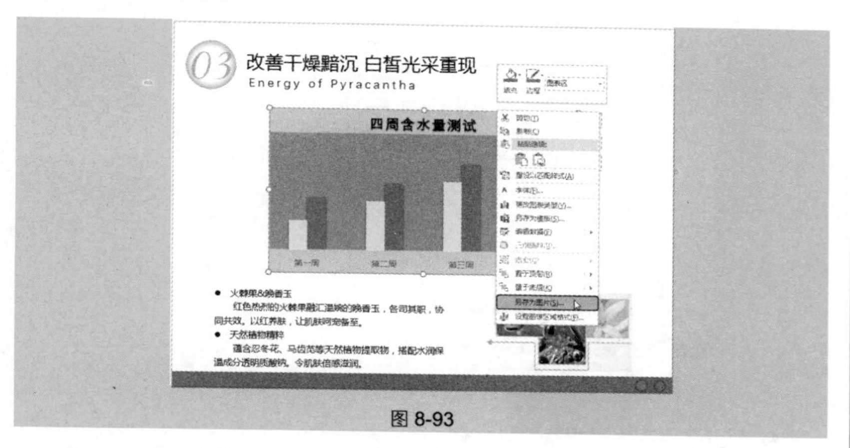

图 8-93

❷ 打开“另存为图片”对话框，设置好保存位置与名称，单击“保存”按钮即可，如图 8-94 所示。

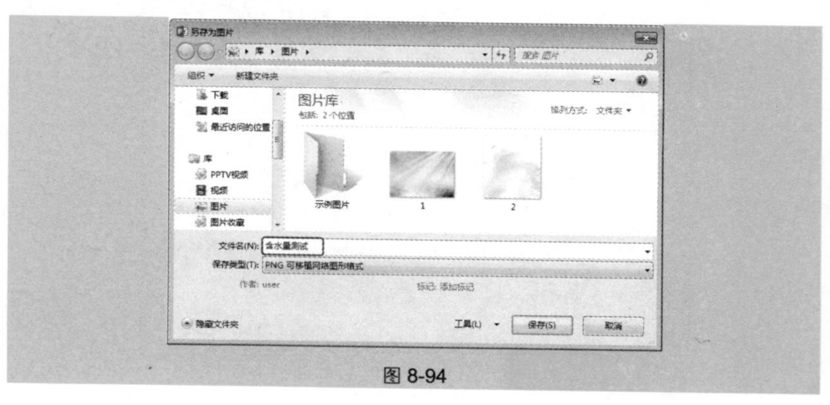

图 8-94

技巧 180　将图表另存为模板

在幻灯片中创建图表并设置效果后，可以将图表保存为模板，这样后期创建新图表时就可以直接使用该模板新建图表，套用模板创建的图表会使用模板中的所有格式，因此可以提高制作效率。下面介绍具体操作方法。

❶ 选中图表并单击鼠标右键，在弹出的快捷菜单中选择“另存为模板”命令，如图 8-95 所示。

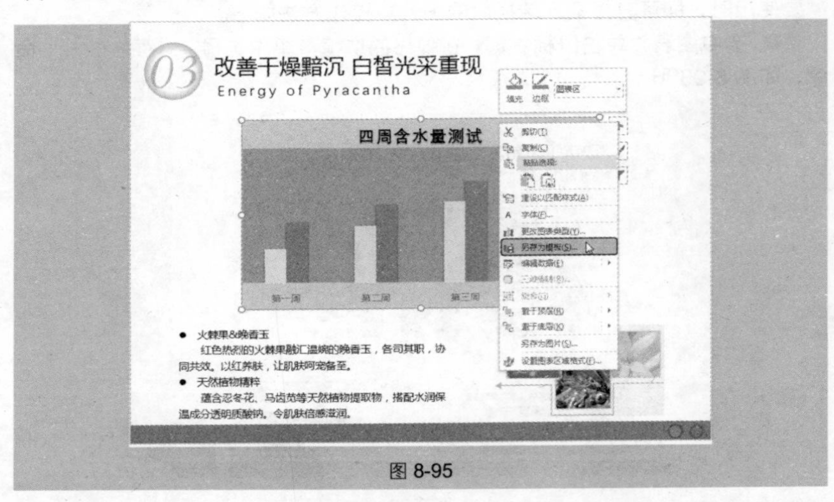

图 8-95

❷ 打开“保存图表模板”对话框，在“文件名”文本框中输入图表名称（注意不要更改默认的保存位置），如图 8-96 所示。

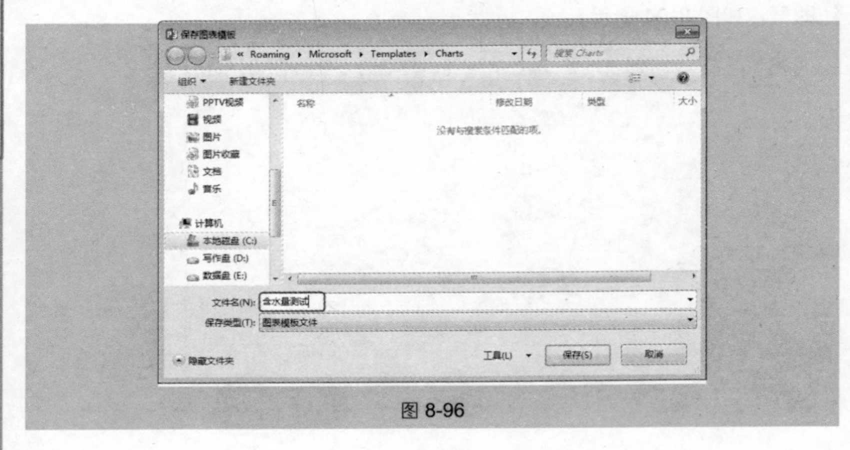

图 8-96

❸ 单击“保存”按钮，即可将图表保存为模板。

❹ 当再次打开“插入图表”对话框插入新图表时，单击“模板”标签，就会在右侧显示出所有保存的模板（如图 8-97 所示），选中要使用的模板，单击“确定”按钮即可依据模板创建新图表，如图 8-98 所示。继续完成图表数据源编辑以及图表的标题输入等操作即可完成图表的创建。

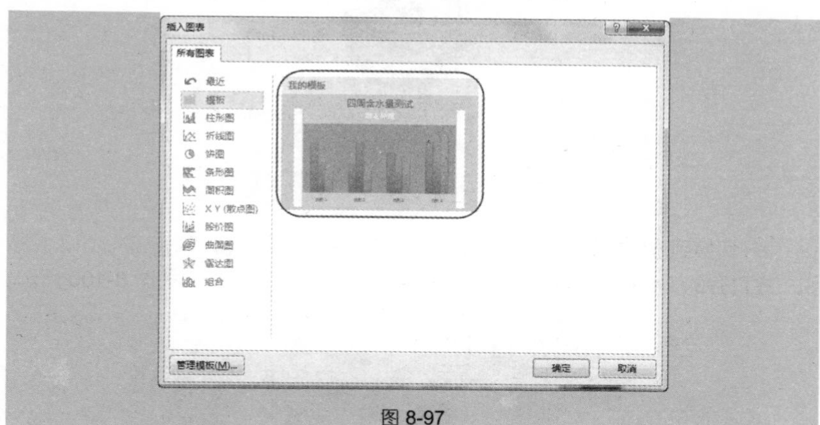

图 8-97

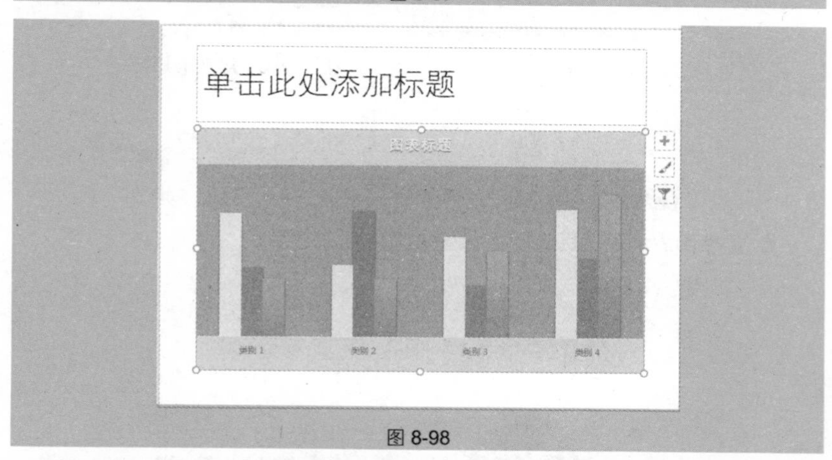

图 8-98

技巧 181 复制使用 Excel 图表

如果幻灯片中想使用的图表在 Excel 中已经创建，则可以进入 Excel 程序中复制图表，然后直接粘贴到幻灯片中使用。具体操作方法如下。

❶ 在 Excel 工作表中选中饼图，按“Ctrl+C”快捷键复制图表，如图 8-99

所示。

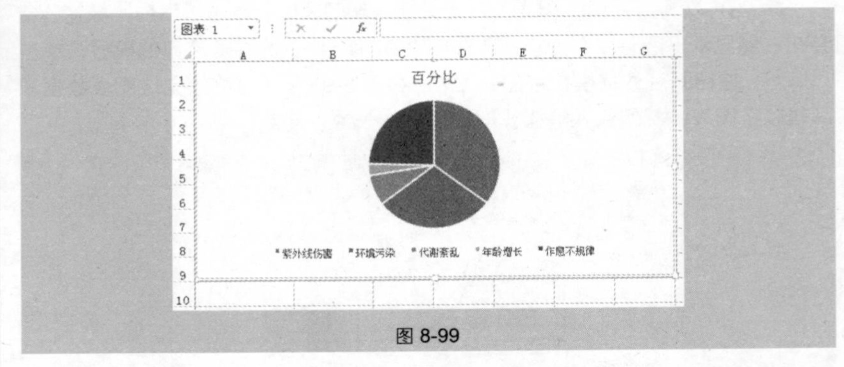

图 8-99

❷ 切换到演示文稿中，按“**Ctrl+V**”快捷键，然后单击“粘贴选项”下拉按钮，在打开的下拉列表中单击“保留源格式与链接数据”按钮，如图 8-100 所示。

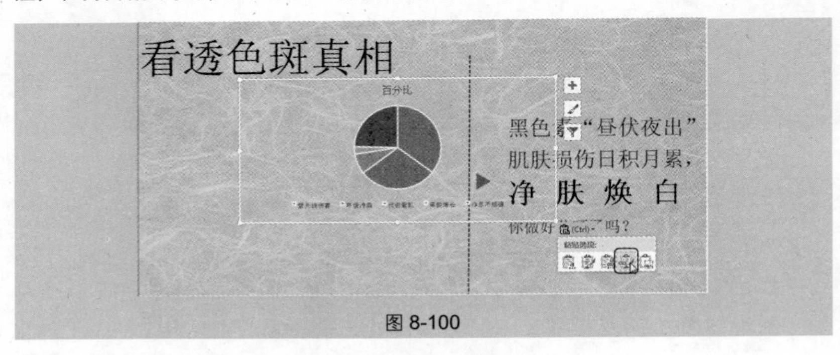

图 8-100

❸ 调整图表的位置即可达到如图 8-101 所示效果。

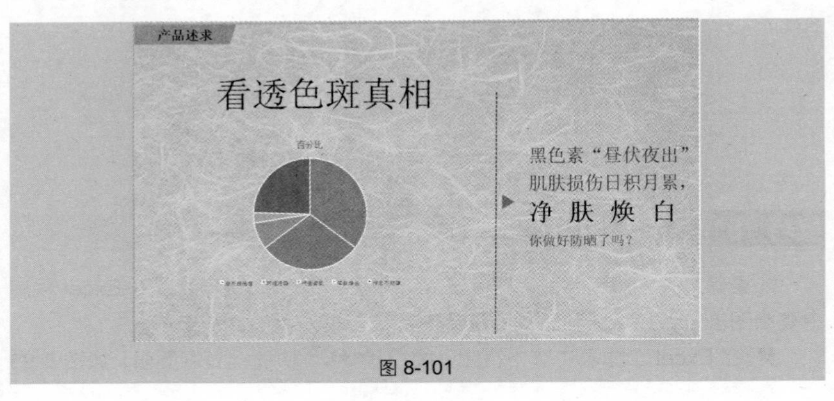

图 8-101

专家点拨

“粘贴选项”按钮中的几个功能按钮的说明如下。

- 使用目标主题和嵌入工作簿。让图表的外观使用当前幻灯片的主题，并将Excel程序嵌入到PPT程序中，以此方式粘贴后，双击表格即可进入Excel编辑状态，这会增加幻灯片体积，一般不建议使用。
- 保留源格式和嵌入工作簿。让图表的外观保留源格式，并将Excel程序嵌入到PPT程序中，以此方式粘贴后，双击表格即可进入Excel编辑状态，这会增加幻灯片体积，一般不建议使用。
- 使用目标主题与链接数据。让图表的外观使用当前幻灯片的主题，并保持图表与Excel中的图表相链接（直接执行复制时默认此项）。
- 保留源格式与链接数据。让图表的外观保留源格式，并保持图表与Excel中的图表相链接。
- 图片。将图表直接转换为图片插入到幻灯片中。

第9章 幻灯片中音频和视频的使用技巧

9.1 声音的处理技巧

技巧 182 插入音乐到幻灯片中

在制作 PPT 时，可以将计算机上的音频文件添加到 PPT 中，以增强播放效果，如图 9-1 所示。具体操作如下。

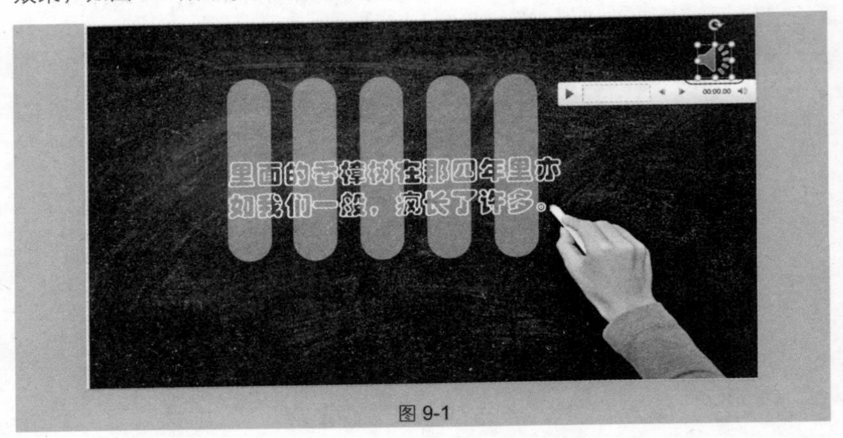

图 9-1

❶ 选中幻灯片，在“插入”→“媒体”选项组中单击“音频”下拉按钮，在弹出的下拉菜单中选择“**PC 上的音频**”命令（如图 9-2 所示），打开“插入音频”对话框，如图 9-3 所示。

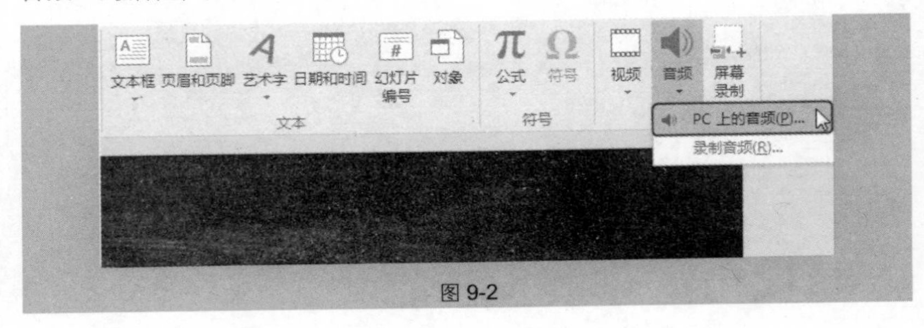

图 9-2

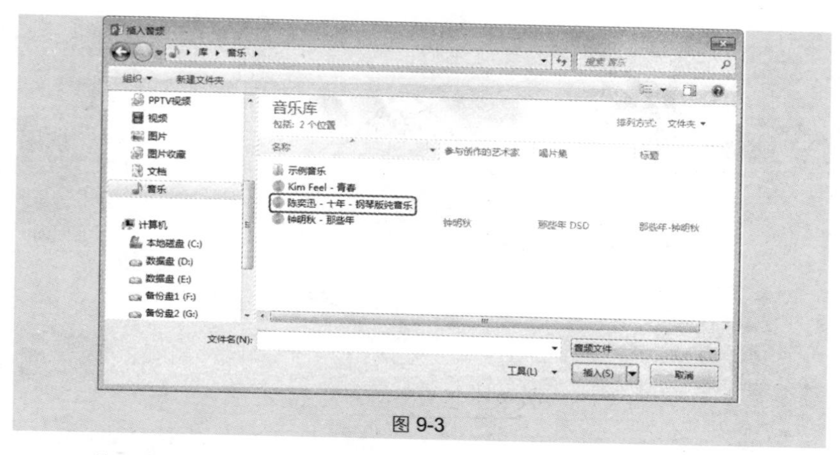

图 9-3

❷ 找到需要添加的音频文件所在路径并选中音频文件，单击“插入”按钮，即可将录制的声音添加到指定的幻灯片中。

技巧 183 设置音频自动播放

音频文件插入到幻灯片中后，默认为单击鼠标进入播放，如果想让其能自动播放则可按如下方法设置。

选中插入音频后显示的小喇叭图标，在“音频工具”→“播放”→“音频选项”选项组的“开始”下拉列表框中选择“自动”选项，如图 9-4 所示。

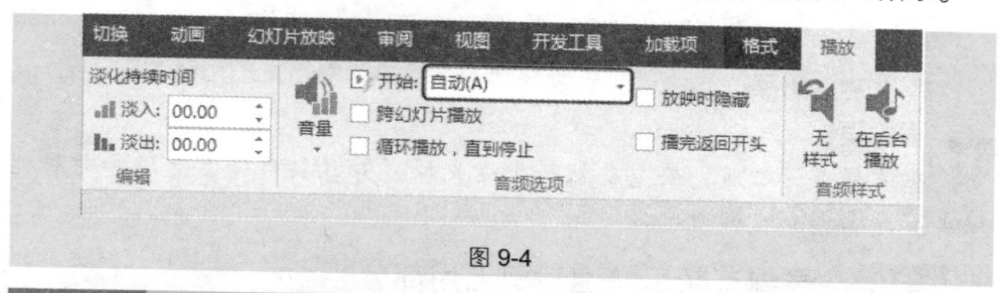

图 9-4

技巧 184 录制声音到幻灯片中

在制作 PPT 时，可以将自己的声音添加到 PPT 中。例如在制作关于情人节主题的 PPT 时，可以录制真人唱的歌曲以增强效果，如图 9-5 所示。下面介绍操作方法。

❶ 选中幻灯片，在“插入”→“媒体”选项组中单击“音频”下拉按钮，在弹出的下拉菜单中选择“录制音频”命令，打开“录制声音”对话框。在“名称”文本框中输入“爱很简单”，如图 9-6 所示。

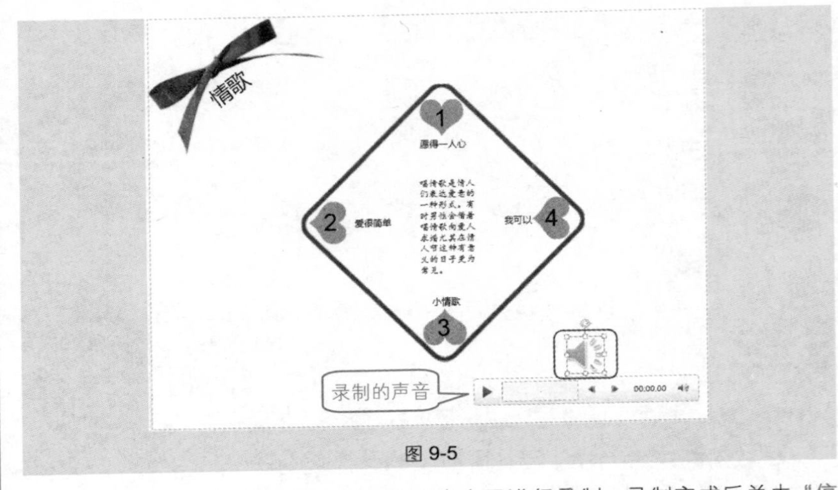

图 9-5

❷ 单击“录制”按钮后，即可使用麦克风进行录制，录制完成后单击“停止”按钮，如图 9-7 所示。

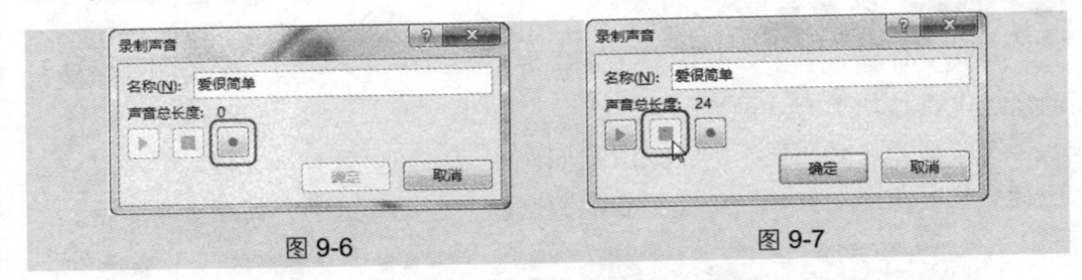

图 9-6　　图 9-7

❸ 单击“确定”按钮，即可将录制的声音添加到指定的幻灯片中。

专家点拨

在录制声音之前，要准备好一个麦克风，并且要确保麦克风和电脑连接正常，能正常地录制声音。

技巧 185　录制音频后快速裁剪无用部分

在录制音频后，如果对音频的有些地方不满意，可以对其进行裁剪，然后保留整个音频中有用的部分。具体操作如下。

❶ 选中录制的声音，在“音频工具”→“播放”→“编辑”选项组中单击“裁剪音频”按钮，打开“剪裁音频”对话框。

❷ 单击▶按钮播放音频，接着拖动进度条上的两个“标尺”确定裁剪的位置（两个标尺之间的部分是保留部分，其他部分会被裁剪掉），如图 9-8 所示。

❸ 裁剪完成后，再次单击▶按钮播放截取的声音，如果截取的声音不符合

要求，可以再按相同的方法进行裁剪。

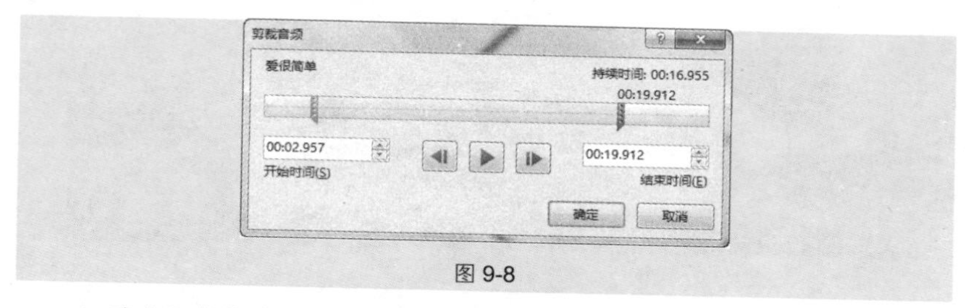

图 9-8

❹ 确定了裁剪位置后，单击“确定”按钮即可完成音频的裁剪。

专家点拨

在截取音频后，如果想恢复原有音频的长度，可以按照相同的方法打开“剪裁音频”对话框，将两个标尺拖至进度条两端即可。

技巧 186 设置淡入淡出的播放效果

插入的音频开头或结尾有时候过于高潮化，影响整体播放的效果，可以将其设置为淡入淡出的播放效果，这种设置比较符合人们缓进缓出的听觉习惯。具体操作如下。

❶ 选中插入音频后显示的小喇叭图标，在“音频工具”→“播放”→“编辑”选项组中“淡化持续时间”栏下“淡入”设置框中输入淡入时间或者通过大小调节按钮选择淡入时间。

❷ 按照同样方法可设置淡出时间，如图 9-9 所示。

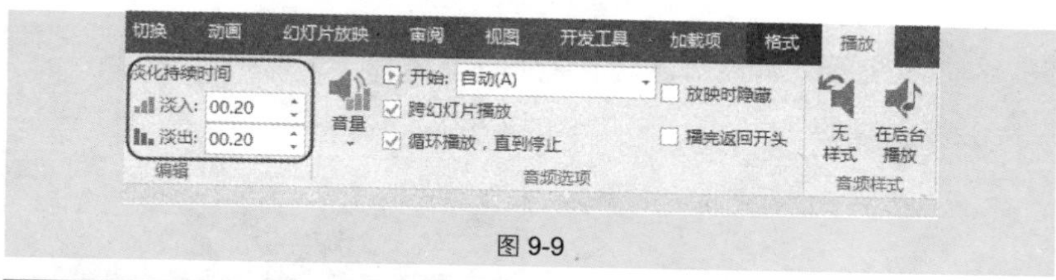

图 9-9

技巧 187 隐藏小喇叭图标

如图 9-10 所示，插入音频后显示出小喇叭图标，如果希望在放映时不显示小喇叭图标（如图 9-11 所示），可以按如下方法将其隐藏。

选中插入音频后显示的小喇叭图标，在“音频工具”→“播放”→“音频选项”选项组中选中“放映时隐藏”复选框（如图 9-12 所示），此时默认音频在后台播放。

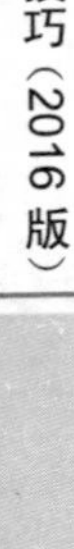

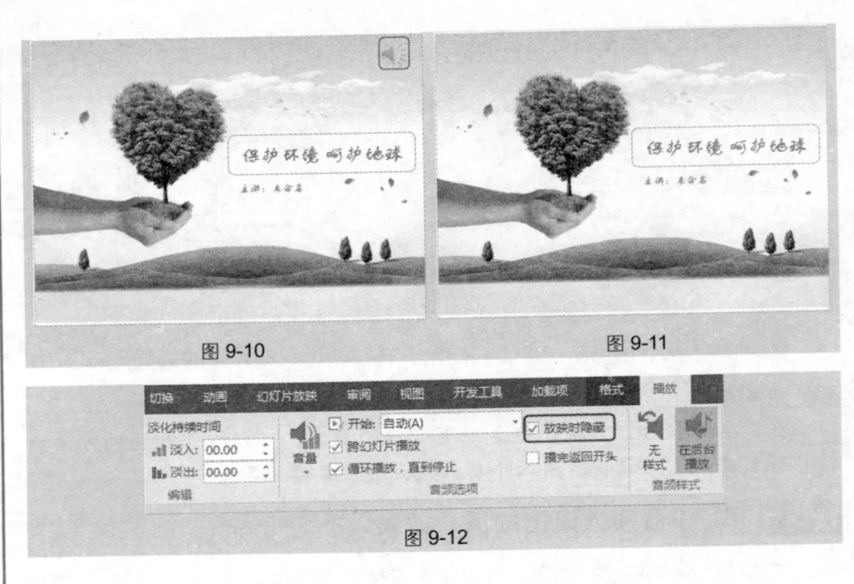

图 9-10

图 9-11

图 9-12

9.2 视频的处理技巧

技巧 188 插入视频到幻灯片中

如果需要在 PPT 中插入影片文件，可以事先将文件下载到电脑上，然后再插入到幻灯片中，如图 9-13 所示，幻灯片中插入了影片，单击即可播放。具体操作步骤如下。

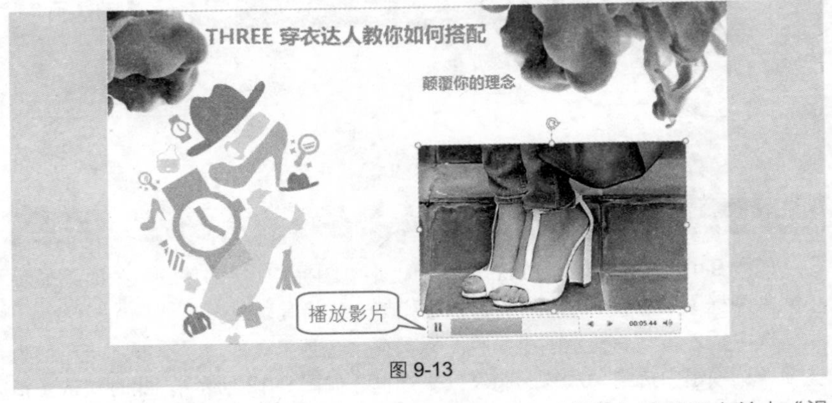

图 9-13

❶ 切换到要插入影片的幻灯片，在“插入”→“媒体”选项组中单击“视

频”下拉按钮，在其下拉菜单中选择“文件中的视频”命令，打开“插入视频文件”对话框，找到视频所在路径并选中视频，如图 9-14 所示。

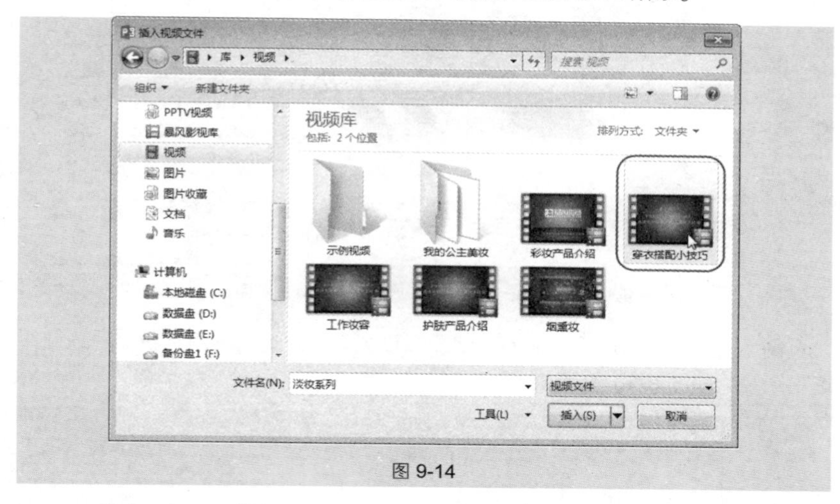

图 9-14

❷ 单击“插入”按钮，即可将选中的视频插入到幻灯片中，如图 9-15 所示。

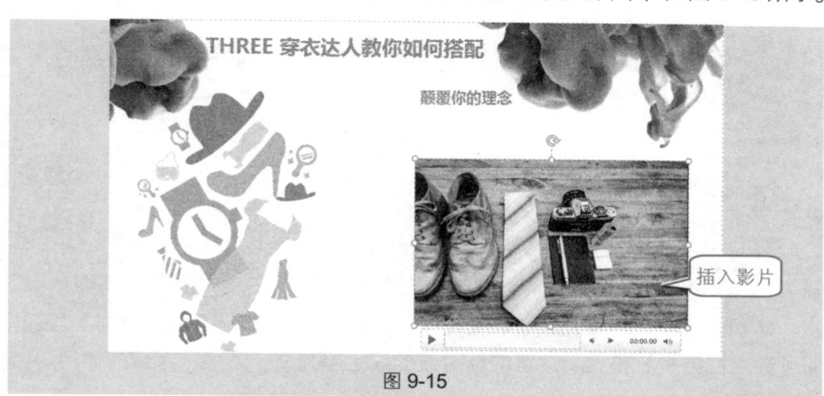

图 9-15

技巧 189 设置标牌框架遮挡视频内容

在幻灯片中插入视频后，会显示视频第一帧处的图像。如果不想让观众在放映前就知道影片的相关内容，可以插入标牌框架对视频内容进行遮挡。如图 9-16 所示的幻灯片中设置了标牌框架。具体操作如下。

❶ 选中视频，在“视频工具”→“格式”→“调整”选项组中单击“标牌框架”下拉按钮，在其下拉菜单中选择“文件中的图像”命令，如图 9-17 所示。

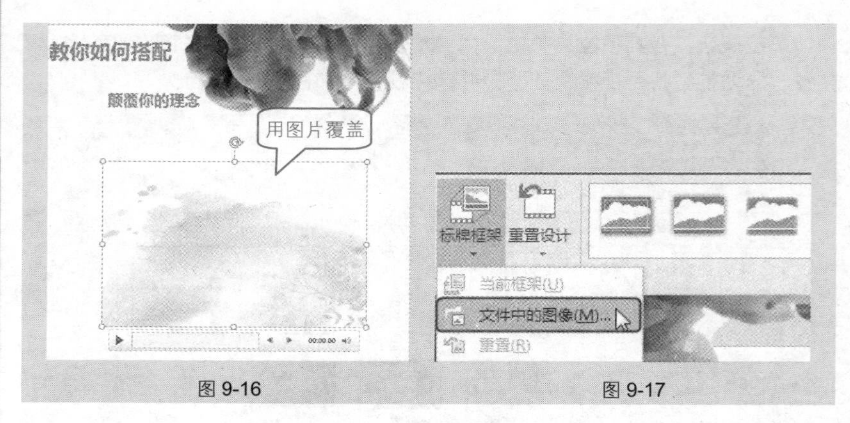

图 9-16　　　　图 9-17

❷ 打开“插入图片”对话框，找到要设置为标牌框架的图片所在的路径并选中图片，如图 9-18 所示。

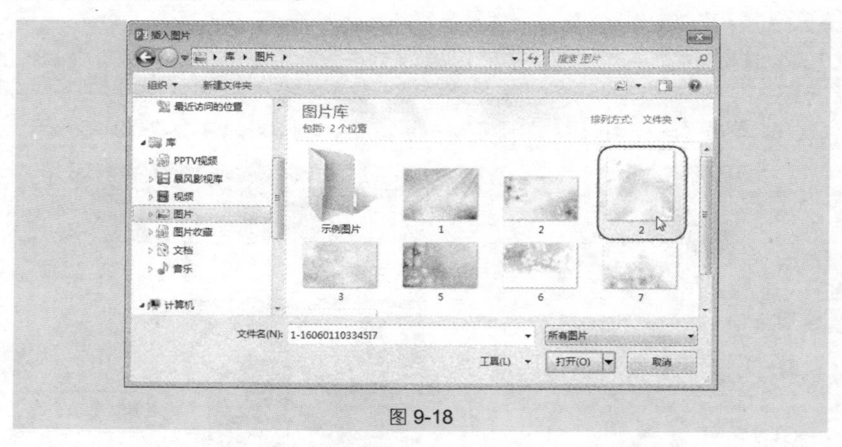

图 9-18

❸ 单击“插入”按钮，即可在视频上覆盖插入的图片。单击“播放”按钮，即可进入视频播放模式，这里的标牌框架只是起到一个遮盖、保密的作用。

技巧 190　将视频中的重要场景设置为标牌框架

在观看视频时，某些场景适合用来设置为标牌框架，将其设置为标牌框架后，显示区显示有“标牌框架已设定”字样，如图 9-19 所示。下面介绍具体操作。

❶ 播放视频直到出现需要的画面，单击“暂停”按钮将画面定格，如图 9-20 所示。

图 9-19　　　　图 9-20

❷ 在“格式”→“调整”选项组中单击“标牌框架”下拉按钮，在其下拉菜单中选择“当前框架”命令（如图 9-21 所示），即可达到如图 9-19 所示的效果。

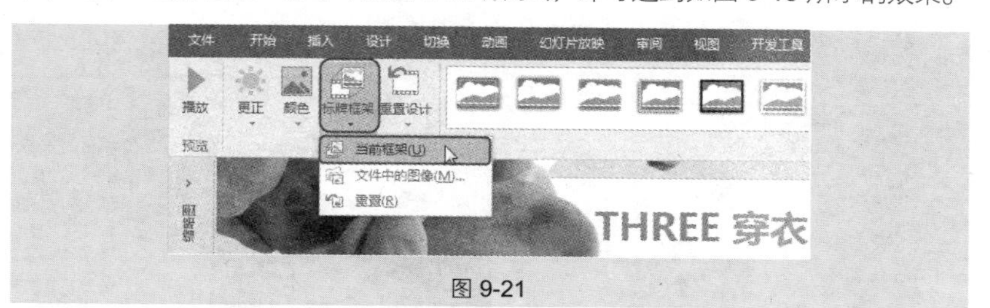

图 9-21

技巧 191　自定义视频的播放窗口的外观

系统默认播放插入视频的窗口是长方形的，可以设置个性化的播放窗口（如图 9-22 所示，将播放窗口外观更改成了“多文档”样式），具体操作方法如下。

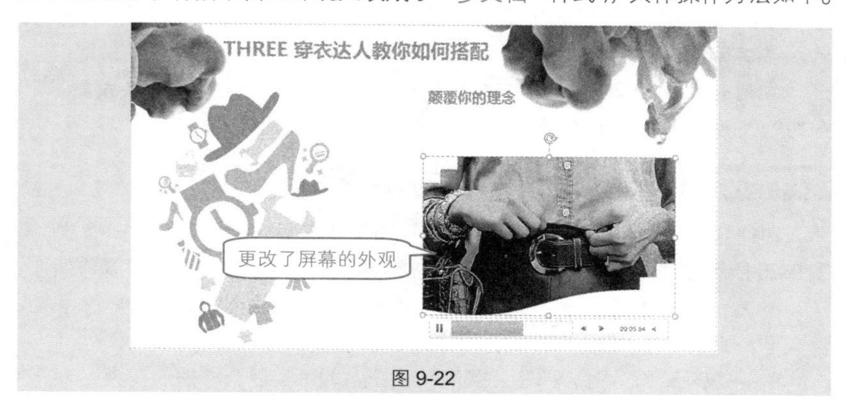

图 9-22

❶ 选中视频，在“视频工具”→“格式”→“视频样式”选项组中单击“视频形状”下拉按钮，在其下拉列表中选择“多文档”图形，如图 9-23 所示。

图 9-23

❷ 程序根据选择的形状自动更改视频的窗口形状，如图 9-24 所示。

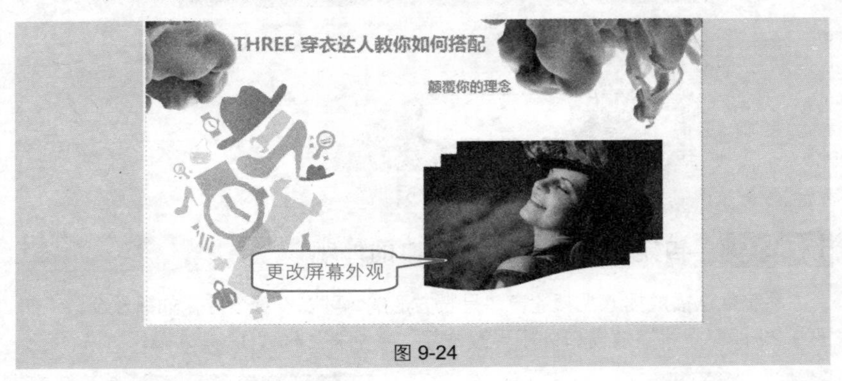

图 9-24

专家点拨

在幻灯片中，用户还可以根据需要为视频的播放窗口添加格式效果，如阴影、发光等，其操作方法与图片的操作方法相同。

技巧 192　让视频在幻灯片放映时全屏播放

在幻灯片中插入了视频后，放映幻灯片时，视频只在默认的窗口中播放（如图 9-25 所示）。通过设置可以实现全屏播放效果，如图 9-26 所示。具体操作如下。

❶ 在“视频工具”→“播放”→“视频选项”选项组中选中“全屏播放”复选框，如图 9-27 所示。

❷ 在放映幻灯片时，单击“播放”按钮，即可实现全屏播放视频。

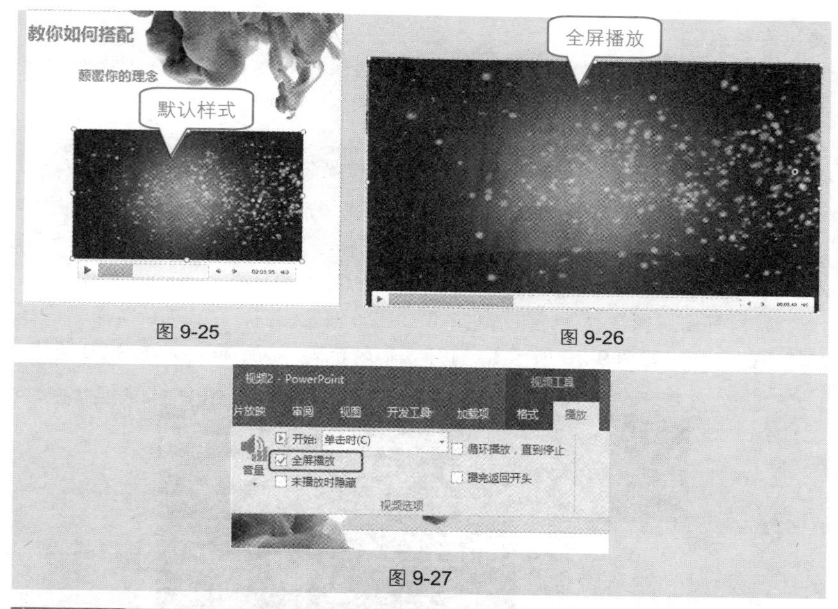

图 9-25

图 9-26

图 9-27

技巧 193　自定义视频的色彩

在放映演示文稿时，播放的视频是以彩色效果放映的，为了达到一些特殊的画面效果，还可以设置让视频以黑白（或其他颜色）效果放映。具体操作如下。

❶ 选中视频，在“视频工具”→“格式”→“调整”选项组中单击“颜色”下拉按钮，在其下拉列表中选择“白色，背景颜色 **2** 浅色”颜色选项，如图 9-28 所示。

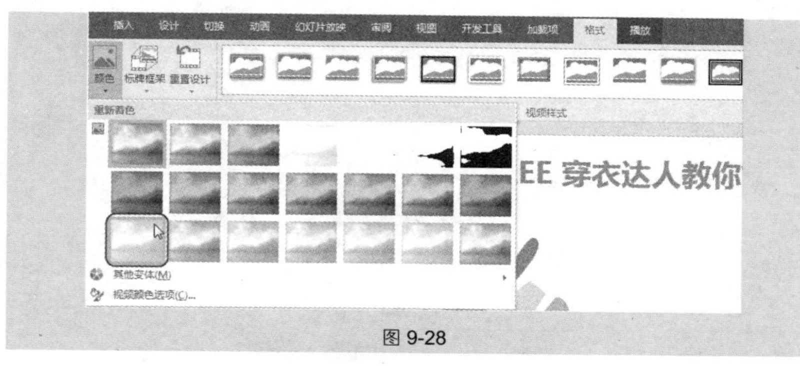

图 9-28

❷ 播放幻灯片时即可以黑白效果放映。

专家点拨

按相同的方法还可以选择多种色彩来播放视频，以达到一些特殊的效果，如旧电影的效果、朦胧效果等。

技巧 194　不能识别视频格式时用暴风影音转换

如果插入幻灯片中的视频在放映时无法正常播放，可能是软件不能识别当前视频格式。这种情况下可以事先利用视频格式转换工具（如暴风影音等），把插入的视频格式转换为常用格式，如 WMV、MPEG、MKV 等。下面介绍操作方法。

❶ 打开暴风影音软件，单击左下角“工具箱”按钮，在其下拉菜单中选择“转码”命令（如图 9-29 所示），打开“暴风转码”对话框，如图 9-30 所示。

图 9-29

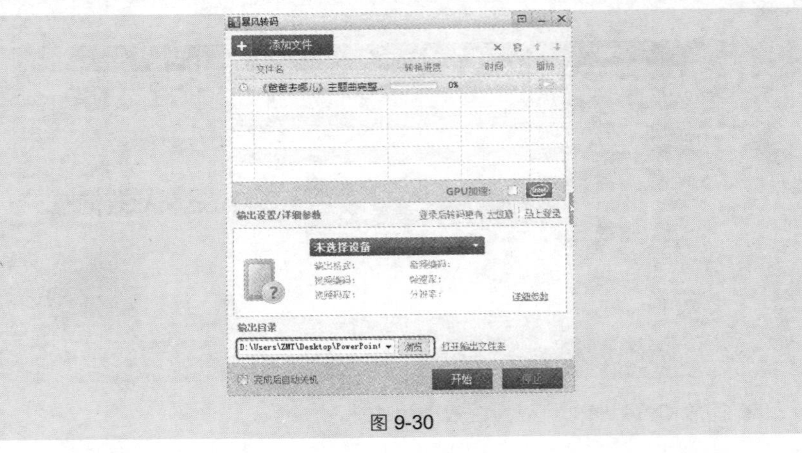

图 9-30

❷ 单击“添加文件”按钮，找到待转换文件所在的路径，选中添加，并单击“浏览”按钮设置下方“输出目录”的路径。

❸ 在“输出设置/详细参数”栏下单击“未选择设备”按钮，打开“输出格式”对话框，设置“输出类型”为“家用电脑”，“品牌型号”为“流行视频格式”，单击右侧下拉按钮，在下拉列表中选择转换格式“**WMV**”，最后单击“确定”按钮，如图 9-31 所示。

❹ 返回“暴风解码”对话框，单击右下角“开始”按钮，即可开始转换视频，如图 9-32 所示。

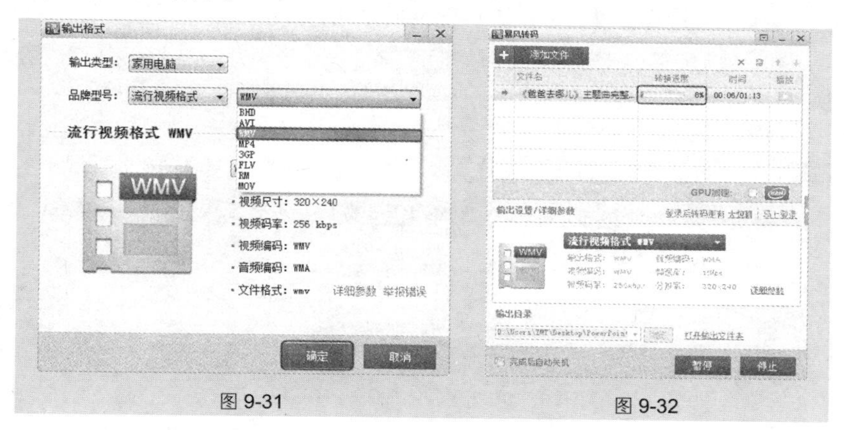

图 9-31　　图 9-32

❺ 待转换完成后，选择“打开输出文件夹”命令，即可在输出路径中看到转换后的视频文件为可以识别的“**WMV**”格式。

第10章 幻灯片中对象的动画效果

10.1 设置幻灯片的切片动画

技巧 195 为幻灯片添加切片动画

在放映幻灯片时，当前一张放映完并进入下一张放映时，可以设置不同的切换方式。PowerPoint 2016 中提供了非常多的切片效果以供使用。具体操作如下。

❶ 选中要设置的幻灯片，在“切换”→“切换到此幻灯片”选项组中单击 ▾ 按钮，在下拉列表中选择一种切片效果，如“随机线条”，如图 10-1 所示。

图 10-1

❷ 设置完成后，当在播放幻灯片时即可使用“随机线条”效果进行幻灯片的切换。如图 10-2 和图 10-3 所示为切片动画播放时的效果。

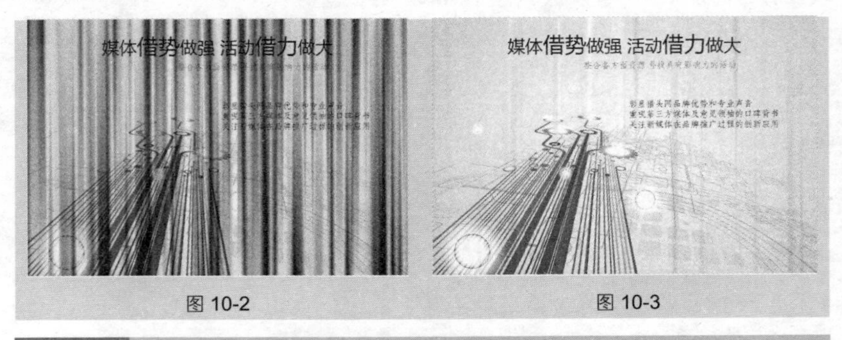

图 10-2　　图 10-3

技巧 196 一次性设置所有幻灯片的切片动画

在设置好某一张幻灯片的切片效果后，为了省去逐一设置的麻烦，用户可以将幻灯片的切片效果一次性应用到所有幻灯片中。

设置好幻灯片的切片效果之后，单击“切换”→“计时”选项组中的“全部应用”按钮（如图 10-4 所示），即可同时设置全部幻灯片的切片效果。

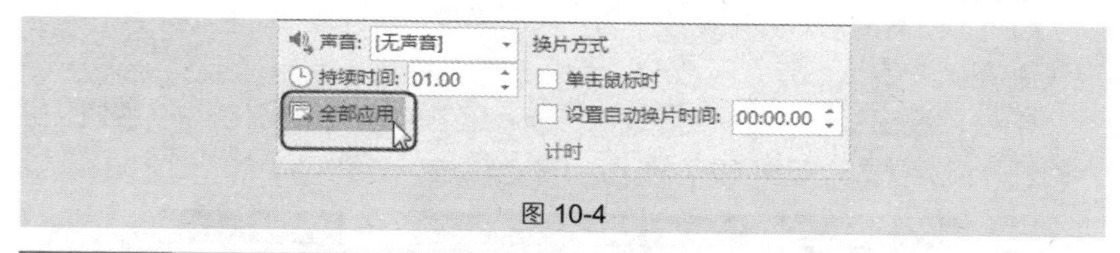

图 10-4

技巧 197 自定义切片动画的持续时间

为幻灯片添加了切片动画后，其切换的速度是可以改变的。一般情况下，为了保持整体统一的效果，可以设置为相同的切换速度。具体操作如下。

❶ 设置好幻灯片的切片效果之后，在“切换”→“计时”选项组的“持续时间”设置框里输入持续时间，或者通过上下调节按钮设置持续时间，如图 10-5 所示。

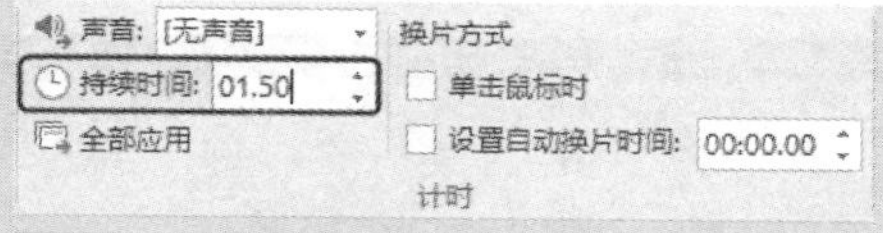

图 10-5

❷ 设置完成后，即为所有幻灯片定义了切片动画的持续时间。

技巧 198 让幻灯片能自动切片

切换幻灯片通常有两种方法：一种是单击鼠标；一种是通过设置时间实现幻灯片自动切片。这种自动切片的方式适用于浏览型幻灯片的自动播放。具体操作如下。

❶ 设置好幻灯片的切片效果之后，在“切换”→“计时”选项组中选中“设置自动切换片时间”复选框，在其设置框中输入自动换片时间，或者通过上下调节按钮设置换片时间，如图 10-6 所示。

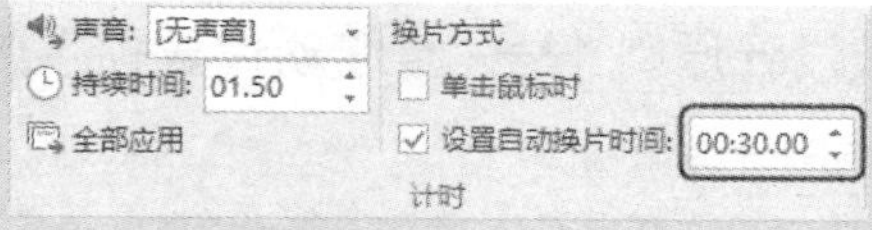

图 10-6

❷ 设置完成后，幻灯片即可按照设置的时间自动切片。

技巧 199　快速清除所有切片动画

如果为所有的幻灯片都设置了切片动画后想一次性取消，按以下操作可实现快速清除。

❶ 在“视图”→“演示文稿视图”选项组中单击“幻灯片浏览”按钮，进入幻灯片浏览视图，如图 10-7 所示。

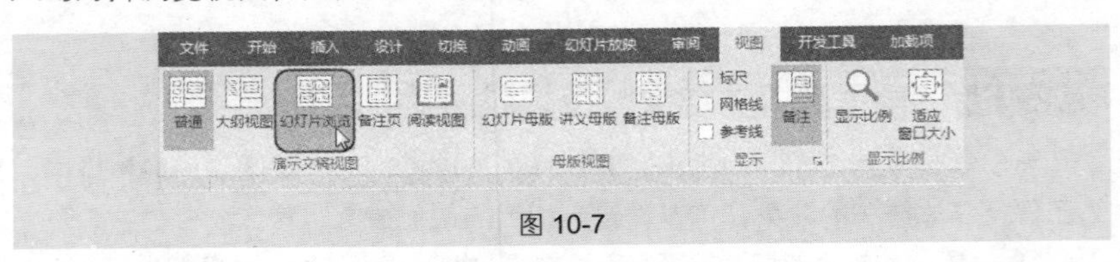

图 10-7

❷ 按“Ctrl+A”快捷键，选中所有幻灯片，在“切换”→“切换到此幻灯片”选项组中单击“其他 (⊡)”按钮，在其下拉列表中选择“无”选项，如图 10-8 所示。设置完成后，即可快速清除所有切片动画。

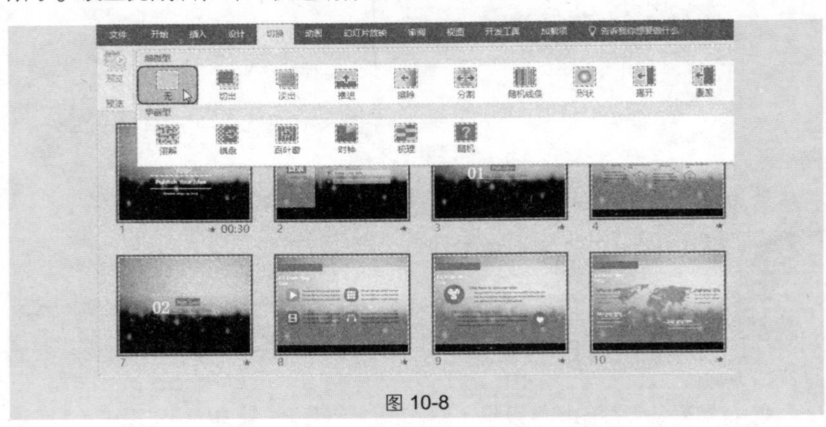

图 10-8

10.2　自定义动画

技巧 200　动画设计原则 1——全篇动作要顺序自然

动作要顺序，即动作要遵循人们的视觉习惯，不要满篇幅随意跳跃；动作要自然指的是选择任何动画都是有依据的，是一种自然呈现的过程，不要为了够炫而随意设置与幻灯片主题不相符的夸张动画。

动画效果主要分为“进入”“强调”“退出”几个方面，如图 10-9 所示。

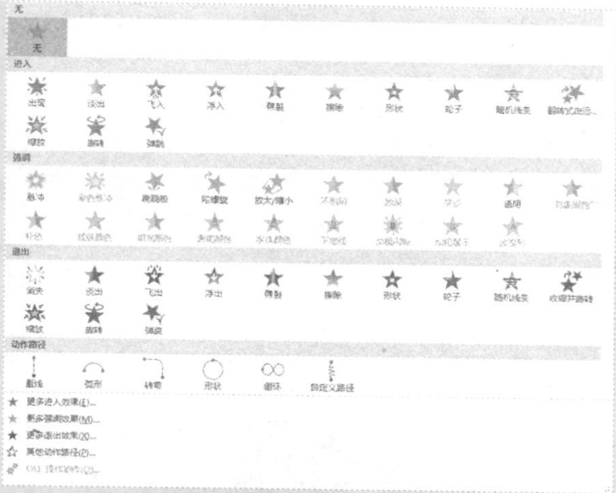

图 10-9

设计动画时要根据当前幻灯片的性质选择合适的动画效果。工作型 PPT 中会使用效果相对平缓的动画，如出现、擦除、随机线条等；娱乐型 PPT 中可以使用效果活跃一些的动画，如翻转式由远及近、弹跳、缩放等。

如图 10-10 所示的幻灯片，通过动画的序号可以看出，首先播放大标题，接着依次为两行文字，然后是“高清像素”文字，最后是几幅图片同时出现。

图 10-10

技巧 201　动画设计原则 2——重点用动画强调

在制作幻灯片的过程中，需要考虑演示给观众时要强调突出表达的重点内容，即在设计动画时要注意强调重点，通过强调动画让观众更加关注重点，更容易记住重点。

如图 10-11 所示，想要强调说明高清像素的图片，动画编号“5”是为 3 幅图片添加了“飞入”动画效果。

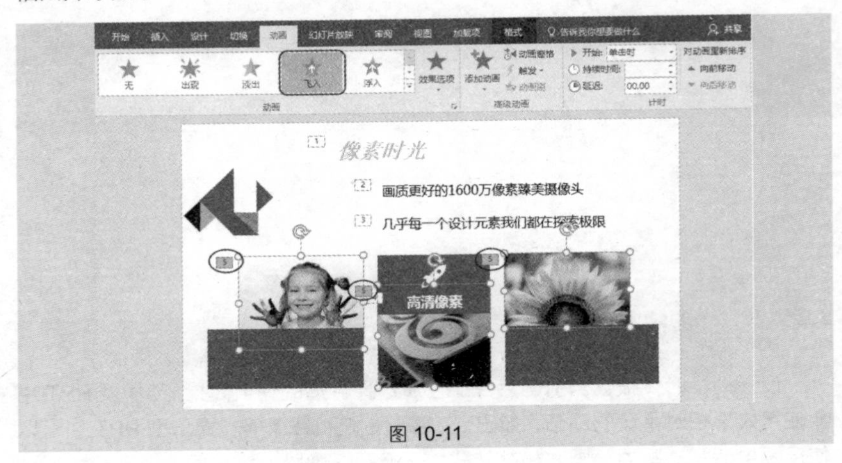

图 10-11

❶ 保持对 3 个动画编号“5”的选中状态，在“动画”→“高级动画”选项组中单击“添加动画”下拉按钮，在其下拉列表中选择“更多强调效果”命令（如图 10-12 所示），打开“添加强调效果”对话框，选择“放大/缩小”动画，如图 10-13 所示。

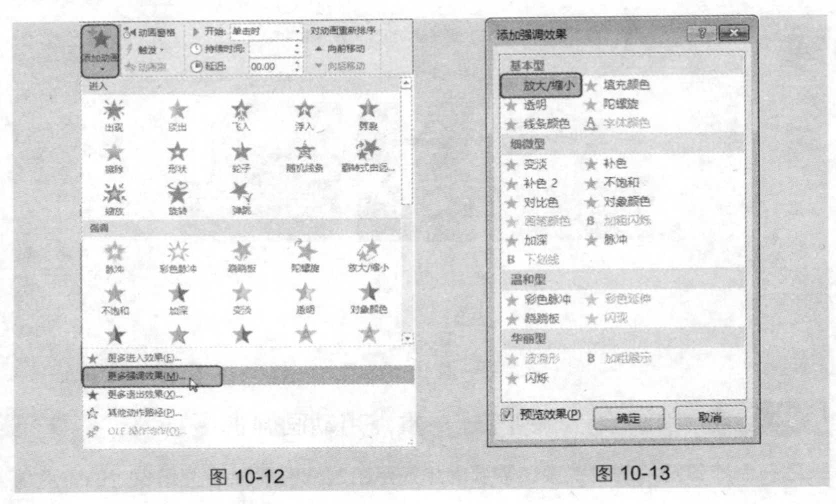

图 10-12　　图 10-13

❷ 单击“确定”按钮，可以看到 3 幅图片旁添加了动画编号“**6**”，即为幻灯片添加了强调动画，如图 10-14 所示。动画在播放时所实现的效果是 3 幅图片同时出现后再放大进行强调。

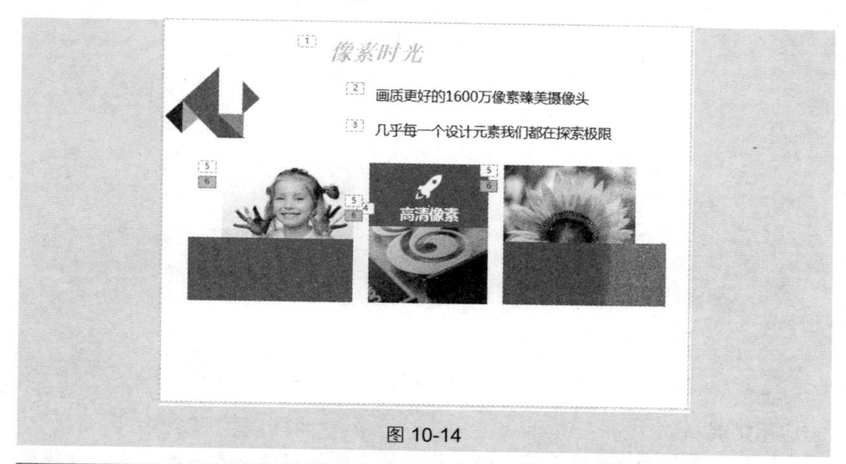

图 10-14

技巧 202　为标题文本添加动画

当为幻灯片添加动画效果后，会用数字标识出来。如图 10-15 所示，即为“低碳经济”文本添加了动画效果。具体操作如下。

图 10-15

❶ 选中要设置动画的文字，在“动画”→“动画”选项组中单击 ▾ 按钮（如图 10-16 所示），在其下拉列表中选择“进入”栏下“随机线条”动画样式（如图 10-17 所示），即可为文字添加该动画效果。

❷ 在“预览”选项组中单击“预览”按钮，可以自动演示动画效果。

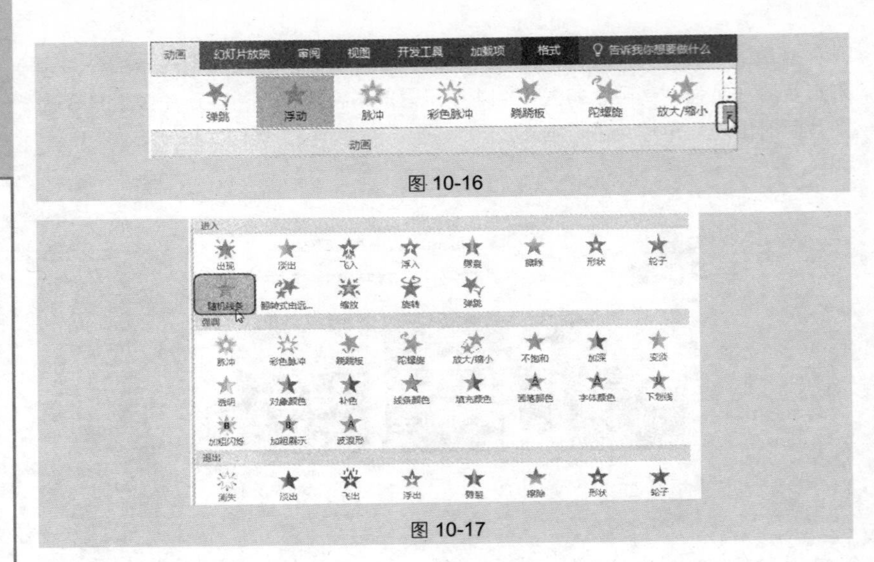

图 10-16

图 10-17

应用扩展

如果菜单中的动画效果不能够满足需求，还可以选择更多的效果，具体操作如下。

❶ 在“动画”→“动画”选项组中单击按钮，在其下拉列表中选择“更多进入效果”命令，如图 10-18 所示。

❷ 打开“更改进入效果”对话框，即可查看并应用更多动画样式，如图 10-19 所示。

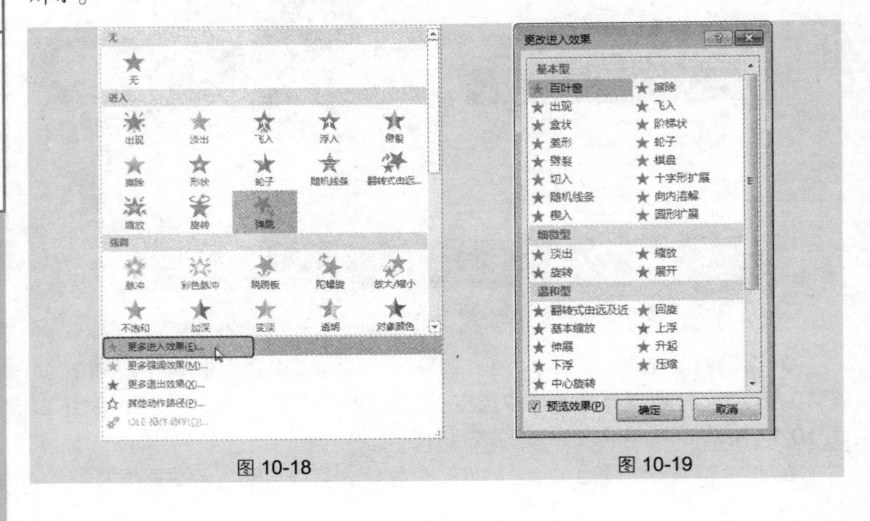

图 10-18　　图 10-19

技巧 203　修改不满意的动画

如图 10-20 所示，当前为"年度工作计划"文字添加了"弹跳"动画效果，如果想使用另一种动画效果（如"形状"），可以更改原动画效果。具体操作如下。

图 10-20

❶ 在幻灯片中选中添加了动画的对象，在"动画"→"动画"选项组中单击 ▾ 按钮，打开下拉列表，如图 10-21 所示。

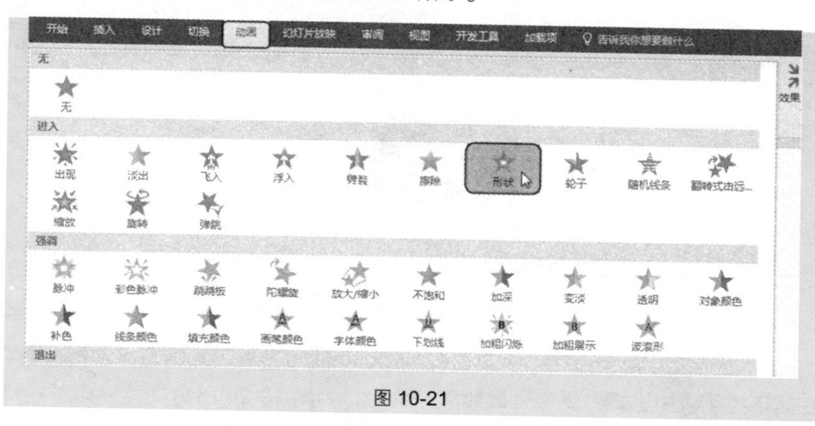

图 10-21

❷ 单击"进入"栏下"形状"动画样式即可快速将原动画更改为新的动画。

技巧 204　对单一对象指定多种动画效果

对于需要重点突出显示的对象，可以为其设置多个动画以达到更好的表达效果。如图 10-22 所示即为图片设置了“浮入”进入效果和“放大/缩小”强调效果（对象前面有两个动画编号）。具体操作如下。

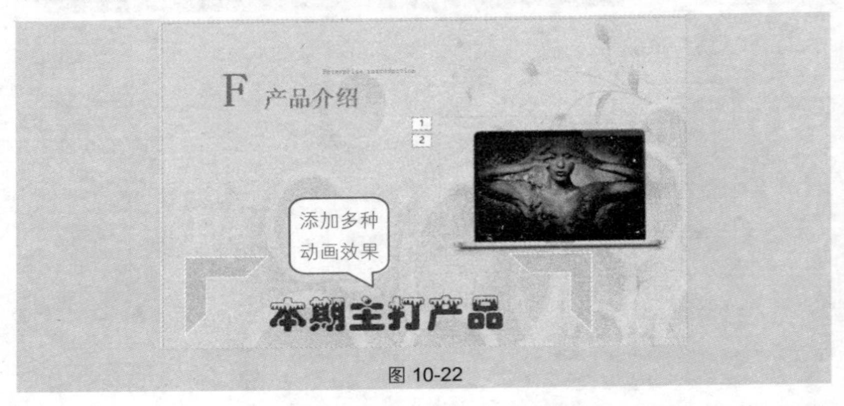

图 10-22

❶ 选中图片，在“动画”→“高级动画”选项组中单击“添加动画”下拉按钮，在其下拉列表的“进入”栏下选择“浮入”动画样式，如图 10-23 所示。

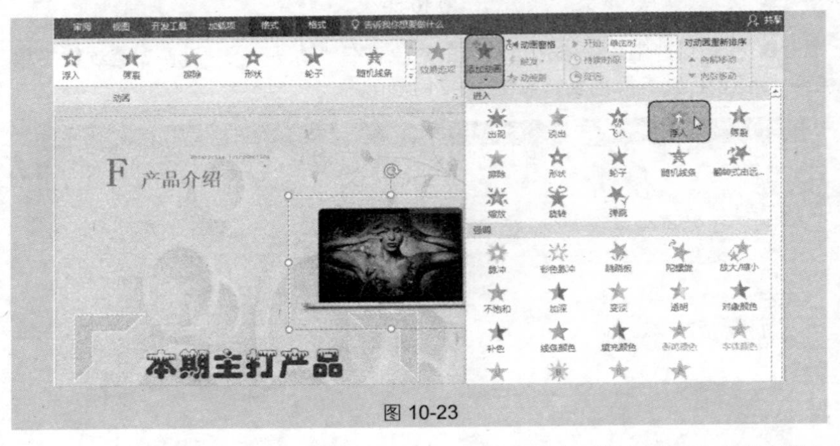

图 10-23

❷ 此时文字前出现一个数字编号“1”，再次单击“添加动画”下拉按钮，在其下拉列表中选择“更多强调效果”命令，如图 10-24 所示。

❸ 打开“添加强调效果”对话框，在“基本型”栏下选择“放大/缩小”动画效果，如图 10-25 所示。

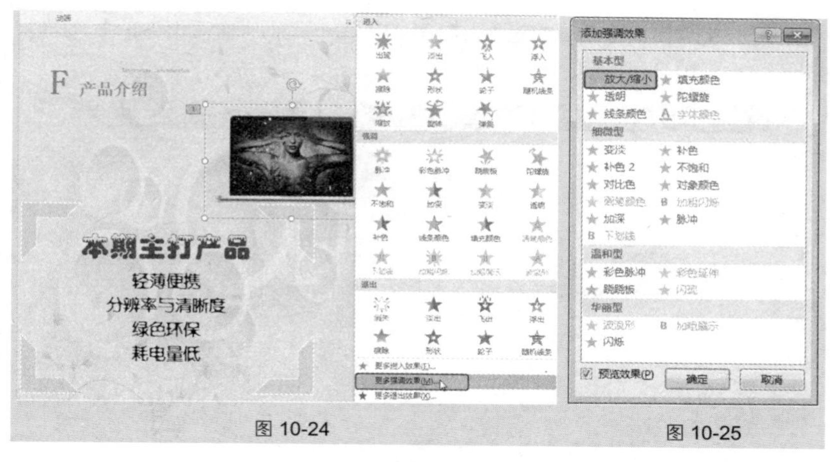

图 10-24　　　　　　图 10-25

❹ 单击“确定”按钮，即可为文字添加两种动画效果。单击“预览”按钮，即可预览动画。

专家点拨

为对象添加动画效果时，不仅能添加“进入”和“强调”效果，还可以同时为对象添加“退出”效果。

技巧 205　让对象按路径进行运动

路径动画是一种非常奇妙的效果，通过设置路径可以让对象进行上下、左右移动或沿着路线移动。这种一般只能在 Flash 中实现的特殊效果，也可以在幻灯片中通过设置动画效果实现，如图 10-26 所示。具体操作如下。

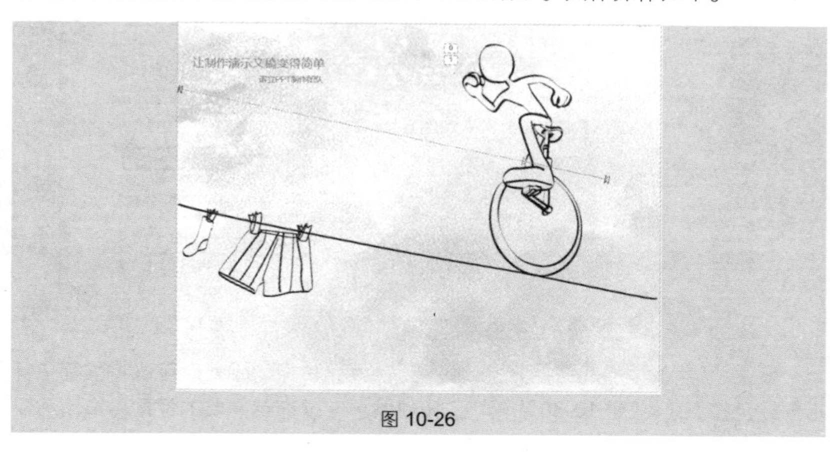

图 10-26

❶ 选中需要设置动画的对象，在“动画”→“动画”选项组中单击“其他”按钮，如图 10-27 所示。

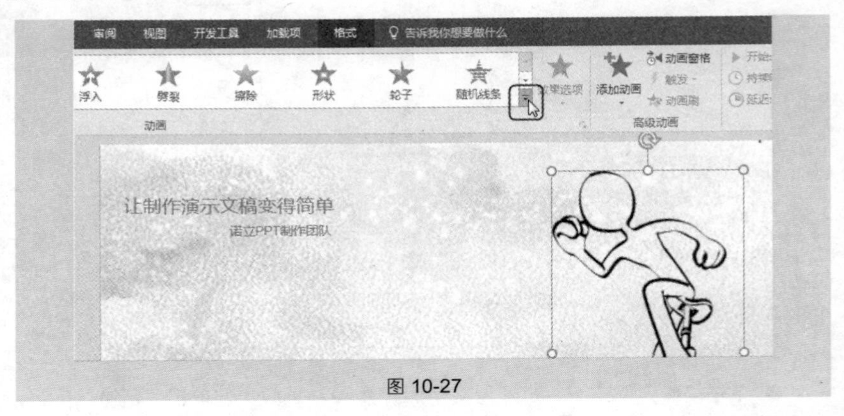

图 10-27

❷ 在下拉列表中选择“其他动作路径”命令（如图 10-28 所示），弹出“更改动作路径”对话框。

❸ 选择“对角线向右下”选项（如图 10-29 所示），再单击“确定”按钮，即可为对象指定路径。

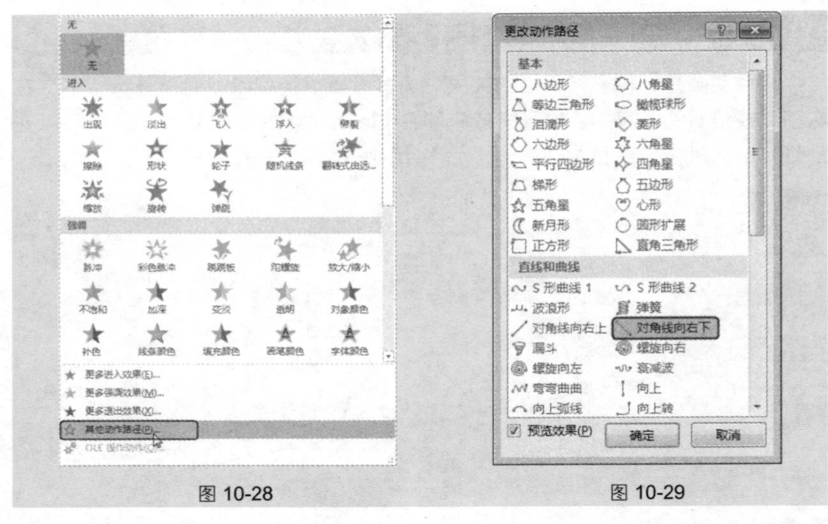

图 10-28　　　　图 10-29

❹ 程序默认添加的路径并不一定能满足我们的需求，此时可以将鼠标指针指向红色控点（如图 10-30 所示），按住鼠标左键拖至需要的位置，拖动后效

果如图 10-31 所示。在放映时对象就会沿着设置的路径运动。

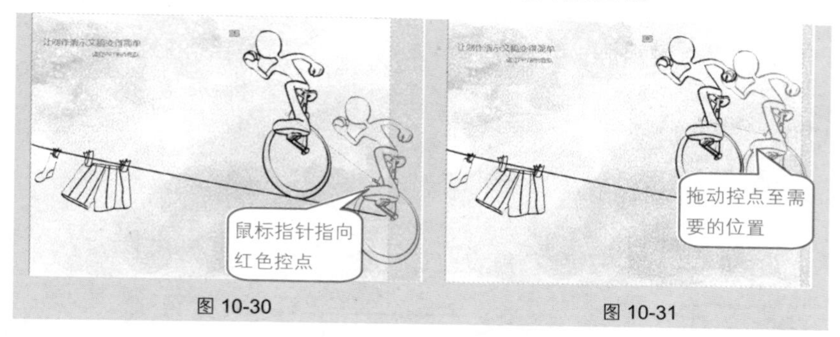

图 10-30　　图 10-31

❺ 按照同样的操作方法，使用“添加动画”功能，将第 1 个路径起点移到终点处（作为第 2 条路径起点），然后向左上绘制路径，即可得到如图 10-26 所示的效果。

技巧 206　饼图的轮子动画

PPT 中每个动画都要有其设置的必要性，可以根据对象的特点完成设置，如为饼图设置轮子动画。如图 10-32 和图 10-33 所示为动画播放时的效果。

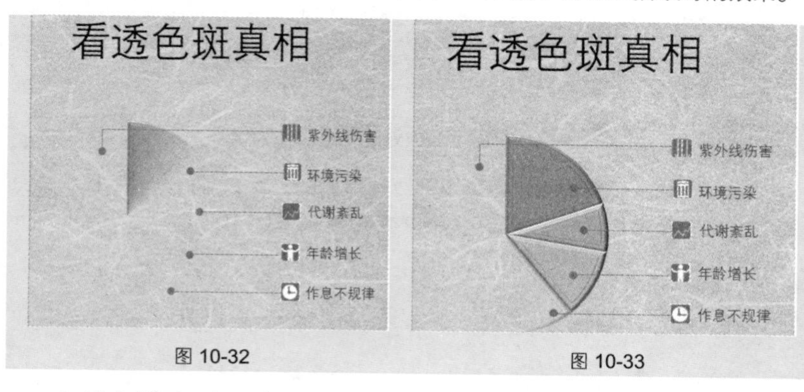

图 10-32　　图 10-33

❶ 选中饼图，在“动画”→“动画”选项组中单击 按钮，在其下拉列表中选择“进入”栏下“轮子”动画样式（如图 10-34 所示），即可为饼图添加该动画效果。

❷ 选中图表，单击“动画”→“动画”选项组中的“效果选项”下拉按钮，在其下拉列表的“序列”栏下选择“按类别”选项（如图 10-35 所示），即可实现单个扇面逐个应用轮子动画的效果，如图 10-36 所示。

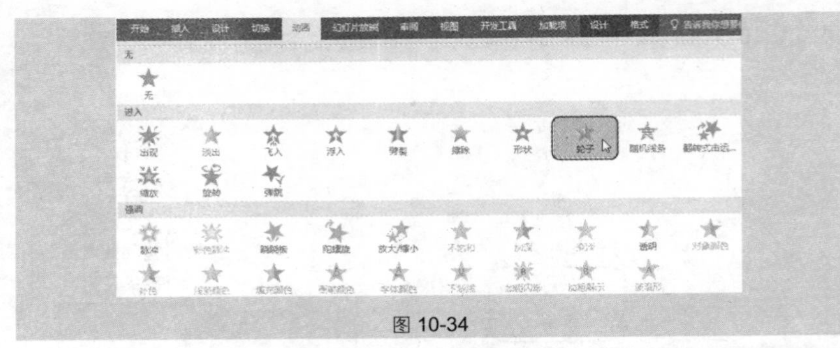

图 10-34

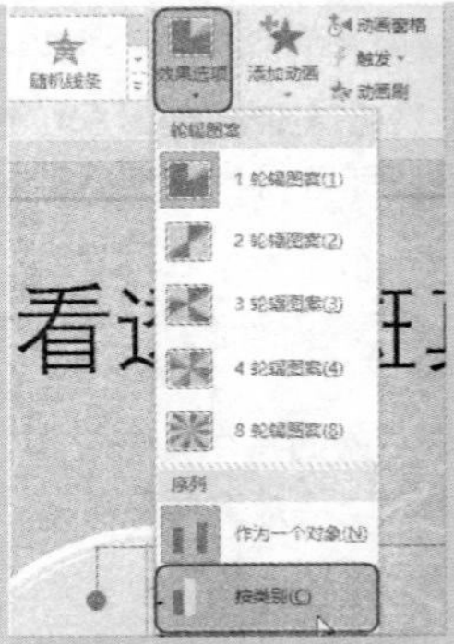

选择“按类别”效果时一个扇面视作为一个动作

图 10-35 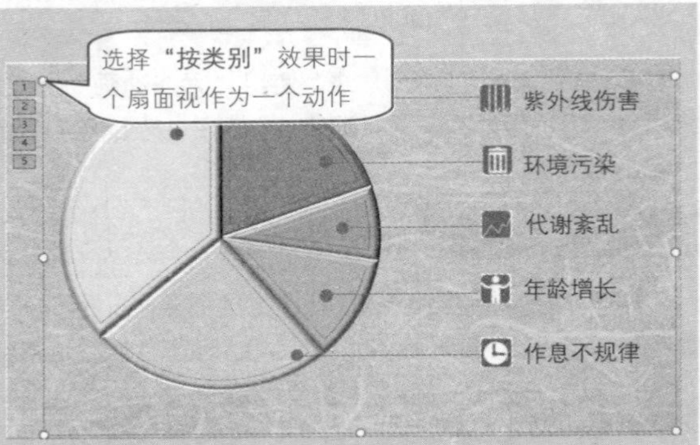　　图 10-36

技巧 207　柱形图的逐一擦除式动画

根据柱形图中各柱子代表着不同的数据系列的特点，可以为柱形图设置逐一擦除式动画效果，从而加深观众对图表的理解。如图 10-37 和图 10-38 所示为动画播放时的效果。具体操作如下。

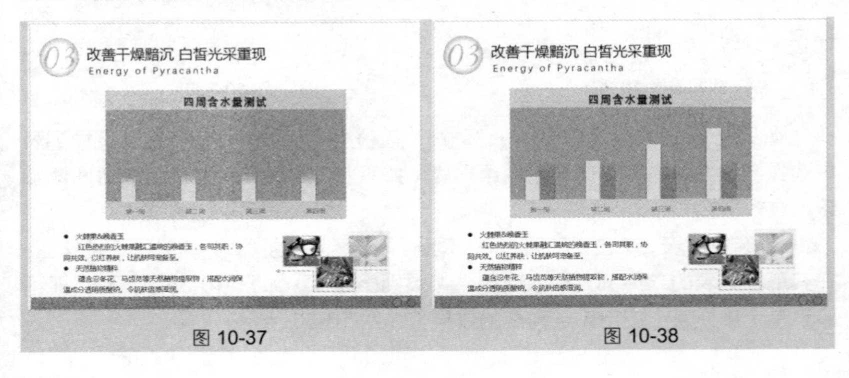

图 10-37　　图 10-38

❶ 选中图形，在“动画”→“动画”选项组中单击▾按钮，在其下拉列表中选择“进入”栏下“擦除”动画样式，如图 10-39 所示。

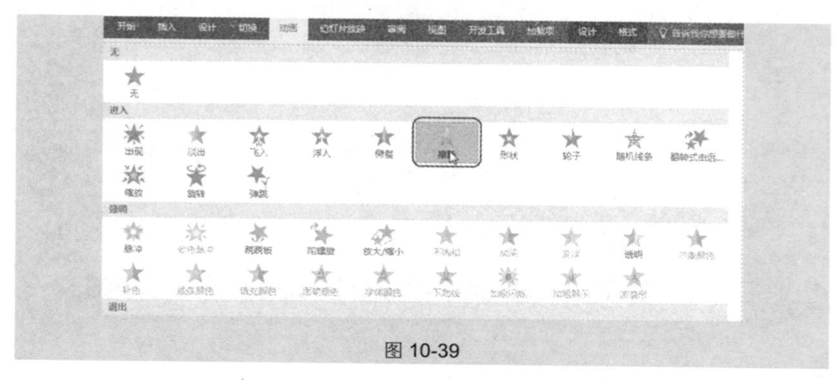

图 10-39

❷ 选中图形，单击“动画”→“动画”选项组中的“效果选项”下拉按钮，在其下拉列表的“方向”栏下选择“自底部”选项，在“序列”栏下选择“按系列”选项（如图 10-40 所示），即可实现按系列逐个擦除的动画效果。

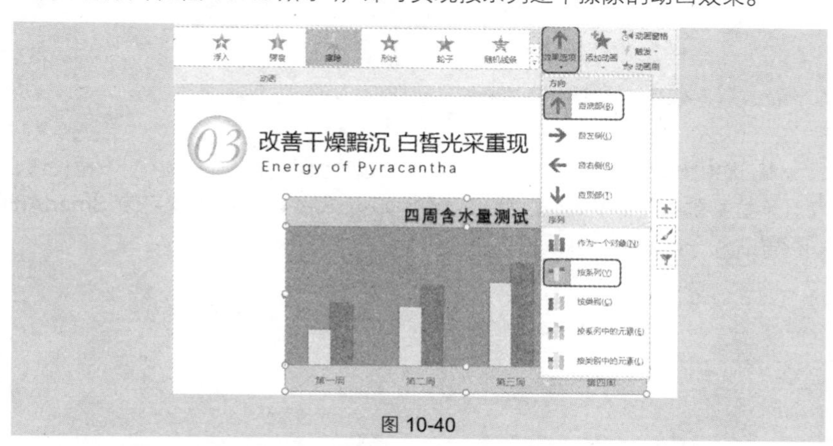

图 10-40

技巧 208　SmartArt 图形的逐一出现式动画

SmartArt 图形不同于简单的图形或文本，它具有层次性和逻辑性，可以为其设置逐一出现的动画效果，从而吸引观众的视线，如图 10-41 和图 10-42 所示。具体操作如下。

❶ 选中 SmartArt 图形，在“动画”→“动画”选项组中单击▾按钮，在其下拉列表中选择“进入”栏下“出现”动画样式，如图 10-43 所示。

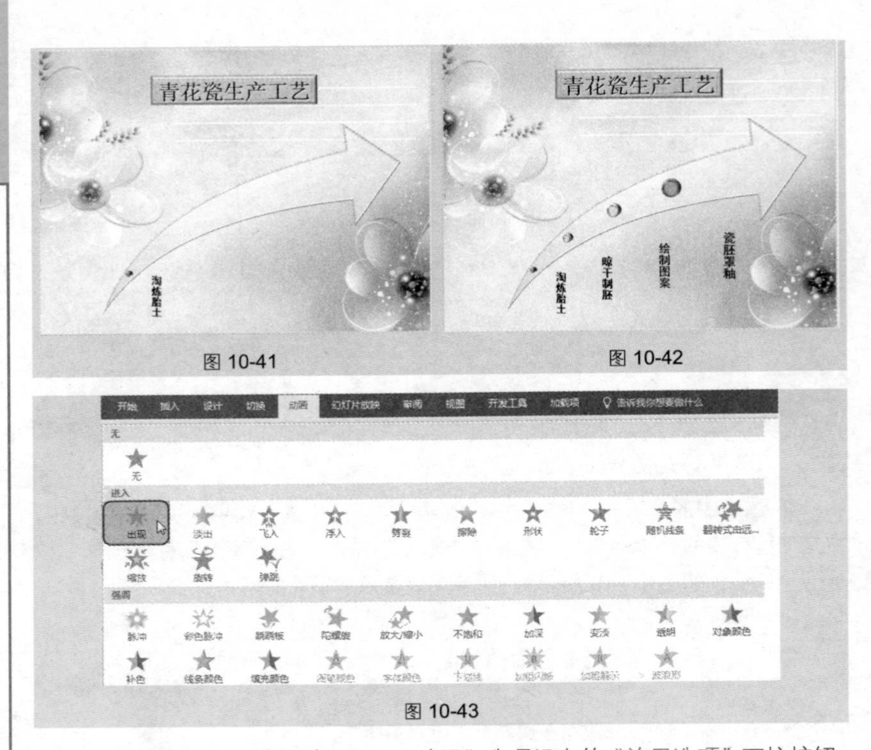

图 10-41　　图 10-42

图 10-43

❷ 选中图形，单击“动画”→“动画”选项组中的“效果选项”下拉按钮，在其下拉菜单中选择“逐个”效果样式（如图 10-44 所示），即可为 SmartArt 图形设置逐一出现的动画效果。

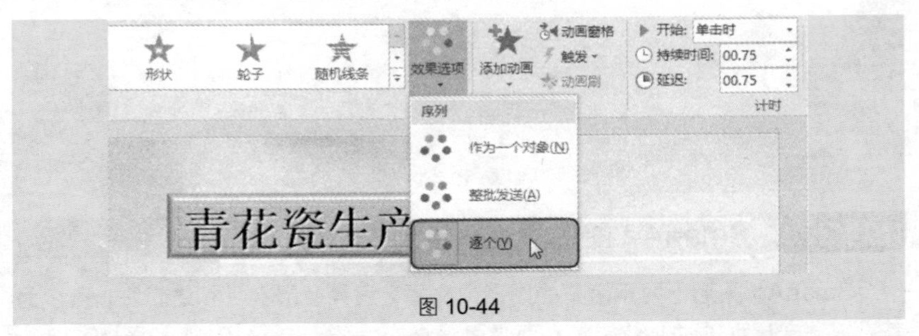

图 10-44

技巧 209　删除不需要的动画

如果对添加的动画效果不满意不想再使用，可以将目标动画删除。具体操作如下。

选中想删除的动画的编号（如图 10-45 所示），此时动画编号框的颜色变成红色，在“动画”→“动画”选项组中显示出当前文本的动画效果，单击按钮，打开下拉列表，选择“无”选项即可删除，如图 10-46 所示。

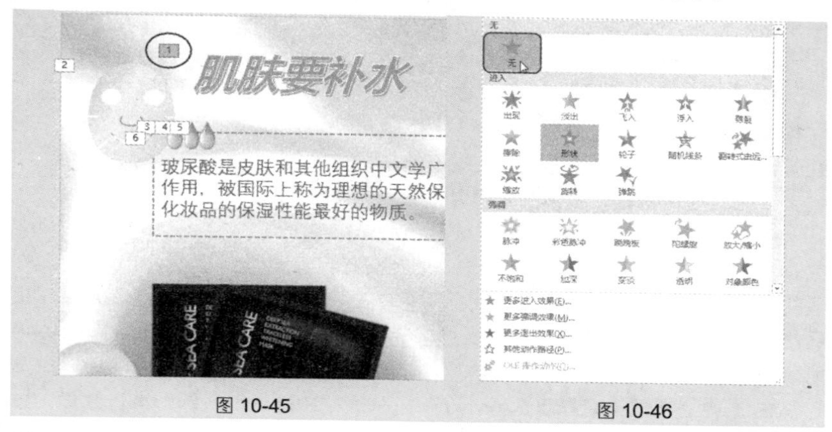

图 10-45　　图 10-46

应用扩展

除了以上的方法外，还可以选中需要删除的动画效果对象，光标定位于对象前的动画标记，按“Delete”键即可删除。

技巧 210　为每张幻灯片添加相同的动作按钮

动作按钮用于将制作好的幻灯片转到下一张、上一张、第一张或最后一张，也可用于播放声音、视频等。如图 10-47 所示即为每张幻灯片应用了相同的动作按钮，本例为“上一张”动作按钮，即在放映幻灯片时，在任意一张幻灯片中都可以单击此按钮返回到上一张幻灯片。

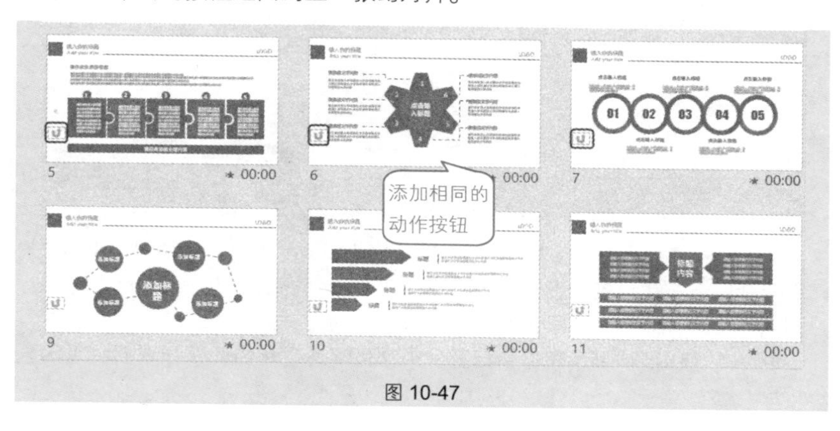

图 10-47

添加统一动作按钮的具体的操作步骤如下。

❶ 在“视图”→“母版视图”选项组中单击“幻灯片母版”按钮，即可进入幻灯片母版视图。

❷ 在左侧选中主母版，在“插入”→“插图”选项组中单击“形状”下拉按钮，在弹出的下拉列表的“动作按钮”栏下单击“上一张”动作按钮，如图 10-48 所示。

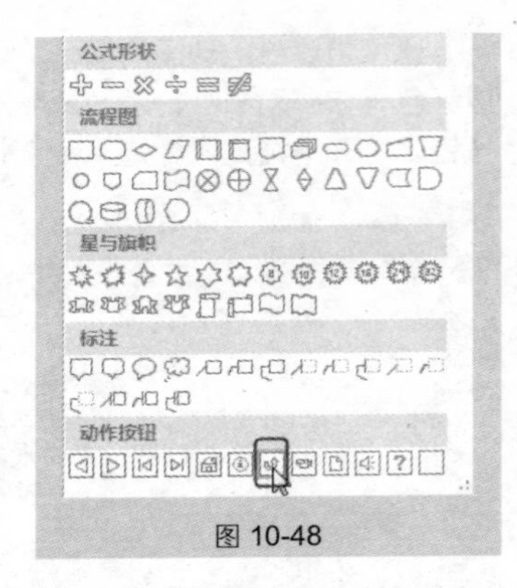

图 10-48

❸ 此时光标变成十字箭头形状，拖动鼠标在幻灯片适当位置绘制出一个大小合适的“上一张”动作按钮，释放鼠标即可弹出“操作设置”对话框。选中“超链接到”单选按钮，然后在下拉列表框中选择“上一张幻灯片”选项，如图 10-49 所示。

❹ 选中“播放声音”复选框，在下拉列表框中选择“风铃”声音效果，如图 10-50 所示。

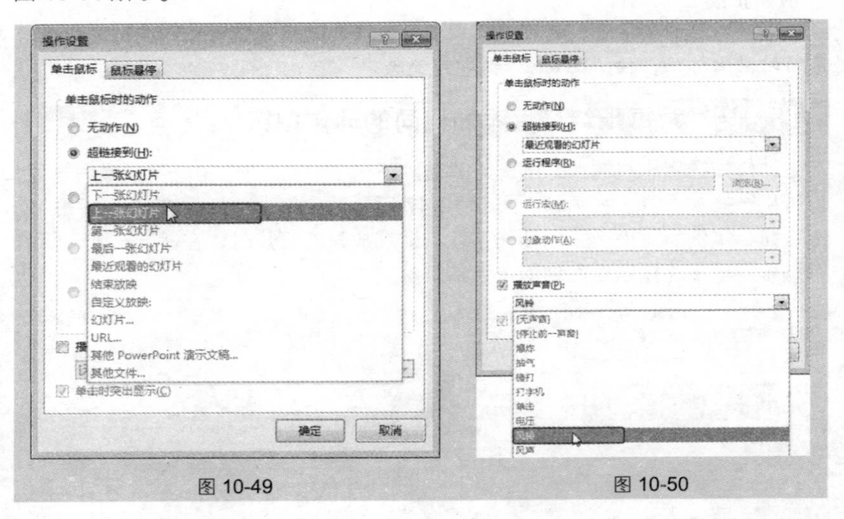

图 10-49　　图 10-50

❺ 单击“确定”按钮，然后在“幻灯片母版”→“关闭”选项组中单击“关闭母版视图”按钮，接着在“视图”→“演示文稿视图”选项组中单击“幻灯片浏览”按钮，即可看到每张幻灯片均添加了动作按钮。

❻ 在放映幻灯片时，在每张幻灯片中都可以通过单击此按钮返回到上一张幻灯片。

10.3 动画播放效果设置技巧

技巧 211 重新调整动画的播放顺序

在放映幻灯片时，默认情况下动画的播放顺序是按照设置动画时的先后顺序进行的。完成所有动画的添加后，如果在预览时发现播放顺序不合适，可以进行调整而不必重新设置。

如图 10-51 所示，从动画窗格中可以看到本例中所设置的动画是先播放文字，再播放图片。而我们想实现产品名称与图片一一对应播放的效果，即出现产品名称后，接着出现产品的图片。具体操作方法如下。

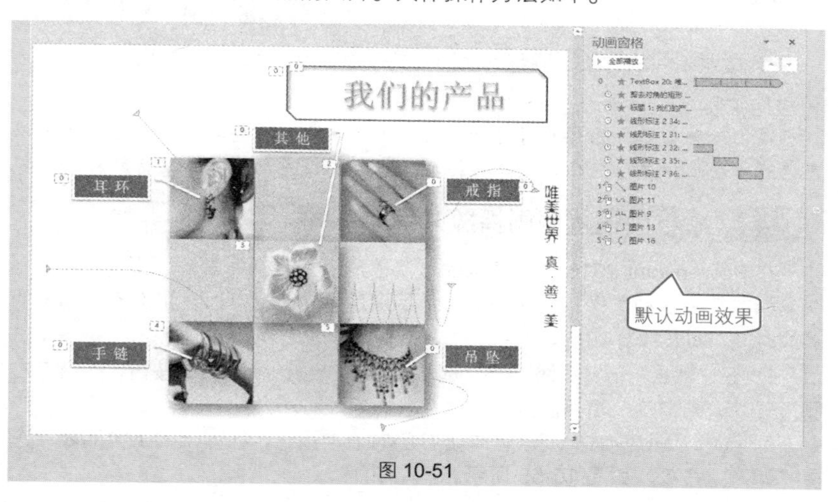

图 10-51

❶ 在“动画”→“高级动画”选项组中单击“动画窗格”按钮（如图 10-52 所示），在窗口右侧打开“动画窗格”窗格。

图 10-52

❷ 在“动画窗格”窗格中选中“图片 **10**”动画，单击“向上移动”按钮，将其调整到“标题 **1**”动画下面，如图 10-53 所示。

❸ 接着选中“图片 **11**”动画，单击“向上移动”按钮，将其调整到“线

形标注 2 34:”动画下面，如图 10-54 所示。

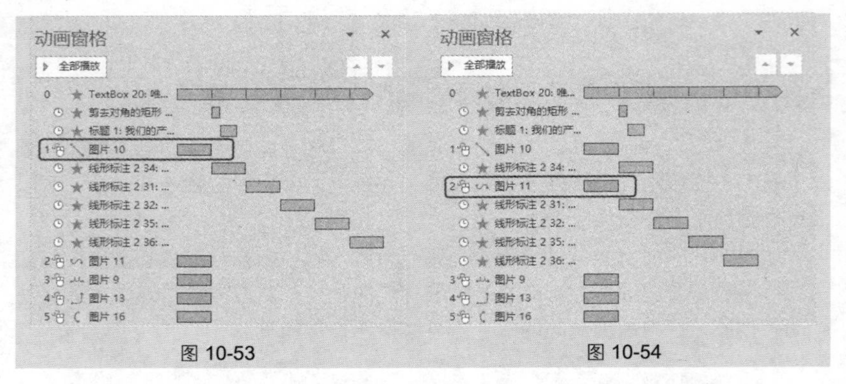

图 10-53　　图 10-54

❹ 按照相同的方法，调整其他图片的动画顺序，即可完成设置。

应用扩展

在“动画窗格”窗格中除了可以使用和按钮调整动画顺序外，还可以直接选中动画，按住鼠标左键将其拖动至需要的位置上，释放鼠标即可。

技巧 212 精确设置动画播放时间

在 PowerPoint 2016 中，动画的默认播放时间只有非常慢、慢速、中速、快速和非常快 5 种选择。当这些选择都不满足需求时，可以自定义设置动画的播放时间。具体操作如下。

❶ 在“动画”→“高级动画”选项组中单击“动画窗格”按钮，在窗口右侧打开“动画窗格”窗格。

❷ 选中“图片 11”动画，单击右侧的下拉按钮，在弹出的下拉列表中选择“计时”命令，如图 10-55 所示。

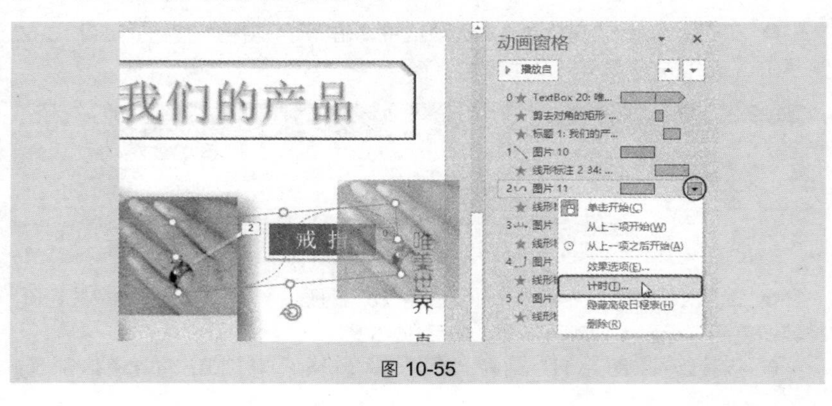

图 10-55

❸ 打开“S 形曲线 2”对话框，直接在“期间”文本框中输入“10 秒”，如图 10-56 所示。

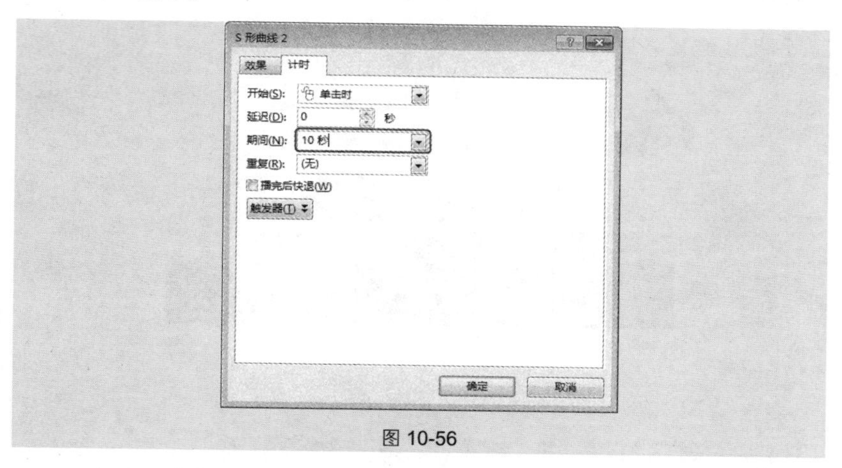

图 10-56

❹ 单击“确定”按钮，即可将“S 形曲线 2”动画设置为播放 10 秒。

技巧 213　控制动画的开始时间

在添加多动画时，默认情况是单击一次鼠标即可从一个动画进入下一个动画。如果有些动画需要自动播放，则可以重新设置其开始时间，也可以让其在延迟一定时间后自动播放。下面介绍操作方法。

选中需要调整动画开始时间的对象，在“动画”→“计时”选项组的“开始”设置框里右侧下拉按钮下选择“上一动画之后”选项，然后在“延迟”设置框里输入此动画播放距上一动画播放之后的开始时间，如图 10-57 所示。

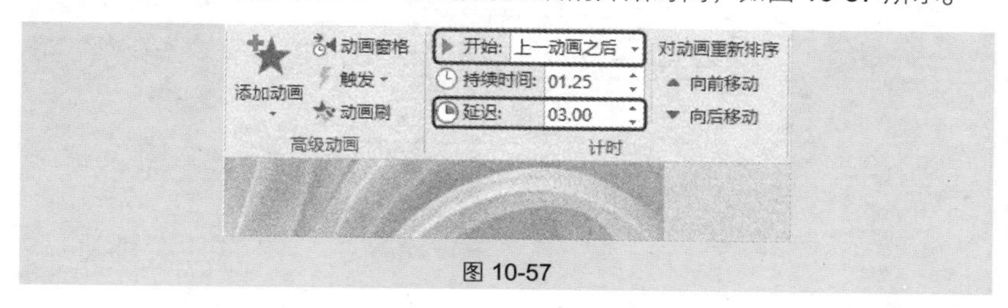

图 10-57

完成此设置后达到的效果是上个动画播放完成后延迟 3 秒自动播放此动画。

技巧 214　让多个动画同时播放

在设计动画效果时，有些动画同时播放具有更强的视觉冲击效果。如图 10-58

所示的幻灯片，从当前添加的动画序号可以看到它们是依次播放的，单击一次鼠标播放下一动画，想让 3 幅图片同时播放，具体操作方法如下。

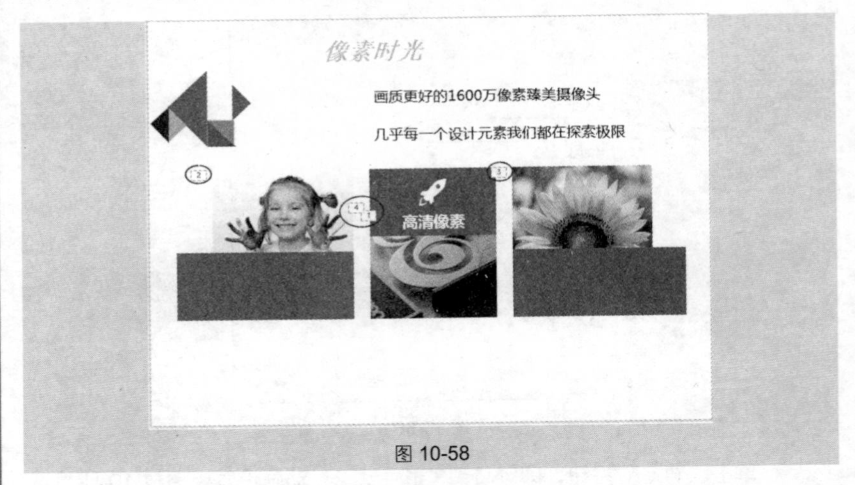

图 10-58

❶ 在“动画”→“高级动画”选项组中单击“动画窗格”按钮，在窗口右侧打开“动画窗格”窗格。

❷ 选中第 3 与第 4 个动画，单击右侧的下拉按钮，在弹出的下拉菜单中选择“从上一项开始”命令，如图 10-59 所示。

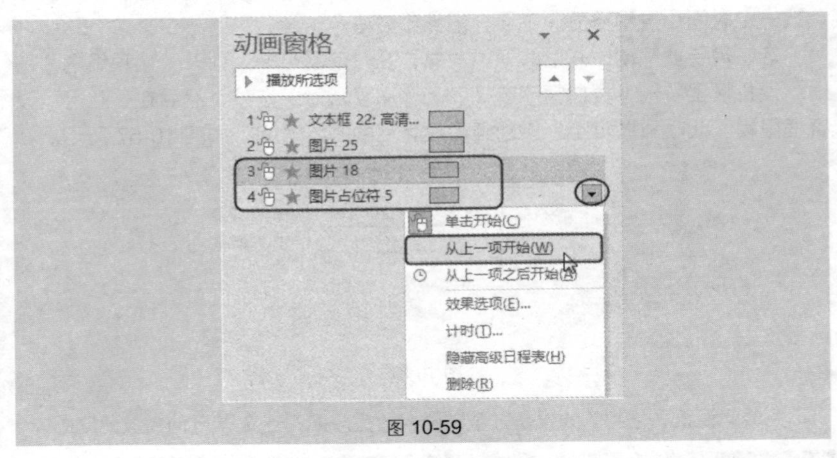

图 10-59

❸ 完成设置后，选中的两个动作就会与第 2 个动作同时进行，播放效果如图 10-60 所示。

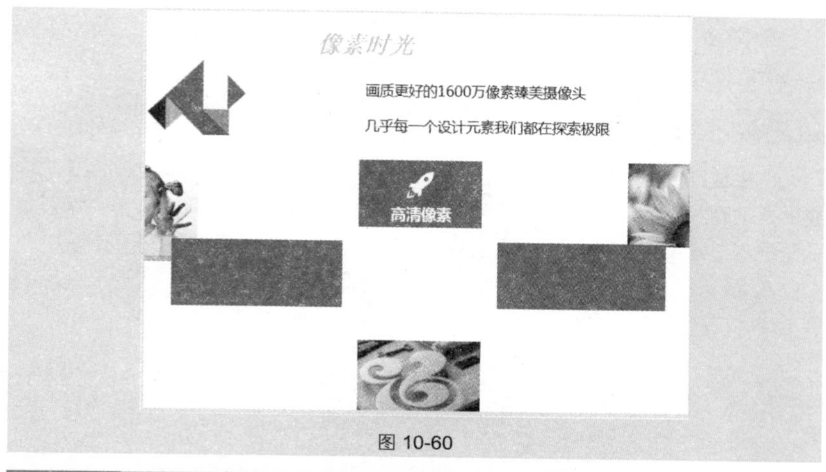

图 10-60

技巧 215　让某个对象始终是运动的

在播放动画时，动画播放一次后就会停止，为了突出显示幻灯片中的某个对象，可以设置让其始终保持运动状态。例如本例要设置标题文字始终保持动作状态，下面介绍具体操作步骤。

❶ 选中标题文字，如果未添加动画，可以先添加动画。本例中已经设置了“画笔颜色”动画。

❷ 在“动画窗格”窗格单击动画右侧的下拉按钮，在其下拉菜单中选择“效果选项”命令（如图 10-61 所示），打开“画笔颜色”对话框。

❸ 选择“计时”选项卡，在“重复”下拉列表框中选择“直到幻灯片末尾”选项，如图 10-62 所示。

图 10-61　　　　图 10-62

❹ 单击“确定”按钮，在幻灯片放映时，标题文字会一直重复“画笔颜色”的动画效果，直到这张幻灯片放映结束。

技巧 216　让对象在动画播放后自动隐藏

在播放动画时，动画播放后会显示原始状态。如果希望对象在动画播放完成后自动隐藏起来，可以按如下步骤进行设置。如图 10-63 所示即为文字设置了“进入”动画，在播放完成后实现将文字自动隐藏，如图 10-64 所示。

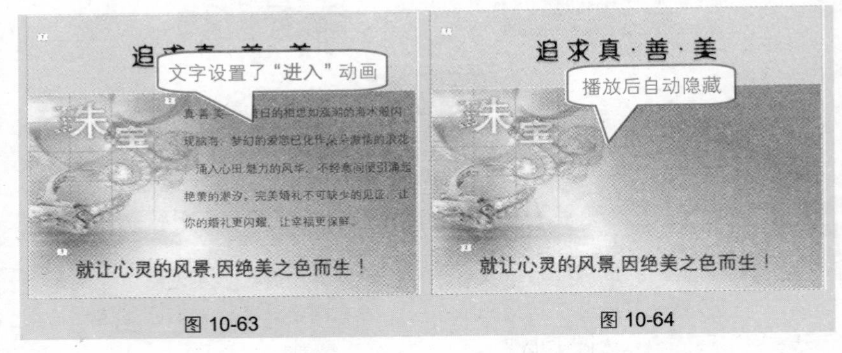

图 10-63　　图 10-64

❶ 在“动画窗格”窗格中选中文字动画，单击右侧的下拉按钮，在其下拉菜单中选择“效果选项”命令，如图 10-65 所示。

❷ 打开“飞入”对话框，在“动画播放后”下拉列表框中选择“播放动画后隐藏”选项，如图 10-66 所示。

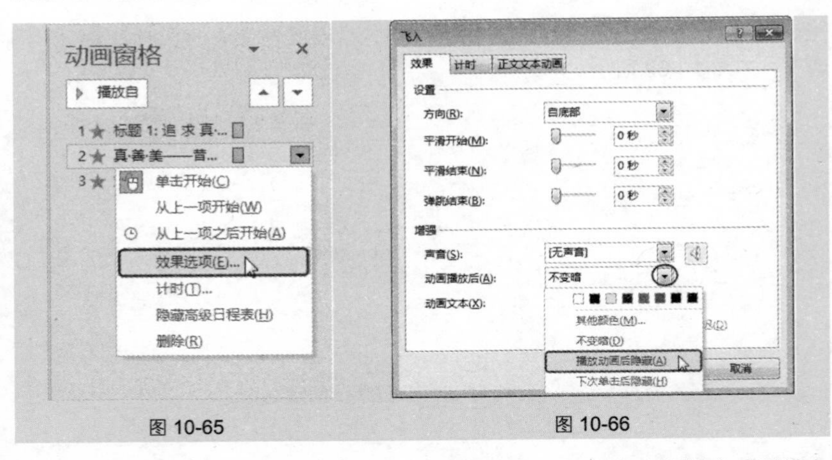

图 10-65　　图 10-66

❸ 单击“确定”按钮，然后预览播放效果，即可看到文字播放完成后就自

动隐藏起来。

技巧 217　播放文字动画时按字、词显示

为一段文字添加动画后，PowerPoint 默认将一段文字作为一个整体来播放，即在动画播放时整段文字同时出现，如图 10-67 所示。通过设置可以实现让文字按字、词显示，效果如图 10-68 所示。

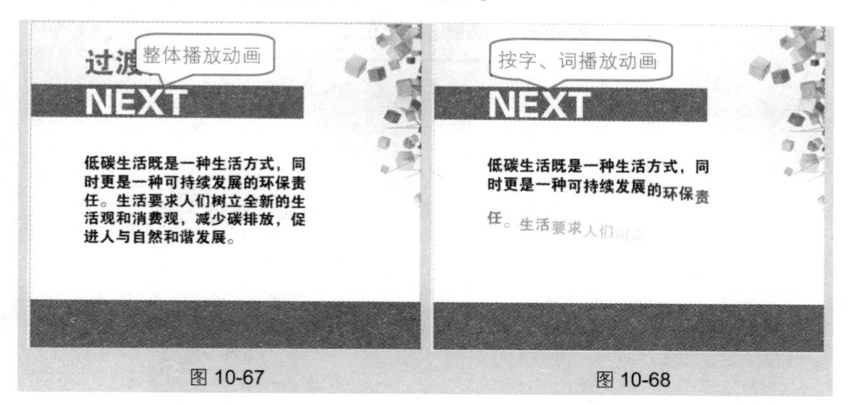

图 10-67　　图 10-68

❶ 在“动画窗格”窗格中单击动画右侧的下拉按钮，在其下拉菜单中选择“效果选项”命令，如图 10-69 所示。

❷ 打开“上浮”对话框，在“动画文本”下拉列表框中选择“按字/词”选项，如图 10-70 所示。

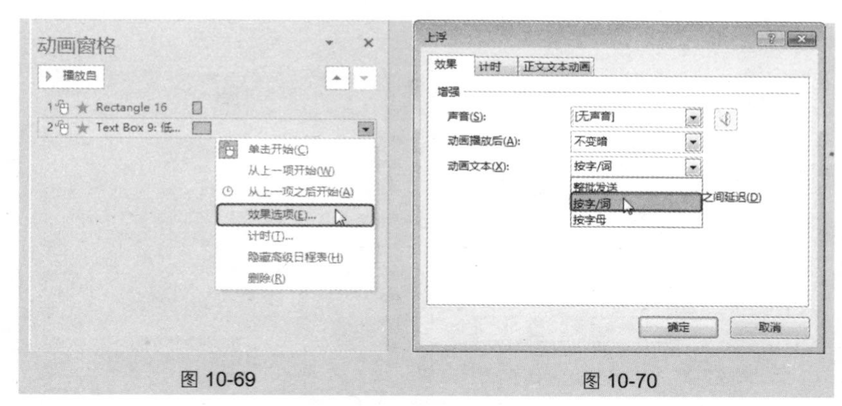

图 10-69　　图 10-70

❸ 单击“确定”按钮，返回幻灯片中，即可在播放动画时按字、词来显示文字。

技巧 218 让播放后的文本换一种颜色显示

通过如下技巧的操作，可以实现文字动画播放完成后换成另一种字体颜色显示。如图 10-71 所示，前 3 行文字动作完成后，换成了灰色字体，第 4 行文字正在播放中，第 5 行还未播放。

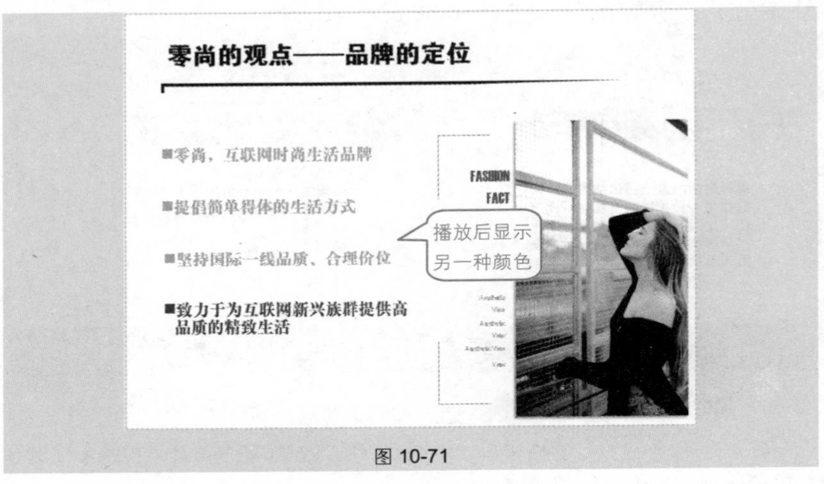

图 10-71

❶ 为文字设置按段落“飞入”的动画效果。在“动画窗格”窗格中单击动画右侧的下拉按钮，在其下拉菜单中选择“效果选项”命令，如图 10-72 所示。

❷ 打开“飞入”对话框，在“增强”栏的“动画播放后”下拉列表框中可以选择颜色，如图 10-73 所示。

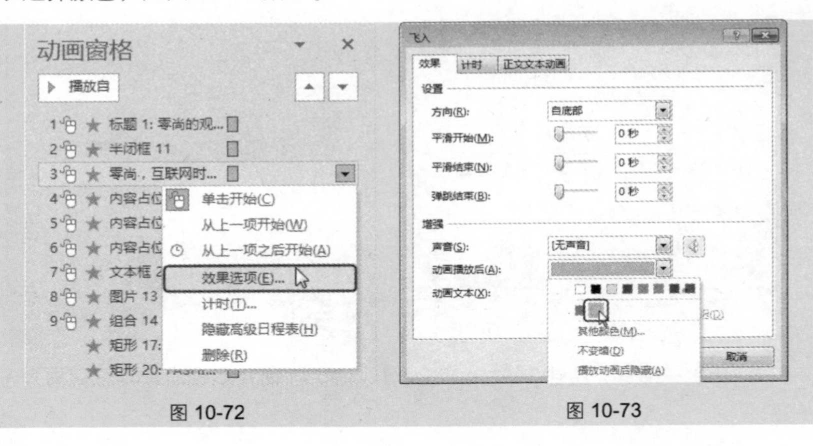

图 10-72　　图 10-73

应用扩展

如果菜单中的动画颜色不能够满足要求，还可以选择更多的颜色。在“动画播放后”下拉列表框中选择“其他颜色”选项，打开“颜色”对话框自定义设置其他颜色。

技巧 219 显示产品图片时伴随拍照声

为幻灯片添加的动画在放映时是没有声音的。如果在适当的时候为某个动画配上拍照的声音（例如当产品以动画的形式出现的同时伴随着拍照的声音），可以增强表达效果。

❶ 选中产品图片（设置动画后的），在“动画”→“动画”选项组中单击按钮，如图 10-74 所示。

❷ 打开“圆形扩展”对话框，在“声音”下拉列表框中选择“照相机”选项，如图 10-75 所示。

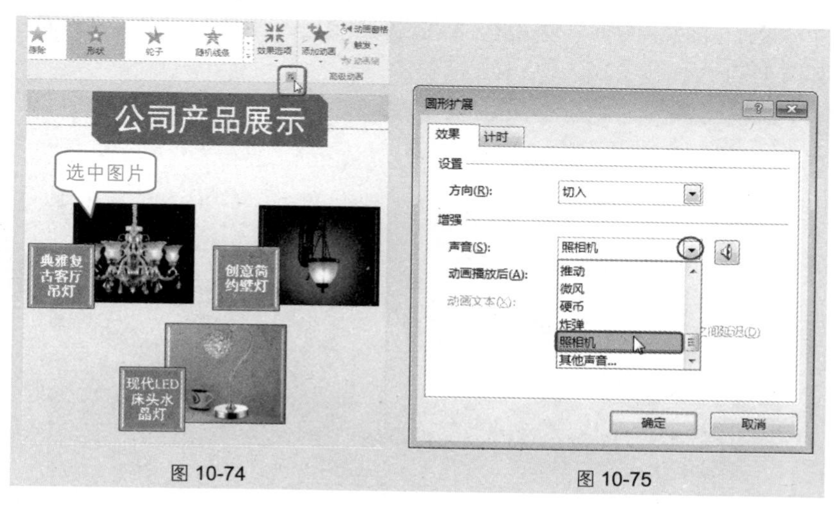

图 10-74　　　　图 10-75

❸ 单击“确定”按钮，即可为动画添加拍照声音，在播放动画的同时也会播放声音。

第11章 演示文稿的放映及输出

11.1 放映前设置技巧

技巧 220 让幻灯片自动放映（浏览式）

在放映演示文稿时，要实现自动放映幻灯片，而不采用鼠标单击的方式，除了通过建立排练时间外，还可以设置让幻灯片在指定时间后自动切换至下一张，这种方式适用于浏览型幻灯片。具体操作如下。

❶ 打开演示文稿，选中第 1 张幻灯片，在“切换”→“计时”选项组中选中“设置自动换片时间”复选框，单击右侧数值框的微调按钮设置换片时间，如图 11-1 所示。

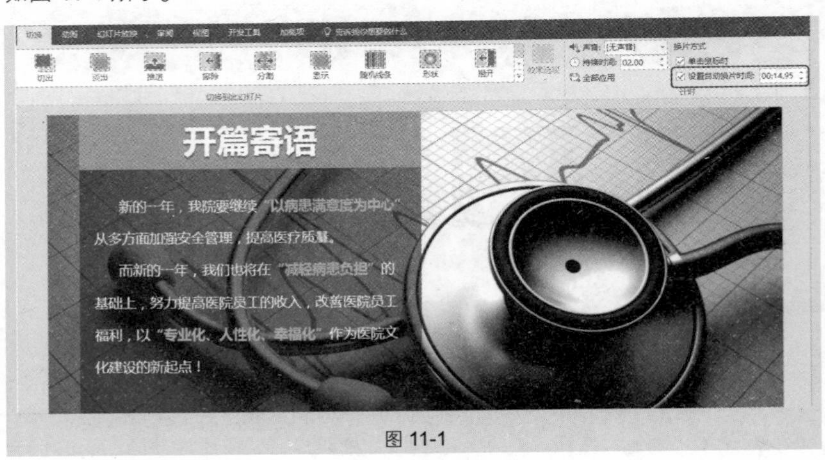

图 11-1

❷ 选中第 2 张幻灯片，按照相同的方法进行设置。

❸ 依次选中后面的幻灯片，根据需要播放的时长来设置切换时间。

应用扩展

设置好任意一张幻灯片的换片时间后，如果想要快速为整个演示文稿设置相同的换片时间，直接在“计时”选项组中单击“全部应用”按钮即可。或者在设置前选中所有幻灯片，然后再进行相关设置。

技巧 221　让幻灯片自动放映（排练计时）

在放映幻灯片时，一般需要通过单击鼠标才能播放下一个动画或者下一张幻灯片。通过排练计时的设置可以实现自动播放整个演示文稿，每张幻灯片的播放时间将根据排练计时所设置的时间来确定。

如图 11-2 所示即为演示文稿设置了排练计时(每张幻灯片右下方显示各自的播放时间)。下面介绍具体操作。

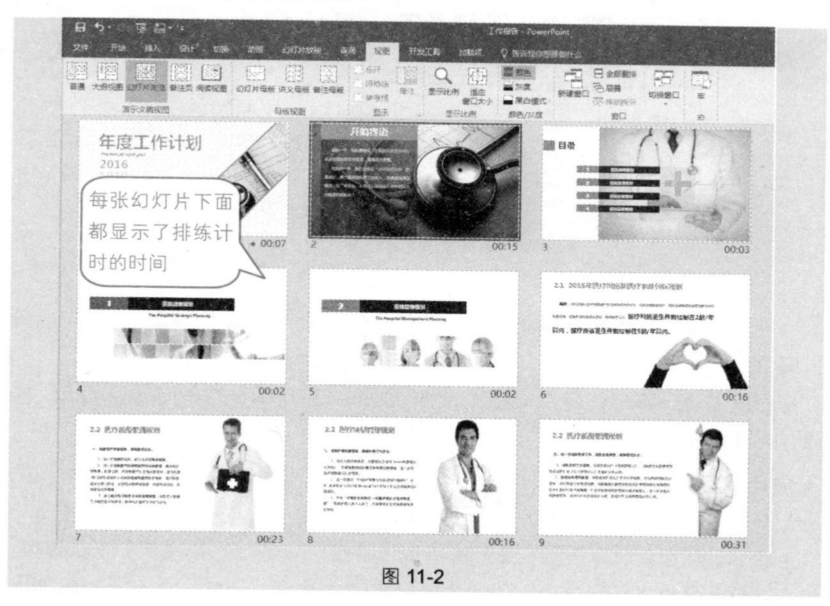

图 11-2

❶ 切换到第 1 张幻灯片，在“幻灯片放映”→“设置”选项组中单击“排练计时”按钮，此时会切换到幻灯片放映状态，并在屏幕左上角出现一个“录制”对话框，其中显示出时间，如图 11-3 所示。

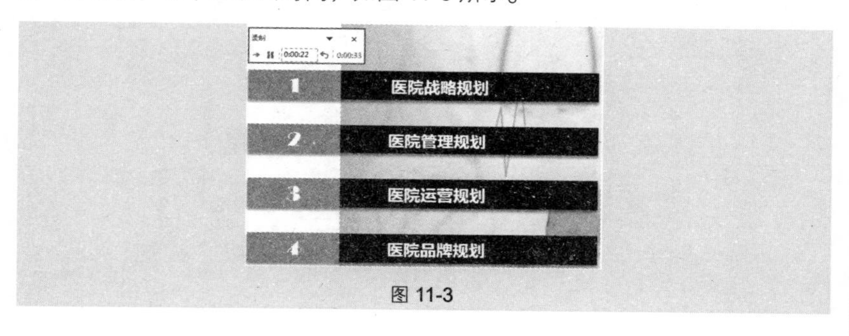

图 11-3

❷ 当达到预定的时间后，单击“下一项”按钮，即可切换到下一个动作或者下一张幻灯片，开始对下一项进行计时，并在右侧显示总计时，如图 11-4 所示。

❸ 依次单击“下一项”按钮，直到幻灯片排练结束，按“Esc”键退出播放，系统自动弹出提示，询问是否保留此次幻灯片的排练时间，如图 11-5 所示。

图 11-4　　图 11-5

❹ 单击“是”按钮，演示文稿自动切换到幻灯片浏览视图状态，显示出每张幻灯片的排练时间。

完成上述设置后，进入幻灯片放映时，即可按排练设置的时间自动进行播放，无须再使用鼠标单击。

应用扩展

如果不再需要演示文稿中的排练时间设置，可以将其删除。方法如下。

在“幻灯片放映”→“设置”选项组中单击“录制幻灯片演示”下拉按钮，在其下拉菜单中选择“清除”→“清除所有幻灯片中的计时”命令（如图 11-6 所示），即可清除添加的排练计时。

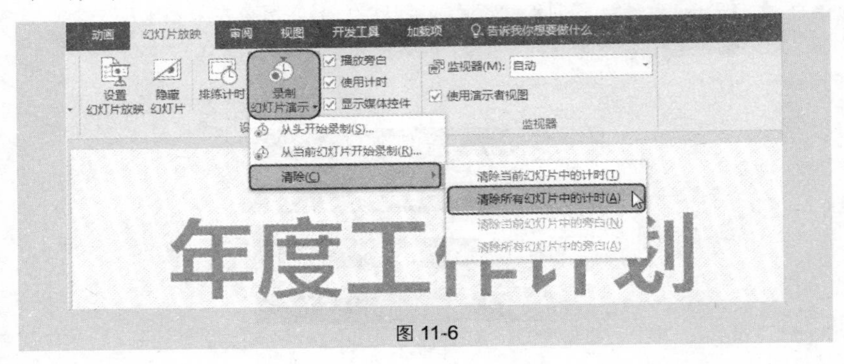

图 11-6

专家点拨

技巧 221 与技巧 220 的区别在于：排练计时是以一个对象为单位的，例如幻灯片中的一个动画、一个音频等都是一个对象，可以分别设置它们的播放时间；而自动切片是以一张幻灯片为单位，例如设置的切片时间为 1 分钟，那么一张幻灯片中所有对象的动作都要在这 1 分钟内完成。

技巧 222　只播放整篇演示文稿中的部分幻灯片

如果要播放的幻灯片不是连续的，而是只需要播放演示文稿中的部分幻灯片，则需要使用“自定义放映”功能为想放映的幻灯片设置自定义放映列表。具体操作如下。

❶ 在“幻灯片放映”→“开始放映幻灯片”选项组中单击“自定义幻灯片放映”下拉按钮，在其下拉菜单中选择“自定义放映”命令（如图 11-7 所示），打开“自定义放映”对话框，如图 11-8 所示。

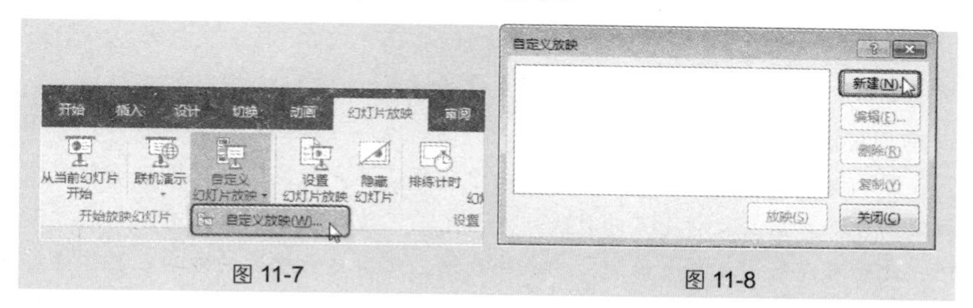

图 11-7　　图 11-8

❷ 单击“新建”按钮，打开“定义自定义放映”对话框。在“幻灯片放映名称”文本框中输入名称“工作报告”，在“在演示文稿中的幻灯片”列表框中选中要放映的第 1 张幻灯片，如图 11-9 所示。

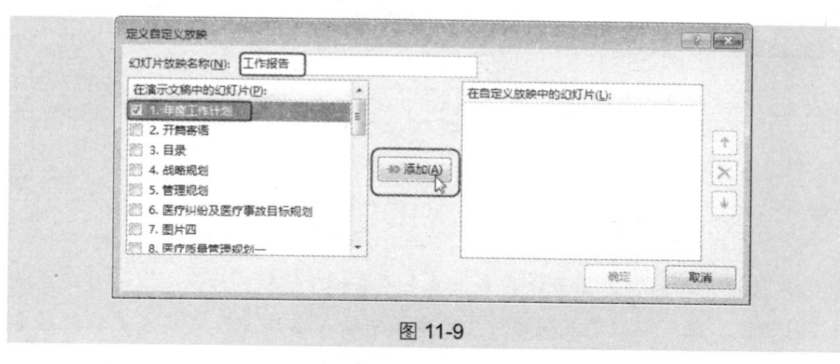

图 11-9

❸ 单击“添加”按钮，将其添加到右侧的“在自定义放映中的幻灯片”列

表框中。按照相同的方法，依次添加其他幻灯片到“在自定义放映中的幻灯片”列表框中，如图 11-10 所示。

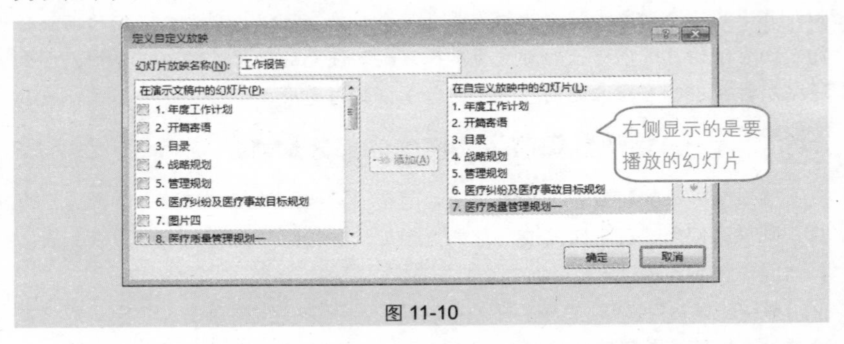

图 11-10

❹ 添加完成后，依次单击“确定”按钮，“工作报告”这个自定义放映列表则建立完成。

❺ 当需要放映这个列表中的幻灯片时，则再次打开“自定义放映”对话框，选中名称，单击“放映”按钮，即可实现播放。

应用扩展

如果设置了自定义放映列表后，由于实际情况发生变化，又需要重新定义放映列表，且需要重新定义的放映列表与之前定义的放映列表只有个别地方不同，此时可以采用复制之前定义的放映列表，然后再做修改的方法。具体操作如下。

❶ 打开“自定义放映”对话框，选中之前定义的自定义放映列表，单击“复制”按钮（如图 11-11 所示），得到“复制)工作报告”列表，如图 11-12 所示。

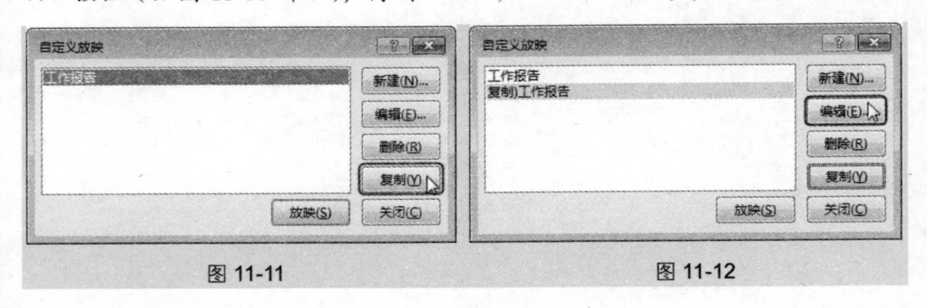

图 11-11　　图 11-12

❷ 选中复制的自定义放映列表，单击“编辑”按钮，打开“定义自定义放映”对话框。在“幻灯片放映名称”文本框中输入名称“工作报告 2”，然后重新调整需要自定义放映的幻灯片顺序，如图 11-13 所示。

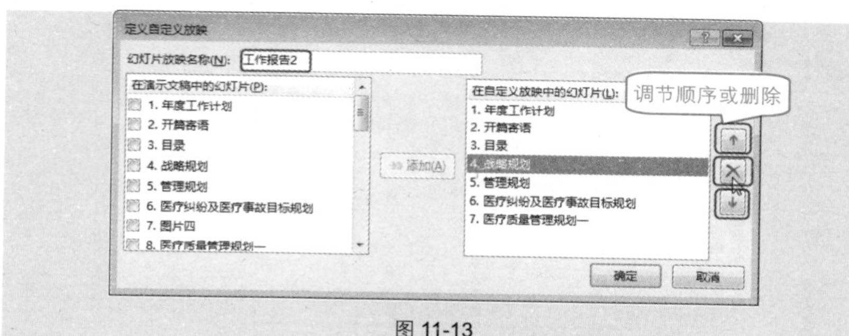

图 11-13

技巧 223 在文件夹中直接播放演示文稿

如果演示文稿全部编辑完成且无须再修改，可以将其保存为放映模式，从而实现在进入保存文件夹下双击演示文稿就能直接播放。

❶ 打开目标演示文稿，选择“文件”→“另存为”命令，在右侧选择“浏览”命令（如图 11-14 所示），打开“另存为”对话框。设置文件保存路径，在“保存类型”下拉列表框中选择“PowerPoint 放映”选项，如图 11-15 所示。

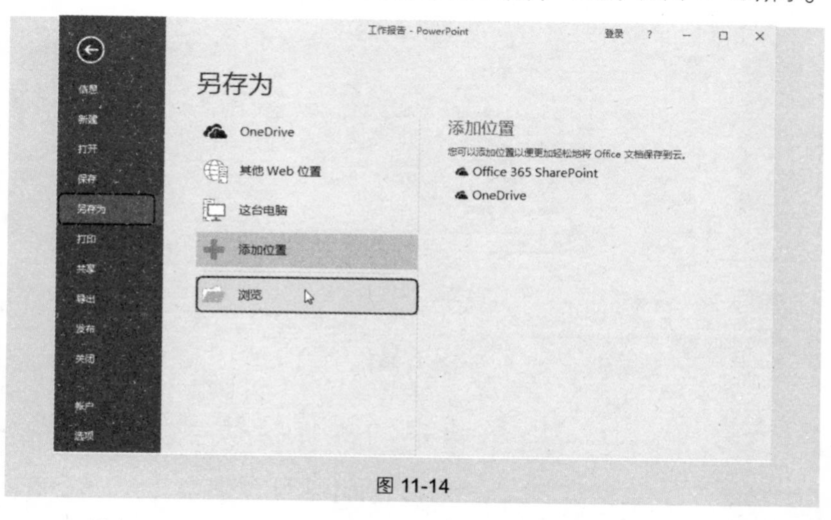

图 11-14

❷ 单击“保存”按钮，即可将演示文稿以“PowerPoint 放映”类型保存，保存后效果如图 11-16 所示。

❸ 当需要放映此演示文稿时，直接进入该目录并双击演示文稿即可进行放映。

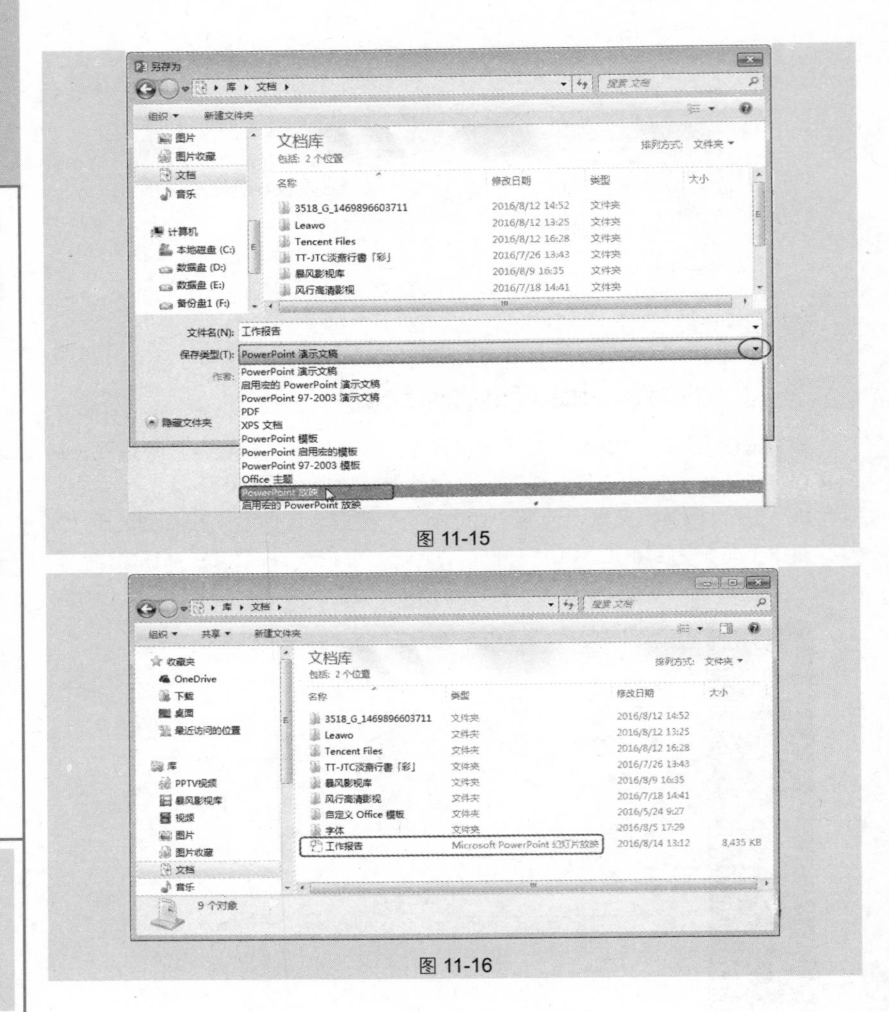

图 11-15

图 11-16

11.2　放映中的操作技巧

技巧 224　放映中返回到上一张幻灯片

在播放幻灯片的过程中，如果需要重新返回到上一张幻灯片中查看内容，可以通过很多种方法实现，下面介绍几种常用方法。

（1）单击鼠标右键，在弹出的快捷菜单中选择“上一张”命令，如图 11-17 所示。

图 11-17

（2）单击幻灯片页面左下角的“上一张”按钮，即可跳转到上一张幻灯片，如图 11-18 所示。

图 11-18

（3）直接按键盘上的↑。

技巧 225　放映时快速切换到其他幻灯片

在放映幻灯片时，是按顺序播放每张幻灯片的，如果在播放过程中需要跳转到某张幻灯片，可以按以下操作实现。

❶ 在播放幻灯片时，单击鼠标右键，在弹出的快捷菜单中选择“查看所有幻灯片”命令，如图 11-19 所示

❷ 此时进入幻灯片浏览视图状态，选择需要切换的幻灯片（如图 11-20 所示），单击即可实现切换。

技巧 226　放映时隐藏光标

在放映幻灯片时，移动鼠标可以在屏幕上看到鼠标标识，如果影响到讲演，则可以将光标隐藏起来。

进入幻灯片放映状态，在屏幕上单击鼠标右键，在弹出的快捷菜单中选择“指针选项”→“箭头选项”→“永远隐藏”命令即可，如图 11-21 所示。

图 11-19

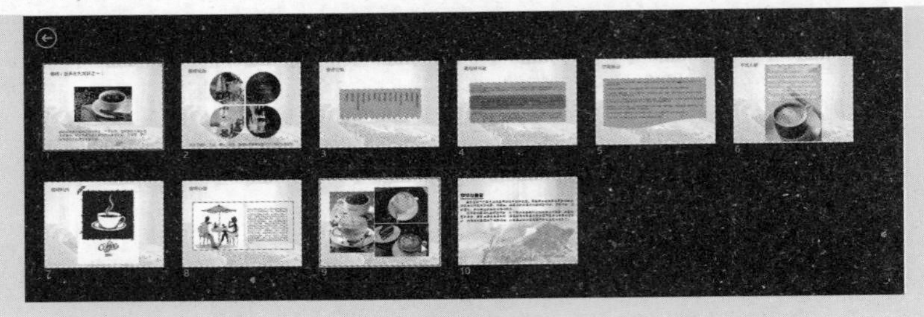

图 11-20

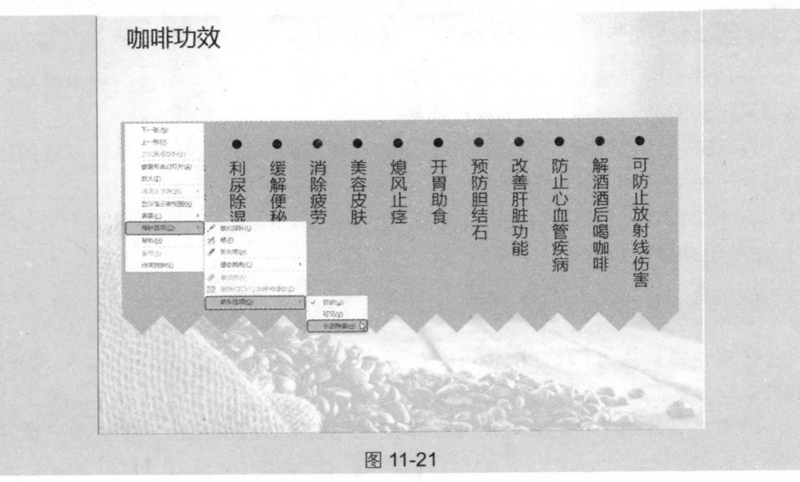

图 11-21

技巧 227 放映时对重要内容做标记

当在放映演示文稿的过程中需要讲解时，还可以将光标变成笔的形状，在幻灯片上直接划线做标记。具体操作如下。

❶ 进入幻灯片放映状态，在屏幕上单击鼠标右键，在弹出的快捷菜单中选择“指针选项”→“笔”命令，如图 11-22 所示。

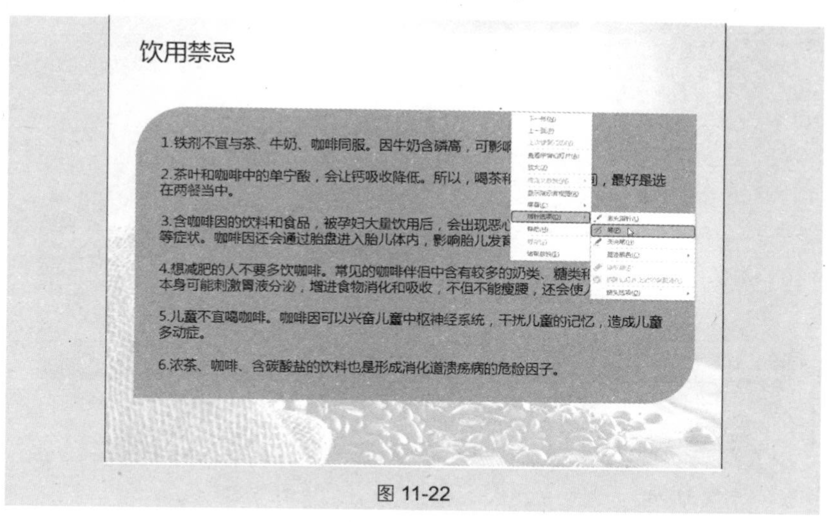

图 11-22

❷ 此时光标变成一个红点，拖动鼠标即可在屏幕上添加标记，如图 11-23 所示。

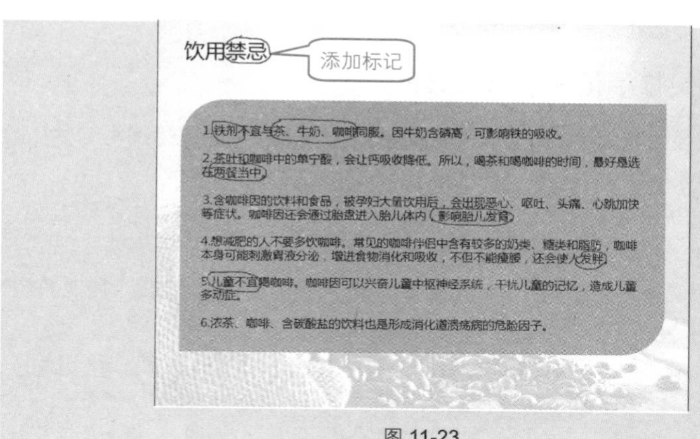

图 11-23

应用扩展

保留墨迹的操作方法如下。

❶ 按“Esc”键退出演示文稿放映时，系统会弹出一个提示框，提示是否保留墨迹，如图 11-24 所示。

❷ 单击“保留”按钮，返回到演示文稿中，即可看到保留的墨迹（如图 11-25 所示），此时的墨迹是以图形形式存在的，如果不想要了，还可以按“Delete”键清除。

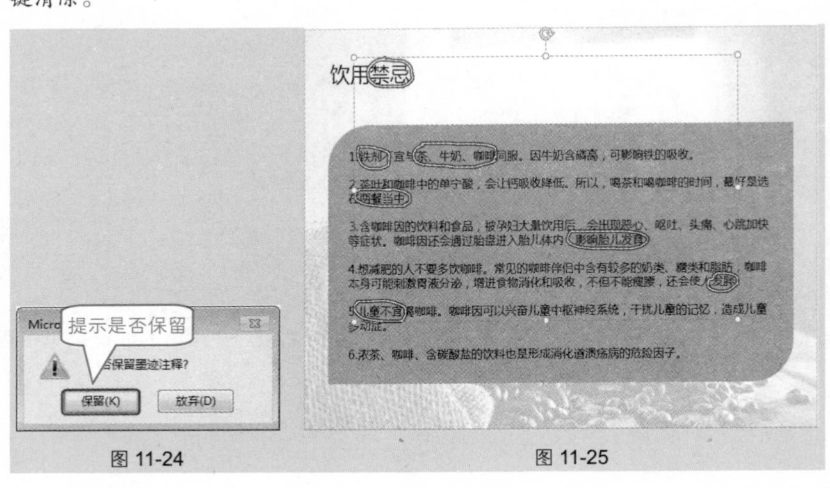

图 11-24　　　　图 11-25

专家点拨

在放映幻灯片时，可以选择笔、荧光笔和箭头 3 种选项显示光标，用户可以根据需要进行选择。

技巧 228　更换标记笔的默认颜色

系统默认绘图笔颜色是红色，用户可以根据需要重新更改绘图笔的默认颜色。具体操作如下。

❶ 打开演示文稿，在“幻灯片放映”→“设置”选项组中单击“设置幻灯片放映”按钮，打开“设置放映方式”对话框。

❷ 可以在“绘图笔颜色”下拉列表框中选择颜色，也可以选择“其他颜色”选项（如图 11-26 所示），打开“颜色”对话框。

❸ 在“颜色”栏中选中需要设置的颜色，如图 11-27 所示。单击“确定”按钮，即可重新设置绘图笔的默认颜色。

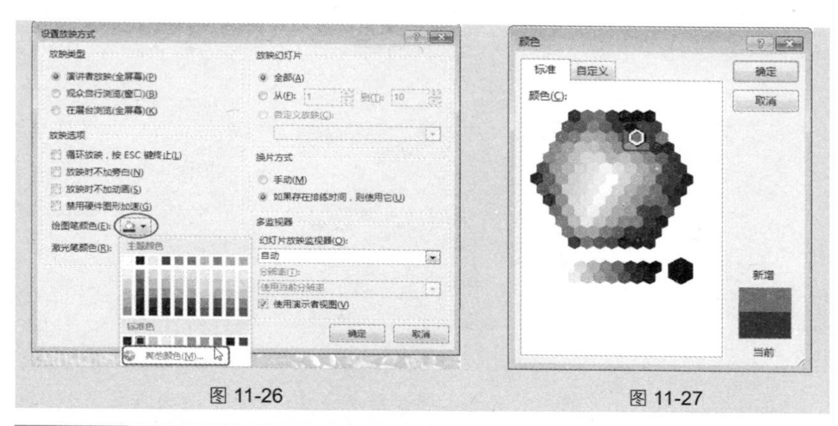

图 11-26　　　　　　　　　　　　图 11-27

技巧 229　放映时放大局部内容

在 PPT 放映时，可能会出现部分文字或图片较小导致观众看不清楚的情况，此时可以局部放大 PPT 中的某些区域，使内容清晰呈现在观众面前。下面介绍具体操作。

❶ 进入幻灯片放映状态，在屏幕上单击鼠标右键，在弹出的快捷菜单中选择“放大”命令，如图 11-28 所示。

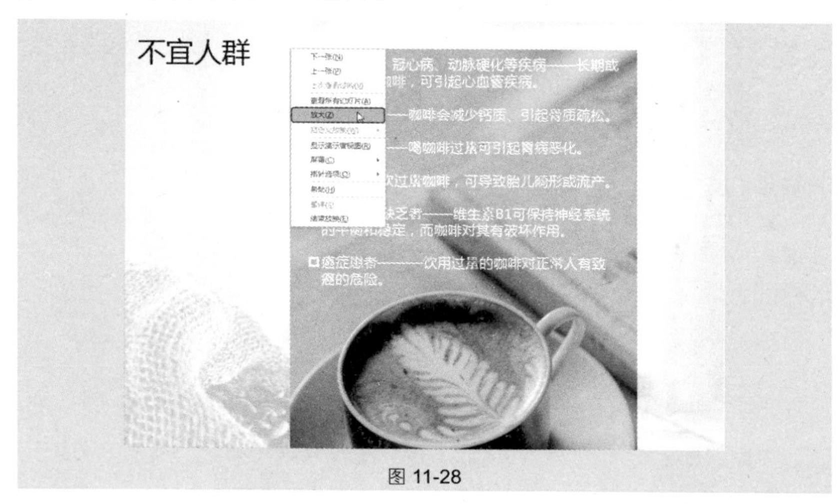

图 11-28

❷ 此时幻灯片编辑区的鼠标指针变为一个放大镜的图标，其周围是一个矩形的区域，其他部分则是灰色，矩形所覆盖的区域就是即将放大的区域，将鼠标指针移至要放大的位置后，单击即可放大该区域，如图 11-29 所示。

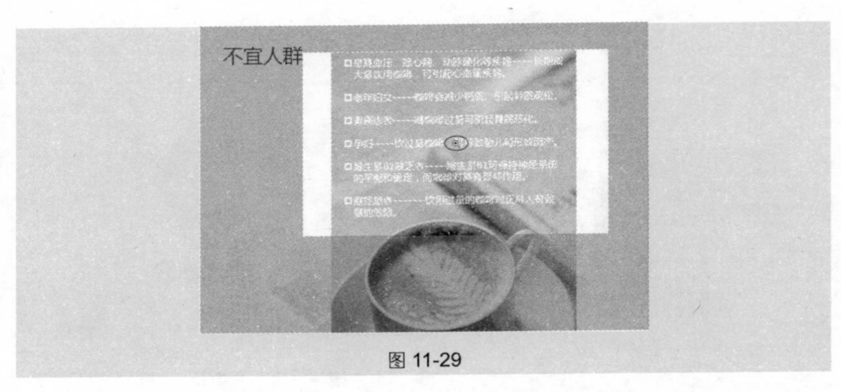

图 11-29

❸ 放大之后，矩形覆盖的区域占据了整个屏幕，实现局部内容被放大，如图 11-30 所示。

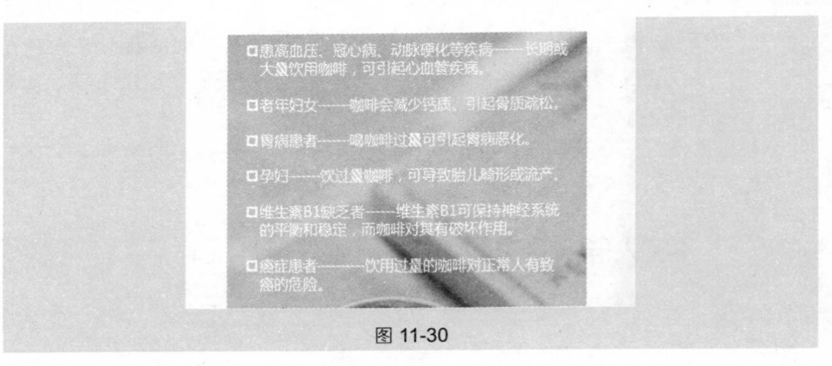

图 11-30

应用扩展

除了以上的方法外，还可以将鼠标指针移至屏幕左下角，在显示出的一排按钮中单击放大镜图标，从而实现放大，如图 11-31 所示。

图 11-31

专家点拨

局部内容被放大之后，单击鼠标右键即可恢复到原始状态。

技巧 230　放映时屏蔽幻灯片内容

PowerPoint 提供了多种灵活的幻灯片切换控制操作，在播放幻灯片时，若用户希望暂时屏蔽当前内容，可以将屏幕切换为黑屏样式。具体操作如下。

❶ 在放映幻灯片时单击鼠标右键，在弹出的快捷菜单中选择“屏幕”→“黑屏”命令，如图 11-32 所示。

图 11-32

❷ 执行“黑屏”命令后，整个界面会变成黑色。如果想要取消黑屏操作，只需在右键菜单中选择“屏幕”→“屏幕还原”命令即可。

技巧 231　远程同步观看幻灯片放映

PPT 制作完成后，可以邀请其他人同步查看演示文稿并对演示文稿放映设置进行交流。通过使用 Office Presentation Service 可以实现 PowerPoint 演示文稿的同步查看。Office Presentation Service 是一项免费的公共服务，在进行联机演示后就会创建一个链接，其他人可以通过此链接在 Web 浏览器中同步观看演示，如图 11-33 所示。下面介绍操作步骤。

图 11-33

❶ 打开目标演示文稿，选择“文件”→“共享”命令，在右侧选择“联机演示”选项，再单击“联机演示”按钮，如图 11-34 所示。

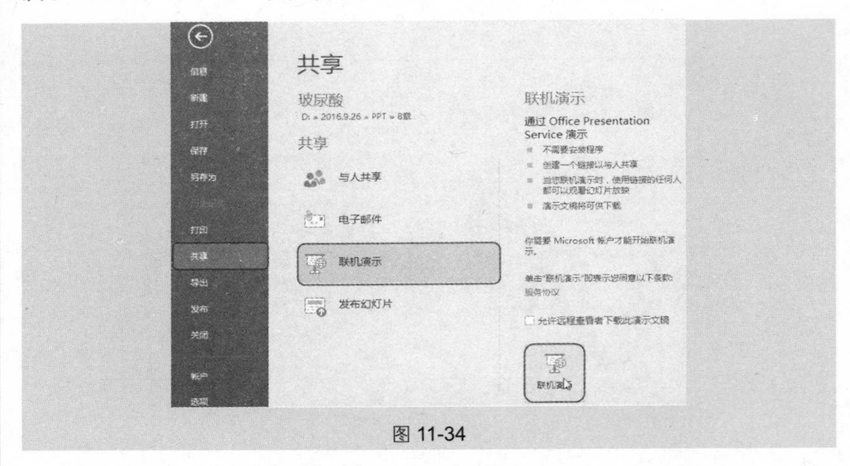

图 11-34

❷ 在弹出的“联机演示”提示框中出现一个链接地址（如图 11-35 所示）。单击“复制链接”，将链接地址分享给远程查看者，在播放幻灯片的同时，其他人在浏览器上输入链接地址，即可在网页上同时观看。

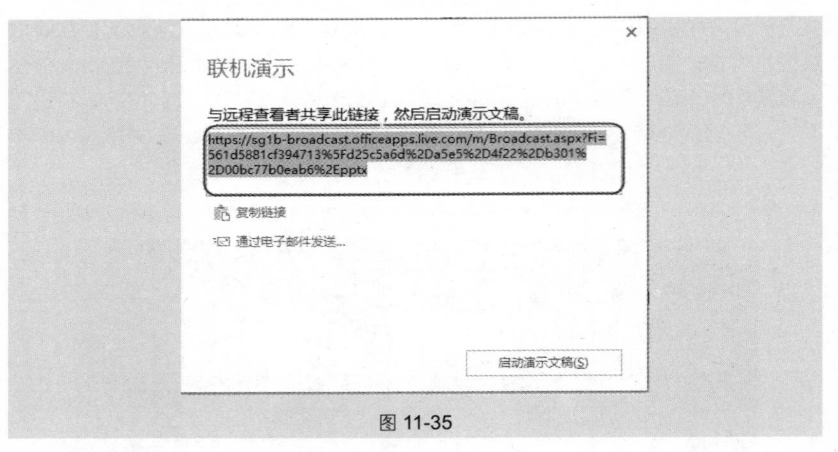

图 11-35

应用扩展

联机放映需要有 Microsoft 账户。没有账户需要先进行注册。按照提示依次填写信息即可完成注册，如图 11-36 所示。

创建 Microsoft 帐户
可以将任何电子邮件地址(包括来自 Outlook.com、Yahoo! 或 Gmail 的地址)用作新的 Microsoft 帐户的用户名。如果你已登录到 Windows 电脑、平板电脑或手机、Xbox Live、Outlook.com 或 OneDrive，请使用该帐户登录。
姓
名
Microsoft 帐户名
@
outlook.com
或使用你喜爱的电子邮件
创建密码
最少 8 个字符，区分大小写
重新输入密码

在继续之前，我们需要确认创建帐户的是一个真实的人。
输入你看到的字符
刷新字符 | 音频
NYX3
QXBG
向我发送 Microsoft 提供的促销信息。你可以随时取消订阅。
单击"创建帐户"即表示你同意 Microsoft 服务协议以及隐私和 Cookie 声明。
创建帐户

图 11-36

11.3 演示文稿的输出

技巧 232 创建讲义

讲义是指一页中包含 1 张、2 张、3 张、4 张、6 张或 9 张幻灯片，将讲义打印出来，可以方便演讲者或观众使用。具体操作如下。

❶ 打开目标演示文稿，选择“文件”→“打印”命令，在右侧“打印”栏的“设置”区域内单击“整页幻灯片”右侧下拉按钮，在其下拉菜单的“讲义”栏下选择合适的讲义打印选项，如图 11-37 所示。

图 11-37

❷ 设置完成后，单击“打印”按钮即可，设置不同打印版式会呈现不同打印效果。如图 11-38 和图 11-39 所示分别为“3 张幻灯片”和“6 张水平放置的幻灯片”的效果。

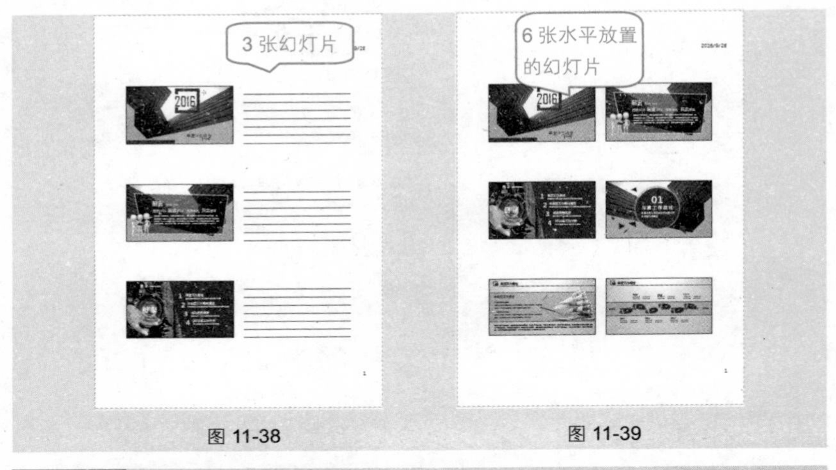

图 11-38　　图 11-39

技巧 233　在 Word 中创建讲义

在保存演示文稿时，可以将其以讲义的方式插入 Word 文档中，每张幻灯片都以图片的形式显示出来。如果在创建幻灯片时为幻灯片添加了备注信息，将会显示在幻灯片旁边，效果如图 11-40 所示。具体操作如下。

图 11-40

❶ 打开目标演示文稿（包括幻灯片备注都已经编辑），选择"文件"→"导出"命令，在右侧选择"创建讲义"选项，然后单击"创建讲义"按钮，如图 11-41 所示。

❷ 打开"发送到 Microsoft Word"对话框，在列表中选择一种版式，如图 11-42 所示。

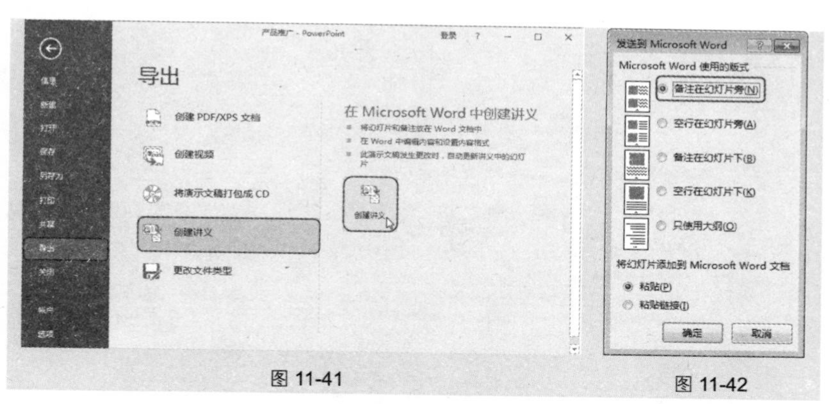

图 11-41　　图 11-42

❸ 单击"确定"按钮，即可将演示文稿以讲义的方式发送到 Word 文档中。

技巧 234　将演示文稿保存为图片

PowerPoint 2016 中自带了快速将演示文稿保存为图片的功能，可以将设计好的每张幻灯片都转换成一张图片，转换后的图片可以像普通图片一样使用。如图 11-43 所示即为将演示文稿保存为图片后的效果。下面介绍具体操作。

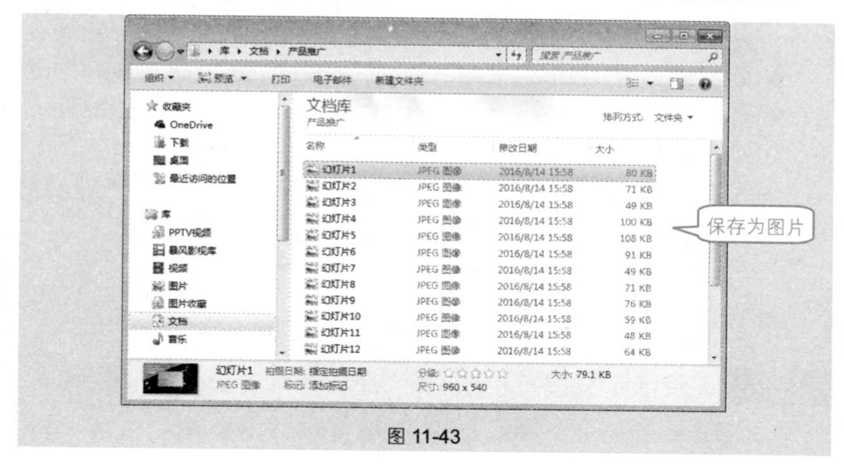

图 11-43

❶ 打开目标演示文稿，选择“文件”→“另存为”命令，在右侧选择“浏览”选项，打开“另存为”对话框。设置好保存路径后在“保存类型”下拉列表框中选择“**JPEG** 文件交换格式”选项，如图 **11-44** 所示。

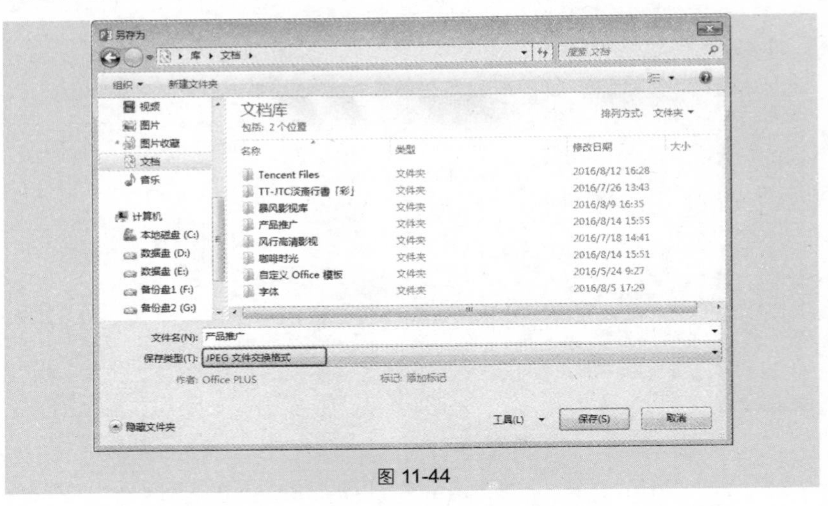

图 **11-44**

❷ 单击“保存”按钮，系统会弹出提示对话框，如图 **11-45** 所示。

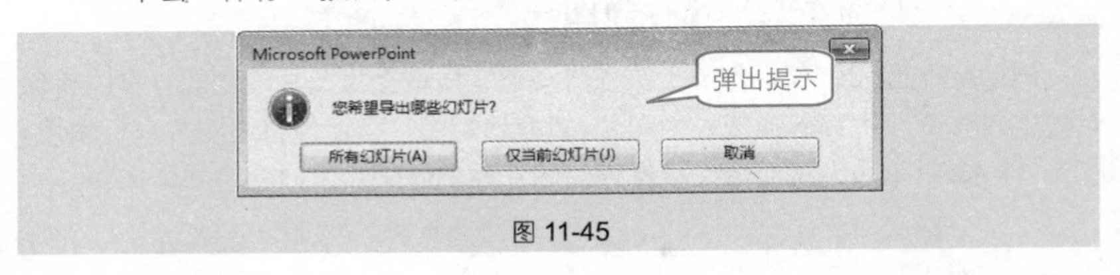

图 **11-45**

❸ 单击“所有幻灯片”按钮，即可将演示文稿中的每张幻灯片都保存为图片，并弹出对话框，提示每张幻灯片都以独立文件的方式保存到指定路径，单击“确定”按钮即可，如图 **11-46** 所示。

图 **11-46**

技巧 235　将演示文稿打包成 CD

许多用户都有过这样的经历，在自己计算机中顺利放映的演示文稿，当复制到其他电脑中进行播放时，原来插入的声音和视频都不能播放了，或者字体不能正常显示了。要解决这样的问题，可以使用 PowerPoint 2016 的打包功能，将演示文稿中用到的素材打包到一个文件夹中。如图 11-47 所示即为打包好的素材，可以看到除了包含一个演示文稿外，还包含其他内容。具体操作如下。

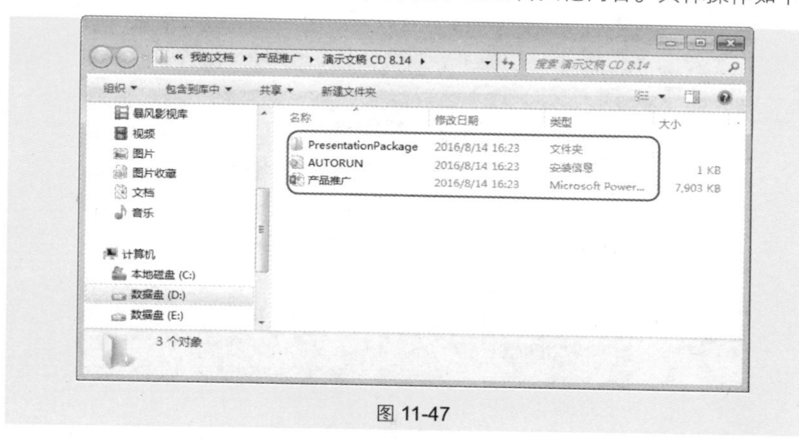

图 11-47

❶ 打开目标演示文稿，选择“文件”→“导出”命令，在右侧选择“将演示文稿打包成 CD”选项，然后单击“打包成 CD”按钮（如图 11-48 所示），打开“打包成 CD”对话框。

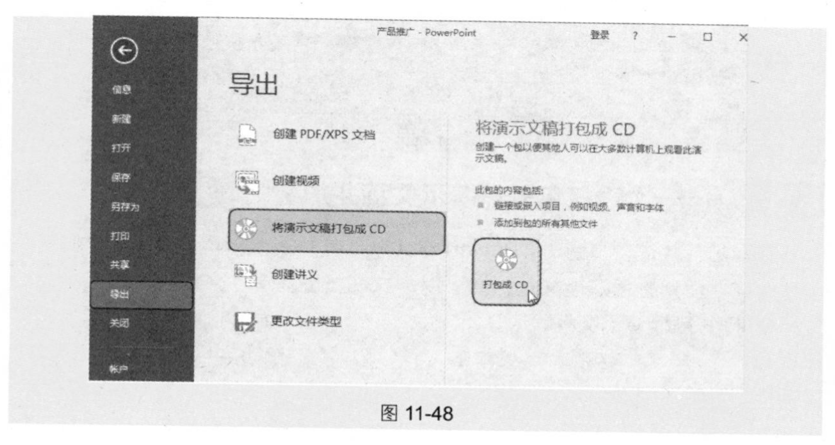

图 11-48

❷ 单击“复制到文件夹”按钮（如图 11-49 所示），打开“复制到文件夹”对话框，在“文件夹名称”文本框中输入名称，并设置保存路径，如图 11-50 所示。

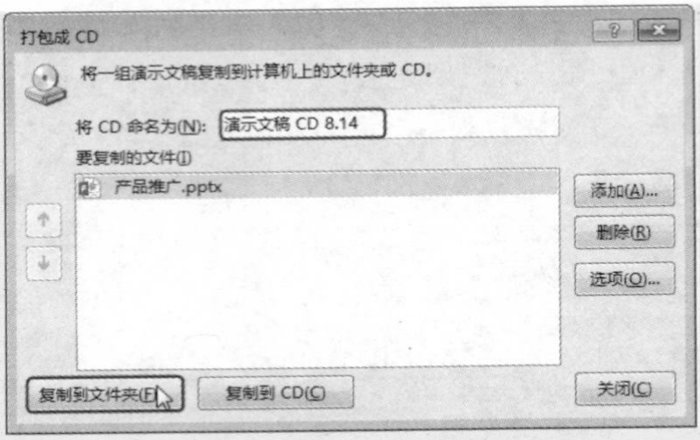

图 11-49

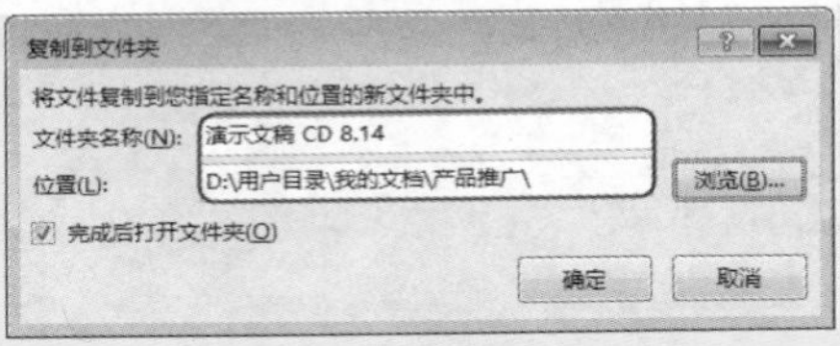

图 11-50

❸ 单击“确定”按钮，弹出提示框询问是否要在包中包含链接文件，如图 11-51 所示。单击“是”按钮，即可开始进行打包。

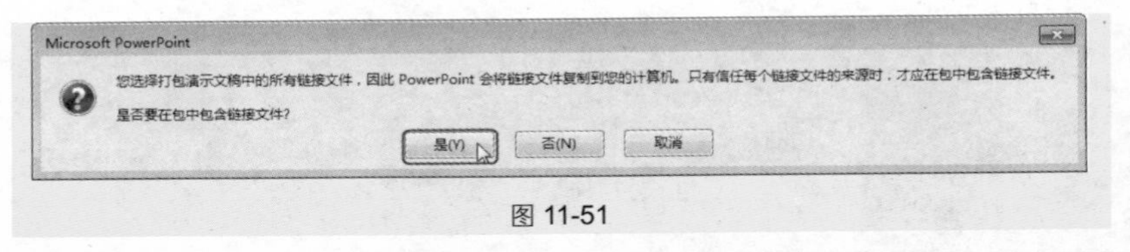

图 11-51

技巧 236 一次性打包多篇演示文稿并加密

在对幻灯片进行打包时，PowerPoint 默认是将当前演示文稿打包。假如某个项目需要使用多篇演示文稿，则可以一次性将多篇演示文稿同时打包。

❶ 打开目标演示文稿，选择“文件”→“导出”命令，在右侧选择“将演示文稿打包成 CD”选项，然后单击“打包成 CD”按钮，打开“打包成 CD”对话框，如图 11-52 所示。

❷ 单击“添加”按钮，打开“添加文件”对话框，找到需要一次性打包的演示文稿所在的路径，并按“Ctrl”键依次选中，如图 11-53 所示。

❸ 单击“添加”按钮，返回“打包成 CD”对话框，可以看到列表中显示了多篇演示文稿，如图 11-54 所示。

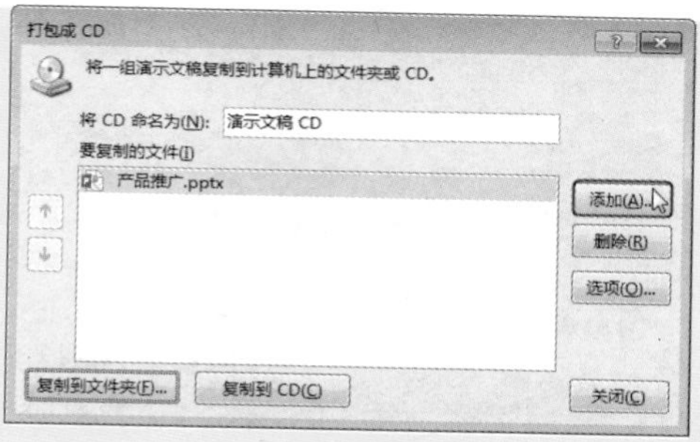

打包成 CD

将一组演示文稿复制到计算机上的文件夹或 CD。

将 CD 命名为(N): 演示文稿 CD

要复制的文件(I)

产品推广.pptx

添加(A)...

删除(R)

选项(O)...

复制到文件夹(F)...

复制到 CD(C)

关闭(C)

图 11-52

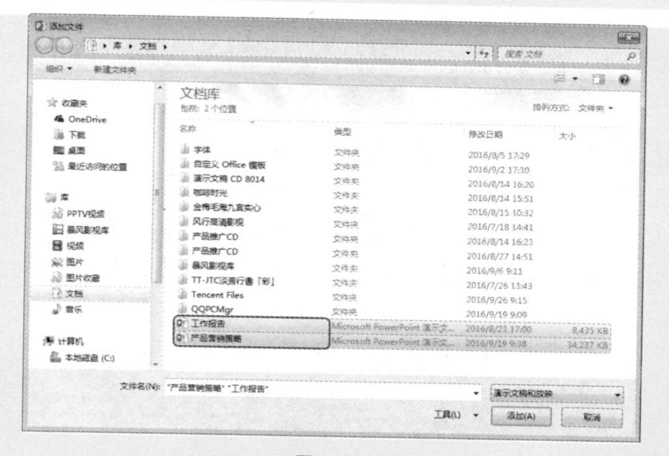

图 11-53

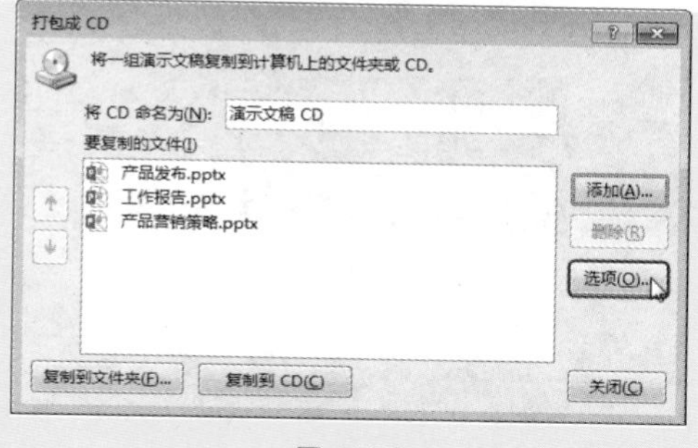

图 11-54

❹ 单击“选项”按钮，打开“选项”对话框，分别设置打开密码与修改时所需要使用的密码，如图 11-55 所示。

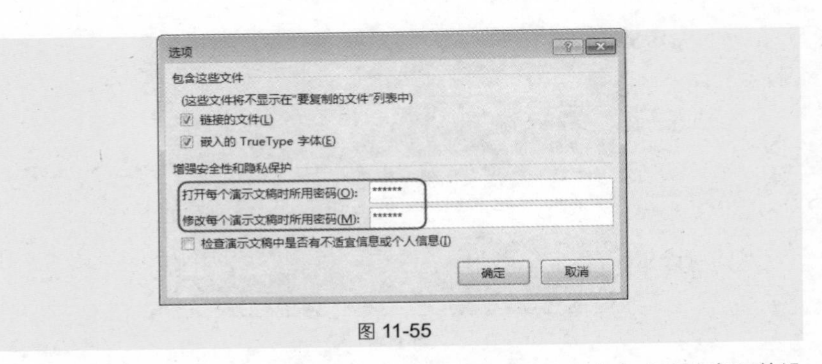

图 11-55

❺ 单击“确定”按钮，弹出“确认密码”对话框，依次完成确认密码的设置后返回“打包成 CD”对话框。按技巧 235 中步骤❷的操作单击“复制到文件夹”按钮，设置打包路径和名称，对演示文稿进行打包即可。

技巧 237 将演示文稿转换为 PDF 文件

PDF 文件以 PostScript 语言图像模型为基础，无论在哪种打印机上都可确保以很好的效果打印出来，即 PDF 会忠实地再现原稿的字符、颜色以及图像。创建完成的演示文稿也可以保存为 PDF 格式，如图 11-56 所示。下面介绍具体操作。

图 11-56

❶ 打开目标演示文稿，选择“文件”→“导出”命令，在右侧选择“创建 PDF/XPS 文档”选项，然后单击“创建 PDF/XPS”按钮，如图 11-57 所示。

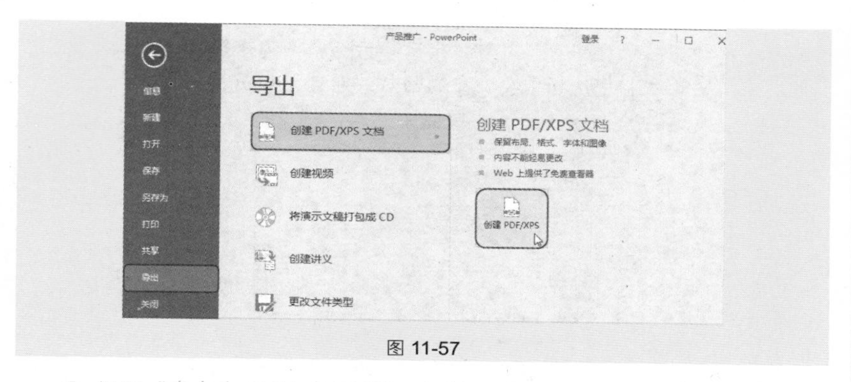

图 11-57

❷ 打开“发布为 PDF 或 XPS”对话框，设置 PDF 文件保存的路径，如图 11-58 所示。

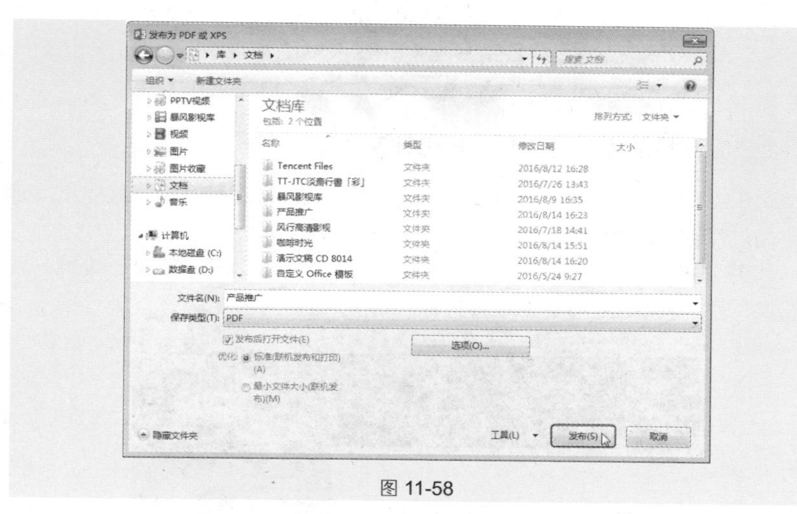

图 11-58

❸ 单击“发布”按钮，系统弹出对话框提示发布进度，如图 11-59 所示。发布完成后，即可将演示文稿保存为 PDF 格式。

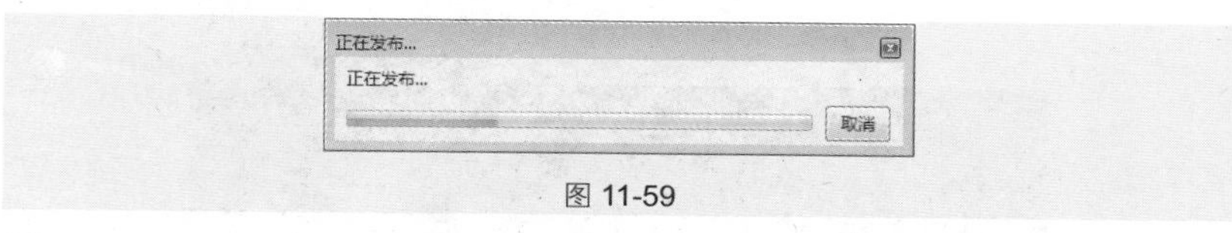

图 11-59

应用扩展

将演示文稿发布成 PDF/XPS 文档时，可以有选择地选取需要发布的幻灯片。在“发布为 PDF 或 XPS”对话框中单击“选项”按钮，打开“选项”对话框，在“范围”栏中选择需要发布的幻灯片即可，如图 11-60 所示。

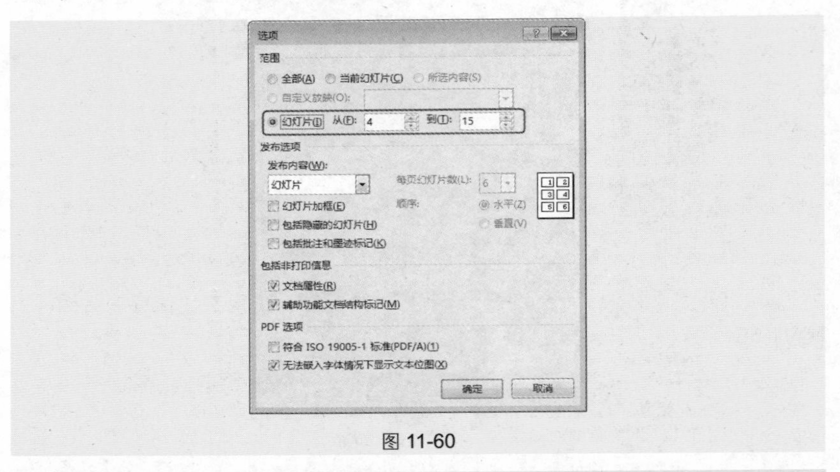

图 11-60

技巧 238 将演示文稿创建为视频文件

对于制作好的演示文稿，可以在视频播放工具中以幻灯片的方式播放，而且为幻灯片设置的每个动画效果、音频效果等都可以播放出来。

如图 11-61 所示为正在使用暴风影音播放演示文稿。要达到这一效果，需要将制作好的演示文稿保存为视频文件。

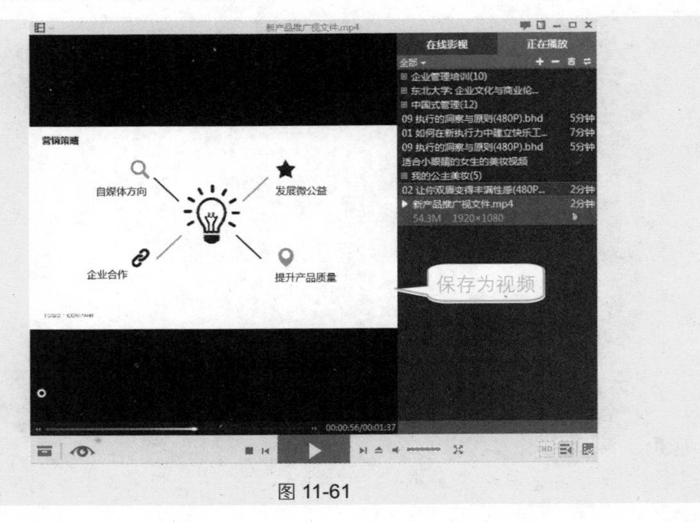

图 11-61

❶ 打开目标演示文稿，选择“文件”→“导出”命令，在右侧选择“创建视频”选项，然后单击“创建视频”按钮，如图 11-62 所示。

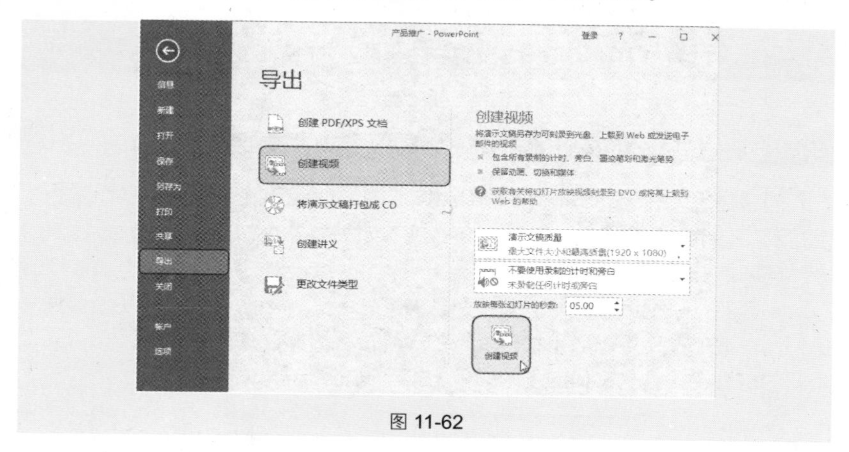

图 11-62

❷ 打开“另存为”对话框，设置视频文件保存的路径与名称，如图 11-63 所示。

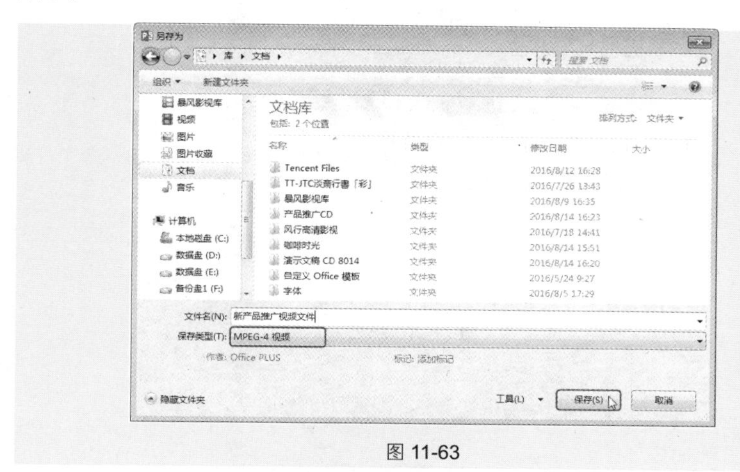

图 11-63

❸ 单击“保存”按钮，可以在演示文稿下方看到正在制作视频的提示。制作完成后，即可将演示文稿添加到视频播放软件中进行播放。

导读　PPT 问题集

问题 1　主题颜色是什么？什么情况下需要更改？

问题描述：在设计幻灯片时总听到“主题颜色”这个词，可是我感觉根本没用到啊，请问主题颜色是什么？什么情况下需要更改？

问题解答：

主题颜色是程序设置好的一种配色方案，无论哪一个主题，除了当前使用的配色方案外，还可以应用程序内置的多种配色方案。如下图所示为两张完全相同的幻灯片，只是它们的主题配色方案不同。

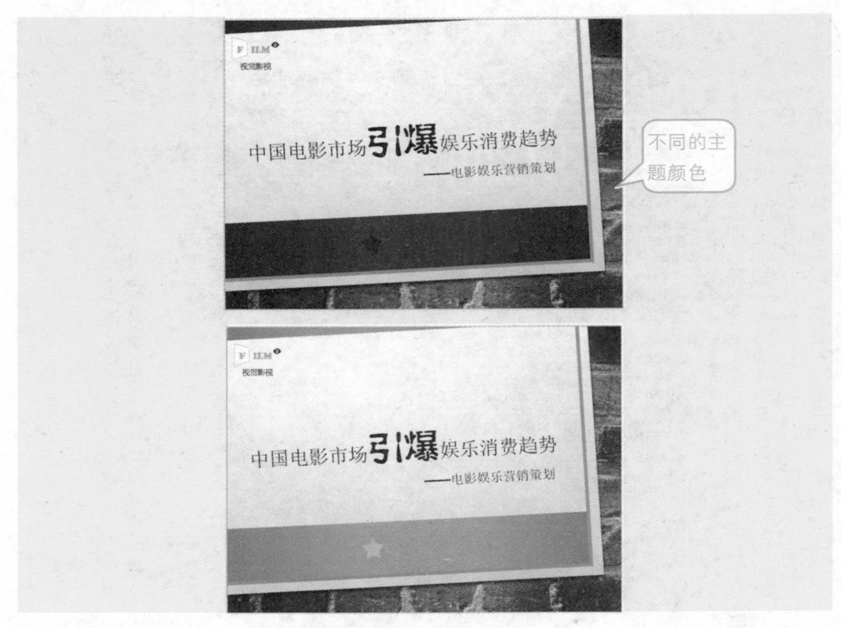

我们先来看如何更改主题颜色，然后再来对比更改主题颜色后不同的效果。

在“设计”→“变体”选项组中单击“其他”( ) 按钮，在展开的下拉列表中将鼠标指针指向“颜色”选项，在子菜单中单击可选择不同的配色方案，如下图所示。

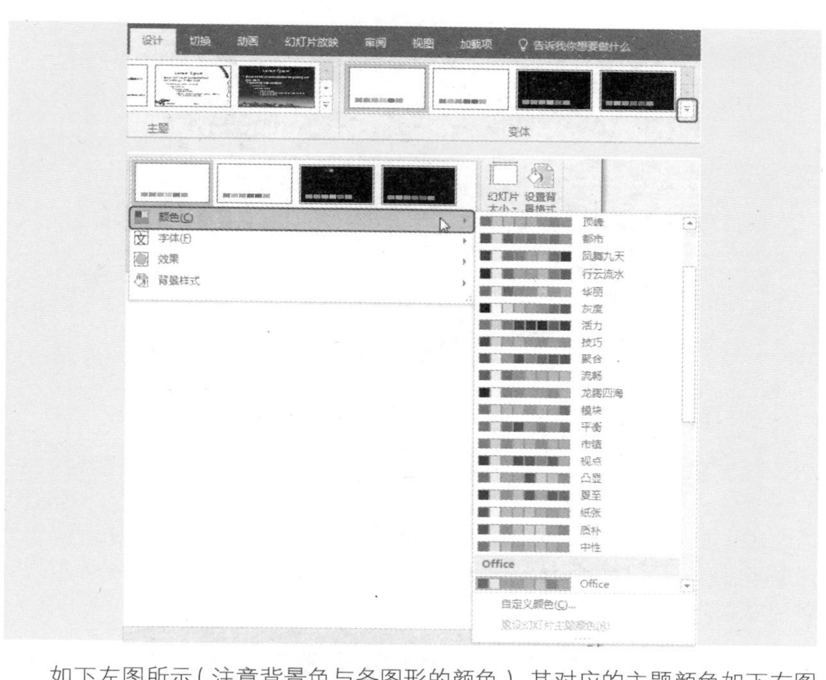

如下左图所示（注意背景色与各图形的颜色），其对应的主题颜色如下右图所示（要查看主题颜色，可以单击任意一个设置颜色的功能按钮，如“字体颜色”“形状填充”“背景颜色”等）。

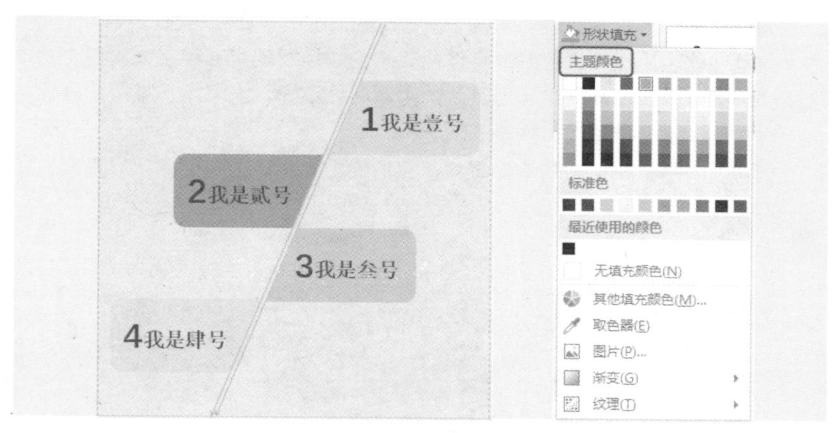

当按上面的方法将主题颜色更改为“华丽”时，可以看到图形的颜色自动发生变化，如下左图所示（注意背景色与各图形的颜色），并且其对应的主题颜

色也发生了改变，如下右图所示。

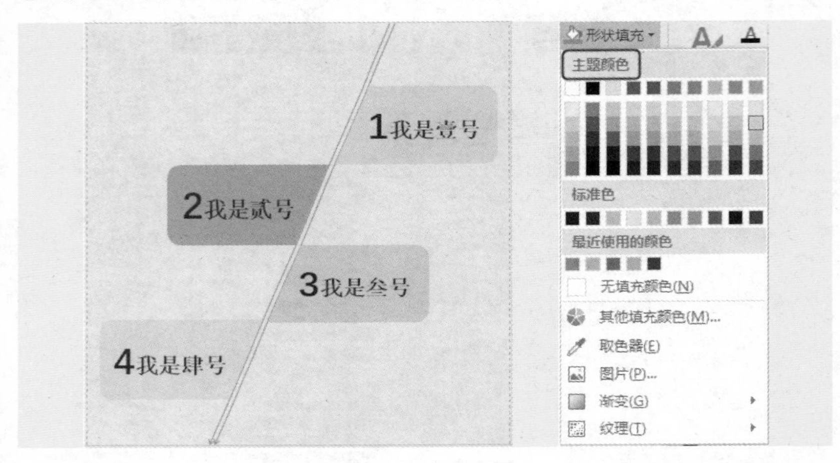

因此选择主题颜色主要是看自己想使用怎样的色调去设计幻灯片。更改了主题颜色后，可以看到设置任意一个对象的颜色时，其主题颜色的列表都列出了相应的配色。

问题 2　什么是主题字体？什么情况下需要更改？

问题描述：在设计幻灯片时总听到“主题字体”这个词，可是我感觉根本没用到啊，请问主题字体是什么？什么情况下需要更改？

问题解答：

主题字体也是程序设置好的字体格式，例如标题使用哪种字体、正文文本使用哪种字体等。不同的主题所默认的主题字体不同，当套用了某个主题后，可以对默认的主题字体进行修改。

例如下面两张完全相同的幻灯片，它们的主题字体不同（标题与正文）。

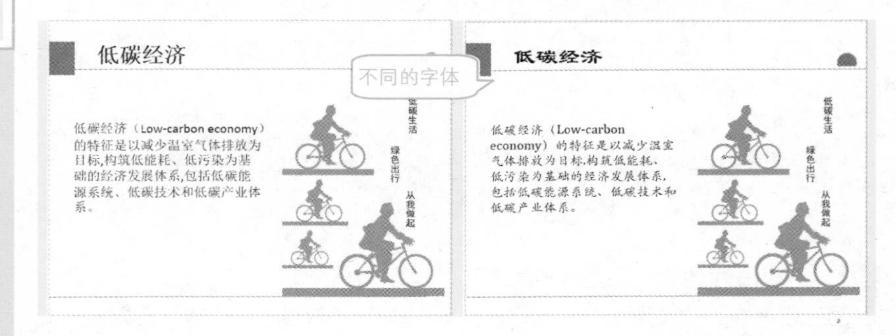

我们先来看如何更改字体，然后再来对比更改主题字体后不同的效果。

在“设计”→“变体”选项组中单击“其他”（ ）按钮，在展开的下拉列表中将鼠标指针指向“字体”选项，在子菜单中单击可选择不同的主题字体（第1行是主题字体的名称，第2行是标题的字体，第3行是正文的字体），如下图所示。

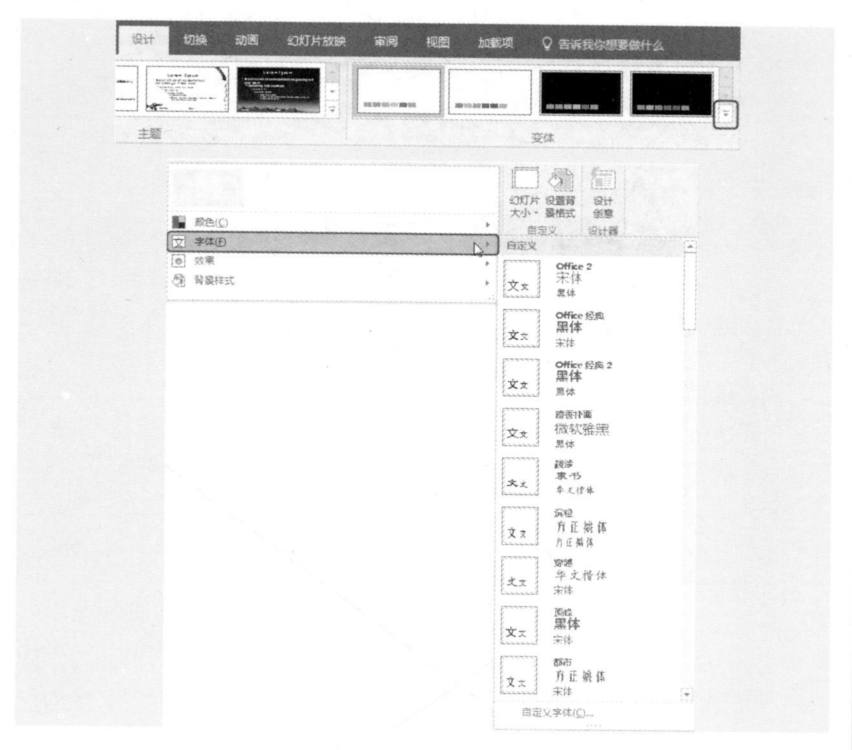

除了应用程序内置的主题字体外，还可以自定义字体，对标题字体、正文字体进行修改。因此设计幻灯片时最好下载一些视觉效果较好的字体，这时就可以通过自定义字体来进行添加。

在“设计”→“变体”选项组中单击“其他”（ ）按钮，在展开的下拉列表中将鼠标指针指向“字体”选项，在子菜单中选择“自定义字体”命令（如下左图所示），打开“新建主题字体”对话框，对自定义字体进行重命名，然后分别设置标题字体与正文字体（如下中图所示）。

单击“保存”按钮完成创建。创建的字体会显示于“字体”列表中，可以像使用其他主题字体一样使用它（如下右图所示）。

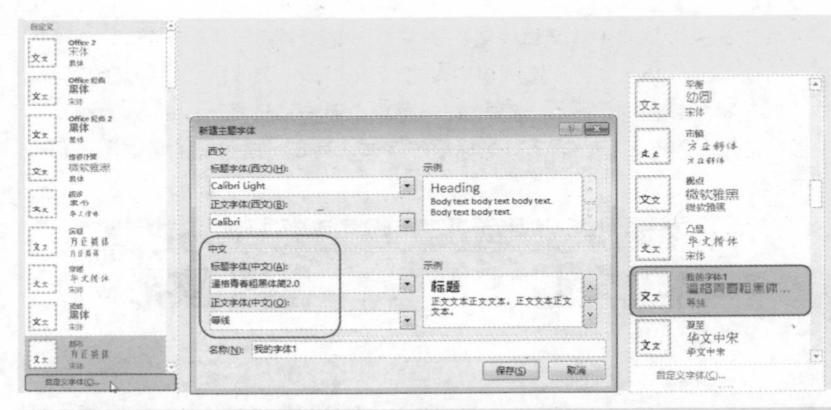

问题 3　为什么修改了主题色，图形却不变色？

问题描述：为图形设置了不同的填充颜色，按理说只要重新改变主题颜色，图形也会随之变色，可是无论怎么更换主题色，图形还是保持原来颜色，未做任何改变。

问题解答：

出现这种情况是因为为图形设置的填充颜色并不是“主题颜色”列表中的颜色，即非如下图所示区域中的颜色。只要不是选用这个区域中的颜色，其颜色不会随着主题颜色的改变而改变。

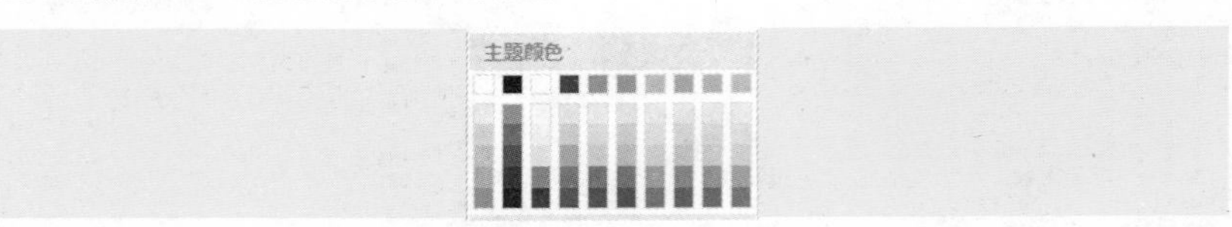

下面左图中各个图形的填充颜色均是使用右图中“主题颜色”区域中的颜色。

当更改主题颜色为“流畅”时（如下左图所示），可以看到图形颜色自动变更为右侧图中的效果。

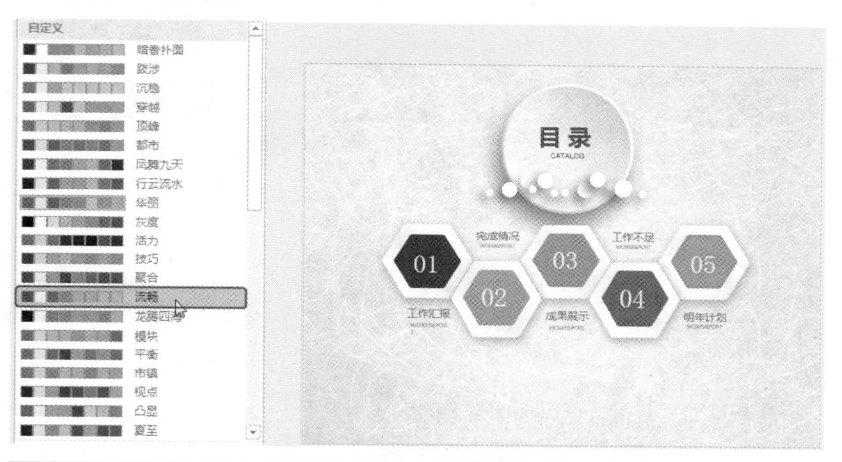

问题 4　什么是母版？母版可以干什么？

问题描述：一拿来 PPT 相关书籍都会提到母版，那么什么是母版？母版到底可以干什么呢？

问题解答：

幻灯片母版用于存储演示文稿的主题和幻灯片版式的信息，包括背景、颜色、字体、效果、占位符大小和位置。母版是定义演示文稿中所有幻灯片页面格式的幻灯片，包含演示文稿中的共有信息，因此我们可以借助母版来统一幻灯片的整体版式、整体页面风格，让演示文稿具有相同的外观特点。

例如设置所有幻灯片统一字体、同级文本统一项目符号、添加页脚以及 LOGO 标志，都可以借助母版统一设置。也就是说通过母版可以使相同的幻灯片元素实现简化操作，避免重复设置。

单击“视图”→“母版视图”选项组中的“幻灯片母版”按钮，即可进入母版视图（如下图所示），可以看到幻灯片的各个版式、占位符等，左侧第一个为主母版，下面是各个不同的版式。

版式：一个母版下包含多个不同的版式，不同版式适用于不同的编辑情况，例如编辑标题幻灯片时可以使用“标题幻灯片”版式，编辑内容时可以使用“标题和内容”版式，编辑带比较的对象时可以选择“比较”版式等，除此之外还有“图片和标题”“空白”等版式。

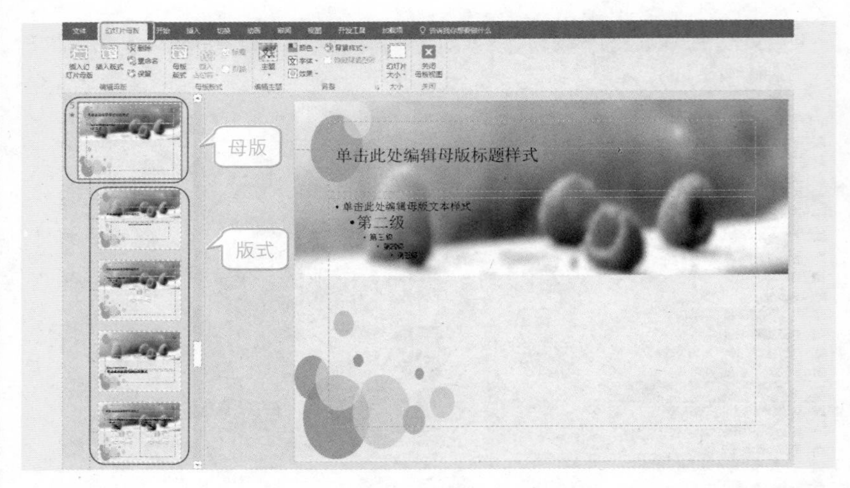

当新建幻灯片时，可以选择需要的版式，如下左图所示。新建后也可以更改版式，在幻灯片缩略图上单击鼠标右键，在弹出的快捷菜单中选择“版式”命令，在打开的列表中选择需要更改的版式即可，如下右图所示。

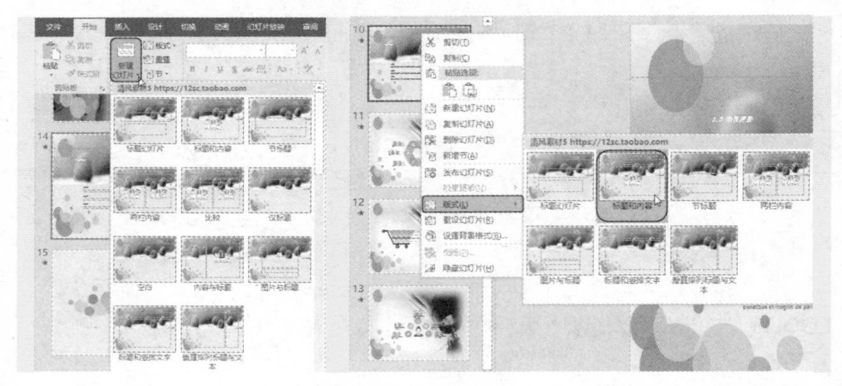

在母版中我们可以对各个不同版式的效果进行修改，例如对标题框统一设置图形修饰、统一添加下划线效果，统一设置标题文字的字体格式等。也就是说，只要我们在母版中对某个版式进行了格式设置，在创建幻灯片时只要应用了这个版式，就会得到相应的效果。如果选中母版进行设计或添加元素，它将一次性应用于下面的所有版式。

占位符：一种带有虚线或阴影线边缘的框。绝大部分幻灯片版式中都有这种框，在这些框内可以放置标题及正文，或者是图表、表格和图片等对象，并规定这些内容默认放置的位置和区域面积，如下图所示。占位符就如同一个文本框，还可以自定义它的边框样式、填充效果等，定义后，此版式创建新幻灯片时就会呈现出所设置的效果。

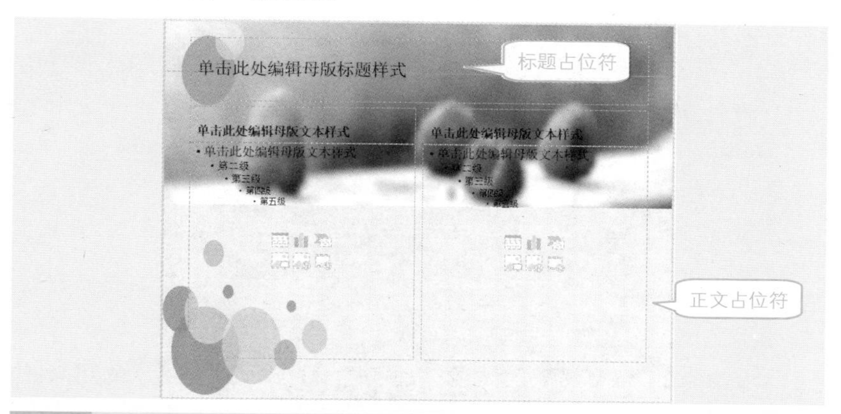

问题 5　为什么在母版中设置了标题文字的格式，幻灯片中却不应用？

问题描述：在母版中设置了标题文字的格式，幻灯片中却不应用，这是什么原因?

问题解答：

出现这种情况有两个原因：

一是幻灯片的一个主母版下会有多个版式母版，如果选中某个版式母版来设置其标题文字的格式，那么在创建幻灯片时只有应用此版式时才会应用设置的效果，而应用其他版式创建的幻灯片则不会应用设置的效果。

如下左图所示是在母版中为“标题和内容”版式设置标题文字的格式。

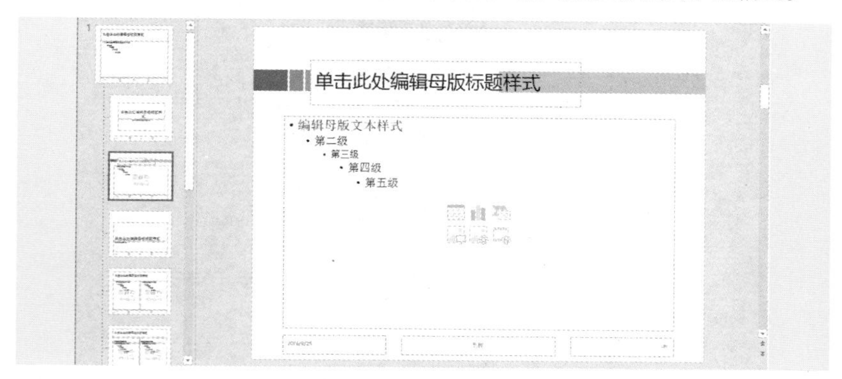

退出母版后，下面左图中的幻灯片使用了“仅标题”版式，所以其标题文字并不应用设置的效果。如果将版式更改为“标题和内容”，则可以应用在母版中所设置的效果，如下右图所示。

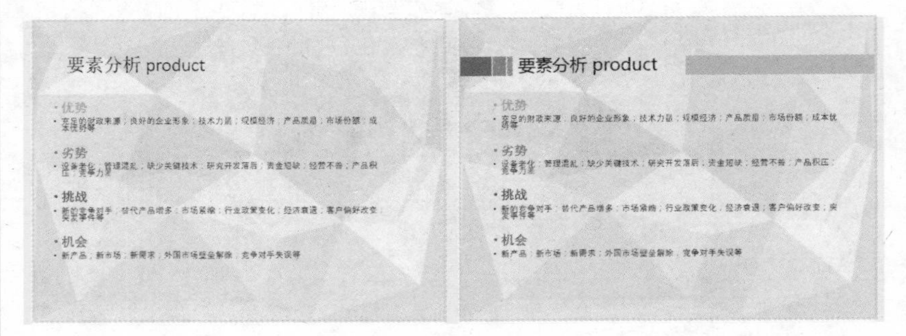

二是虽然在母版中设置了标题文字的格式，可是幻灯片中并未使用默认的标题占位符，如使用了文本框来显示标题，这时其文字格式是不会自动应用的。

问题 6　在 Word 中拟好文本框架，有没有办法一次性转换为 PPT

问题描述：文字是 PPT 中必不可少的一个要素，如果在 Word 中已经将文本内容拟订好，有没有办法一次性转换为 PPT，然后再补充对幻灯片的设计？

问题解答：

文字是幻灯片的“纲”，要实现这种转换是可以的。其操作方法如下。

在 Word 文档中将文档整理好，由于 PPT 中的文档是分级显示的，因此 Word 文档也应该设置好级别，例如将所有需要建立到单一幻灯片中的标题设置为一级，将正文设置为二级（从导航窗格中可以看到），如下图所示。

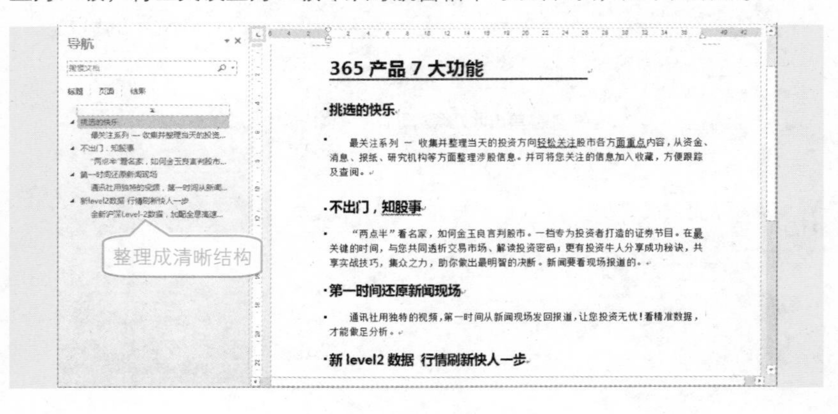

切换到 PPT 程序中，在“开始”→“幻灯片”选项组中单击“新建幻灯片”按钮，在其下拉菜单中选择“幻灯片（从大纲）”命令，如下左图所示。打开“插入大纲”对话框，找到 Word 文件的位置并选中文件，如下右图所示。

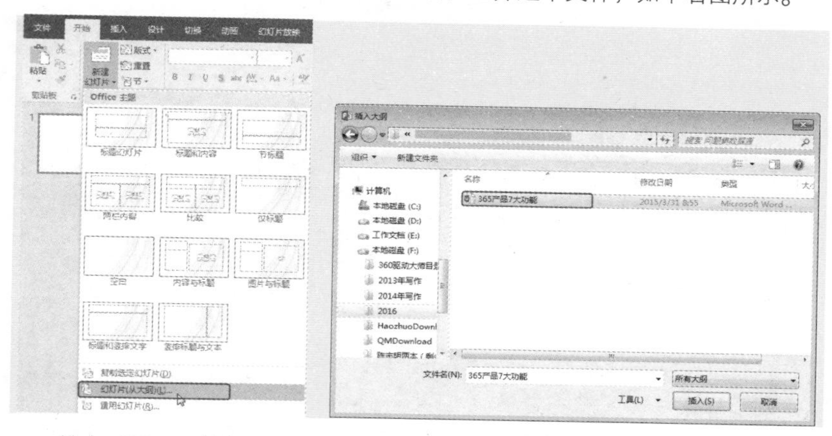

单击“插入”按钮即可将 Word 文件转换为多张幻灯片，一级标题为每张幻灯片的标题，二级标题为每张幻灯片的内容，如下图所示。

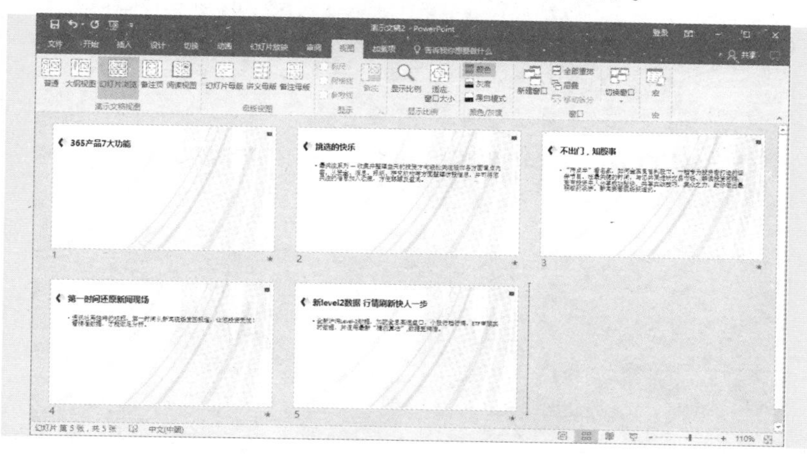

完成这种基本幻灯片的创建后，可以依据情况对幻灯片中内容进行排版及补充设计。

问题 7　如何将文本转换为二级分类的 SmartArt 图形？

问题描述：我们知道幻灯片中的文本可以快速转换为 SmartArt 图形，从而增强文本的表格效果。那么如果文本不只有一级，还包含下一级文本，如下左图所示，转换后结果并不能自动分级，如下右图所示。

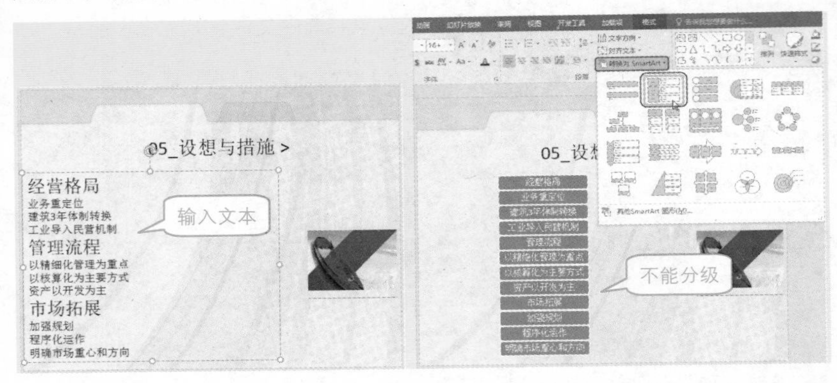

这时想转换为带有二级分类的 SmartArt 图形，应该如何实现转换呢？

问题解答：

当文本不分级时，只要将文本分行显示，即可将其快速地转换为 SmartArt 图形；如果文本是分级的，如一个标题下面有若干个细分项目，这种情况下就需要在转换前将文本的级别设置好，否则将无法转换为正确的 SmartArt 图形。具体操作如下。

选中各小标题下面的文本，在“开始”→“段落”选项组中单击“提高列表级别”按钮，以改变文本的级别，如下图所示。

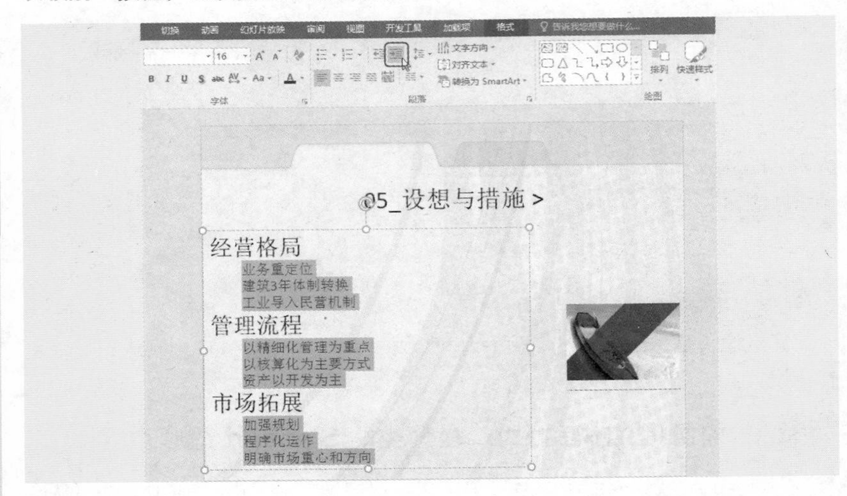

在“开始”→“段落”选项组中单击“转换为 SmartArt 图形”下拉按钮，在其下拉列表中选择 SmartArt 图形样式，即可进行转换，如下图所示。

问题 8 幻灯片页面中有很多图形用来布局，但它们又不是规则的自选图形，它们是手工绘制的吗？

问题描述：总是看到很多幻灯片中使用了多个图形来布局页面，整体效果极具设计感，如下图所示。可是这些图形似乎又不是“自选图形”列表中的图形，它们是手工绘制的吗？又是怎么绘制的呢？

问题解答：

这些图形是绘制的，因为 PowerPoint 对图形的绘制是非常灵活的，除了“自选图形”列表中的那些，还可以使用“曲线”“自由-形状”“自由-曲

线 ”这几个工具自由绘制，也可以先绘制基本图形，然后对图表的顶点进行调整来获取自己想要的形状。这方面的知识我们在第 6 章中有详细的操作介绍，下面针对上面给出的幻灯片中的效果，简单介绍一下此幻灯片中的图表是如何得来的。首先在“自选图形”列表中选择“梯形”图形并绘制，如下图所示。

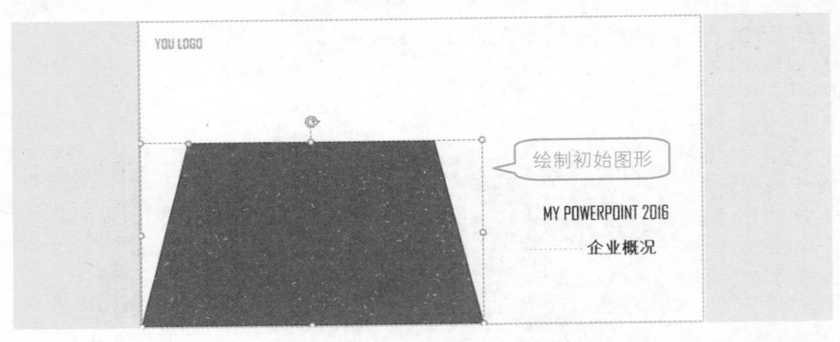

在图形上单击鼠标右键，在弹出的快捷菜单中选择“编辑顶点”命令（如下左图所示），此时即进入顶点编辑状态，拖动顶点即可重新更改顶点位置，如下右图所示。

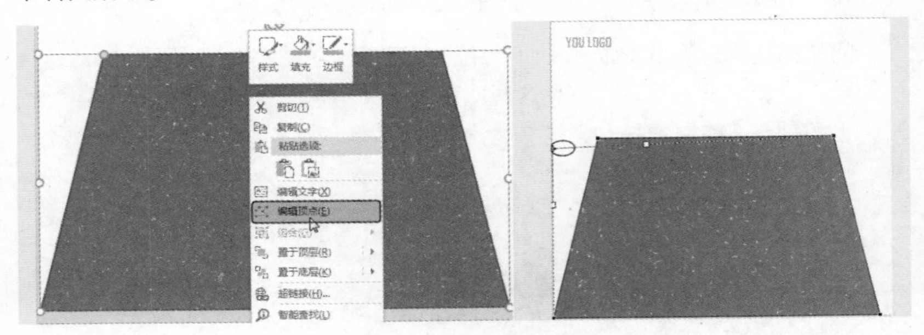

按相同的方法再调节另一个顶点的位置（如下左图所示），调节后可以得到需要的图形样式，如下右图所示。

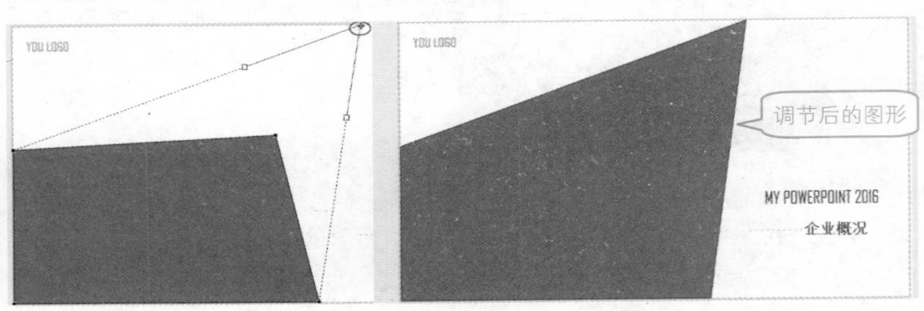

按相同的方法得到多个图形，并合理叠放，然后设置图形不同的填充效果（本例中使用的是不同的渐变），从而得到自己设计思路中的布局样式，如下图所示。

由上述描述我们了解了这种图形的使用及调节方法，其实最重要的还是成熟的设计思路，只要具备成熟的设计思路，操作起来就不成问题了。

问题 9　在制作教学课件时怎样才能先出现问题，再出现答案呢？

问题描述：在制作教学课件时，想实现的效果是先出现问题，经过讲解与思考后，再次单击鼠标时才出现答案。

问题解答：

这种效果应该算是教学课件的基本要求。不少人在做课件时，将问题与答案写进同一个文本框中，在进行动画设置时，这个文本框中的内容是同时动作的，因此达不到上述效果。所以要想实现这一效果，需要将问题和答案用两个文本框来完成，先设置问题文本框的动画，再设置答案文本框的动画，并且答案文本框的动画在单击鼠标时执行。

如下左图所示为两个文本框分别设置了不同的动画，通过序号可以看到问题在前，答案在后；然后将答案文本框的动画的开始时间设置为"单击开始"即可（如下右图所示）。

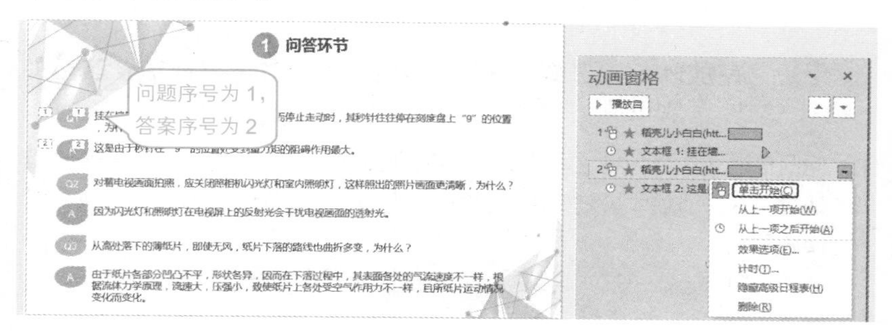

问题 10　在会议室中看到的幻灯片自动滚动放映的效果是怎么实现的？

问题描述：在会议室或是一些公共场合中经常看到屏幕中自动滚动放映幻灯片，这种效果是通过哪项设置实现的？

问题解答：

在放映演示文稿时，要实现自动放映幻灯片，而不采用鼠标单击的方式，可以设置幻灯片在指定时间后自动切换至下一张幻灯片，这种方式适用于浏览型幻灯片。

打开演示文稿，选中第 1 张幻灯片，在“切换”→“计时”选项组中选中“设置自动换片时间”复选框，单击右侧数值框的微调按钮设置换片时间，如下图所示。

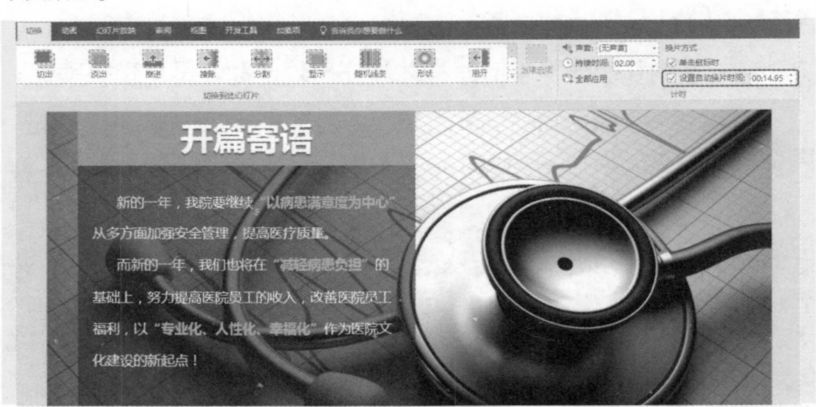

依次选中后面的幻灯片，根据需要播放的时长来设置切换时间。如果全篇设置相同的切片时间，则在“计时”选项组中单击“全部应用”按钮，或者在设置前选中所有幻灯片，然后再进行设置。

问题 11　在放映幻灯片的过程中，背景音乐始终在播放，这是如何实现的？

问题描述：在会场或是婚礼现场经常看到幻灯片滚动放映时一直有背景音乐在播放，这种播放效果是如何实现的？

问题解答：

添加音频后，选中插入音频后显示的小喇叭图标，在“音频工具”→“播放”→“音频选项”选项组中选中“跨幻灯片播放”和“循环播放，直到停止”

复选框，如下图所示。

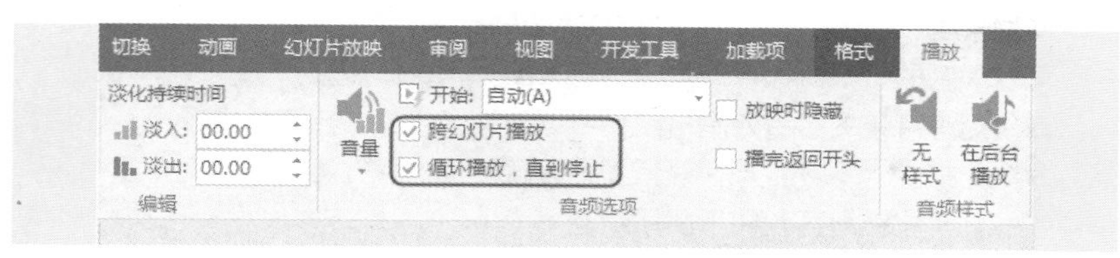

设置完成后，当再次放映幻灯片时，无论切换到哪一张幻灯片都会自动播放设置的音频文件。

问题 12　在放映幻灯片时，边放映讲解边查看备注信息可以实现吗？

问题描述：通常情况下 PPT 是以全屏方式播放演示文稿的，想边放映边查看之前所添加的备注信息，以防止讲演有误，有没有办法实现？

问题解答：

要想达到上述目的，可以进入演讲者视图中放映。打开需要播放的文稿，按住“Alt”键不放，再依次按“D”“V”字母键，即可以进入演讲者视图的放映状态，如下图所示。

在此视图下可以清晰地看到备注信息，同时也可以预览下一张幻灯片。

问题 13　如何保存文稿中的图片或者背景图片？

问题描述：在欣赏某篇演示文稿时，发现其中的一些图片或者背景非常精美，想保存下来，以供自己制作演示文稿时使用，有办法实现吗？

问题解答：

可以保存的，下面保存幻灯片的背景图片，操作步骤如下。

在幻灯片背景的空白处单击鼠标右键，在弹出的快捷菜单中选择“另存背景”命令，打开“保存背景”对话框，设置图片的保存路径并为图片重命名，单击“保存”按钮即可，如下图所示。

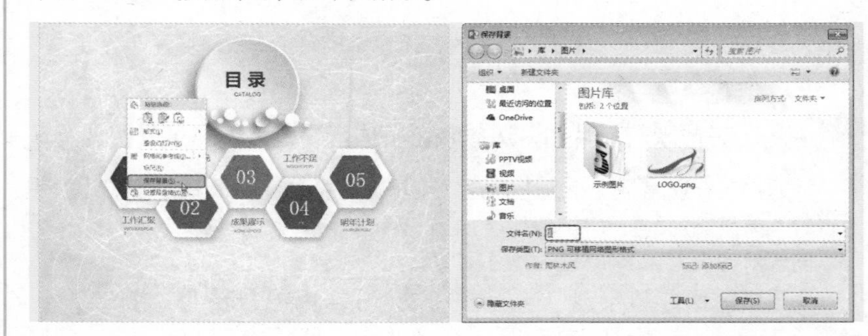

如果是保存幻灯片中的图片，则在图片上单击鼠标右键，在弹出的快捷菜单中选择“另存为图片”命令，然后设置保存位置即可，如下图所示。

问题 14 把 PPT 拿到其他电脑中打开时，为什么字体都不是原来的字体了？

问题描述：将制作好的演示文稿拿到其他电脑中打开时，发现之前设置的字体都没有了，这是怎么回事？怎么做才能让文字效果保持原样？

问题解答：

这是由于两台电脑安装的字体不同，所使用的字体另一台电脑中未安装，所以要想让字体保持原样，则需要在保存演示文稿时就将字体嵌入文件中。

选择“文件”→“选项”命令，打开“PowerPoint 选项”对话框。在左侧选择“保存”选项，在右侧选中“将字体嵌入文件”复选框，接着选中“仅嵌入演示文稿中使用的字符（适于减小文件大小）”单选按钮（如下图所示），单击“确定”按钮即可。

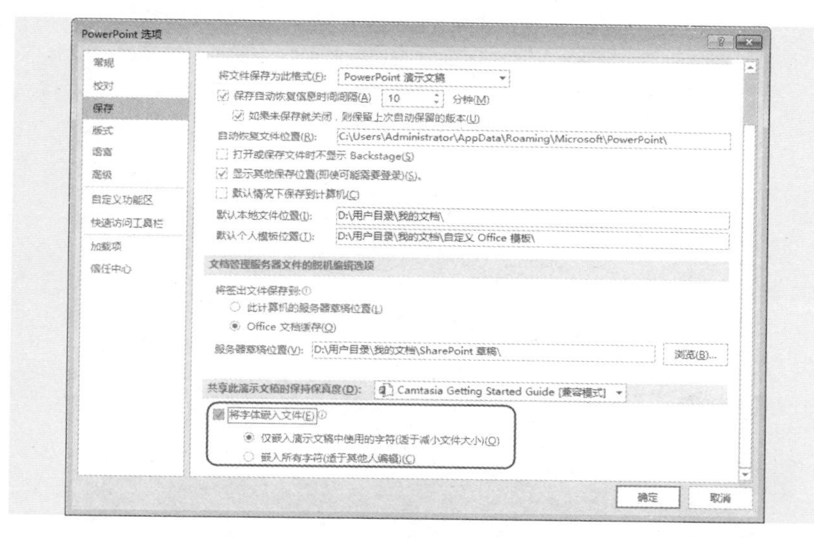

建议在幻灯片编辑过程中不要先嵌入字体，因为这样会增大演示文稿的插积，编辑完成后需要移至其他电脑中使用时再嵌入字体。

问题 15　如果不想让别人在“最近使用的文档”列表中看到我打开了哪些文档，该如何实现？

问题描述：最近打开了几个较为机密的文档，不想让别人在“最近使用的文档”列表中看到，要进行哪些设置才能删除这个列表中的文档记录？

问题解答：

这个列表是为了方便使用者能快速打开最近所编辑的文档而设置的。如果想清空这个列表，其操作方法如下。

选择“文件”→“选项”命令，打开“PowerPoint 选项”对话框。在左侧选择“高级”选项，在“显示”栏中将“显示此数量的最近的演示文稿”更改为“0”，如下图所示。

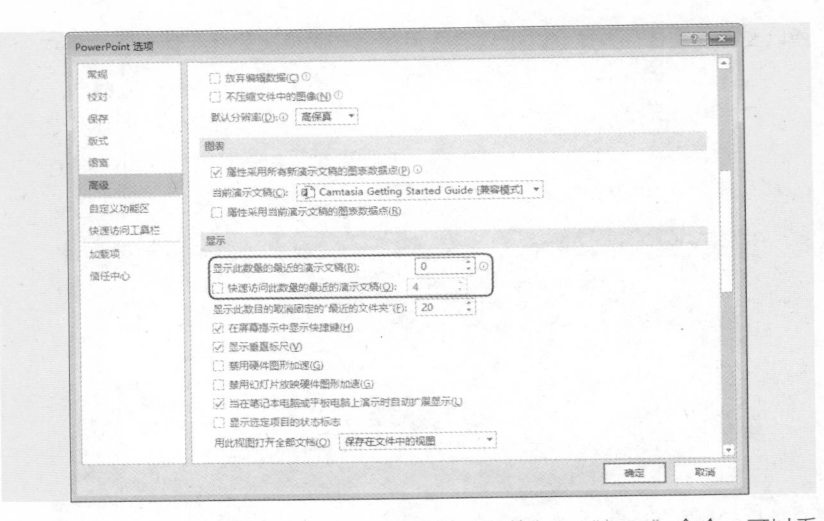

单击“确定”按钮完成设置。再次选择“文件”→“打开”命令，可以看到列表被清空，如下图所示。

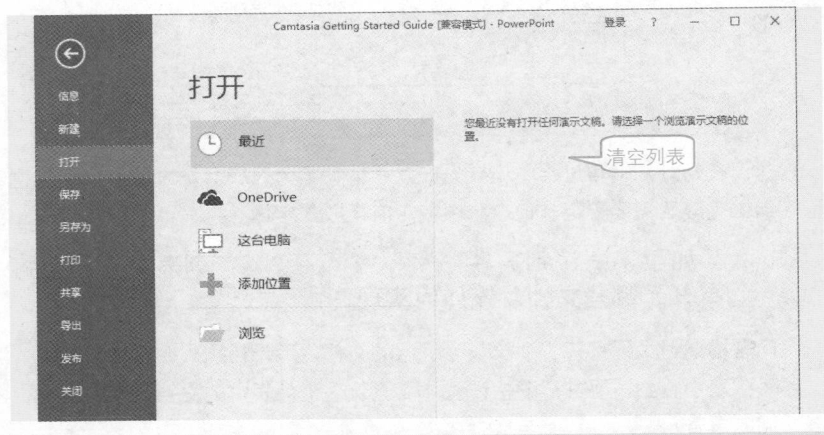

问题 16 不启动 PowerPoint 程序能播放幻灯片吗？

问题描述：如果要放映幻灯片，需要打开演示文稿，在“幻灯片放映”→“开始放映幻灯片”选项组中选择合适的命令放映幻灯片，可不可以在不打开演示文稿的情况下直接放映幻灯片呢？

问题解答：

按如下方法操作可以实现。

找到演示文稿的保存路径，选中演示文稿，单击鼠标右键，在弹出的快捷菜单中选择“显示”命令，即可放映演示文稿，如下图所示。

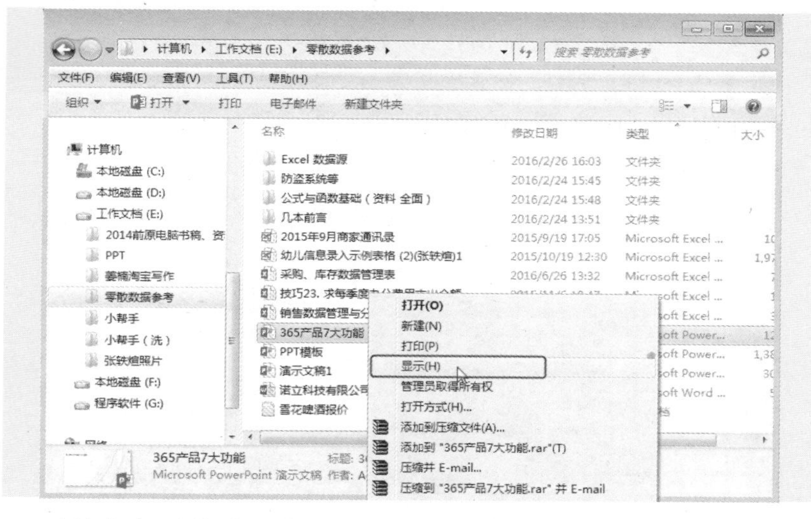

在放映过程中按“Esc”键，即可退出放映状态并关闭演示文稿。

问题 17 演示文稿建立好后通常体积都会比较大，有哪些方法可以为其瘦身？

问题描述：演示文稿编辑过程中往往需要使用大量的图片，有的还会插入音频、视频等，因此当编辑完成后，文件通常会变得很大，有哪些方法可以为其瘦身？

问题解答：

幻灯片中占用空间的要素包括图片、字体、音频与视频等，因此要想在保持幻灯片质量的同时压缩体积，制作幻灯片时就要从图片、字体、音频与视频的选取上注意以下事项。

（1）不同格式的图片所占空间的大小也不同，其中以位图格式（.bmp）的图片占用空间最大，所以尽量不要使用位图格式（.bmp）图片，推荐使用质量好的.jpg 格式图片与矢量图。

（2）根据演示的环境选择合适的图片尺寸，如果是在较大场地里演示，则需要选择尺寸大一些的图片以确保演示效果。如果较小的场地，或者只是在电脑上演示，则可以选择一些尺寸小的图片，图片并非越大越好。

（3）对于裁剪过的图片，注意删除裁剪部分。打开需要压缩的演示文稿，选择“文件”→“另存为”命令，在右侧选择“浏览”选项，打开“另存为”对话框，单击右下角的“工具”下拉按钮，从其下拉菜单中选择“压缩图片”命令（如下左图所示）。打开“压缩图片”对话框，选中“删除图片的剪裁区域”复选框与“Web（150ppi）：适用于网页和投影仪”单选按钮（如下右图所示）。单击“确定”按钮，然后单击“保存”按钮即可对演示文稿进行压缩处理。

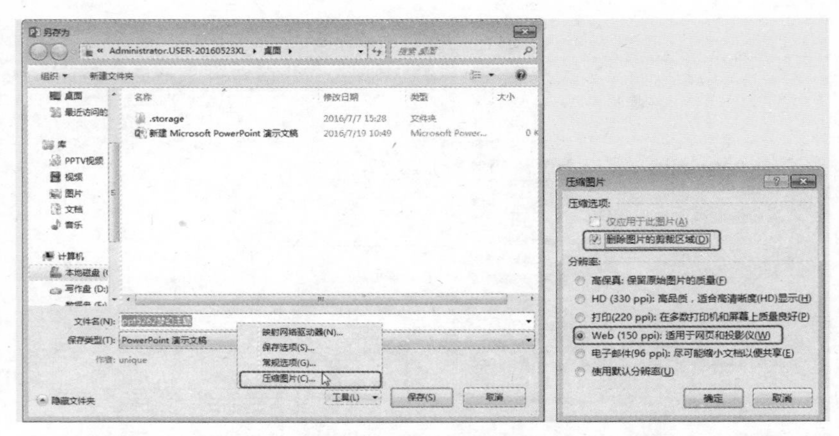

（4）如果是报告类、阅读学习类的演示文稿，当对字体没有过高要求时，可以尽量选用系统自带的字体，因为很多特殊字体所占用的空间也是很惊人的。

（5）音频文件的选择，同图片的格式一样，不同格式的音频文件，所占空间的大小也不同，音频文件一般使用 MP3 格式，WAV 格式的体积非常巨大。

（6）视频文件可以选择 AVI、MP4 之类，MPG 格式的体积也较大。视频文件的格式可以使用小工具进行转换，非常方便。另外，视频文件可以按需要进行裁剪，只裁剪所需要的小段即可。

问题 18 如何抢救丢失的文稿？

问题描述：在编辑文稿时，由于死机或停电等突发状况，常常会造成文稿的丢失，能不能抢救回来呢？

问题解答：

选择“文件”→“选项”命令，打开“PowerPoint 选项”对话框。在左侧选择“保存”选项，在右侧选中“保存自动恢复信息时间间隔”复选框，接着在数值框中输入间隔时间，如“3”分钟，如下图所示。

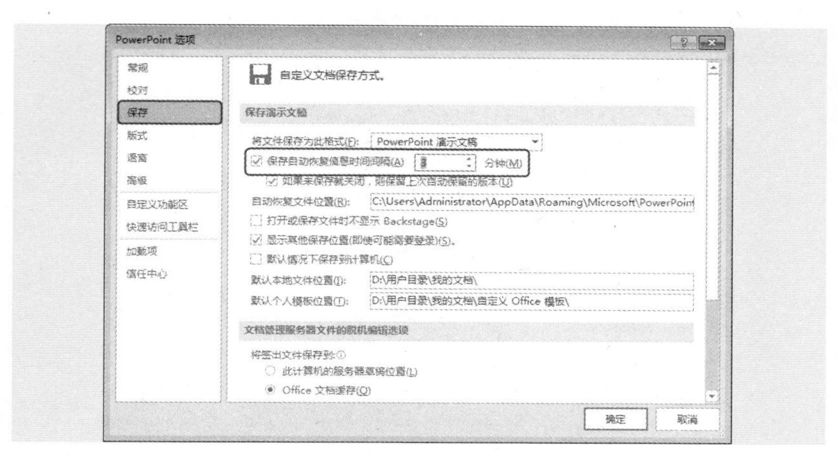

单击“确定”按钮。当遇到异常情况程序关闭后，再次打开程序时即可快速恢复到 3 分钟前的编辑状态。虽然死机或停电前最后一段时间内编辑的内容无法恢复，但已经尽可能地挽回了损失。